Übungsbuch fürs erfolgreiche Staatsexamen in der Mathematik

Ihr Bonus als Käufer dieses Buches

Als Käufer dieses Buches können Sie kostenlos unsere Flashcard-App „SN Flashcards" mit Fragen zur Wissensüberprüfung und zum Lernen von Buchinhalten nutzen. Für die Nutzung folgen Sie bitte den folgenden Anweisungen:

1. Gehen Sie auf **https://flashcards.springernature.com/login**
2. Erstellen Sie ein Benutzerkonto, indem Sie Ihre Mailadresse angeben und ein Passwort vergeben.
3. Verwenden Sie den Link aus einem der ersten Kapitel um Zugang zu Ihrem SN Flashcards Set zu erhalten.

Ihr persönlicher SN Flashards Link befindet sich innerhalb der ersten Kapitel.

Sollte der Link fehlen oder nicht funktionieren, senden Sie uns bitte eine E-Mail mit dem Betreff **„SN Flashcards"** und dem Buchtitel an **customerservice@springernature.com**.

Stefan Rollnik

Übungsbuch fürs erfolgreiche Staatsexamen in der Mathematik

Aufgaben und Lösungen für angehende Lehrkräfte der Sekundarstufe 1

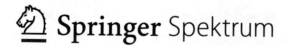

Stefan Rollnik
Institut für Didaktik der Mathematik und der
Informatik
Goethe-Universität Frankfurt
Frankfurt am Main, Deutschland

ISBN 978-3-662-65506-1   ISBN 978-3-662-65507-8   (eBook)
https://doi.org/10.1007/978-3-662-65507-8

Die Deutsche Nationalbibliothek verzeichnet diese Publikation in der Deutschen Nationalbibliografie; detaillierte bibliografische Daten sind im Internet über http://dnb.d-nb.de abrufbar.

Planung/Lektorat: Iris Ruhmann
Springer Spektrum ist ein Imprint der eingetragenen Gesellschaft Springer-Verlag GmbH, DE und ist ein Teil von Springer Nature.
Die Anschrift der Gesellschaft ist: Heidelberger Platz 3, 14197 Berlin, Germany

Vorwort

Der vorliegende Band enthält eine Auswahl von Aufgaben aus Schleswig-Holsteinischen Staatsexamensklausuren für das Lehramt an Realschulen aus dem Zeitraum von 1970 bis 2010. Diese Sammlung ist eine Quelle hervorragender Übungsaufgaben nicht nur für Studentinnen und Studenten im Studiengang für das Lehramt an Realschulen und anderer Lehramtsstudiengänge, sondern auch für alle Studentinnen und Studenten im Fach Mathematik sowie in angrenzenden Studiengängen und für alle Menschen, die sich für Mathematik interessieren. Selbstverständlich bietet sie auch Dozentinnen und Dozenten eine interessante Auswahl von Aufgaben.

Die Aufgaben befassen sich im ersten Teil mit den Grundlagen wie Aussagenlogik, Quantorenlogik, vollständige Induktion, Mengen, Relationen, Abbildungen und Arithmetik.

Im zweiten Teil finden sich Aufgaben zu den Themen Reelle Zahlen, Folgen, Reihen, Algebra, Lineare Algebra, Zahlentheorie, Wahrscheinlichkeitsrechnung und Geometrie.

Wir verzichten auf eine ausführliche theoretische Einführung, da es zu diesen Themen ausreichend viele gute Lehrbücher gibt. Es gibt aber zu jedem Thema einen kurzen Spicker, der kompakt die Inhalte zusammenfasst, die zur Bearbeitung bekannt sein sollten, und der auf besondere Notationen und Konventionen hinweist.

Im hinteren Bereich findet man zu jeder Aufgabe ein Lösungsbeispiel.

Leserinnen und Leser können ihr Wissen zu den im Buch dargestellten Inhalten in der Springer-Nature-Flashcards-App anhand von über 200 Fragen und Antworten testen. Ihren Zugang zu den Springer Nature Flashcards finden Sie am Ende von Kap. 1.

Die Aufgaben stammen von Prof. Dr. Ulrich Spengler, PD Dr. Rudolf Schnabel und von Dr. Hilger Wolff und wurden für die erste Staatsexamensprüfung für das Lehramt an Realschulen in Schleswig-Holstein erstellt.

Ein besonderer Dank gilt Prof. Dr. Ulrich Spengler und Prof. Dr. Eugen Peter Bauhoff für die Motivation, diese Sammlung zu erstellen, sowie Dr. Malte Wellnitz für seine Anregungen und Beiträge.

Hinweis für die Nutzer der digitalen Version: Die Seitenzahlen im Inhaltsverzeichnis und die Worte „zur Lösung" und „zur Aufgabe" können als Links genutzt werden.

Inhalt

Teil I - Einführende Themen

1. Aussagenlogik

Wir nutzen für die Junktoren folgende Symbole:

nicht ¬

und ∧

oder ∨

entweder...oder $\dot\vee$

wenn..., dann... →

genau dann..., wenn... ↔

Für eine wahre Subjunktion nutzen wir das Symbol ⇒,
und für eine wahre Bijunktion das Symbol ⇔.

Wir nutzen die Konstanten w und f als eine Aussage, die äquivalent ist zu allen Ausdrücken, die unabhängig von den Wahrheitswerten der in ihnen vorkommenden Aussagen stets wahr, bzw. falsch sind. (vgl. Freund, Sorger: Aussagenlogik und Beweisverfahren. B.G. Teubner, Stuttgart. 1974)

Beispiele: $A \vee \neg A \Leftrightarrow w$

$A \wedge \neg A \Leftrightarrow f$

$A \wedge w \Leftrightarrow A$

Kontraposition:

$A \to B \Leftrightarrow \neg B \to \neg A$

De Morgansche Regeln:

$\neg(A \wedge B) \Leftrightarrow \neg A \vee \neg B$

$\neg(A \vee B) \Leftrightarrow \neg A \wedge \neg B$

Aufgabe 1   zur Lösung   Seite 61

a) Man zeige, dass der Junktor $\dot\vee$ (d. h. entweder...oder) assoziativ ist.

© Der/die Autor(en), exklusiv lizenziert an
Springer-Verlag GmbH, DE, ein Teil von Springer Nature 2022
S. Rollnik, *Übungsbuch fürs erfolgreiche Staatsexamen in der Mathematik*, https://doi.org/10.1007/978-3-662-65507-8_1

b) Gilt stets:

(*) Aus $A \mathbin{\dot\vee} B \mathbin{\dot\vee} C$ folgt: Genau eine der Aussagen A, B, C ist wahr.

c) Gilt stets die Umkehrung von (*)?

Aufgabe 2   zur Lösung   Seite 64

Man gebe eine Klammerung an, durch die aus der Zeichenreihe

$$A \quad \vee \quad B \quad \rightarrow \quad \neg \quad A \quad \wedge \quad B \quad \leftrightarrow \quad A$$

eine Tautologie wird.

Aufgabe 3   zur Lösung   Seite 65

$A \mathbin{\Delta} B$ bedeute $\neg A \wedge \neg B$.

Man drücke die Junktoren $\neg$, $\wedge$, $\vee$, $\rightarrow$

allein mit Hilfe des Junktors Δ aus.

Aufgabe 4   zur Lösung   Seite 65

Man gebe eine bijektive Abbildung von $\{\,*\,,\,\circ\,,\Delta\,\}$ auf $\{\,\rightarrow\,,\,\leftrightarrow\,,\,\vee\,\}$ an,

für die bei Ersetzung von $*$, $\circ$, Δ durch ihre Bilder aus der Zeichenkette

$$\left[(A \circ B) * (C \mathbin{\Delta} A)\right] \mathbin{\Delta} \left[B * (C \circ A)\right]$$

eine Tautologie wird.

Aufgabe 5   zur Lösung   Seite 67

Man gebe eine zu

$$\neg\left(A \wedge B \wedge \neg C\right)$$

gleichwertige junktorenlogische Formel an, für die „$\rightarrow$" der einzige in ihr

auftretende Junktor ist (und beweise die Gleichwertigkeit).

Aufgabe 6   zur Lösung   Seite 67

Man gebe eine möglichst einfache aussagenlogische Formel an, die zu der Formel

$$\Big((A \to B) \to (B \to A)\Big) \to (A \to B)$$

gleichwertig ist (und beweise die Gleichwertigkeit).

Aufgabe 7   zur Lösung   Seite 67
Gibt es eine Möglichkeit, aus der Zeichenreihe

$$\neg A \lor B \land \to B \leftrightarrow A$$

durch Setzen von Klammern eine Tautologie zu machen?

Aufgabe 8   zur Lösung   Seite 68
In der Zeichenkette

$$A \ldots B \ldots C \lor A \ldots B \ldots C$$

sind die vier Junktoren $\land$, $\dot{\lor}$, $\to$, $\leftrightarrow$ so auf die vier markierten Zwischenräume zu verteilen und Klammern zu setzen, dass eine Tautologie entsteht.

Aufgabe 9   zur Lösung   Seite 69
Gibt es eine Klammerung, die die Zeichenreihe

$$A \lor B \to C \land \neg B \leftrightarrow A$$

zu einer Tautologie macht?

Aufgabe 10   zur Lösung   Seite70
Welche der Junktoren $\land$, $\lor$, $\to$, $\leftrightarrow$ machen, in $\square$ eingesetzt, die Formel

$$(A \leftrightarrow B) \lor C \lor \Big((B \,\square\, C) \to \neg A\Big)$$

zu einer Tautologie?

Aufgabe 11   zur Lösung   Seite70
In der aussagenlogischen Formel

$$\Big((A \to X) \to Y\Big) \to Z$$

setze man für die Aussagenvariablen X, Y, Z auf alle möglichen Weisen die Aussagenvariablen A, B ein. Wie viele Tautologien entstehen dabei?

Aufgabe 12   zur Lösung   Seite 71
Man gebe für die Zeichenkette

$$A \;\to\; B \;\leftrightarrow\; (A \vee B) \;\to\; A \;\to\; B$$

zwei Klammerungen an, so dass jeweils eine Tautologie entsteht.

Aufgabe 13   zur Lösung   Seite 72
Welche der Variablen A, B, C machen, in $\square$ eingesetzt, die Formel

$$\Big[(A \to \neg B) \leftrightarrow (C \wedge B)\Big] \to (A \vee \square)$$

zu einer Tautologie?

Aufgabe 14   zur Lösung   Seite 73
Welche der Junktoren $\wedge, \vee, \to, \leftrightarrow$ sind unter $\vee$ distributiv, d. h., welche dieser Junktoren machen, für $*$ eingesetzt, die Formel

$$\Big[(A * B) \vee C\Big] \leftrightarrow \Big[(A \vee C) * (B \vee C)\Big]$$

zu einer Tautologie?

Aufgabe 15   zur Lösung   Seite 74
Die junktorenlogische Formel $A \to \Big(B \to (C \to D)\Big)$ ist keine Tautologie.

(Warum?) Wenn man aber eine der Variablen durch eine andere ersetzt,

kann eine Tautologie entstehen. Welche der so entstehenden Formeln sind Tautologien?

[Von den formal 12 so entstehenden Formeln sind nur 6 wesentlich verschieden.]

Aufgabe 16   zur Lösung   Seite 75
Man gebe alle diejenigen Möglichkeiten an, in der Formel

$$\left[(A \lor B) \land (C \to \neg A)\right] \leftrightarrow \neg\left[B \to \left(C \lor (A \land B)\right)\right]$$

eine der Variablen durch eine andere zu ersetzen, bei denen dadurch eine Tautologie entsteht.

Aufgabe 17   zur Lösung   Seite 76
a) Für welche Belegungen der auftretenden Aussagevariablen mit den Wahrheitswerten W, F ist die folgende Behauptung wahr, und für welche ist sie falsch?

$$\text{Aus } (A \land \neg B \land \neg C) \lor \left(\neg A \land (B \leftrightarrow C)\right) \text{ folgt } (\neg A \land \neg C) \lor (A \land \neg B)$$

[Ratschlag zur Zeitersparnis: Vermeiden Sie Wahrheitstafeln.]

b) Dasselbe für:

$$\left[\left(A \leftrightarrow (B \leftrightarrow C)\right) \leftrightarrow D\right] \leftrightarrow \left[(A \leftrightarrow B) \leftrightarrow (C \leftrightarrow D)\right].$$

Aufgabe 18   zur Lösung   Seite 78
a) Für welche Belegungen der auftretenden Aussagenvariablen mit den Wahrheitswerten W, F ist die folgende Formal wahr, und für welche ist sie falsch?

$$\left(\left((A \to B) \to B\right) \to C\right) \to \left((A \to C) \land (B \to C)\right).$$

b) Dasselbe für

$$\left[(A \land B) \to \neg\left(C \to (A \leftrightarrow D)\right)\right] \lor \left[(C \lor D) \to (B \land C)\right].$$

Aufgabe 19   zur Lösung   Seite 79

a) Für welche Belegungen der Aussagenvariablen A, B, C mit den

Wahrheitswerten w, f ist die folgende Formal wahr, und für welche ist sie falsch?

$$\left[\left(\neg(B \to C) \wedge (A \to C)\right) \vee C \vee \neg B\right] \leftrightarrow \left[(\neg C \wedge B) \to \neg A\right].$$

b) Dasselbe für

$$\neg\left[A \to (B \vee C)\right] \leftrightarrow \left[C \wedge \neg(A \leftrightarrow B) \wedge \left(B \vee (C \to A)\right)\right].$$

Aufgabe 20   zur Lösung   Seite 80

Für welche Belegungen der Aussagenvariablen A, B, C, D, P, Q

mit den Wahrheitswerten W, F ist die folgende Formel wahr,

und für welche ist sie falsch?

$$\left[\left((\neg A \wedge B) \vee \left((C \to D) \leftrightarrow P\right)\right) \wedge Q\right] \to \left[(A \to C) \leftrightarrow Q\right].$$

Aufgabe 21   zur Lösung   Seite 81

a) Für welche Belegungen ist die folgende aussagenlogische Formel falsch?

$$\left[\neg A \vee \left((B \to C) \wedge B\right)\right] \to \left[(\neg C \vee A) \leftrightarrow \left((C \wedge A) \to \neg B\right)\right].$$

b) Man gebe eine Klammerung an, durch die aus der Zeichenreihe

$$A \vee B \to \neg A \wedge B \leftrightarrow A$$

eine Tautologie wird.

Aufgabe 22   zur Lösung   Seite 81

Man gebe eine möglichst einfache aussagenlogische Formel an, die zu der Formel

$$[((A \wedge B) \to C) \vee A] \leftrightarrow \left[B \wedge \left(C \to (A \vee (B \leftrightarrow C))\right)\right]$$

gleichwertig ist (und beweise die Gleichwertigkeit).

Aufgabe 23   zur Lösung   Seite 82
Man gebe eine möglichst einfache junktorenlogische Formel an, die zu der Formel

$$\left(\left[G \to \left(H \to \left[(K \veebar L) \vee (H \wedge (K \leftrightarrow L))\right]\right)\right] \to M\right) \to N$$

gleichwertig ist (und beweise die Gleichwertigkeit).

Aufgabe 24   zur Lösung   Seite 83
Man gebe eine möglichst einfache junktorenlogische Formel an, die zu der Formel

$$\left[(A \leftrightarrow B) \vee \neg B\right] \to \left[\left(C \wedge \left(C \leftrightarrow (C \vee \neg B)\right)\right) \to (B \wedge A)\right]$$

gleichwertig ist.

Aufgabe 25   zur Lösung   Seite 84
Welche der folgenden drei aussagenlogischen Formeln sind zu der
Formel $(A \wedge B) \to C$ gleichwertig?

(i) $(A \to C) \wedge (B \to C)$.
(ii) $(A \to C) \vee (B \to C)$.
(iii) $A \to (B \to C)$.

Aufgabe 26   zur Lösung   Seite 85
Welche der folgenden drei aussagenlogischen Formeln
sind zu der Formel $(A \vee B) \to C$ gleichwertig?

(i) $(A \to C) \vee (B \to C)$
(ii) $(A \to C) \wedge (B \to C)$
(iii) $\left[(A \to C) \wedge (B \to C)\right] \to C$

Aufgabe 27   zur Lösung   Seite 85
Welche der aussagenlogischen Formeln

$$(A \to B) \vee C, \quad (A \to B) \vee (A \to C),$$

$$\left(A \to B\right) \wedge \left(A \to C\right), \ \left(A \wedge \neg B\right) \to C$$

sind zu der Formel

$$A \to \left(B \vee C\right)$$

gleichwertig und welche nicht?

<u>Aufgabe 28</u>   <u>zur Lösung</u>   <u>Seite 86</u>
Für welche Teilmengen M von $\left\{1, 2, 3, 4, 5, 6, 7, 8, 9\right\}$

gelten die Aussagen von I bis V?

I.   Entweder ist 4 in M, oder es ist 6 in M,genau dann, wenn 8 in M ist.

II: Wenn 7 nicht in M ist, so ist 5 in M oder 9 in M.

III. Wenn 5 in M oder 6 in M ist, so ist auch 1 in M oder 4 in M.

IV. Entweder ist 3 in M, wenn 2 in M ist, oder es ist 5 in M, wenn 2 in M ist.

V. M enthält keine Quadratzahl.

<u>Aufgabe 29</u>   <u>zur Lösung</u>   <u>Seite 86</u>
Welche $x \in \left\{1, 2, \ldots, 100\right\}$ haben die Eigenschaft

$$\neg\left[\left(x = 1 \vee x = 4 \vee x = 5\right) \to \left(x = 7 \wedge x = 9\right)\right]$$
$$\leftrightarrow \left[x = 2 \to \left(x = 3 \vee x = 5 \vee x = 7\right)\right]?$$

<u>Aufgabe 30</u>   <u>zur Lösung</u>   <u>Seite 87</u>
Man untersuche die junktorenlogischen Formeln

$$A \leftrightarrow \left(B \leftrightarrow C\right), \ \left(A \mathbin{\dot\vee} B\right) \leftrightarrow C,$$
$$\left(A \leftrightarrow B\right) \leftrightarrow C, \ A \mathbin{\dot\vee} \left(B \mathbin{\dot\vee} C\right)$$

auf Gleichwertigkeit.

Aufgabe 31 zur Lösung   Seite 88
Für jede natürliche Zahl n sei $L(n)$ die Menge der natürlichen Zahlen x mit

$$\Big[(x = n \ \wedge \ x \neq 3) \ \to \ x = 1\Big]$$
$$\leftrightarrow \Big[\big(x = n \ \to \ (x = 2 \ \dot\vee \ x \neq 4)\big) \wedge x = n\Big].$$

Man zeige, dass es nur endliche viele natürliche Zahlen n gibt, für die L(n) nichtleer ist.

Aufgabe 32 zur Lösung   Seite 88
Für welche natürlichen Zahlen x gilt

$$\Big[x \mid 12 \ \to \ 3 \mid x\Big] \ \leftrightarrow \ \Big[(2 \mid x \ \vee \ x \mid 15) \ \wedge \ x \mid 30\Big] \ ?$$

Aufgabe 33 zur Lösung   Seite 89
Für welche Paare $(x, y) \in \mathbb{N} \times \mathbb{N}$ gilt

$$\Big[(x^2 > y + 5) \vee (x < y)\Big] \leftrightarrow \Big[(x^2 + y^2 < 20) \wedge (x > y)\Big] \ ?$$

Aufgabe 34 zur Lösung   Seite 90
Für welche $n \in \mathbb{N}$ gilt

$$\left[\Big(\big(n \geq 4 \to (n \mid 36 \ \dot\vee \ n \text{ ist Primzahl})\big)\Big) \vee \Big(\big(n \neq 1\big) \wedge \big(n \mid 36 \leftrightarrow n \text{ ist Primzahl}\big)\Big)\right) \to 9 \mid n\right] \to 3 \mid n \ ?$$

Aufgabe 35 zur Lösung   Seite 90
In der Aussageform

$$\big((x = 2) \vee (x = 3) \to x = 5\big) \to x = 7$$

über $\mathbb{N}$ sollen irgendwelche Gleichheitszeichen durch Ungleichheitszeichen ersetzt werden, und zwar so, dass die Lösungsmenge möglichst groß wird.

Aufgabe 36 zur Lösung   Seite 91
Aus den „Puzzle-Steinen"

$$x = 2, \ x = 3, \ x = 5, \ x = 7, \ \to, \ \wedge, \ \vee$$

ist eine Aussageform über $\mathbb{N}$ zusammenzubauen, die genau eine Lösung hat.

(Jeder Puzzle-Stein muss genau einmal verwendet werden, und Klammern darf man nach Wunsch setzen.)

Aufgabe 37   zur Lösung   Seite 91
Ein mathematischer Satz hat die logische Struktur

$$(A \lor B) \rightarrow (C \rightarrow B)$$

Jemand hat inhaltlich (korrekt) bewiesen, dass $A \rightarrow B$ gilt, ein anderer ebenso, dass $A \rightarrow C$ gilt. Beide behaupten, damit den Satz bis auf rein logische Überlegungen bewiesen zu haben.

Hat einer von ihnen recht, oder beide oder keiner?

Aufgabe 38   zur Lösung   Seite 92
Seien A, B, C, D Aussagen, für die $A \rightarrow C$ und $B \rightarrow D$ gelte.
Man zeige:

Dann gilt auch

$$(A \land B) \rightarrow (C \land D) \text{ und } (A \lor B) \rightarrow (C \lor D).$$

Aufgabe 39   zur Lösung   Seite 92
Jemand versucht, einen mathematischen Satz, der die logische Struktur

$$\big((A \land B) \rightarrow C\big) \rightarrow D$$

hat, folgendermaßen zu beweisen:

Im Fall $A \rightarrow C$ beweist er D.
Und im Fall $B \rightarrow C$ beweist er D.

Hat er damit den Satz bewiesen?

Aufgabe 40   zur Lösung   Seite 93
Ein mathematischer Satz habe die logische Struktur

$$(A \leftrightarrow B) \rightarrow (C \veebar B).$$

Jemand hat inhaltlich korrekt bewiesen:

i) $B \rightarrow \neg C$ und   ii) $A \vee C$.

a) Man zeige, dass er damit den Satz bewiesen hat.

b) Hätte man auch aus der Richtigkeit des Satzes rein logisch schließen können, dass (i), bzw. (ii) wahr ist?

Aufgabe 41   zur Lösung   Seite 94
Kommissar K grübelt über seinen neuesten Fall. Er weiß:

Wenn die Personen B, C nicht beide schuldig sind, so ist Person A schuldig.

Ferner: Ist C schuldig, so ist B unschuldig.

Ist dagegen C unschuldig, so ist auch A unschuldig.

Können Sie dem Kommissar bei der Lösung des Falles helfen, und wenn ja, wie?

Aufgabe 42   zur Lösung   Seite 95
In einem Restaurant werden nach dem Haupt-Gang sechs Dinge angeboten: Biskuit, Eiscreme, Käse, Orangensaft, Rotwein und Weißbrot. Sie werden aber nur unter Beachtung der folgenden Regeln serviert:

(1) Wenn es Rotwein oder Weißbrot gibt, so gibt es auch Käse, aber keine Eiscreme.

(2) Wenn es Eiscreme und Biskuit gibt, so gibt es auch Orangensaft, aber keinen Käse.

(3) Käse, Weißbrot und Orangensaft gibt es nicht alle drei zusammen.

(4) Wenn es kein Biskuit gibt, so gibt es Weißbrot.

(5) Wenn es Biskuit gibt oder keinen Rotwein, so gibt es Orangensaft oder Eiscreme.

(6) Wenn es keine Eiscreme und kein Weißbrot gibt, so gibt es auch keinen Orangensaft.

Welche Kombinationen kann man bekommen?

Aufgabe 43   zur Lösung   Seite 95
Ein Tresor ist geknackt worden. Vier Angeklagte machen vor
Gericht die folgenden vier Aussagen:

Wenn Karl Schmiere gestanden hat, so hat weder Fritz den Tresor
geknackt, noch Emil den Tresor nicht geknackt.

Es stimmt nicht, dass, wenn Emil den Tresor geknackt hat,
Karl keine Schmiere gestanden hat.

Wenn Peter nicht mit dabei war, so hat Karl nicht Schmiere gestanden.

Fritz hat den Tresor geknackt, wenn Peter mit dabei war.

Der Verteidiger versichert, allen Angeklagten zu glauben.
Hat er eine logische Schulung?

Aufgabe 44   zur Lösung   Seite 96
In einer der letzten beiden Nächte wurde der Gräfin Mariza ein kostbares Collier
entwendet. Der hinzugezogene Detektiv Leisschuh befragt 4 Verdächtige.

Ausbrecher-Ede sagt: Wenn das Ding letzte Nacht gedreht wurde, dann war es
Brieftaschen-Otto oder Casino-Max.

Brieftaschen-Otto sagt: Wenn es Casino-Max nicht war, dann hat es bestimmt
Diamanten-Joe letzte Nacht geklaut.

Casino-Max sagt: Ich war's nicht, und Brieftaschen-Otto war's auch nicht.

Diamanten-Joe sagt: Ich bin unschuldig. Aber wenn es nicht letzte Nacht war, so war es Ausbrecher-Ede.

Leisschuh weiß, dass genau einer der 4 Verdächtigen der Täter ist, und dass der Täter lügt, wogegen alle anderen die Wahrheit sagen.

Wer war der Täter, und wann wurde die Tat begangen?

Aufgabe 45   zur Lösung   Seite 96

„Dies Tränklein, regelrecht bereitet,
zum Lehramt mühelos geleitet:

  Des Lurches Aug, der Natter Gift,
  und dazu noch des Ochsen Blut,
  nicht alle drei hinein man tut.

  Kochst Lurches Augen Du mit Mistelblatt,
  so nimm auch Krötenfüße satt.

  Entweder Lurches Aug und Krötenfuß,
  oder der Mistel Blatt gehört zum Guss.

  Wenn weder Natterngift noch Mistelblätter taugen,
  so nimmt man Ochsenblut und Lurches Augen.

  Der Natter Gift, des Lurches Auge fein,
  eins von beiden muss hinein.

  Des Lurches Aug, des Ochsen Blut,
  zusammen man hinein sie tut
  genau dann, wenn dem ganzen Saft
  das Natterngift erst gibt die Kraft."

Was schließen Sie aus diesem Rezept?

Aufgabe 46   zur Lösung   Seite 97
Welche Teilmengen T der Menge $\{1, 2, 3, 4, 5, 6\}$ erfüllen die folgenden Bedingungen?

(1) Wenn 3 in T liegt, so liegt auch 2 in T.

(2) 5 liegt in T genau dann, wenn 6 oder 1 in T liegen.

(3) Liegt 4 nicht in T, so liegt 3 in T.

(4) 1 und 2 liegen nicht beide in T.

(5) Entweder liegt 2, aber nicht 6 in T, oder es liegt 6, aber nicht 4 in T.

(6) 1 liegt in T, falls 4 in T liegt.

Aufgabe 47   zur Lösung   Seite 97
Ein Kunde bestellt an einer Imbissbude eine Portion Pommes, worauf sich folgendes Gespräch entwickelt:

Verkäufer:	Ketchup oder Mayo?
Kunde:	Ja.
Verkäufer:	Wie jetzt?
Kunde:	Ich will entweder Ketchup oder eine Bulette.
Verkäufer:	Sie nehmen sicher eine Wurst mit Senf, falls Sie keine Bulette wollen?
Kunde:	Ja, ja.
Verkäufer:	Aber doch nicht Mayo und Senf zusammen.
Kunde:	Stimmt.
Verkäufer:	Also was wollen Sie jetzt: Etwa eine Bulette mit Mayo?
Kunde:	Nein.

Was hat der Kunde eigentlich bestellt?

Aufgabe 48 zur Lösung Seite 98

Albrecht, Beate und Christian haben sich eine ganze Zahl zwischen 1 und 1 000 000 ausgedacht und teilen über sie jeweils zwei Aussagen mit, wobei jeder von ihnen genau eine wahre und genau eine falsche Aussage macht (in welcher Reihenfolge, ist nicht gesagt).

Albrecht: (1) Die gesuchte Zahl hat weniger als drei Dezimalstellen.

(2) Es gibt genau zwei Primzahlen, die die gesuchte Zahl teilen.

Beate: (1) Die gesuchte Zahl ist nicht durch 9 teilbar.

(2) Die gesuchte Zahl ist nicht durch 27 teilbar.

Christian: (1) Die gesuchte Zahl ist 91 809.

(2) Die gesuchte Zahl ist durch 101 teilbar

Man zeige, dass es genau eine Zahl gibt, die diese Bedingungen erfüllt, und gebe diese Zahl an.

Aufgabe 49 zur Lösung Seite 99

Wer A sagt, muss auch B sagen.

Wer B sagt, darf weder A noch D sagen.

Wer D sagt, muss A genau dann sagen, wenn er C sagt.

Wer nicht A sagt, muss D sagen.

Was muss man eigentlich sagen?

Aufgabe 50 zur Lösung Seite 99

Für die Belegung eines Großgeheges in einem Zoo stehen folgende Tierarten zur Verfügung: Kamele, Lamas, Maultiere, Nashörner und Okapis.

Ein Tierpfleger gibt die Ratschläge:

(1) Lamas, Nashörner und Okapis sollten nicht gemeinsam in das Gehege

kommen.

(2) Entweder sollten Lamas und Kamele hinein oder Maultiere.

(3) Wenn weder Nashörner noch Maultiere hineinkommen, dann aber Okapis und Lamas.

(4) Lamas oder Nashörner sollten jedenfalls vertreten sein.

(5) Lamas und Okapis sollten gemeinsam im Gehege genau dann sein, wenn Nashörner da sind.

Welche Tiere kommen in das Gehege, wenn alle Ratschläge befolgt werden?

Als Käufer dieses Buches können Sie kostenlos unsere Flashcards-App „SN Flashcards" mit Fragen zur Wissensüberprüfung und zum Lernen von Buchinhalten nutzen.

Für die Nutzung folgen Sie bitte den folgenden Anweisungen:
1. Gehen Sie auf https://flashcards.springernature.com/login
2. Erstellen Sie ein Benutzerkonto, indem Sie Ihre Mailadresse angeben und ein Passwort vergeben.
3. Verwenden Sie den folgenden Link, um Zugang zu Ihrem SN Flashcards Set zu erhalten: https://go.sn.pub/U2DyNV

Sollte der Link fehlen oder nicht funktionieren, senden Sie uns bitte eine E-Mail mit dem Betreff „SN Flashcards" und dem Buchtitel an: customerservice@springernature.com.

2. Quantorenlogik

Wir nutzen für die Quantoren folgende Symbole:

Allquantor $\quad \forall$, Existenzquantor $\exists$

Gleichartige, benachbarte Quantoren dürfen vertauscht werden, zum Beispiel

$$\exists x \, \exists y : A(x, y) \Leftrightarrow \exists y \, \exists x : A(x, y).$$

Schluss von der absoluten Existenz auf die relative Existenz:

$$\exists x \, \forall y : A(x, y) \Rightarrow \forall y \, \exists x : A(x, y).$$

Zur Negation einer quantorisierten Aussage ersetzt man jeden Quantor durch den andersartigen Quantor und negiert schließlich die rein aussagenlogische Formel, zum Beispiel

$$\neg \exists x \, \forall y : A(x, y) \Leftrightarrow \forall x \, \neg \forall y : A(x, y)$$
$$\Leftrightarrow \forall x \, \exists y : \neg A(x, y).$$

<u>Aufgabe 51</u> <u>zur Lösung</u> <u>Seite 101</u>

Seien x, y Variable für ganze Zahlen.

Man stelle die 8 Aussagen auf, die durch alle möglichen Quantifizierungen aus der Aussageform

$$x - y < xy$$

entstehen, und entscheide, welche von ihnen wahr und welche falsch sind.

© Der/die Autor(en), exklusiv lizenziert an
Springer-Verlag GmbH, DE, ein Teil von Springer Nature 2022
S. Rollnik, *Übungsbuch fürs erfolgreiche Staatsexamen in der Mathematik*, https://doi.org/10.1007/978-3-662-65507-8_2

Aufgabe 52   zur Lösung   Seite 102
Seien x, y Variable für natürliche Zahlen. Durch alle möglichen Quantifizierungen
der Aussageform „x teilt y" entstehen 8 Aussagen.
Für jede dieser 8 Aussagen gebe man einen Beweis bzw. eine Widerlegung.

Aufgabe 53   zur Lösung   Seite 103
Für die Aussageform $x \cdot y \leq y + z$ $(x, y, z \in \mathbb{N})$ bilde man alle diejenigen
Quantifizierungen, die genau einen Existenzquantor enthalten.
(Warum gibt es nur 12 wesentlich verschiedene?)

Für jede der entstandenen Aussagen gebe man einen Beweis oder eine Widerlegung.

Aufgabe 54   zur Lösung   Seite 106
Für jede der (6 wesentlich verschiedenen)Quantorisierungen der Aussageform

$$x + y \leq x \cdot (x - y) \text{ über } \mathbb{Z}$$

gebe man einen Beweis oder eine Widerlegung.

Aufgabe 55   zur Lösung   Seite 108
Die Aussageform

$$x \leq 5 \leftrightarrow x = y$$

über $\mathbb{N}$ hat vier Quantorisierungen mit verschiedenartigen Quantoren.
Für jede von ihnen entscheide man, ob sie wahr oder falsch ist.

Aufgabe 56   zur Lösung   Seite 109
Für die Aussageform

$$x + y \leq x^2 \,; \ x, y \in \mathbb{N}$$

gebe man alle Quantorisierungen an und entscheide (mit Beweis),
welche davon wahr und welche falsch sind.

Aufgabe 57   zur Lösung   Seite 111
Für die Aussageform

$$„x^2 + px + q = 0\text{" ist lösbar in } \mathbb{R}\text{"}; \quad p, q \in \mathbb{R}$$

gebe man alle möglichen Quantorisierungen der Variablen

p, q an und entscheide, welche davon wahr sind und welche falsch.

Aufgabe 58   zur Lösung   Seite 113
Für die Aussageform $\dfrac{x}{y} \leq 1$ mit $x, y \in \mathbb{Z}\backslash\{0\}$ gebe man alle Quantorisierungen an

und entscheide, welche davon wahr sind und welche falsch.

Aufgabe 59   zur Lösung   Seite 114
Eine Klassenarbeit heißt <u>angemessen</u>, wenn jede Aufgabe von mindestens einem Schüler gelöst wurde, und <u>leicht</u>, wenn es einen Schüler gibt, der alle Aufgaben gelöst hat.

a) Ist jede leichte Klassenarbeit angemessen?

b) Ist jede angemessene Klassenarbeit leicht?

Aufgabe 60   zur Lösung   Seite 115
Für beliebige Menschen x, y bedeute $x H y$:

x ist verheiratet mit y. (Die Relation H ist symmetrisch.)

Man formalisiere die folgenden Aussagen:

a) Einige Menschen leben in Polygamie.

b) Es gibt keine Polygamie.

c) Alle Verheirateten leben in Polygamie.

Aufgabe 61   zur Lösung   Seite 115
Herr Primel untersucht eine Menge natürlicher Zahlen, die er Primelzahlen nennt, und hat herausgefunden, dass alle Primelzahlen durch 17, aber nicht alle Primelzahlen durch 7 teilbar sind.

Er erzählt dies Herrn Quantoro, der daraufhin sagt: Ich weiß zwar nicht, was Primzahlen sind, aber ich folgere, dass es mindestens eine Primzahl gibt, die nicht einstellig ist.

Wie könnte Herr Quantoro geschlossen haben?

<u>Aufgabe 62</u>   zur Lösung   Seite 115
Man zeige, dass für jede Teilmenge T von $\mathbb{N}$ die Aussage

> (*) Zu jedem $x \in \mathbb{N} \backslash T$ gibt es ein $y \in T$,
> so dass für alle $z \in \mathbb{N}$ gilt: $y < x + z$

gleichwertig ist mit $1 \in T$.

<u>Aufgabe 63</u>   zur Lösung   Seite 116
Sei T eine Teilmenge von $\mathbb{N}$. Man zeige, dass die Aussage

$$\exists n \in \mathbb{N} \ \forall t \in T \ \exists s \in T : \ t + s < n$$

genau dann gilt, wenn T endlich ist.

<u>Aufgabe 64</u>   zur Lösung   Seite 116
Für welche $n \in \mathbb{N}$ gilt:

$$\forall x \in \mathbb{N} \exists y \in \mathbb{N} : \left(x - n \in \mathbb{N} \right) \rightarrow \left(x - n \mid y + n \right) ?$$

<u>Aufgabe 65</u>   zur Lösung   Seite 117
Für beliebige Mengen A, B sind die beiden folgenden Aussagen gleichwertig:

I. $\forall x \in A \exists y \in B : \left(y \in A \rightarrow x \in B \right)$

II. $A = B$ oder $B \nsubseteq A$.

3. Mengen

Wir benutzen die üblichen Symbole $\cap, \cup, \backslash$ für den Durchschnitt, die Vereinigung und die Differenz zweier Mengen und $\times$ für das kartesische Produkt.

Für die Teilmengenrelation nutzen wir das Symbol $\subseteq$.

Für $T \subseteq M$ bezeichnen wir mit $\overline{T}$ die Komplementärmenge $M \backslash T$.

Die Potenzmenge eine Menge A bezeichnen wir mit $\mathfrak{P}(A)$.

De Morgansche Regeln:

$$\overline{A \cup B} = \overline{A} \cap \overline{B}$$
$$\overline{A \cap B} = \overline{A} \cup \overline{B}$$

Mit $|M|$ bezeichnen wir die Mächtigkeit von M.

Für alle Mengen A, B, C gilt:

$$A \subseteq B \Leftrightarrow \forall a \in A : a \in B$$
$$A = B \leftrightarrow A \subseteq B \wedge B \subseteq A$$
$$A \cap B = B \cap A \quad A \cup B = B \cup A$$
$$(A \cap B) \cap C = A \cap (B \cap C) \quad (A \cup B) \cup C = A \cup (B \cup C)$$
$$(A \cap B) \cup C = (A \cup C) \cap (B \cup C)$$
$$(A \cup B) \cap C = (A \cap C) \cup (B \cap C)$$
$$|A \times B| = |A| \cdot |B|$$
$$|A \cup B| = |A| + |B| - |A \cap B|$$

<u>Aufgabe 66</u> zur Lösung <u>Seite 119</u>

Für nicht-leere Mengen A, B gilt stets:

Aus $A \times B \subseteq B \times A$ folgt $A = B$.

© Der/die Autor(en), exklusiv lizenziert an
Springer-Verlag GmbH, DE, ein Teil von Springer Nature 2022
S. Rollnik, *Übungsbuch fürs erfolgreiche Staatsexamen in der Mathematik*, https://doi.org/10.1007/978-3-662-65507-8_3

Aufgabe 67   zur Lösung   Seite 119
Seien A, B nichtleere endliche Mengen mit

$$\left|A \times B\right| - \left|A \cap B\right| = \left|A \times A\right| + \left|A \cup B\right|.$$

Man bestimme $\left|B\right|$.

Aufgabe 68   zur Lösung   Seite 120
Seien A, B, C Mengen. Für die Menge

$$\Big(A \cup (B \backslash C)\Big) \cap \Big((A \backslash C) \cup (C \backslash B)\Big)$$

gebe man einen einfacheren Ausdruck an, und zwar einen, in dem jede der drei Mengen A, B, C nur einmal vorkommt. (Mit Beweis.)

Aufgabe 69   zur Lösung   Seite 121
Für beliebige Mengen A, B, C zeige man:

$$A \backslash (B \backslash C) = (A \backslash B) \cup (A \cap C).$$

[Warnung: Venn-Diagramme genügen nicht.]

Aufgabe 70   zur Lösung   Seite 122
Gilt für beliebige Mengen A, A', B:

Aus $A \cup B = A' \cup B$ und $A \cap B = A' \cap B$ folgt $A = A'$?

Aufgabe 71   zur Lösung   Seite 123
Für alle Mengen A, B, C gilt:

$$(A \backslash B) \backslash C = A \backslash (B \backslash C) \Leftrightarrow A \cap C = \emptyset.$$

Aufgabe 72   zur Lösung   Seite 123
Seien A, B, C Mengen. Man gebe eine möglichst einfache Bedingung an, die zu

$$A \cup (B \backslash C) = (A \cup B) \backslash (A \cup C).$$

gleichwertig ist.

Aufgabe 73   zur Lösung   Seite 124
Sei M eine Menge. Für jede Teilmenge T von M
sei $\overline{T}$ das Komplement von T in M.
Man zeige:

Für alle Teilmengen A, B, C von M gilt:

$$A \cup B = A \cup C \Leftrightarrow A \cup \overline{B} = A \cup \overline{C}.$$

Aufgabe 74   zur Lösung   Seite 124
Für alle Mengen A, B, C gilt:

$$(A \backslash B) \cup C = (B \backslash C) \cup A \text{ ist gleichwertig mit } B \subseteq C \subseteq A.$$

a) Gilt für alle Mengen A, B, C: $(A \backslash B) \cup C = A \Rightarrow A \cap B = C$?

b) Gilt die Umkehrung von a)?

Aufgabe 75   zur Lösung   Seite 125
a) Gilt für alle Mengen A, B, C :

$$(A \backslash B) \cup C = A \Rightarrow (A \cap B = C) ?$$

b) Gilt die Umkehrung von a) ?

Aufgabe 76   zur Lösung   Seite 126
Sei ∘ eine kommutative Verknüpfung zwischen beliebigen Mengen
mit der Eigenschaft:

Für alle Mengen A, B, C gilt $(A \circ B) \cup C = A \circ (B \cup C)$.
Man zeige: Für alle Mengen A, B gilt $A \cup B \subseteq A \circ B$.

Aufgabe 77   zur Lösung   Seite 127
Für beliebige Mengen A, B, C mit $B \subseteq A$ zeige man:

$$(A \backslash B) \cup (B \backslash C) = A \backslash C$$

ist gleichwertig mit $A \cap C \subseteq B$.

Aufgabe 78   zur Lösung   Seite 128
Für alle Mengen A, B, C gilt:

$$(A \setminus B) \cup (B \setminus C) \cup (C \setminus A) = (A \cup B \cup C) \setminus (A \cap B \cap C).$$

Aufgabe 79   zur Lösung   Seite 128
Für alle Mengen A, B, C gilt:

$$(A \cap B) \cup C = A \cup (B \cap C)$$
$$\text{ist gleichwertig mit } A \cup C \subseteq (A \cap C) \cup B.$$

Aufgabe 80   zur Lösung   Seite 129
Gilt für beliebige Mengen A, B

a) $(A \setminus B) \times (B \setminus A) \subseteq (A \times B) \setminus (B \times A)$?

b) die umgekehrte Inklusion?

Aufgabe 81   zur Lösung   Seite 130
Seien A, B Mengen mit $|A| = |B| = 10$ und

$$\left| (A \times B) \cup (B \times A) \right| = 136.$$

Man bestimme $|A \cap B|$.

Aufgabe 82   zur Lösung   Seite 130
Gibt es endliche Mengen A, B mit

$$\left| A \cap B \right| = 3 \text{ und } \left| (A \times B) \setminus (B \times A) \right| = \left| A \cup B \right| ?$$

Aufgabe 83   zur Lösung   Seite 131
Für alle endlichen Mengen A, B gilt:

$$\left| \mathfrak{P}(A \cup B) \right| = \left| \mathfrak{P}(A) \right| \cdot \left| \mathfrak{P}(B) \right| \Leftrightarrow A \cap B = \emptyset.$$

[Mit $\mathfrak{P}(M)$ wird die Potenzmenge von M bezeichnet.]

Aufgabe 84   zur Lösung   Seite 132

Seien A, B, C endliche Mengen, für die gilt:

$$\left| B \times C \right| = 4,$$

$$\left| (A \times B) \cup (A \times C) \right| = 20 \text{ und}$$

$$\left| \mathfrak{P}(B \setminus C) \right| < \left| A \times (B \setminus C) \right| < \left| \mathfrak{P}(B) \right|.$$

Man bestimme $\left| A \right|$, $\left| B \right|$, $\left| C \right|$, $\left| B \setminus C \right|$.

Aufgabe 85   zur Lösung   Seite 133

(Für jede Menge M werde die Potenzmenge von M mit $\mathfrak{P}(M)$ bezeichnet.)

Für welche Mengen A, B gilt:

a) $\mathfrak{P}(A \cap B) = \mathfrak{P}(A) \cap \mathfrak{P}(B)$?

b) $\mathfrak{P}(A \setminus B) = \mathfrak{P}(A) \setminus \mathfrak{P}(B)$?

Aufgabe 86   zur Lösung   Seite 134

Man beweise oder widerlege die folgenden Aussagen über Mengen:

a) Aus $\left\{ \{a\}, \{a, b\} \right\} = \left\{ \{x\}, \{x, y\} \right\}$ folgt $a = x$ und $b = y$.

b) Aus $\left\{ \{a\}, \{a, b\}, \{a, b, c\} \right\} = \left\{ \{x\}, \{x, y\} \{x, y, z\} \right\}$

folgt $a = x$ und $b = y$ und $c = z$.

Aufgabe 87   zur Lösung   Seite 135

In einem Wassersportverein betreibt jedes Mitglied mindestens eine der drei Sportarten Rudern, Segeln, Tauchen.

Addiert man die Anzahl der Ruderer, der Segler und der Taucher, so erhält man 170.

58 Mitglieder betreiben mindestens zwei Sportarten, und 88 höchstens zwei.

Wie viele Mitglieder hat der Verein, und wie viele betreiben alle drei Sportarten?

Aufgabe 88   zur Lösung   Seite 136
In einer Klasse ist Ungeziefer aufgetreten: Läuse und Flöhe.

Dabei gibt es mehr Kinder, die Läuse haben, als Kinder, die Flöhe haben, und mehr

Kinder, die Flöhe haben, als Kinder die Läuse, aber keine Flöhe haben.

Man zeige, dass mindestens zwei Kinder sowohl Läuse als auch Flöhe haben.

Aufgabe 89   zur Lösung   Seite 136
Ein aus 5 Personen bestehender Ausschuss hat Unterausschüsse gebildet, und zwar

so, dass je zwei Unterausschüsse mindestens ein gemeinsames Mitglied haben.

Man zeige: Es sind höchstens 16 Unterausschüsse gebildet worden.

Aufgabe 90   zur Lösung   Seite 137
In einer Menge von 100 natürlichen Zahlen sind 83 Zahlen gerade

oder nicht durch 3 teilbar; und 67 Zahlen sind durch 2 oder durch

3 teilbar. Wie viele ungerade Zahlen gehören zu dieser Menge?

Aufgabe 91   zur Lösung   Seite 137
Von den 100 erwachsenen Einwohnern eines Dorfes sind 60 im Reiterverein, 70 im

Schützenverein und 80 im Turnverein. Wie viele erwachsene Dorfbewohner

mindestens sind in allen drei Vereinen? (Die größte Mindestzahl ist gesucht.)

[Hinweis: Man braucht keine großen Gleichungs- oder Ungleichungssysteme.]

Aufgabe 92   zur Lösung   Seite 138
Wie viele Elemente muss eine endliche Menge mindestens enthalten,

damit die Anzahl ihrer 4-elementigen Teilmengen mindestens so groß ist

wie die Anzahl ihrer 2-elementigen Teilmengen?

Aufgabe 93   zur Lösung   Seite 138
In einem Dorf hat die Feuerwehr 28, der Gesangsverein 30 und der Turnverein 42

Mitglieder. 8 Personen sind Mitglieder der Feuerwehr und des Gesangsvereins

zugleich, 10 Personen gehören der Feuerwehr und dem Turnverein an, und 5

Personen dem Gesangsverein und dem Turnverein.

3 Personen sind Mitglieder von allen drei Vereinigungen.

Wie viele Personen gehören mindestens einer der drei Vereinigungen an?

[Mit Begründung. Man zeichne ein Venn-Diagramm.]

Aufgabe 94   zur Lösung   Seite 139

Wie viele der natürlichen Zahlen von 1 bis 10000 sind durch mindestens eine der Primzahlen $2, 3, 5$ teilbar?

Aufgabe 95   zur Lösung   Seite 140

Seien A, B, C endliche Mengen. Die Anzahlen

$$\left| A \setminus B \right|, \left| B \setminus A \right|, \left| B \setminus C \right|, \left| C \setminus B \right| \text{ und } \left| A \setminus C \right| \text{ seien gegeben.}$$

Dann kann man $\left| C \setminus A \right|$ ausrechnen.

4. Relationen und Abbildungen

Seien A, B Mengen.

Dann heißt R eine **Relation** zwischen A und B, wenn $R \subseteq A \times B$.

Ist $A = B$, so sprechen wir von einer Relation in A.

Die Notationen aRb und $(a, b) \in \mathbb{R}$ sind gleichwertig und bedeuten, dass a in Relation R zu b steht.

Sei R eine Relation in einer Menge M.

Dann heißt R

- **reflexiv**, wenn für alle $m \in M$ gilt mRm.
- **symmetrisch**, wenn für alle $a, b \in M$ gilt $aRb \Rightarrow bRa$.
- **antisymmetrisch**, wenn für alle $a, b \in M$ gilt $aRb \wedge bRa \Rightarrow a = b$.
- **transitiv**, wenn für alle $a, b, c \in M$ gilt $aRb \wedge bRc \Rightarrow aRc$.

R heißt **Ordnungsrelation**, wenn R reflexiv, antisymmetrisch und transitiv ist.

R heißt **Äquivalenzrelation**, wenn R reflexiv, symmetrisch und transitiv ist.

Eine Relation R zwischen A und B heißt **Abbildung** von A nach B, wenn zu jedem $a \in A$ genau ein $b \in B$ existiert mit aRb.

Wir bezeichnen eine Abbildung f von A nach B mit $f : A \to B$.

Sei f eine Abbildung von A nach B. Dann heißt

- f **injektiv**, wenn $\forall a_1, a_2 \in A : f(a_1) = f(a_2) \Rightarrow a_1 = a_2$.
- f **surjektiv**, wenn $\forall b \in B \, \exists a \in A : f(a) = b$.
- f **bijektiv**, wenn f injektiv und f surjektiv ist.
- f eine **Permutation**, wenn f bijektiv und $A = B$ ist.

© Der/die Autor(en), exklusiv lizenziert an
Springer-Verlag GmbH, DE, ein Teil von Springer Nature 2022
S. Rollnik, *Übungsbuch fürs erfolgreiche Staatsexamen in der Mathematik*, https://doi.org/10.1007/978-3-662-65507-8_4

Aufgabe 96   zur Lösung   Seite 141
Sei M eine Menge, und seien R, S Äquivalenzrelationen auf M.

Ist dann stets auch $R \cup S$ eine Äquivalenzrelation auf M?

Aufgabe 97   zur Lösung   Seite 141
Sei $M = \{1, 2, 3, 4, 5\}$. Wie viele (zweistellige)

    a) Relationen

    b) reflexive Relationen

    c) symmetrische Relationen

    d) sowohl reflexive als auch symmetrische Relationen

    e) antisymmetrische Relationen

gibt es auf M?

Aufgabe 98   zur Lösung   Seite 143
Seien R, S die folgenden Relationen zwischen reellen Zahlen:

    $x R y$ sei definiert als: $x - y$ ist eine ganze Zahl.

    $x S y$ sei definiert als: $x + y$ ist eine ganze Zahl.

Man untersuche die Relationen R, S auf die Eigenschaften:

reflexiv, symmetrisch, transitiv, irreflexiv, antisymmetrisch.

Aufgabe 99   zur Lösung   Seite 145
Sei $T := \mathbb{N} \setminus \{1, 2\}$.

Für Teilmengen A, B von $\mathbb{N}$ werde eine Relation $\sim$ definiert durch:

    $A \sim B :\Leftrightarrow A \setminus B \subseteq T$ und $B \setminus A \subseteq T$.

a) Man zeige, dass $\sim$ eine Äquivalenzrelation auf der Menge aller Teilmengen von $\mathbb{N}$ ist.

b) Man bestimme die Anzahl der Äquivalenzklassen von $\sim$.

Aufgabe 100   zur Lösung   Seite 146
Auf $\mathbb{Q}$ werde eine Relation R definiert durch

$$x R y :\Leftrightarrow x + 3 < 0 \text{ oder } 2x + 3 < y.$$

Man zeige: R ist transitiv.

Aufgabe 101 zur Lösung   Seite 146
Auf $\mathbb{N} \times \mathbb{N}$ sei eine Relation $\lhd$ definiert durch

$$(a, b) \lhd (a', b') :\Leftrightarrow a < a' \text{ oder } (a = a' \text{ und } b \leq b').$$

Man zeige: $\lhd$ ist eine lineare Ordnungsrelation auf $\mathbb{N} \times \mathbb{N}$.

[Zu zeigen ist also die Reflexivität, Antisymmetrie, Transitivität und Vergleichbarkeit von $\lhd$.]

Aufgabe 102 zur Lösung   Seite 147
Für jede reelle Zahl r wird auf $\mathbb{R}_{>0}$ eine Relation $\sim_r$ definiert durch:

$$a \sim_r b :\Leftrightarrow ar \leq b.$$

Für welche reellen Zahlen r ist

a) $\sim_r$ reflexiv?

b) $\sim_r$ symmetrisch?

c) $\sim_r$ transitiv?

Aufgabe 103 zur Lösung   Seite 148
Sei T eine Teilmenge von $\mathbb{Z}$, und sei die durch

$$x \sim y :\Leftrightarrow x + y \in T$$

in $\mathbb{Z}$ definierte Relation eine Äquivalenzrelation in $\mathbb{Z}$.

Man zeige: $\sim$ ist die Allrelation oder die Kongruenz modulo 2.

Aufgabe 104   zur Lösung   Seite 148
Auf der Menge $\mathbb{R}^2$ seien zwei Relationen R, S folgendermaßen definiert:

$$(x, y)R(x', y') :\Leftrightarrow x < x' \text{ und } x < y'.$$

$$(x, y)S(x', y') :\Leftrightarrow x < x' \text{ oder } x < y'.$$

Man zeige:

a) R ist irreflexiv, antisymmetrisch und transitiv.

b) S ist weder irreflexiv noch antisymmetrisch noch transitiv.

Aufgabe 105   zur Lösung   Seite 149
Sei M eine Menge und d eine Abbildung von $M \times M$ nach $\{0,1\}$.

Auf M seine Relation R definiert durch

$$x R y :\Leftrightarrow d(x, y) = 0.$$

Man zeige:

R ist transitiv genau dann, wenn für d die Dreiecksungleichung gilt,

das heißt, wenn für alle $x, y, z \in M$ gilt: $d(x, z) \leq d(x, y) + d(y, z)$.

Aufgabe 106   zur Lösung   Seite 149
a) Sei R eine Ordnungsrelation auf einer Menge M

   (das heißt, eine reflexive, antisymmetrische   und transitive Relation auf M),

   und sei S eine Ordnungsrelation auf einer Menge N

   Auf $M \times N$ werde eine Relation $R S$ definiert durch

$$(m, n)R S(m', n') :\Leftrightarrow (m \neq m' \wedge m R m') \vee (m = m' \wedge n S n')$$

   Man zeige, dass $R S$ eine Ordnungsrelation auf $M \times N$ ist.

b) Sei speziell (M, R) eine Ordnungsstruktur mit dem Ordnungsdiagramm

und sei (N, S) eine Ordnungsstruktur mit dem Ordnungsdiagramm

Man zeichne Ordnungsdiagramme

für die Ordnungsstrukturen $(M \times N, RS), (N \times M, SR)$.

Aufgabe 107   zur Lösung   Seite 151

Auf einer 5-elementigen Menge gibt es keine Äquivalenzrelation, die genau 19 Paare enthält.

Aufgabe 108   zur Lösung   Seite 152

Sei T eine Teilmenge von $\mathbb{Z}$, und sei die durch

$$x R y :\Leftrightarrow x - y + x \cdot y \in T$$

in $\mathbb{Z}$ definierte Relation R eine Äquivalenzrelation auf $\mathbb{Z}$.

Man zeige: $T = \mathbb{Z}$.

Aufgabe 109   zur Lösung   Seite 152

a) Sei M eine Menge, R eine Ordnungsrelation auf M

und S eine Äquivalenzrelation auf M.

Man zeige: $R \cap S$ ist eine Ordnungsrelation.

b) Sei speziell M die Menge der natürlichen Teiler von 60,

R die Relation „teilt" auf M und die Kongruenz modulo 3 auf M.

Man zeichne das Ordnungsdiagramm von $R \cap S$.

Aufgabe 110   zur Lösung   Seite 153

Auf der Menge M der natürlichen Zahlen von 1 bis 100 ist

„x hat dieselbe Quersumme wie y" eine Äquivalenzrelation.

Man gebe ein Repräsentantensystem für die zugehörige Klasseneinteilung von M an. In welcher Klasse liegen die meisten Zahlen?

Aufgabe 111   zur Lösung   Seite 154

Sei T eine Teilmenge von $\mathbb{Z}$ mit $0,1 \in T$.

Ferner sei die durch

$$a \sim b :\Leftrightarrow \frac{a+b}{2} \in T$$

auf $\mathbb{Z}$ definierte Relation transitiv.

Man zeige, dass dann $T = \mathbb{Z}$ sein muss.

Aufgabe 112   zur Lösung   Seite 154

Seien A, B Mengen mit $A \cap B \neq \emptyset$ und $A \not\subseteq B$.

Ferner sei $(A \times A) \cup (B \times B)$ eine Äquivalenzrelation auf $A \cup B$.

Man zeige $B \subseteq A$.

Aufgabe 113   zur Lösung   Seite 154

Sei $M := \{1,2,...,9\}$.

a) Man gebe eine Äquivalenzrelation R auf der Menge M an, die aus genau 15 Paaren besteht.

b) Man gebe eine weitere Äquivalenzrelation S auf der Menge M an, die ebenfalls aus 15 Paaren besteht, die aber eine andere Anzahl von Äquivalenzklassen liefert als die Relation R.

Aufgabe 114   zur Lösung   155

a) In $\mathbb{N}$ werde eine Relation R definiert durch

$$x R y :\Leftrightarrow x = y \text{ oder } y - x \geq 2.$$

Man zeige, dass R eine Ordnungsrelation ist.

b) Für die Einschränkung der Relation R aus a)

auf die Menge $\{1,2,3,4,5,6\}$ zeichne man ein Ordnungsdiagramm.

Aufgabe 115   zur Lösung   Seite 156
In $\mathbb{Q}$ werde eine Relation R definiert durch

$x\,R\,y :\Leftrightarrow y - x$ lässt sich als nichtnegativer Bruch mit ungeradem Nenner
schreiben.

a) Man zeige: R ist eine Ordnungsrelation.

b) Für die Teilmenge $\left\{1, \dfrac{1}{2}, \dfrac{1}{3}, \dfrac{1}{4}, \dfrac{1}{5}, \dfrac{1}{6}\right\}$ zeichne man (Begründung nicht

erforderlich) das Ordnungsdiagramm.

Aufgabe 116   zur Lösung   Seite 157
Sei $R := \left\{(x.y) \mid x,y \in \mathbb{Z}, x = y \text{ oder } x = 5 - y\right\}$.

Man zeige, dass R eine Äquivalenzrelation auf $\mathbb{Z}$ ist und gebe ein vollständiges
Repräsentantensystem der zu R gehörigen Klasseneinteilung von $\mathbb{Z}$ an.

Aufgabe 117   zur Lösung   Seite 157
In $\mathbb{N}$ sei eine Relation $\sim$ definiert durch:

$x \sim y :\Leftrightarrow$ Der Bruch $\dfrac{x}{y}$ lässt sich so darstellen,

dass Zähler und Nenner ungerade sind.

Man zeige, dass $\sim$ eine Äquivalenzrelation ist und gebe ein Repräsentantensystem
der Äquivalenzklassen an.

Aufgabe 118   zur Lösung   Seite 159
In $\mathbb{Q}_{>0}$ werde eine Relation $\sim$ definiert durch

$x \sim y :\Leftrightarrow x \cdot y$ ist Quadrat einer rationalen Zahl.

Man zeige:

a) $\sim$ ist eine Äquivalenzrelation in $\mathbb{Q}_{>0}$.

b) Es gibt eine echte Teilmenge von $\mathbb{N}$, die ein vollständiges
   Repräsentantensystem der zugehörigen Klasseneinteilung ist.

Aufgabe 119   zur Lösung   Seite 159
In $\mathbb{Q}$ werde eine Relation R definiert durch

$$x R y :\Leftrightarrow 12 \cdot (x - y) \in \mathbb{Z}.$$

Man zeige, dass R eine Äquivalenzrelation ist.

Weiter gebe man an, auf wie viele Klassen sich die Stammbrüche $\dfrac{1}{1}, \dfrac{1}{2}, \ldots, \dfrac{1}{8}$

verteilen.

Aufgabe 120   zur Lösung   Seite 160
Sei M eine nicht-leere Menge und φ eine Abbildung von M in sich mit der
Eigenschaft:
Für jede Abbildung α von M in sich gilt $\alpha \varphi = \varphi \alpha$.
Dann ist φ die identische Abbildung von M.

Aufgabe 121   zur Lösung   Seite 160
Ist die Relation

$$\left\{ \left(\frac{m}{n}, \frac{m+1}{n+1} \right) \mid m, n \in \mathbb{N} \right\}$$

eine Abbildung von $\mathbb{Q}_{>0}$ in sich?

Aufgabe 122   zur Lösung   Seite 160
Seien A, B, C Mengen, sei f eine Abbildung von A in B und g eine Abbildung von B
in C.

Für jedes $a \in A$ sei $a(fg) := (af)g$.

Dann ist fg eine Abbildung von A in C (die Nacheinanderausführung).

I.   Man beweise oder widerlege jede der folgenden Aussagen:

   a) Sind f, g injektiv, so ist auch fg injektiv.

   b) Ist fg injektiv, so ist auch f injektiv.

   c) Ist fg injektiv, so ist auch g injektiv.

II. Dasselbe für surjektiv statt injektiv.

Aufgabe 123   zur Lösung   Seite 161
a) Sei M eine Menge

   und seien α, β Abbildungen von M in M, für die $\alpha\beta = id_M$ ist.

   Muss dann α eine Permutation von M sein?

b) Sei M eine Menge und sei α eine Abbildung von M in M, für die $\alpha\alpha = id_M$ ist.

   Muss α dann eine Permutation sein?

Aufgabe 124   zur Lösung   Seite 162
a) Man gebe eine bijektive Abbildung der

   Menge $A := \{-3, 2, 7, 12,...\}$ auf die

   Menge $B := \{-1, -10, -19, -28,...\}$

durch eine Formel an, die nur die Grundrechenarten benutzt.

b) Man stelle auch die Umkehrabbildung der in a) angegebenen Abbildung so dar.

Aufgabe 125   zur Lösung   Seite 162
Für welche Paare von reellen Zahlen ist die Abbildung

$$\mathbb{R} \to \mathbb{R}$$
$$x \mapsto xa + b$$

mit dem Quadrieren, das heißt, mit der Abbildung

$$\mathbb{R} \to \mathbb{R}$$
$$x \mapsto x^2$$

vertauschbar?

Aufgabe 126   zur Lösung   Seite 162
Seien α, β Abbildungen einer Menge M in sich, und sei $\alpha\beta = \beta\alpha$.

α habe genau ein Fixelement m.

a) Man zeige: m ist auch ein Fixelement von β .

b) Kann β noch weitere Fixelemente haben?

Aufgabe 127   zur Lösung   Seite 162
Für welche $(a, b) \in \mathbb{R} \times \mathbb{R}$ mit $a \neq 0$ ist die Abbildung

$$\mathbb{R} \to \mathbb{R}$$
$$x \mapsto a\,x + b$$

zu sich selbst invers (in Bezug auf Hintereinanderausführung)?

Aufgabe 128   zur Lösung   Seite 163
Sei M eine nichtleere Menge und α eine Abbildung von M in sich, so dass α^3 konstant ist (das heißt, es gibt ein $c \in M$, so dass für jedes $x \in M$ gilt:
$\big((x\alpha)\alpha\big)\alpha = c$.).

Dann hat α genau ein Fixelement (das heißt, es gibt genau ein $p \in M$ mit $p\alpha = p$).

Aufgabe 129   zur Lösung   Seite 163
Man gebe eine Menge M und Abbildungen f, g von M in sich an, derart, dass f, g beide nicht bijektiv sind, aber ihre Nacheinanderausführung $f \circ g$ bijektiv ist.

Aufgabe 130   zur Lösung   Seite 164
Sei f eine Abbildung von $\mathbb{Q}$ nach $\mathbb{Q}$, für die gilt:

$$f(1) = 0, \text{ und für alle } a, b \in \mathbb{Q} \text{ ist } f(a + b) = f(a) + f(b).$$

Man zeige: f ist injektiv.

Aufgabe 131   zur Lösung   Seite 165

Sei n eine natürliche Zahl, und sei f eine monoton steigende Abbildung der Menge $\{1,2,...,n\}$ in sich.

[Dass f monoton steigend ist, bedeutet:

Für alle $k, l \in \{1,2,...,n\}$ gilt: Aus $k \leq l$ folgt $f(k) \leq f(l)$.]

Man zeige, dass bei f mindestens ein Element auf sich selbst abgebildet wird.

Aufgabe 132   zur Lösung   Seite 165

Man gebe zwei Abbildungen f, g von $\mathbb{N}$ nach $\mathbb{N}$ an, für die gilt:

f, g, id sind paarweise verschieden,

und es ist $f \circ f = f$, $g \circ g = g$, $f \circ g = g \circ f$.

Aufgabe 133   zur Lösung   Seite 166

Sei α diejenige Abbildung der Menge $\{1, 2, 3, 4\}$ in sich,

für die $\alpha(1) = \alpha(2) = 2$ und $\alpha(3) = \alpha(4) = 1$ ist.

Wie viele Abbildungen von $\{1, 2, 3, 4\}$ in sich gibt es, die mit α vertauschbar sind?

Wie viele davon sind bijektiv?

Aufgabe 134   zur Lösung   Seite 166

Man bestimme alle Abbildungen $f : \mathbb{R} \to \mathbb{R}$,

welche die folgenden drei Eigenschaften haben:

(1) Für alle $x, y \in \mathbb{R}$ gilt $f(x + y) = f(x) + f(y) + 2xy$.

(2) Für alle $x, y \in \mathbb{R}$ gilt $f(xy) = f(x) \cdot f(y)$.

(3) f(1) = 1.

[Hinweis: Für jede solche Abbildung f berechne man zuerst f(2)

und dann für jedes $x \in \mathbb{R}$ f(2x).]

Aufgabe 135   zur Lösung   Seite 167

Gibt es eine bijektive Abbildung

$$f : \mathbb{R}_{\geq 0} \to \mathbb{R}_{\geq 0}$$

mit $f^2 + 2f = id$?

$[f^2(x) = \big(f(x)\big)^2 \,.]$

Aufgabe 136   zur Lösung   Seite 168
Man zeige, dass die Abbildung *, die durch

$$n \mapsto n * := \frac{\big(-1\big)^n \cdot \big(2n-1\big) + 1}{4} \text{ für jedes } n \in \mathbb{N}$$

definiert ist, eine bijektive Abbildung von $\mathbb{N}$ nach $\mathbb{Z}$ ist.

Aufgabe 137   zur Lösung   Seite 169
Sei M die Menge der natürlichen Zahlen von 1 bis 49.

Eine Abbildung f von M nach $\mathbb{N}$ werde folgendermaßen definiert:

Für jedes $m \in \mathbb{N}$ sei $f(m)$ die Summe aus der Zehnerziffer und dem Fünffachen der Einerziffer von M.

Man zeige: f ist eine Permutation von M.

Aufgabe 138   zur Lösung   Seite 170
Sei f die folgendermaßen definierte Abbildung:

$$f : \mathbb{N} \to \mathbb{N}$$
$$n \mapsto \big(n+1\big)^2 + \big(-1\big)^n .$$

a) Man zeige, dass f injektiv ist.

b) Man bestimme alle Primzahlen, die in der Bildmenge von f liegen.

Aufgabe 139   zur Lösung   Seite 171
Seien f, g die folgenden Abbildungen:

$$f : \mathbb{N} \to \mathbb{N} \qquad g : \mathbb{N} \to \mathbb{N}$$
$$n \mapsto n^2, \qquad n \mapsto \begin{cases} n & \text{für ungerades } n \\ \frac{n}{2} & \text{für gerades } n \end{cases}$$

Ist die Abbildung $g \circ f$ (erst f, dann g)

a) surjektiv nach $\mathbb{N}$?

b) injektiv?

(Jeweils mit Beweis oder Widerlegung.)

Aufgabe 140   zur Lösung   Seite 172
Gegeben seien die Funktionen

$$f : \mathbb{R} \to \mathbb{R} \qquad \text{und} \qquad g : \mathbb{R} \to \mathbb{R}$$
$$x \mapsto (x-1)^2 \qquad\qquad x \mapsto 5x + 1.$$

Man untersuche, welche der Funktionen $f \circ g,\ g \circ f,\ g \circ g$ bijektiv sind.

5. Vollständige Induktion

Die Aussage $A(n)$ über alle $n \in \mathbb{N}$ lässt sich mit dem Verfahren der vollständigen Induktion in zwei Schritten beweisen.

I. Induktionsanfang

Wir zeigen, dass $A(1)$ gilt.

II. Induktionsschritt

Induktionsvoraussetzung: Es gibt ein $k \in \mathbb{N}$, für das die Aussage $A(k)$ gilt.

Induktionsbehauptung: Dann gilt auch $A(k+1)$.

Induktionsschluss: Wir nutzen die Induktionsvoraussetzung, um zu zeigen, dass die Induktionsbehauptung gilt.

Der Induktionsanfang kann auch verändert werden, beispielsweise bei 5 beginnen für Aussagen über alle natürlichen Zahlen ≥ 5 oder bei -3 bei Aussagen über alle ganzen Zahlen ≥ -3.

Aufgabe 141 zur Lösung   Seite 175

Sind n, k natürliche Zahlen, und ist k ungerade, so gilt:

2^{n+2} teilt $k^{(2^n)} - 1$.

Aufgabe 142 zur Lösung   Seite 176

Für jede natürliche Zahl n gilt: 6 teilt $n^3 - n$.

Aufgabe 143 zur Lösung   Seite 176

Man beweise durch Induktion: $\left(\sum_{k=1}^{n} k \right)^2 = \sum_{k=1}^{n} k^3$.

Springer-Verlag GmbH, DE, ein Teil von Springer Nature 2022
S. Rollnik, *Übungsbuch fürs erfolgreiche Staatsexamen in der Mathematik*, https://doi.org/10.1007/978-3-662-65507-8_5

Aufgabe 144   zur Lösung   Seite 178
Für alle natürlichen Zahlen n gilt:

$$\sum_{k=1}^{n} \frac{1}{(2k-1)\cdot(2k+1)} = \frac{n}{2n+1}.$$

Aufgabe 145   zur Lösung   Seite 179
Für alle natürlichen Zahlen n gilt:

$$3 \cdot \left(1\cdot 2 + 2\cdot 3 + \ldots + n(n+1)\right) = n(n+1)(n+2).$$

Aufgabe 146   zur Lösung   Seite 180
Für jede natürliche Zahl n gilt:

$$-1^2 + 2^2 - 3^2 + \ldots + (-1)^n n^2 = (-1)^n (1 + 2 + 3 + \ldots + n).$$

Aufgabe 147   zur Lösung   Seite 181
Für jede natürliche Zahl n gilt:

$$7 \text{ teilt } 1 + 2^{(2^n)} + 4^{(2^n)}.$$

Aufgabe 148   zur Lösung   Seite 182
Für jede natürliche Zahl n gilt:

Zwischen n und $4n$ liegt mindestens eine Kubikzahl.

(„Zwischen" soll heißen: einschließlich der Grenzen.)

Aufgabe 149   zur Lösung   Seite 182
Für jede natürliche Zahl n gilt:

$$\frac{1}{\sqrt{1}} + \frac{1}{\sqrt{2}} + \ldots + \frac{1}{\sqrt{n}} \geq \sqrt{n}.$$

Aufgabe 150   zur Lösung   Seite 184
In einer Menge von gleichartigen Münzen befindet sich genau eine falsche (sie ist leichter als die übrigen). Mit einer Balkenwaage soll diese falsche Münze herausgefunden werden.

Man zeige, dass das bei 3^n Münzen immer mit n Wägungen möglich ist.

Aufgabe 151   zur Lösung   Seite 185
a) Für alle $n \in \mathbb{N}$ und alle $a \in \mathbb{R}$ ist

$$(1 + a)^n = \sum_{k=0}^{n} \binom{n}{k} a^k .$$

b) Wie folgt daraus der Binomial-Satz?

Aufgabe 152   zur Lösung   Seite 186
Für alle $n \in \mathbb{N}$ und alle $x_1, \ldots, x_n \in \mathbb{R}$ gilt:

$$\left(x_1 + \ldots + x_n \right)^2 \leq n \cdot \left(x_1^2 + \ldots + x_n^2 \right) .$$

Aufgabe 153   zur Lösung   Seite 187
Zwischen einer natürlichen Zahl und ihrem Zweifachen

liegt stets eine Quadratzahl.

Das heißt: Zu jedem $n \in \mathbb{N}$ gibt es ein $a \in \mathbb{N}$ mit $n \leq a^2 \leq 2n$.

Aufgabe 154   zur Lösung   Seite 188
Für jede natürliche Zahl n gilt:

Wird aus einem „Schachbrett" mit $2^n \cdot 2^n$ Feldern ein beliebiges Feld herausgesägt,

so lässt sich der Rest in „Haken", d. h. 3-feldrige Teile der Form

zersägen.

Aufgabe 155   zur Lösung   Seite 189
Sei a eine reelle Zahl mit $0 < a < 1$.

Dann gilt für jede natürliche Zahl n:

$$(1 - a)^n < \frac{1}{1 + na} .$$

Aufgabe 156   zur Lösung   Seite 190
Sei $a := \dfrac{1 + \sqrt{5}}{2}$ und $b := \dfrac{1 - \sqrt{5}}{2}$.

Dann gilt für jedes $n \in \mathbb{N}$:

Die Anzahl der lückenlosen Belegungen eines $2 \times n$−Brettes mit Doppelquadraten

(d. h. 2×1−Brettern) ist $\dfrac{a^{n+1} - b^{n+1}}{\sqrt{5}}$.

Hinweis:

Induktions-Anfang: $n = 1$ und $n = 2$.

Beim Induktions-Schritt $a^2 = a + 1$ und $b^2 = b + 1$ verwenden.

Aufgabe 157   zur Lösung   Seite 193

Für jede natürliche Zahl n gilt:

$$1 + \frac{1}{2} + \frac{1}{3} + \ldots + \frac{1}{2^n} \geq \frac{n}{2} .$$

Aufgabe 158   zur Lösung   Seite 194

Für alle natürlichen Zahlen n gilt:

$$1^3 + 3^3 + 5^3 + \ldots + (2n - 1)^3 = n^2 (2n^2 - 1) .$$

Aufgabe 159   zur Lösung   Seite 194

Für alle $n \in \mathbb{N}$ und für alle positiven reellen Zahlen $a_1, \ldots, a_n$ mit $a_1 \leq a_2 \leq \ldots \leq a_n$ gilt:

$$\frac{a_1}{a_2} + \frac{a_2}{a_3} + \ldots + \frac{a_{n-1}}{a_n} + \frac{a_n}{a_1} \geq n .$$

Aufgabe 160   zur Lösung   Seite 196

Für jedes $k \in \mathbb{N}$ heißt $\dfrac{1}{k}$ ein <u>Stammbruch</u>.

Man zeige:

Für jede natürliche Zahl $n \geq 3$ gilt:

Die Zahl 1 ist darstellbar als Summe von n paarweise verschiedenen Stammbrüchen.

Aufgabe 161   zur Lösung   Seite 196

Sei n eine natürliche Zahl ≥ 4.

Jeder von n Telefonteilnehmern weiß eine Neuigkeit

(und zwar wissen verschiedene Personen <u>verschiedene</u> Neuigkeiten).

Dann genügen $2n - 4$ Telefongespräche, um zu erreichen,
dass jeder alle Neuigkeiten kennt.

<u>Aufgabe 162</u>   <u>zur Lösung</u>   <u>Seite 198</u>
Für jede natürliche Zahl n gilt:

$$1 + (1 + 2) + (1 + 2 + 3) + \ldots + (1 + 2 + \ldots + n) = \binom{n+2}{3}.$$

<u>Aufgabe 163</u>   <u>zur Lösung</u>   <u>Seite 199</u>
Für alle $n \in \mathbb{N}$ mit $n \geq 2$ gilt:
$$\binom{2}{2} + \binom{3}{2} + \ldots + \binom{n}{2} = \binom{n+1}{3}.$$

<u>Aufgabe 164</u>   <u>zur Lösung</u>   <u>Seite 200</u>
Sei $n \in \mathbb{N}$. Auf einer zweispurigen Autobahn fahren n Autos im „STOP and GO".

Wie viele verschiedene Anordnungen gibt es?

[Wesentlich ist für jedes Auto nur, auf welcher Spur und an wievielter Stelle es dort
fährt.]

<u>Aufgabe 165</u>   <u>zur Lösung</u>   <u>Seite 200</u>
Seien $a, b \in \mathbb{N}$ mit $a < b$.
Man zeige, dass für jede natürliche Zahl n gilt:

Wenn unter 4^n Kugeln eine oder zwei b Gramm wiegen und die übrigen alle a
Gramm, so kann man mit höchstens $2n$ Wägungen auf einer Balkenwaage
mindestens eine der schwereren Kugeln herausfinden.

<u>Aufgabe 166</u>   <u>zur Lösung</u>   <u>Seite 202</u>
Für jede natürliche Zahl n gilt: $133 \mid 11^{n+1} + 12^{2n-1}$.

<u>Aufgabe 167</u>   <u>zur Lösung</u>   <u>Seite 203</u>
Für alle $n \in \mathbb{N}$ gilt:

$$\sum_{k=1}^{n} \left(\frac{3}{2}\right)^{(k^2)} \le \left(\frac{3}{2}\right)^{n^2+1}.$$

Aufgabe 168 zur Lösung   Seite 204

Für alle $n \in \mathbb{N}$ gilt: $\displaystyle\sum_{k=1}^{n} \frac{1}{k(k+2)} = \frac{n(3n+5)}{4(n+1)(n+2)}$.

Aufgabe 169 zur Lösung   Seite 205

Man zeige durch Induktion nach n:

Die Potenzmenge einer Menge mit genau n Elementen hat genau 2^n Elemente.

Aufgabe 170 zur Lösung   Seite 206

Für alle $m, n \in \mathbb{N}_0$ gilt:

$$\sum_{k=0}^{m} \binom{n+k}{n} = \binom{m+n+1}{n+1}.$$

6. Arithmetik

Aufgabe 171   zur Lösung   Seite 209
Man bestimme alle Lösungen des folgenden Gleichungssystems über $\mathbb{R}$:

$$\begin{aligned} \sqrt{x} + \sqrt{y} &= 2 \\ x + 2\sqrt{y} &= 5 \end{aligned}$$

Aufgabe 172   zur Lösung   Seite 209
Auch eine Art, Brüche zu addieren:

Zu beliebigen rationalen Zahlen $q, q' \neq 0$ mit $q \neq q'$ gibt es stets ganze Zahlen a, b, a', b' mit $b, b', b + b' \neq 0$, für die gilt:

$$q = \frac{a}{b}, \qquad q' = \frac{a'}{b'}$$

$$\text{und } q + q' = \frac{a + a'}{b + b'}.$$

Aufgabe 173   zur Lösung   Seite 210
Man stelle $\dfrac{1}{1 + \sqrt{2} + \sqrt{3}}$ in der Form

$$a + b\sqrt{2} + c\sqrt{3} + d\sqrt{6} \text{ mit } a, b, c, d \in \mathbb{Q} \text{ dar.}$$

Aufgabe 174   zur Lösung   Seite 211
Welche rationalen Zahlen lassen sich

     a) als Summe von endlich vielen Quadraten rationaler Zahlen

     b) als Differenz von zwei Quadraten rationaler Zahlen

darstellen?

Aufgabe 175   zur Lösung   Seite 211
Seien $a, b, c \in \mathbb{Q}$ mit $c \geq 0$.

© Der/die Autor(en), exklusiv lizenziert an
Springer-Verlag GmbH, DE, ein Teil von Springer Nature 2022
S. Rollnik, *Übungsbuch fürs erfolgreiche Staatsexamen in der
Mathematik*, https://doi.org/10.1007/978-3-662-65507-8_6

Dann gilt für alle $n \in \mathbb{N}$:

$$\left(a + b\sqrt{c}\right)^n + \left(a - b\sqrt{c}\right)^n \in \mathbb{Q} \,.$$

Aufgabe 176   zur Lösung   Seite 211
Seien $b, c \in \mathbb{R}$ mit $b \geq 0$. Man zeige:

$x^4 + bx^2 + c = 0$ ist in $\mathbb{R}$ lösbar genau dann, wenn $c \leq 0$ ist.

Aufgabe 177   zur Lösung   Seite 212
In NULL + NULL = ZWÖLF

sind die Buchstaben durch von 0 und 6 verschiedene Ziffern so zu ersetzen, dass
eine richtige Gleichung zwischen (im Zehnersystem geschriebenen) Zahlen entsteht.
Dabei sollen verschiedene Buchstaben durch verschiedene Ziffern ersetzt werden.

Man zeige, dass es dafür genau eine Möglichkeit gibt.

Aufgabe 178   zur Lösung   Seite 213
Man zeige: Es gibt keine rationalen Zahlen a, b mit $\left(a + b\sqrt{2}\right)^2 = 2 + \sqrt{2}$.

[Es wird als bekannt vorausgesetzt, dass $\sqrt{2}$ keine rationale Zahl ist.]

Aufgabe 179   zur Lösung   Seite 213
Sei $a \in \mathbb{R}$. Für welche $x \in \mathbb{R}$ gilt

$$\sqrt{x + a + 2} - 1 = \sqrt{2x + 2a + 1} - \sqrt{x + a} \ ?$$

Aufgabe 180   zur Lösung   Seite 214
Sei g die Verbindungsgerade der Punkte $\left(-1,2\right), \left(2,3\right)$.

Für jedes $r \in \mathbb{R}_{>0}$ sei $K(r)$ der Kreis mit dem Radius r und dem Mittelpunkt
$\left(3,0\right)$.

a) Für jedes $r \in \mathbb{R}_{>0}$ bestimme man die Schnittpunkte von g und $K(r)$.

b) Für welches $r \in \mathbb{R}_{>0}$ ist g Tangente an $K(r)$?

Aufgabe 181   zur Lösung   Seite 215
Sei

$$f : \mathbb{R} \to \mathbb{R}$$
$$x \mapsto x^2 + x - 4.$$

Sei $g := f \circ f$ (d. h. sei g die Nacheinanderausführung von f mit sich selbst).
Man bestimme alle Fixelemente von g, d. h. alle $x \in \mathbb{R}$ mit $g(x) = x$.
[Hinweis: Man betrachte auch die Fixelemente von f.]

Aufgabe 182   zur Lösung   Seite 215
Sei $D_1 := \left\{ x \,\middle|\, x \in \mathbb{Q}, 10x \in \mathbb{Z} \right\}$,   d. h. die Menge der Dezimalzahlen mit höchstens einer Stelle hinter dem Komma.

Für $x, y \in D_1$ sei $x \odot y$ definiert als diejenige Zahl aus D_1, die durch Runden des gewöhnlichen Produkts $x \cdot y$ auf eine Stelle hinter dem Komma entsteht. (Wie üblich sollen die Ziffern 1, 2, 3, 4 abgerundet und die Ziffern 5, 6, 7, 8, 9 aufgerundet werden.)

Das Verknüpfungsgebilde $\left(D_1, \odot \right)$ ist offenbar kommutativ und hat 1 als neutrales Element.

a) Ist $\left(D_1, \odot \right)$ assoziativ?

b) Man bestimme alle $\odot$-Inversen der Zahl 1,1.

c) Gibt es eine Zahl $\neq 0$ in D_1, die kein $\odot$-Inverses hat?

d) Gibt es eine Zahl in D_1, die mehrere $\odot$-Inverse hat?

Aufgabe 183   zur Lösung   Seite 216
Man stelle $\sqrt{2}$ im Dreiersystem bis zur zweiten Stelle hinter dem Komma dar, und zwar

a) ohne Aufrunden,

b) mit Aufrunden.

Aufgabe 184   zur Lösung   Seite 216
Man bestimme eine möglichst kleine natürliche Zahl $b > 1$

und eine ganze Zahl a, so dass das Polynom

$$x^3 + a\,x^2 + 33x + 55,$$

bei dem die Koeffizienten im Positionssystem mit der Basis b dargestellt sind, -4

als Nullstelle hat.

Aufgabe 185   zur Lösung   Seite 216
a) Man zeige, dass es zu jeder natürlichen Zahl n ganze Zahlen a_n, b_n

gibt mit $\left(\sqrt{2} - 1\right)^n = a_n + b_n\sqrt{2}$, und drücke für jedes $n \in \mathbb{N}$

sowohl a_{n+1} als auch b_{n+1} durch a_n, b_n aus.

[Bemerkung: a_n, b_n sind eindeutig bestimmt, weil $\sqrt{2}$ irrational ist..]

b) Man zeige, dass für jede natürliche Zahl n gilt:

$$a_n^2 - 2b_n^2 = \left(-1\right)^n.$$

Aufgabe 186   zur Lösung   Seite 217
Eine Inschrift auf einer babylonischen Keilschrift-Tafel kann als das folgende

Gleichungssystem gedeutet werden:

$$\frac{1}{3}\left(x + y\right) - \frac{1}{60}\left(x - y\right)^2 = \frac{46}{15}$$
$$x\,y = 21.$$

Welche Lösungen (aus $\mathbb{R} \times \mathbb{R}$) hat dieses Gleichungssystem?

[Hinweis: Die Einführung neuer Variabler kann nützlich sein.]

Aufgabe 187   zur Lösung   Seite 218
In einem Kasten liegen genau zwei Arten von Gewichtsstücken.

Ihr Gesamt-Durchschnittsgewicht sei d.

Jemand entnimmt nun dem Kasten einige Gewichtsstücke.

Das Durchschnittsgewicht der entnommenen Gewichtsstücke sei dabei kleiner als d.

Man zeige: Das Durchschnittsgewicht der im Kasten verbliebenen Gewichtsstücke ist größer als d.

Aufgabe 188   zur Lösung   Seite 218

Für welche Tripel (x, y, z) von reellen Zahlen gilt

$$x y = 12, \quad y z = 108$$

und $\sqrt{x}\sqrt{y} = 12$?

Aufgabe 189   zur Lösung   Seite 219

a) Man gebe ein Polynom vierten Grades mit ganzzahligen Koeffizienten an, das $\sqrt{2} + \sqrt{3}$ als eine Nullstelle hat.

b) Man bestimme alle (reellen) Nullstellen dieses Polynoms.

Aufgabe 190   zur Lösung   Seite 220

Man berechne $\sqrt{2\left(100 - \sqrt{9999}\right)} - \sqrt{101} + \sqrt{99}$.

Aufgabe 191   zur Lösung   Seite 220

Sei $r := \sqrt[3]{2}$.

Man stelle jede der drei Zahlen

a) $\dfrac{1}{1 + r}$,

b) $\dfrac{1}{1 + r^2}$,

c) $\dfrac{1}{2 + r + r^2}$

in der Form $a + br + cr^2$ mit $a, b, c \in \mathbb{Q}$ dar.

Aufgabe 192   zur Lösung   Seite 221

Welche Zahl ist größer: $\sqrt{2}^{\sqrt{3}}$ oder $\sqrt{3}^{\sqrt{2}}$?

[Mit Beweis.]

Aufgabe 193   zur Lösung   Seite 222
Man gebe eine 9-stellige Zahl an, bei der jeder der Ziffern 1 bis 9

vorkommt und deren Zweifaches ebenfalls diese Eigenschaft hat.

Aufgabe 194   zur Lösung   Seite 222
Die Summe zweier verschiedener Quadratzahlen aus $\mathbb{N}$ ist stets

das arithmetische Mittel zweier Quadratzahlen aus $\mathbb{N}$.

Aufgabe 195   zur Lösung   Seite 222
Man bestimme alle Lösungen des Gleichungssystems

$$\frac{x}{y+1} + z = 1$$
$$\frac{x}{y+4} + z = 2$$
$$\frac{x}{y+9} + z = 3$$

Aufgabe 196   zur Lösung   Seite 223
Für welche Paare (a, b) von 2-stelligen natürlichen Zahlen liefert das folgende

„Rechenverfahren" das richtige Produkt $a \cdot b$?

Man addiert den Einer von a zu b, multipliziert das Ergebnis mit 10

und addiert dazu das Produkt der Einer von a und b?

Aufgabe 197   zur Lösung   Seite 224
Auf dem Taschenrechner gibt es die Funktionstaste G(x),

die jeder positiven reellen Zahl x die größte ganze Zahl $\leq x$ zuordnet.

Sei $n \in \mathbb{N}$. Man gebe mit Hilfe der Funktion G eine explizite Darstellung

derjenigen Funktion R_n an, die jede positive reelle Zahl x auf n Stellen hinter dem

Komma genau rundet.

[Beispiele: $R_3(2{,}7484) = 2{,}748$, $R_3(2{,}7485) = 2{,}749$.]

Aufgabe 198   zur Lösung   Seite 224
Man berechne die Zahl

$$123456785 \cdot 123456787 \cdot 123456788 \cdot 123456796$$
$$- 123456782 \cdot 123456790 \cdot 123456791 \cdot 123456793.$$

[Die Differenz soll berechnet werden.]

<u>Aufgabe 199</u>   zur Lösung   Seite 224
Gibt es ein Positions-System, in dem $45 \cdot 5 = 104$ ist?

<u>Aufgabe 200</u>   zur Lösung   Seite 224
Ein Rennfahrer fuhr seine erste Runde mit der Geschwindigkeit v_1, die zweite mit v_2 und die dritte mit v_3.

Man entwickele eine Formel für seine Durchschnittsgeschwindigkeit bei dieser 3 Runden-Fahrt.

Teil II - Lösungen zu den einführenden Themen

7. Lösungen zur Aussagenlogik

Lösung zu Aufgabe 1   zur Aufgabe   Seite 3

a) Natürlich könnte man diese Aufgabe mithilfe einer Wahrheitstafel lösen. Dort würde man dann für alle 8 Belegungen der Variablen A, B, C mit den Werten wahr und falsch prüfen, ob die Formeln $\left(A \mathbin{\dot\vee} \left(B \mathbin{\dot\vee} C \right) \right)$ und $\left(\left(A \mathbin{\dot\vee} B \right) \mathbin{\dot\vee} C \right)$ jeweils denselben Wahrheitswert liefern. Das ist nicht schwierig, aber mühselig. Man kann so vorgehen, dass man zunächst jeweils den Wahrheitswert für die Formel in der inneren Klammer bestimmt.   Das ist in der folgenden Tabelle gezeigt.

A	B	C	$\left(A \mathbin{\dot\vee} \left(B \mathbin{\dot\vee} C \right) \right)$	$\left(\left(A \mathbin{\dot\vee} B \right) \mathbin{\dot\vee} C \right)$
w	w	w	f	f
w	w	f	w	f
w	f	w	w	w
w	f	f	f	w
f	w	w	f	w
f	w	f	w	w
f	f	w	w	f
f	f	f	f	f

Nun nutzen wir diese Zwischenergebnisse zur Bestimmung der Wahrheitswerte für die ganze Formel, die hier fett dargestellt sind. Wenn wir zeilenweise vergleichen, stellen wir fest, dass die Formeln für alle acht Belegungen denselben Wahrheitswert liefern.

A	B	C	$\left(A \dot\vee \left(B \dot\vee C\right)\right)$		$\left(\left(A \dot\vee B\right) \dot\vee C\right)$	
w	w	w	w	f	f	w
w	w	f	f	w	f	f
w	f	w	f	w	w	f
w	f	f	w	f	w	w
f	w	w	f	f	w	f
f	w	f	w	w	w	w
f	f	w	w	w	f	w
f	f	f	f	f	f	f

b) Hier geht es nur um die vier Fälle, in denen die Formel $\left(A \dot\vee \left(B \dot\vee C\right)\right)$ den Wahrheitswert wahr besitzt. Es ist sofort klar, dass es nicht vier Fälle geben kann, in denen genau eine der drei Aussagen A, B, C wahr ist. Also stellen wir fest, dass aus $\left(A \dot\vee \left(B \dot\vee C\right)\right)$ nicht folgt, dass genau eine der Aussagen A, B, C wahr ist. Man könnte auch die obere Zeile der Wahrheitstafel als Gegenbeispiele anführen, denn dort ist die Aussage $\left(A \dot\vee \left(B \dot\vee C\right)\right)$ wahr, aber es sind alle drei Aussagen A, B, C wahr.

c) Die Umkehrung der Aussage (*) heißt: „Wenn genau eine der Aussagen A, B, C wahr ist, dann gilt $\left(A \dot\vee \left(B \dot\vee C\right)\right)$." Dazu blicken wir die vierte, sechste und siebte Belegung in der Wahrheitstafel, denn dort finden wir die Fälle, in denen genau eine der Aussagen wahr ist. Wir stellen fest, dass dann auch die Formel $\left(A \dot\vee \left(B \dot\vee C\right)\right)$ den Wert wahr hat. Bei den folgenden Aufgaben werden wir meist auf Wahrheitstafeln verzichten, weil es gute Alternativen zu ihnen gibt.

Für den Teil a) könnte mit Umformungen oder Fallunterscheidungen zum Ziel kommen.
Das Arbeiten mit Umformungen setzt natürlich eine Sicherheit beim Ersetzen von Formeln durch logisch äquivalente Formeln voraus. Für Fallunterscheidung benötigt man die Fähigkeit, Formeln zu vereinfachen, wenn die Wahrheitswerte für einzelne Teilaussagen bekannt sind.

a) mit Umformungen

Wir können die beiden gegebenen Formeln mit dem Junktor $\leftrightarrow$ verknüpfen und dann durch Äquivalenzumformungen in eine Formel überführen, der wir deutlich ansehen, dass sie wahr ist.

$$\Big((A \mathbin{\dot\vee} B) \mathbin{\dot\vee} C \Big) \leftrightarrow \Big(A \mathbin{\dot\vee} (B \mathbin{\dot\vee} C) \Big)$$

$$\Leftrightarrow \Big((A \leftrightarrow \neg B) \mathbin{\dot\vee} C \Big) \leftrightarrow \Big(\neg A \leftrightarrow (B \mathbin{\dot\vee} C) \Big)$$

$$\Leftrightarrow \Big(\neg (A \leftrightarrow \neg B) \leftrightarrow C \Big) \leftrightarrow \Big(\neg A \leftrightarrow (\neg B \leftrightarrow C) \Big)$$

$$\Leftrightarrow \Big((A \leftrightarrow B) \leftrightarrow C \Big) \leftrightarrow \Big(A \leftrightarrow (B \leftrightarrow C) \Big).$$

Wenn man weiß, dass der Junktor $\leftrightarrow$ assoziativ ist, ist man an dieser Stelle fertig.

a) mit Fallunterscheidung

Es wird gezeigt, dass $\Big((A \mathbin{\dot\vee} B) \mathbin{\dot\vee} C \Big) \leftrightarrow \Big(A \mathbin{\dot\vee} (B \mathbin{\dot\vee} C) \Big)$ eine Tautologie ist.

1. Fall: C ist wahr, dann gilt

$$\Big((A \mathbin{\dot\vee} B) \mathbin{\dot\vee} C \Big) \leftrightarrow \Big(A \mathbin{\dot\vee} (B \mathbin{\dot\vee} C) \Big)$$

$$\Leftrightarrow (A \leftrightarrow B) \leftrightarrow (A \mathbin{\dot\vee} \neg B)$$

$$\Leftrightarrow (A \leftrightarrow B) \leftrightarrow (A \leftrightarrow B).$$

2. Fall: C ist falsch, dann gilt:

$$\Big((A \mathbin{\dot\vee} B) \mathbin{\dot\vee} C \Big) \leftrightarrow \Big(A \mathbin{\dot\vee} (B \mathbin{\dot\vee} C) \Big)$$

$$\Leftrightarrow (A \mathbin{\dot\vee} B) \leftrightarrow (A \mathbin{\dot\vee} B).$$

In beiden Fällen ist die Formel wahr. Also ist sie eine Tautologie.

Das heißt, der Junktor $\dot\vee$ ist assoziativ.

Man beachte, dass wir in der Wahrheitstafel 8 Belegungen betrachten und bei dieser Technik zwei Fälle bearbeiten. Tatsächlich können ja auch nicht mehr als zwei Fälle für die Aussage C gelten. Entweder ist C wahr oder C ist falsch. Tertium non datur.

Der Fall „C ist wahr" umfasst vier Belegungen der Wahrheitstafel, nämlich die zweite, vierte, sechste und achte Zeile der Wahrheitstafel.

Die anderen vier Belegungen werden durch den Fall „C ist falsch" behandelt.

Man hat also tatsächlich durch Betrachtung dieser beiden Fälle alle möglichen Belegungen behandelt.

Man hätte alternativ auch nach „A ist wahr" und „A ist falsch", beziehungsweise „B ist wahr" und „B ist falsch" die Fallunterscheidung vornehmen können.

Man möge diese Fallunterscheidungen einmal durchspielen.

Nicht immer führt jede Fallunterscheidung auf ähnlich leichtem Weg zum Ziel.

Kommt man in einem Fall, beispielsweise „D ist wahr" nicht weiter, so kann man diesen in zwei Unterfälle, beispielsweise „E ist wahr" und „E ist falsch" unterteilen und gegebenenfalls in diesen Fällen weitere Unterfälle betrachten.

Mit wachsender Erfahrung wird man aber auch einen Blick dafür entwickeln, welche Fallunterscheidungen hilfreich sind.

<u>Lösung zu Aufgabe 2</u>   <u>zur Aufgabe   Seite 4</u>

Eine solche Klammerung muss man nicht auf den ersten Blick sehen. Der Herleitungsprozess ist hier auch gar nicht gefragt. Wir können also einfach irgendwo Klammern setzen und prüfen, ob wir eine Tautologie erhalten.

Falls es uns gelungen ist, zeigen wir, dass es tatsächlich eine ist.

Wenn nicht, verwerfen wir diese Klammersetzung und probieren eine andere.

Man erhält beispielsweise durch folgende Klammerung eine Tautologie:

$$A \vee \Big(B \to \neg \big(A \wedge (B \leftrightarrow A) \big) \Big)$$

Beweis:

1. Fall: A ist wahr.

        Dann ist die Formel wahr.

2. Fall: A ist falsch.

        Dann ist $A \wedge \big(B \leftrightarrow A \big)$ falsch, also $\neg \Big(A \wedge \big(B \leftrightarrow A \big) \Big)$ wahr und

        somit die Formel wahr.

Lösung zu Aufgabe 3   zur Aufgabe   Seite 4
Der hier eingeführte Junktor Δ ist auch in der Alltagssprache sehr gebräuchlich als „weder...noch".

$$\neg A \Leftrightarrow \neg A \wedge \neg A$$
$$\Leftrightarrow A \; \Delta \; A \, .$$

$$A \wedge B \Leftrightarrow \neg(\neg A) \wedge \neg(\neg B)$$
$$\Leftrightarrow \neg A \; \Delta \; \neg B$$
$$\Leftrightarrow (A \; \Delta \; A) \; \Delta \; (B \; \Delta \; B) \, .$$

Hier nutzen wir, dass eine Aussage äquivalent zu ihrer doppelten Negation ist, dann die Definition des Junktors Δ und schließlich die im ersten Teil dieser Aufgabe erarbeitete Äquivalenz.

$$A \vee B \Leftrightarrow \neg(\neg A \wedge \neg B)$$
$$\Leftrightarrow \neg(A \; \Delta \; B)$$
$$\Leftrightarrow (A \; \Delta \; B) \; \Delta \; (A \; \Delta \; B) \, .$$

Hier beginnen wir mit einer doppelten Negation der Disjunktion mithilfe der De Morganschen Regel, nutzen dann die Definition des Junktors Δ und wieder die im ersten Teil erarbeitete Äquivalenz.

$$A \to B \Leftrightarrow \neg A \vee B$$
$$\Leftrightarrow (A \; \Delta \; A) \vee B$$
$$\Leftrightarrow \left((A \; \Delta \; A) \; \Delta \; B \right) \; \Delta \; \left((A \; \Delta \; A) \; \Delta \; B \right) \, .$$

Hier ersetzen wir die Subjunktion durch eine äquivalente Disjunktion, nutzen dann die von oben bekannte Regel zur Ersetzung der Negation und die im vorigen Aufgabenteil erarbeitete Regel zur Ersetzung der Disjunktion.

Lösung zu Aufgabe 4   zur Aufgabe   Seite 4
Es gibt genau 6 Bijektionen von $\{\, *, \circ, \Delta \,\}$ auf $\{\, \to, \leftrightarrow, \vee \,\}$.
Folgende Abbildung $\phi : \{\, *, \circ, \Delta \,\} \to \{\, \to, \leftrightarrow, \vee \,\}$ auf $\{\, \to, \leftrightarrow, \vee \,\}$ liefert eine Tautologie:

$$\phi : \begin{cases} * \mapsto & \to \\ \circ \mapsto & \leftrightarrow \\ \Delta \mapsto & \vee \end{cases}$$

Zu zeigen ist, dass $\left[(A \leftrightarrow B) \to (C \vee A)\right] \vee \left[B \to (C \leftrightarrow A)\right]$ eine Tautologie ist.

Beweis:

1. Fall: A ist wahr.

Dann ist die Formel wahr, weil dann $C \vee A$ wahr ist und damit auch $\left[(A \leftrightarrow B) \to (C \vee A)\right]$ wahr ist und somit die ganze Formel wahr ist.

2. Fall: A ist falsch.

Dann ist die Formel äquivalent zu $\left[\neg B \to C\right] \vee \left[B \to \neg C\right]$.

Das ist eine bekannte Tautologie.

Wenn man das nicht sieht kann man eine weitere Fallunterscheidung machen oder wie im Folgenden mit einer Umformung weiter arbeiten.

2.1. Fall: C ist wahr.

Dann ist $\neg B \to C$ wahr und damit die ganze Formel wahr.

2.2. Fall: C ist falsch.

Dann ist $\neg C$ wahr und damit auch $B \to \neg C$ wahr und somit die ganze Formel wahr.

In diesem ersten Beispiel für eine Fallunterscheidung mit einer Unterfallunterscheidung mache man sich klar, dass der 1. Fall genau vier Belegungen der zugehörigen Wahrheitstafel umfasst. Sortiert man die Belegungen wie in Aufgabe 1, dann sind es die ersten vier Belegungen. Der zweite Fall behandelt genau die anderen vier Belegungen. Die Unterfälle beziehen sich auf die vier Belegungen des zweiten Falles, also auf die letzten vier Belegungen der Wahrheitstafel. Der Fall 2.1. befasst sich mit der fünften und siebten Belegung, der Fall 2.2 mit der sechsten und achten.

Die angesprochene Alternative, mit einer Umformung zu arbeiten, kann so aussehen:

$$\left[\neg B \to C\right] \vee \left[B \to \neg C\right] \Leftrightarrow \left[B \vee C\right] \vee \left[B \vee \neg C\right]$$
$$\Leftrightarrow B \vee C \vee \neg C.$$

Nun erkennt man deutlich, dass diese Aussage unabhängig von B wahr ist.

Lösung zu Aufgabe 5   zur Aufgabe   Seite 4

Es gilt $A \to \left(B \to C\right) \Leftrightarrow \neg\left(A \wedge B \wedge \neg C\right)$.

Wir nutzen, dass für alle Aussagen X, Y die Äquivalenz $X \to Y \Leftrightarrow \neg X \vee Y$ gilt und die De Morgansche Regel.

Beweis:

$$A \to \left(B \to C\right) \Leftrightarrow \neg A \vee \left(B \to C\right)$$
$$\Leftrightarrow \neg A \vee \neg B \vee C$$
$$\Leftrightarrow \neg\left(A \wedge B \wedge \neg C\right)$$

Lösung zu Aufgabe 6   zur Aufgabe   Seite 4

Die Formel ist äquivalent zu $A \to B$.

Ist nämlich $A \to B$ wahr, dann ist auch die komplette Formel wahr.

Ist aber $A \to B$ falsch, dann ist die Prämisse im Teil $\left(A \to B\right) \to \left(B \to A\right)$ falsch, also dieser Teil der Formel wahr und damit gesamte Formel falsch.

Lösung zu Aufgabe 7   zur Aufgabe   Seite 5

Es reicht natürlich nicht zu sagen: „Ja, es gibt eine Möglichkeit" oder „Nein, es gibt keine Möglichkeit."

Es ist ein Beweis oder eine Widerlegung zu liefern.

Eine mögliche Klammerung ist $\left(\left(\neg A \vee B\right) \wedge A\right) \to \left(B \leftrightarrow A\right)$.

1. Fall: A ist wahr.

Dann gilt

$$\left(\left(\neg A \vee B\right) \wedge A\right) \rightarrow \left(B \leftrightarrow A\right)$$

$$\Leftrightarrow \left(\left(\neg w \vee B\right) \wedge w\right) \rightarrow \left(B \leftrightarrow w\right)$$

$$\Leftrightarrow B \rightarrow B$$
$$\Leftrightarrow w.$$

2. Fall: A ist falsch.

Dann gilt

$$\left(\left(\neg A \vee B\right) \wedge A\right) \rightarrow \left(B \leftrightarrow A\right) \Leftrightarrow \left(\left(\neg f \vee B\right) \wedge f\right) \rightarrow \left(B \leftrightarrow f\right)$$

$$\Leftrightarrow f \rightarrow \neg B$$
$$\Leftrightarrow w.$$

<u>Lösung zu Aufgabe 8</u>   <u>zur Aufgabe   Seite 5</u>

Hier kann man wieder auf einem Schmierzettel probieren. Es gibt ja nur 24 Möglichkeiten, die vier Junktoren auf die vier Plätze zu verteilen. Dann sind allerdings noch verschiedene Klammerungen möglich.

Wenn man die Definitionen der Junktoren im Kopf hat, kann man sich hier zunutze machen, dass $\dot\vee$ bei jeder Belegung gerade den entgegengesetzten Wahrheitswert hat wie $\leftrightarrow$.

Man kann die Junktoren und Klammern beispielsweise folgendermaßen setzen, um eine Tautologie zu erhalten:
$$\left(A \wedge \left(B \dot\vee C\right)\right) \vee \left(A \rightarrow \left(B \leftrightarrow C\right)\right).$$

Beweis:

1. Fall: A ist falsch.

Dann ist $A \rightarrow \left(B \leftrightarrow C\right)$ wahr und somit die ganze Formel wahr.

2. Fall: A ist wahr. Dann ist

$$\left(A \wedge \left(B \dot\vee C\right)\right) \vee \left(A \rightarrow \left(B \leftrightarrow C\right)\right) \Leftrightarrow \left(B \dot\vee C\right) \vee \left(B \leftrightarrow C\right).$$

Auch diese Formel ist für jede Belegung wahr.

Alternative:

Auch $\left((A \dot\vee B) \wedge \left(C \vee (A \leftrightarrow B) \right) \right) \rightarrow C$ ist eine Tautologie.

Beweis:

1. Fall: C ist wahr.

   Dann ist

   $$\left((A \dot\vee B) \wedge \left(C \vee (A \leftrightarrow B) \right) \right) \rightarrow C \text{ wahr.}$$

2. Fall: C ist falsch.

   Dann ist

   $$\left((A \dot\vee B) \wedge \left(C \vee (A \leftrightarrow B) \right) \right) \rightarrow C$$

   $$\Leftrightarrow \neg \left((A \dot\vee B) \wedge (A \leftrightarrow B) \right)$$

   $$\Leftrightarrow \neg (A \dot\vee B) \vee \neg (A \leftrightarrow B)$$

   $$\Leftrightarrow (A \leftrightarrow B) \vee \neg (A \leftrightarrow B).$$

   Also ist die Formel auch in diesem Fall wahr.

Lösung zu Aufgabe 9   zur Aufgabe   Seite 5
Die Vorgehensweise ist ähnlich wie bei Aufgabe 7.

Es gibt eine solche Klammerung, denn beispielsweise ist

$$A \vee \left(B \rightarrow \left((C \wedge \neg B) \leftrightarrow A \right) \right) \text{ eine Tautologie.}$$

Beweis:

1. Fall: A ist wahr. Dann ist die Formel wahr.

2. Fall: A ist falsch. Dann ist die Formel äquivalent zu $B \rightarrow \neg (C \wedge \neg B)$.

   Diese Formel ist äquivalent zu $\neg B \vee \neg C \vee B$.

   Also ist die Formel auch in diesem Fall wahr.

Lösung zu Aufgabe 10   zur Aufgabe   Seite 5

Zu prüfen sind die folgenden vier Formeln:

(i) $(A \leftrightarrow B) \vee C \vee \big((B \vee C) \to \neg A\big)$

(ii) $(A \leftrightarrow B) \vee C \vee \big((B \wedge C) \to \neg A\big)$

(iii) $(A \leftrightarrow B) \vee C \vee \big((B \to C) \to \neg A\big)$

(iv) $(A \leftrightarrow B) \vee C \vee \big((B \leftrightarrow C) \to \neg A\big)$

Die Formeln (i) und (ii) sind Tautologien, die anderen beiden nicht.

Beweis:

(i) 1. Fall: C wahr. Dann ist die Formel wahr.

     2. Fall: C falsch. Dann ist die Formel äquivalent zu

$$(A \leftrightarrow B) \vee (B \to \neg A)$$

           Diese Formel ist eine Tautologie.

(ii) 1. Fall: C wahr. Dann ist die Formel wahr.

     2. Fall: C falsch. Dann ist die Formel ebenfalls wahr, da dann $(B \wedge C) \to \neg A$ wahr ist.

(iii)   Diese Formel ist keine Tautologie, denn wenn A wahr ist und B und C beide falsch sind, ist die Formel wahr.

(iv)   Diese Formel ist keine Tautologie, denn wenn A wahr ist und B und C beide falsch sind, ist die Formel wahr.

Lösung zu Aufgabe 11   zur Aufgabe   Seite 5

a) $\big((A \to A) \to A\big) \to A$ b) $\big((A \to A) \to A\big) \to B$

c) $\big((A \to A) \to B\big) \to A$ d) $\big((A \to A) \to B\big) \to B$

e) $\Big((A \to B) \to A\Big) \to A$ f) $\Big((A \to B) \to A\Big) \to B$

g) $\Big((A \to B) \to B\Big) \to A$ h) $\Big((A \to B) \to B\Big) \to B$

a) ist eine Tautologie, denn für A wahr ist die Formel offensichtlich wahr, und für A falsch ist sie äquivalent zu $(w \to f) \to f$ und somit äquivalent zu $f \to f$ also auch wahr.

b) ist keine Tautologie, denn für A wahr und B falsch ist die Formel falsch.

c) ist keine Tautologie, denn für A falsch und B wahr ist die Formel falsch.

d) ist eine Tautologie, denn d) ist äquivalent zu $B \to B$ und das ist eine Tautologie.

e) ist eine Tautologie, denn falls A wahr, ist die Formel offensichtlich wahr. Falls A falsch, so ist die Formel äquivalent zu $\Big((f \to B) \to f\Big) \to f$ also zu $(w \to f) \to f$ und schließlich $f \to f$. Dieses ist wahr.

f) ist keine Tautologie, denn für A wahr, B falsch ist $(A \to B) \to A$ wahr und somit die Formel falsch.

g) ist keine Tautologie, denn für A falsch, B wahr ist $(A \to B) \to B$ wahr und somit die Formel falsch.

h) ist keine Tautologie, denn für A wahr und B falsch ist $(A \to B) \to B$ wahr und somit die Formel falsch.

Lösung zu Aufgabe 12   zur Aufgabe   Seite 6

a) $(A \to B) \leftrightarrow \Big((A \vee B) \to (A \to B)\Big)$ ist eine Tautologie.

b) $\Big((A \to B) \leftrightarrow (A \vee B)\Big) \to (A \to B)$ ist eine Tautologie.

Beweis:

a) 1. Fall: $A \to B$ ist wahr.

          Dann ist die Formel wahr.

2. Fall: $A \to B$ ist falsch.

Dann ist A wahr und B falsch. Somit ist $A \vee B$ wahr und $(A \vee B) \to (A \to B)$ falsch, also die Formel wahr.

b) 1. Fall: $A \to B$ ist wahr.

Dann ist die Formel wahr.

2. Fall: $A \to B$ ist falsch.

Dann ist A wahr und B falsch.

Es gilt

$$\left((A \to B) \; \leftrightarrow \; (A \vee B) \right) \; \to \; (A \to B)$$

$$\Leftrightarrow \left((w \to f) \leftrightarrow (w \vee f) \right) \to (w \to f)$$

$$\Leftrightarrow (f \leftrightarrow w) \to f$$

$$\Leftrightarrow f \to f.$$

<u>Lösung zu Aufgabe 13</u>   <u>zur Aufgabe   Seite 6</u>

Es geht um die folgenden Formeln

i) $\left[(A \to \neg B) \leftrightarrow (C \wedge B) \right] \to (A \vee A)$

ii) $\left[(A \to \neg B) \leftrightarrow (C \wedge B) \right] \to (A \vee B)$

iii) $\left[(A \to \neg B) \leftrightarrow (C \wedge B) \right] \to (A \vee C)$

i) $\left[(A \to \neg B) \leftrightarrow (C \wedge B) \right] \to (A \vee A)$ ist keine Tautologie, denn für A falsch

und B, C wahr ist die Formel falsch.

ii) $\left[(A \to \neg B) \leftrightarrow (C \wedge B) \right] \to (A \vee B)$ ist eine Tautologie, denn falls A wahr

oder B wahr, ist die Formel wahr.

Ist aber sowohl A falsch als auch B falsch, dann gilt

$$\left[(A \to \neg B) \leftrightarrow (C \wedge B)\right] \to (A \vee B)$$
$$\Leftrightarrow \neg(f \to \neg f) \leftrightarrow (C \wedge f)$$
$$\Leftrightarrow f \leftrightarrow f$$
$$\Leftrightarrow w.$$

iii) $\left[(A \to \neg B) \leftrightarrow (C \wedge B)\right] \to (A \vee C)$ ist eine Tautologie, denn falls A wahr oder C wahr, ist die Formel wahr. Wenn aber sowohl A falsch als auch C falsch ist, gilt

$$\left[(A \to \neg B) \leftrightarrow (C \wedge B)\right] \to (A \vee C)$$
$$\Leftrightarrow \neg(f \to \neg B) \leftrightarrow (f \wedge B)$$
$$\Leftrightarrow \neg w \leftrightarrow f$$
$$\Leftrightarrow w.$$

Lösung zu Aufgabe 14   zur Aufgabe   Seite 6

$\left[(A \wedge B) \vee C\right] \leftrightarrow \left[(A \vee C) \wedge (B \vee C)\right]$ ist eine Tautologie, denn falls C wahr ist, so sind beide Seiten wahr. Falls C falsch ist, ist die Formel äquivalent zu $(A \wedge B) \leftrightarrow (A \wedge B)$, und das ist eine Tautologie.

$\left[(A \vee B) \vee C\right] \leftrightarrow \left[(A \vee C) \vee (B \vee C)\right]$ ist eine Tautologie, denn wenn eine der Variablen A, B, C mit wahr belegt wird, so sind beide Seiten wahr. Wenn aber jede dieser Variablen mit falsch belegt wird, dann sind beide Seiten falsch.

$\left[(A \to B) \vee C\right] \leftrightarrow \left[(A \vee C) \to (B \vee C)\right]$ ist eine Tautologie, denn wenn C wahr ist, dann sind beide Seiten wahr. Wenn aber C falsch ist, dann ist die Formel äquivalent zu $(A \to B) \leftrightarrow (A \to B)$, und das ist eine Tautologie.

$\left[(A \leftrightarrow B) \vee C\right] \leftrightarrow \left[(A \vee C) \leftrightarrow (B \vee C)\right]$ ist eine Tautologie, denn wenn C wahr ist, dann sind beide Seiten wahr. Wenn aber C falsch ist, dann ist die Formel äquivalent zu $(A \leftrightarrow B) \leftrightarrow (A \leftrightarrow B)$, und das ist eine Tautologie.

Die Formel $A \to \left(B \to (C \to D) \right)$ ist keine Tautologie, denn wenn A, B und C

alle wahr sind und D falsch ist, dann ist die Formel falsch.

Wenn man eine der Variablen durch eine der anderen ersetzt, erhält man eine der

folgenden Formeln:

i) $A \to \left(A \to (C \to D) \right)$ ii) $A \to \left(B \to (A \to D) \right)$

iii) $A \to \left(B \to (C \to A) \right)$ v) $B \to \left(B \to (C \to D) \right)$

v) $A \to \left(B \to (B \to D) \right)$ vi) $A \to \left(B \to (C \to B) \right)$

vii) $C \to \left(B \to (C \to D) \right)$ viii) $A \to \left(C \to (C \to D) \right)$

ix) $A \to \left(B \to (C \to C) \right)$ x) $D \to \left(B \to (C \to D) \right)$

xi) $A \to \left(D \to (C \to D) \right)$ xii) $A \to \left(B \to (D \to D) \right)$

Es reicht, die Formeln i), ii), iii), v), vi) und ix) zu betrachten, denn die anderen sind
strukturgleich zu einer von diesen. Beispielsweise gleichen sich vii) und ii) in der
Struktur.

i) $A \to \left(A \to (C \to D) \right)$ ist keine Tautologie, denn wenn A und C wahr sind
und D falsch ist, ist die Formel falsch.

ii) $A \to \left(B \to (A \to D) \right)$ ist keine Tautologie, denn wenn A und B wahr sind und
D falsch ist, ist die Formel falsch.

iii) $A \to \left(B \to (C \to A) \right)$ ist eine Tautologie.

v) $A \to \left(B \to (B \to D) \right)$ ist keine Tautologie, denn wenn und B wahr sind und
D falsch ist, ist die Formel falsch.

vi) $A \to \left(B \to \left(C \to B\right)\right)$ ist eine Tautologie.

ix) $A \to \left(B \to \left(C \to C\right)\right)$ ist eine Tautologie.

Lösung zu Aufgabe 16   zur Aufgabe   Seite 7

Es gibt folgende Möglichkeiten, eine der Variablen durch eine andere zu ersetzen:

i) A durch B: $\left[(B \lor B) \land (C \to \neg B)\right] \leftrightarrow \neg\left[B \to \left(C \lor (B \land B)\right)\right]$

ii) A durch C: $\left[(C \lor B) \land (C \to \neg C)\right] \leftrightarrow \neg\left[B \to \left(C \lor (C \land B)\right)\right]$

iii) B durch A: $\left[(A \lor A) \land (C \to \neg A)\right] \leftrightarrow \neg\left[A \to \left(C \lor (A \land A)\right)\right]$

iv) B durch C: $\left[(A \lor C) \land (C \to \neg A)\right] \leftrightarrow \neg\left[C \to \left(C \lor (A \land C)\right)\right]$

v) C durch A: $\left[(A \lor B) \land (A \to \neg A)\right] \leftrightarrow \neg\left[B \to \left(A \lor (A \land B)\right)\right]$

vi) C durch B: $\left[(A \lor B) \land (B \to \neg A)\right] \leftrightarrow \neg\left[B \to (B \lor \left(A \land B\right))\right]$

Nun ist zu prüfen, welche dieser Formeln Tautologien sind.

Man sieht sofort, dass es sich nur um drei verschiedene Formeln handelt, denn iii) entsteht aus i), wenn man A für B einsetzt, v) entsteht aus ii), wenn man C durch A ersetzt, und vi) entsteht aus iv), wenn man B für C einsetzt.

Es reicht also, die Formeln i), ii) und iv) zu untersuchen.

i) $\left[(B \lor B) \land (C \to \neg B)\right] \leftrightarrow \neg\left[B \to \left(C \lor (B \land B)\right)\right]$
$$\Leftrightarrow \left[B \land (C \to \neg B)\right] \leftrightarrow \neg\left[B \to (C \lor B)\right]$$
$$\Leftrightarrow \left[B \land (C \to \neg B)\right] \leftrightarrow \left[B \land \neg(C \lor B)\right].$$

Wenn B wahr ist und C falsch ist, ist $B \land \left(C \to \neg B\right)$ wahr und $B \land \neg(C \lor B)$ falsch. Also ist diese Formel keine Tautologie.

ii) Diese Formel ist eine Tautologie, denn

$$\left[(C \vee B) \wedge (C \to \neg C) \right] \leftrightarrow \neg \left[B \to \left(C \vee (C \wedge B) \right) \right]$$

$$\Leftrightarrow \left[(C \vee B) \wedge \neg C \right] \leftrightarrow \neg \left[B \to C \right]$$

$$\Leftrightarrow \left[B \wedge \neg C \right] \leftrightarrow \neg \left[B \to C \right]$$

$$\Leftrightarrow \left[B \wedge \neg C \right] \leftrightarrow \left[B \wedge \neg C \right].$$

iv) Diese Formel ist keine Tautologie, denn wenn A wahr ist und C falsch,

   dann ist $(A \vee C) \wedge (C \to \neg A)$ wahr und $\neg \left[C \to \left(C \vee (A \wedge C) \right) \right]$

   falsch.

<u>Lösung zu Aufgabe 17</u>   <u>zur Aufgabe   Seite 7</u>

a) 1. Fall: A ist wahr.

               Dann ist die Formel wahr.

    2. Fall: A ist falsch.

               Dann ist die Formel äquivalent zu $(B \leftrightarrow C) \to \neg C$.

    2.1. Fall: C ist wahr.

               Dann ist die Formel äquivalent zu $\neg B$.

    2.2. Fall: C ist falsch.

               Dann ist die Formel wahr.

    Die Formel

$$\left[(A \wedge \neg B \wedge \neg C) \vee \left(\neg A \wedge (B \leftrightarrow C) \right) \right] \to \left[(\neg A \wedge \neg C) \vee (A \wedge \neg B) \right]$$

    ist genau dann wahr, wenn A wahr, B falsch oder C falsch ist.

b) 1. Fall: A ist wahr.

               Dann ist die Formel äquivalent zu

$$\left[(B \leftrightarrow C) \leftrightarrow D \right] \leftrightarrow \left[B \leftrightarrow (C \leftrightarrow D) \right].$$

1.1. Fall: B ist wahr.

Dann ist die Formel äquivalent zu

$$\left(C \leftrightarrow D \right) \leftrightarrow \left(C \leftrightarrow D \right),$$

und diese Formel ist für jede Belegung der Variablen C und D wahr.

1.2. Fall: B ist falsch.

Dann ist die Formel äquivalent zu

$$\left(\neg C \leftrightarrow D \right) \leftrightarrow \neg \left(C \leftrightarrow D \right),$$

und diese Formel ist für jede Belegung der Variablen C und D wahr.

2. Fall: A ist falsch.

Dann ist Formel äquivalent zu

$$\left[\left(\neg \left(B \leftrightarrow C \right) \right) \leftrightarrow D \right] \leftrightarrow \left[\neg B \leftrightarrow \left(C \leftrightarrow D \right) \right].$$

2.1. Fall: B ist wahr.

Dann ist die Formel äquivalent zu

$$\left(\neg C \leftrightarrow D \right) \leftrightarrow \neg \left(C \leftrightarrow D \right),$$

und diese Formel ist für jede Belegung der Variablen C und D wahr.

2.2. Fall: B ist falsch.

Dann ist die Formel äquivalent zu

$$\left(C \leftrightarrow D \right) \leftrightarrow \left(C \leftrightarrow D \right),$$

und diese Formel ist für jede Belegung der Variablen C und D wahr.

Lösung zu Aufgabe 18   <u>zur Aufgabe   Seite 7</u>

a)   1. Fall: C ist wahr.

             Dann ist die Formel wahr.

     2. Fall: C ist falsch.

             Dann ist die Formel äquivalent zu

$$\neg\Big((A \to B) \to B\Big) \to (\neg A \wedge \neg B)\,.$$

     2.1. Fall: B ist wahr.

             Dann ist die Formel wahr.

     2.2. Fall: B ist falsch.

             Dann ist die Formel äquivalent zu $\neg A \to \neg A$.

    Diese Formel ist also eine Tautologie.

b)   1. Fall: B ist falsch.

             Dann ist die Formel wahr.

     2. Fall: B ist wahr.

             Dann ist die Formel äquivalent zu

$$\Big[A \to \neg\big(C \to (A \leftrightarrow D)\big)\Big] \vee \Big[(C \vee D) \to C\Big]\,.$$

     2.1. Fall: A ist falsch.

             Dann ist die Formel wahr.

     2.2 Fall: A ist wahr.

             Dann ist die Formel äquivalent zu

$$\Big[\neg(C \to D)\Big] \vee \Big[(C \vee D) \to C\Big]\,.$$

     2.2.1. Fall: C ist wahr.

Dann ist die Formel wahr.

2.2.2. Fall: C ist falsch.

Dann ist die Formel äquivalent zu $\neg D$.

Die Formel ist falsch für die Belegung A wahr, B wahr, C falsch, D wahr. In allen anderen Fällen ist sie wahr.

Lösung zu Aufgabe 19   zur Aufgabe   Seite 8

a) 1. Fall: C ist wahr.

Dann ist die Formel wahr.

2. Fall: C ist falsch.

Dann ist die Formel äquivalent zu

$$\left[(B \wedge \neg A) \vee \neg B\right] \leftrightarrow \left[B \rightarrow \neg A\right].$$

2.1. Fall: B ist wahr.

Dann ist die Formel äquivalent zu $\neg A \leftrightarrow \neg A$, und diese Formel ist für jede Belegung wahr.

2.2. Fall: B ist falsch.

Dann ist die Formel wahr.

Es handelt sich also um eine Tautologie.

b) 1. Fall: A ist falsch.

Dann ist die Formel äquivalent zu $\neg \left[C \wedge B \wedge (B \vee \neg C)\right]$.

1.1. Fall: C ist wahr.

Dann ist die Formel äquivalent zu $\neg B$.

1.2. Fall: C ist falsch.

Dann ist die Formel wahr.

2. Fall: A ist wahr.

Dann ist die Formel äquivalent zu $\neg \left[B \vee C \right] \leftrightarrow \left[C \wedge \neg B \right]$.

Diese Formel ist für jede Belegung der Variablen B und C mit den Wahrheitswerten w, f falsch.

Diese Formel ist also genau dann wahr, wenn A und B falsch sind und C wahr ist oder wenn A und C falsch sind oder wenn A und B wahr sind.

Lösung zu Aufgabe 20   zur Aufgabe   Seite 8

1. Fall: Q ist falsch.

Dann ist die Formel wahr.

2. Fall: Q ist wahr.

Dann ist die Formel äquivalent zu
$$\left[\left(\neg A \wedge B \right) \vee \left(\left(C \rightarrow D \right) \leftrightarrow P \right) \right] \rightarrow \left(A \rightarrow C \right).$$

2.1. Fall: C ist wahr.

Dann ist die Formel wahr.

2.2. Fall: C ist falsch.

Dann ist die Formel äquivalent zu
$$\left[\left(\neg A \wedge B \right) \vee P \right] \rightarrow \neg A \, .$$

2.2.1. Fall: A ist wahr.

Dann ist die Formel äquivalent zu $\neg P$.

2.2.2. Fall: A ist falsch.

Dann ist die Formel wahr.

Die Formel ist also genau dann wahr, wenn Q falsch oder C wahr oder A falsch oder P falsch ist.

Lösung zu Aufgabe 21   zur Aufgabe   Seite 8

a) 1. Fall: A wahr.

Dann ist die Formel äquivalent zu

$$\left[(B \to C) \wedge B\right] \to \left[C \to \neg B\right].$$

1.1. Fall: B ist wahr.

Dann ist die Formel äquivalent zu $C \to \neg C$, und dies ist genau dann wahr, wenn C falsch ist.

1.2. Fall: B ist falsch.

Dann ist die Formel wahr.

2. Fall: A ist falsch.

Dann ist die Formel äquivalent zu $\neg C$.

Die Formel ist also genau dann wahr, wenn

i) A wahr, B wahr, C wahr,

ii) A falsch, C wahr.

b) Behauptung: $A \vee \left(B \to \neg\left(A \wedge (B \leftrightarrow A)\right)\right)$ ist eine Tautologie.

Beweis: 1. Fall: A ist wahr

Dann ist die Formel wahr.

2. Fall: A ist falsch.

Dann ist $A \wedge (B \leftrightarrow A)$ falsch, die Negation davon wahr und somit auch $B \to \neg\left(A \wedge (B \leftrightarrow A)\right)$ wahr.

Damit ist aber auch die Formel wahr.

Lösung zu Aufgabe 22   zur Aufgabe   Seite 8

Behauptung: $\left[\left((A \wedge B) \to C\right) \vee A\right] \leftrightarrow \left[B \wedge \left(C \to \left(A \vee (B \leftrightarrow C)\right)\right)\right]$

ist äquivalent zu B.

Beweis:

1. Fall: B ist wahr.

         Dann ist die Formel äquivalent zu

$$\left[(A \to C) \vee A\right] \leftrightarrow \left[C \to (A \vee C)\right].$$

  1.1. Fall: C ist wahr.

            Dann ist die Formel wahr.

  1.2. Fall: C ist falsch.

            Dann ist die Formel wahr.

2. Fall: B ist falsch.

         Dann ist die Formel falsch.

Also ist die Formel äquivalent zu B.

Lösung zu Aufgabe 23   zur Aufgabe   Seite 9

Behauptung: Die Formel ist äquivalent zu $N \vee \neg M$.

Beweis:

1. Fall: N ist wahr.

         Dann ist die Formel wahr.

2. Fall: N ist falsch.

         Dann ist

$$\left(\left[G \to \left(H \to \left[(K \dot{\vee} L) \vee (H \wedge (K \leftrightarrow L))\right]\right)\right] \to M\right) \to N$$

$$\Leftrightarrow \left[G \to \left(H \to \left[(K \dot{\vee} L) \vee (H \wedge (K \leftrightarrow L))\right]\right)\right] \wedge \neg M.$$

  2. 1. Fall: M ist wahr.

Dann ist die Formel falsch.

2. 2. Fall: M ist falsch.

Dann ist die Formel äquivalent zu

$$G \rightarrow \Big(H \rightarrow \big[(K \mathbin{\dot\vee} L) \vee (H \wedge (K \leftrightarrow L)) \big] \Big).$$

2. 2. 1. Fall: G ist falsch.

Dann ist die Formel wahr.

2. 2. 2. Fall: G ist wahr.

Dann ist

$$G \rightarrow \Big(H \rightarrow \big[(K \mathbin{\dot\vee} L) \vee \big(H \wedge (K \leftrightarrow L) \big) \big] \Big)$$
$$\Leftrightarrow H \rightarrow \big[(K \mathbin{\dot\vee} L) \vee \big(H \wedge (K \leftrightarrow L) \big) \big]$$
$$\Leftrightarrow \neg H \vee \big[(K \mathbin{\dot\vee} L) \vee \big(H \wedge (K \leftrightarrow L) \big) \big]$$
$$\Leftrightarrow \neg H \vee \neg (K \leftrightarrow L) \vee \big(H \wedge (K \leftrightarrow L) \big)$$
$$\Leftrightarrow \neg \big(H \wedge (K \leftrightarrow L) \big) \vee \big(H \wedge (K \leftrightarrow L) \big).$$

Auch in diesem Fall ist die Formel also wahr.

Es ist also

$$\Big(\big[G \rightarrow \big(H \rightarrow \big[(K \mathbin{\dot\vee} L) \vee (H \wedge (K \leftrightarrow L)) \big] \big) \big] \rightarrow M \Big) \rightarrow N \Leftrightarrow N \vee \neg M.$$

Lösung zu Aufgabe 24   zur Aufgabe   Seite 9

Behauptung: $\big[(A \leftrightarrow B) \vee \neg B \big] \rightarrow \Big[\big(C \wedge \big(C \leftrightarrow (C \vee \neg B) \big) \big) \rightarrow (B \wedge A) \Big]$

ist äquivalent zu $B \vee \neg C$.

Beweis:

1. Fall: B ist wahr.

Dann ist die Formel äquivalent zu $A \rightarrow (C \rightarrow A)$, und das ist eine Tautologie.

2. Fall: B ist falsch.

Dann ist die Formel äquivalent zu $\neg C$.

Die Formel ist also äquivalent zu $B \vee \neg C$.

<u>Lösung zu Aufgabe 25</u>   <u>zur Aufgabe   Seite 9</u>
Von den Aussagen

(i) $(A \rightarrow C) \wedge (B \rightarrow C)$,

(ii) $(A \rightarrow C) \vee (B \rightarrow C)$ und

(iii) $A \rightarrow (B \rightarrow C)$

sind (ii) und (iii) zur Formel $(A \wedge B) \rightarrow C$ gleichwertig, (i) jedoch nicht.

Beweis:

(i)   Für A falsch, B wahr und C falsch ist $(A \rightarrow C) \wedge (B \rightarrow C)$ falsch, aber $(A \wedge B) \rightarrow C$ wahr.

(ii)   Es gilt

$$(A \wedge B) \rightarrow C$$
$$\Leftrightarrow \neg(A \wedge B) \vee C$$
$$\Leftrightarrow \neg A \vee \neg B \vee C$$
$$\Leftrightarrow (\neg A \vee C) \vee (\neg B \vee C)$$
$$\Leftrightarrow (A \rightarrow C) \vee (B \rightarrow C).$$

(iii) Es gilt

$$A \rightarrow (B \rightarrow C)$$
$$\Leftrightarrow \neg A \vee (B \rightarrow C)$$
$$\Leftrightarrow \neg A \vee \neg B \vee C$$
$$\Leftrightarrow \neg (A \wedge B) \vee C$$
$$\Leftrightarrow (A \wedge B) \rightarrow C.$$

Bemerkung:

Der in diesem Aufgabentyp behandelte Inhalt ist von großer Relevanz für das Beweisen mathematischer Sätze. Denn häufig hat man es mit Sätzen der Struktur $(A \wedge B) \rightarrow C$ zu tun. Man hat nun gerade bewiesen, dass man den Satz in eine der Variationen $(A \rightarrow C) \vee (B \rightarrow C)$ oder $A \rightarrow (B \rightarrow C)$ umformulieren kann.

<u>Lösung zu Aufgabe 26</u>   <u>zur Aufgabe   Seite 9</u>
Behauptung:

Die Formel (ii) ist gleichwertig zu $(A \vee B) \rightarrow C$, (i) und (iii) sind es nicht.

Beweis:

(i) Für die Belegung A wahr, B falsch, C falsch ist $(A \vee B) \rightarrow C$ falsch, aber $(A \rightarrow B) \vee (A \rightarrow C)$ wahr.

(ii) Es ist

$$(A \vee B) \vee C$$
$$\Leftrightarrow \neg (A \vee B) \vee C$$
$$\Leftrightarrow (\neg A \wedge \neg B) \vee C$$
$$\Leftrightarrow (\neg A \vee C) \wedge (\neg B \vee C)$$
$$\Leftrightarrow (A \rightarrow C) \wedge (B \rightarrow C).$$

(iii) Für die Belegung A falsch, B falsch, C falsch ist $(A \vee B) \rightarrow C$ wahr und $[(A \rightarrow C) \wedge (B \rightarrow C)] \rightarrow C$ falsch.

<u>Lösung zu Aufgabe 27</u>   <u>zur Aufgabe   Seite 9</u>
Die Formeln

$$(A \to B) \lor C,$$
$$(A \to B) \lor (A \to C) \text{ und}$$
$$(A \land \neg B) \to C$$

sind zu der Formel $A \to (B \lor C)$ gleichwertig.

Denn sie sind alle genau dann wahr, wenn A falsch oder B wahr oder C wahr.

Die Formel $(A \to B) \land (A \to C)$ ist nicht zu der Formel $A \to (B \lor C)$ gleichwertig, denn für die Belegung A wahr, B falsch, C wahr, ist $(A \to B) \land (A \to C)$ falsch und $A \to (B \lor C)$ wahr.

Lösung zu Aufgabe 28   zur Aufgabe   Seite 10

Für die Teilmengen von $\{1, 2, 3, 4, 5, 6, 7, 8, 9\}$, die jede der Bedingungen I. bis V. erfüllt, gilt:

Nach V. enthält keine der Teilmengen eine der Zahlen $1, 4, 9$.

Keine der Zahlen $5, 6$ ist nach III. in M.

Nach I. folgt, dass 6 und 8 beide beide nicht enthalten sind.

Nach II. ist 7 enthalten.

Wenn 2 in der Menge ist, dann ist nach IV. auch 3 in der Menge.

Es erfüllen also folgende Mengen alle Bedingungen I. bis V.:

$\{2, 3, 7\}, \{3, 7\}, \{7\}$.

Lösung zu Aufgabe 29   zur Aufgabe   Seite 10

Die Aussageform wird genau dann erfüllt, wenn $x \in \{1, 2, 4, 5\}$.

Für $x = 2$ sind beide Teilaussagen falsch.

Für $x \in \{1, 4, 5\}$ sind beide Teilaussagen wahr.

Um die Lösung zu finden, kann man für jede der Zahlen von 1 bis 100 überprüfen, ob man eine wahre Aussage erhält, wenn man sie für x einsetzt. Das ist nicht schwierig, aber recht aufwendig. Wir kommen schneller ans Ziel, wenn wir die Struktur der Aussage analysieren. Es ist eine Bijunktion. Sie ist wahr, wenn beide Teilaussagen wahr sind oder wenn beide Teilaussagen falsch sind.

Somit können wir das Problem vereinfachen, in dem wir es in zwei Probleme zerlegen.

Also fragen wir uns im ersten Schritt: „Für welche $x \in \{1, 2, \ldots, 100\}$ ist

$$\neg \left[(x = 1 \lor x = 4 \lor x = 5) \to (x = 7 \land x = 9) \right]$$ wahr und für welche falsch?"

Weiter fragen wir: „Für welche $x \in \{1, 2, \ldots, 100\}$ ist

$x = 2 \to (x = 3 \lor x = 5 \lor x = 7)$ wahr und für welche falsch?"

Bei $\neg \left[(x = 1 \lor x = 4 \lor x = 5) \to (x = 7 \land x = 9) \right]$ haben wir es mit der Negation einer Subjunktion zu tun, also mit einer Aussage der Struktur $\neg (A \to B)$. Sie ist äquivalent zu $A \land \neg B$.

Also ist $\neg \left[(x = 1 \lor x = 4 \lor x = 5) \to (x = 7 \land x = 9) \right]$ äquivalent zu

$(x = 1 \lor x = 4 \lor x = 5) \land \neg (x = 7 \land x = 9)$.

Diese Aussage ist genau dann wahr, wenn $x = 1 \lor x = 4 \lor x = 5$.

Nun betrachten wir die zweite Teilaussage $x = 2 \to (x = 3 \lor x = 5 \lor x = 7)$. Wir haben es hier mit einer Aussage der Struktur $A \to B$ zu tun. Sie ist äquivalent zu $\neg A \lor B$.

Also ist $x = 2 \to (x = 3 \lor x = 5 \lor x = 7)$ äquivalent zu

$x \neq 2 \lor x = 3 \lor x = 5 \lor x = 7$.

Diese Aussage können wir noch weiter vereinfachen zu $x \neq 2$.

Die zweite Teilaussage ist also genau dann wahr, wenn $x \neq 2$.

Wir fassen zusammen:

Beide Teilaussagen sind genau dann wahr, wenn $x = 1 \lor x = 4 \lor x = 5$.

Beide Teilaussagen sind genau dann falsch, wenn $x = 2$.

Lösung zu Aufgabe 30   zur Aufgabe   Seite 10

Die folgende Tabelle zeigt, dass die erste, dritte und vierte Formel äquivalent sind, dass aber die zweite Formel deren Negation ist.

A	B	C	$A \leftrightarrow (B \leftrightarrow C)$	$(A \dot\vee B) \leftrightarrow C$	$(A \leftrightarrow B) \leftrightarrow C$	$A \dot\vee (B \dot\vee C)$
w	w	w	w	f	w	w
w	w	f	f	w	f	f
w	f	w	f	w	f	f
w	f	f	w	f	w	w
f	w	w	f	w	f	f
f	w	f	w	f	w	w
f	f	w	w	f	w	w
f	f	f	f	w	f	f

<u>Lösung zu Aufgabe 31</u>   <u>zur Aufgabe   Seite 11</u>

Die linke Seite ist wahr, wenn $x = 1$ oder $x \neq n$ oder x = 3.

Die rechte Seite ist wahr, wenn $x = n$ und ($x = 2$ oder $x \neq 4$)

Die linke Seite ist falsch, wenn $x = n$ und $x \neq 3$ und $x \neq 1$.

Die rechte Seite ist falsch, wenn $x \neq n$ oder ($x = n$ und $x = 4$).

Es ist $L(1) = \{1\}$, $L(3) = \{3\}$, $L(4) = \{4\}$.

Für alle anderen $n \in \mathbb{N}$ ist $L(n) = \varnothing$.

Für $n \in \{1, 3\}$ sind für $x = n$ beide Teilaussagen wahr, und für $x \neq n$ ist es nicht möglich, dass beide Teilaussagen falsch sind.

Für alle $n \notin \{1, 3\}$ gibt es kein x, so dass beide Teilaussagen wahr sind.

Für $n = 4$ und $x = 4$ sind beide Teilaussagen falsch.

Für alle $n \notin \{1, 3, 4\}$ ist stets $L(n) = \varnothing$.

<u>Lösung zu Aufgabe 32</u>   <u>zur Aufgabe   Seite 11</u>

Es sind beide Seiten wahr genau dann, wenn $x \in \{3, 5, 6, 10, 15, 30\}$.

Es sind genau dann beide Seiten falsch, wenn $x = 4$.

Also gilt $\left[x \mid 12 \rightarrow 3 \mid x \right] \leftrightarrow \left[(2 \mid x \vee x \mid 15) \wedge x \mid 30 \right]$ genau dann, wenn

$x \in \{3, 4, 5, 6, 10, 15, 30\}$.

Lösung zu Aufgabe 33   zur Aufgabe   Seite 11

Behauptung: $L = \left\{ (1,1), (2,2), (3,1), (4,1), (3,2) \right\}$.

Beweis: Für $x < y$ ist $(x^2 > y + 5) \vee (x < y)$ wahr und

$(x^2 + y^2 < 20) \wedge (x > y)$ falsch. Damit ist die Gesamtaussage falsch.

Für $x = y$ ist $(x^2 + y^2 < 20) \wedge (x > y)$ falsch.

Die Aussage kann also nur dann wahr sein, wenn die linke Teilaussage auch   falsch ist, also wenn $x^2 \leq y + 5$.

In dem Fall ist

$$x^2 \leq y + 5 \Leftrightarrow x^2 \leq x + 5$$
$$\Leftrightarrow x = 1 \vee x = 2.$$

Hier ist $L_1 = \left\{ (1,1), (2,2) \right\}$.

Für $x > y$ ist $(x^2 > y + 5) \vee (x < y)$ äquivalent zu $x^2 > y + 5$ und $(x^2 + y^2 < 20) \wedge (x > y)$ äquivalent zu $x^2 + y^2 < 20$.

Es gilt also

$$\left[(x^2 > y + 5) \vee (x < y) \right] \leftrightarrow \left[(x^2 + y^2 < 20) \wedge (x > y) \right]$$
$$\Leftrightarrow x^2 > y + 5 \leftrightarrow x^2 + y^2 < 20$$
$$\Leftrightarrow (x^2 > y + 5 \wedge x^2 + y^2 < 20) \vee (x^2 \leq y + 5 \wedge x^2 + y^2 \geq 20).$$

Für $x^2 > y + 5 \wedge x^2 + y^2 < 20$ ist $L_2 = \left\{ (3,1), (4,1), (3,2) \right\}$.

Für $x^2 \leq y + 5 \wedge x^2 + y^2 \geq 20$ folgt mit der Voraussetzung $x > y$ schon $x < 3$.

Mit $y < x < 3$ kann nicht $x^2 + y^2 \geq 20$ gelten.

Insgesamt ist $L = \left\{ (1,1), (2,2), (3,1), (4,1), (3,2) \right\}$.

Lösung zu Aufgabe 34   zur Aufgabe   Seite 11
Im Folgenden bezeichne F die Formel

$$\left[\left(\left(n \geq 4 \rightarrow (n \mid 36 \; \dot{\vee} \; n \text{ ist Primzahl})\right) \vee \left((n \neq 1) \wedge (n \mid 36 \leftrightarrow n \text{ ist Primzahl})\right)\right) \rightarrow 9 \mid n\right] \rightarrow 3 \mid n$$

Behauptung: Die Aussage gilt für alle natürliche Zahlen.

Beweis:

1. Fall: $3 \mid n$.

        Dann ist die Aussage wahr.

2. Fall: $3 \nmid n$.

        Dann ist

$$F \Leftrightarrow \neg\left(\left(\left(n \geq 4 \rightarrow (n \mid 36 \; \dot{\vee} \; n \in \mathbb{P})\right) \vee \left((n \neq 1) \wedge (n \mid 36 \leftrightarrow n \in \mathbb{P})\right)\right) \rightarrow 9 \mid n\right.$$

$$\Leftrightarrow \left(\left(n \geq 4 \rightarrow (n \mid 36 \; \dot{\vee} \; n \in \mathbb{P})\right) \vee \left((n \neq 1) \wedge (n \mid 36 \leftrightarrow n \in \mathbb{P})\right)\right) \wedge 9 \nmid n$$

$$\Leftrightarrow \left(n \geq 4 \rightarrow (n \mid 36 \; \dot{\vee} \; n \in \mathbb{P})\right) \vee \left((n \neq 1) \wedge (n \mid 36 \leftrightarrow n \in \mathbb{P})\right) .$$

  2. 1. Fall: $n < 4$.

        Dann ist die Formel wahr.

  2. 2. Fall: $n \geq 4$.

        Dann ist $F \Leftrightarrow \left(n \mid 36 \; \dot{\vee} \; n \in \mathbb{P}\right) \vee \left(n \mid 36 \leftrightarrow n \in \mathbb{P}\right)$.

        Also ist F in diesem Fall eine Tautologie.

Somit gilt diese Aussage für alle natürlichen Zahlen.

Lösung zu Aufgabe 35   zur Aufgabe   Seite 11
Man ersetze die beiden äußeren Gleichheitszeichen durch Ungleichheitszeichen.

Dann erhält man die Aussageform

$$\left((x \neq 2) \vee (x = 3) \rightarrow x = 5\right) \rightarrow x \neq 7$$

Für alle $x \in \mathbb{N}$ erhält man eine wahre Aussage, denn

1. Fall: $x = 7$.

Dann ist $x \neq 2$ wahr und somit $(x \neq 2) \vee (x = 3)$ wahr.

Es ist aber $x = 5$ falsch und somit $(x \neq 2) \vee (x = 3) \to x = 5$ falsch.

Damit ist aber $\left((x \neq 2) \vee (x = 3) \to x = 5 \right) \to x \neq 7$ wahr.

2. Fall: $x \neq 7$.

Dann ist die Aussage wahr.

Da die Lösungsmenge nicht größer als $\mathbb{N}$ sein kann, hat man eine möglichst große Lösungsmenge erhalten.

<u>Lösung zu Aufgabe 36</u>   <u>zur Aufgabe   Seite 11</u>

$x = 2 \wedge \left(x = 3 \to (x = 5 \vee x = 7) \right)$ hat genau eine Lösung in $\mathbb{N}$.

Beweis:

Für $x = 2$ ist die Aussage wahr, denn dann ist $x = 3$ falsch und somit $x = 3 \to (x = 5 \vee x = 7)$ wahr.

Für alle $x \neq 2$ ist die Aussage falsch.

<u>Lösung zu Aufgabe 37</u>   <u>zur Aufgabe   Seite 12</u>

Um den Satz mit der logischen Struktur $(A \vee B) \to (C \to B)$ zu beweisen, reicht es zu zeigen, dass

   i) $A \to (C \to B)$ und

   ii) $B \to (C \to B)$ gelten.

Aber ii) ist eine Tautologie.

Wenn $A \to B$ bewiesen wurde, dann ist damit auch $A \to (C \to B)$ bewiesen, denn in allen Fällen, in denen $A \to B$ wahr ist, ist auch $A \to (C \to B)$ wahr.

Der Beweis von $A \to C$ reicht jedoch nicht. Denn wenn A und C wahr sind und B falsch ist, dann ist zwar $A \to C$ wahr, aber $A \to (C \to B)$ ist dann falsch und auch $(A \vee B) \to (C \to B)$ ist dann falsch.

Lösung zu Aufgabe 38   zur Aufgabe   Seite 12
Nach Voraussetzung gilt $A \to C$ und $B \to D$

$$\left(A \to C\right) \wedge \left(B \to D\right) \Leftrightarrow \left(\neg A \vee C\right) \wedge \left(\neg B \vee D\right)$$
$$\Leftrightarrow \left(\neg A \wedge \neg B\right) \vee \left(\neg A \wedge D\right) \vee \left(\neg B \wedge C\right) \vee \left(C \wedge D\right).$$

Wir unterscheiden also 4 Fälle:

1. Fall: Es gilt $\neg A \wedge \neg B$.

Dann gelten auch $\left(A \wedge B\right) \to \left(C \wedge D\right)$ und $\left(A \vee B\right) \to \left(C \vee D\right)$,

da in beiden Fällen die Voraussetzungen falsch sind.

2. Fall: Es gilt $\neg A \wedge D$.

Dann gilt $\left(A \wedge B\right) \to \left(C \wedge D\right)$, weil die Voraussetzung falsch ist,

und es gilt $\left(A \vee B\right) \to \left(C \vee D\right)$, weil der Nachsatz wahr ist.

3. Fall: Es gilt $\neg B \wedge C$.

Dann gilt $\left(A \wedge B\right) \to \left(C \wedge D\right)$, weil die Voraussetzung falsch ist,

und es gilt $\left(A \vee B\right) \to \left(C \vee D\right)$, weil der Nachsatz wahr ist.

4. Fall: Es gilt $C \wedge D$.

Dann gelten auch $\left(A \wedge B\right) \to \left(C \wedge D\right)$ und $\left(A \vee B\right) \to \left(C \vee D\right)$,

da in beiden Fällen der Nachsatz falsch ist.

Lösung zu Aufgabe 39   zur Aufgabe   Seite 12
Er hat den Satz damit bewiesen.

Beweis:

Er hat gezeigt: $\left(\left(A \to C\right) \vee \left(B \to C\right)\right) \to D$.

Es gilt

$$\left(\left(A \to C\right) \vee \left(B \to C\right)\right) \to D$$
$$\Leftrightarrow \left(\left(\neg A \vee C\right) \vee \left(\neg B \vee C\right)\right) \to D$$

$$\Leftrightarrow \left(\neg A \vee \neg B \vee C \right) \rightarrow D$$
$$\Leftrightarrow \left(\neg (A \wedge B) \vee C \right) \rightarrow D$$
$$\Leftrightarrow \left((A \wedge B) \rightarrow C \right) \rightarrow D .$$

<u>Lösung zu Aufgabe 40</u> <u>zur Aufgabe   Seite 13</u>

a) Es ist zu zeigen $\left(A \leftrightarrow B \right) \rightarrow \left(C \mathbin{\dot\vee} B \right)$.

$$\left(A \leftrightarrow B \right) \rightarrow \left(C \mathbin{\dot\vee} B \right)$$
$$\Leftrightarrow \neg \left(A \leftrightarrow B \right) \vee \left(C \mathbin{\dot\vee} B \right)$$
$$\Leftrightarrow \left(A \mathbin{\dot\vee} B \right) \vee \left(C \mathbin{\dot\vee} B \right)$$

Er hat bereits bewiesen: i) $B \rightarrow \neg C$ und ii) $A \vee C$.

Also gilt $\left(\neg B \vee \neg C \right) \wedge \left(A \vee C \right)$.

$$\left(\neg B \vee \neg C \right) \wedge \left(A \vee C \right)$$
$$\Leftrightarrow \left(\neg B \wedge A \right) \vee \left(\neg B \wedge C \right) \vee \left(\neg C \wedge A \right) \vee \left(\neg C \wedge C \right) .$$

Wir betrachten die folgenden 4 Fälle:

1. Fall: $A \wedge \neg B$ ist wahr.

Dann ist auch $A \mathbin{\dot\vee} B$ wahr und somit auch $\left(A \leftrightarrow B \right) \rightarrow \left(C \mathbin{\dot\vee} B \right)$ wahr.

2. Fall: $\neg B \wedge C$ ist wahr.

Dann ist auch $C \mathbin{\dot\vee} B$ wahr und somit auch $\left(A \leftrightarrow B \right) \rightarrow \left(C \mathbin{\dot\vee} B \right)$ wahr.

3. Fall: $A \wedge \neg C$ ist wahr.

3.1. Fall: B ist wahr.

Dann ist $C \mathbin{\dot\vee} B$ wahr und somit auch $\left(A \leftrightarrow B \right) \rightarrow \left(C \mathbin{\dot\vee} B \right)$ wahr.

3.2. Fall: B ist falsch.

Dann ist $A \mathbin{\dot{\vee}} B$ wahr und somit auch

$$\left(A \leftrightarrow B\right) \to \left(C \mathbin{\dot{\vee}} B\right) \text{ wahr.}$$

4. Fall: $C \wedge \neg C$ ist wahr.

Dieser Fall kann nicht eintreten.

Er hat also den Satz bewiesen.

b) Der Schluss von $\left(A \leftrightarrow B\right) \to \left(C \mathbin{\dot{\vee}} B\right)$ auf $B \to \neg C$, bzw. $A \vee C$ ist nicht möglich, denn

i)   wenn A falsch, B wahr, C wahr sind, dann ist $(A \leftrightarrow B) \to \left(C \mathbin{\dot{\vee}} B\right)$ wahr, aber $B \to \neg C$ falsch.

ii) wenn A falsch, B wahr, C falsch sind, dann ist $(A \leftrightarrow B) \to \left(C \mathbin{\dot{\vee}} B\right)$ wahr, aber $A \vee C$ falsch.

Lösung zu Aufgabe 41   zur Aufgabe   Seite 13

Hier sind die Aussagen nummeriert, um die Schlüsse besser nachvollziehen zu können.

(1) Wenn die Personen B, C nicht beide schuldig sind, so ist Person A schuldig.

(2) Ist C schuldig, so ist B unschuldig.

(3) Ist dagegen C unschuldig, so ist auch A unschuldig.

1. Fall: C ist schuldig.

Dann ist B nach (2) unschuldig.

Wegen (1) ist dann A schuldig.

2. Fall: C ist unschuldig.

Dann ist A nach (3) unschuldig.

Dann sind nach (1) aber B und C beide schuldig.

Das steht im Widerspruch zu C ist unschuldig.

Also sind A und C schuldig, und B ist nicht schuldig.

<u>Lösung zu Aufgabe 42</u>   <u>zur Aufgabe   Seite 13</u>

1. Fall: Es gibt Weißbrot.

Dann gibt es nach (1) Käse und keine Eiscreme.

Nach (3) gibt es keinen Orangensaft.

Nach (5) gibt es kein Biskuit, aber Rotwein.

2. Fall: Es gibt kein Weißbrot.

Dann gibt es nach (4) Biskuit.

Nach (5) gibt es Orangensaft oder Eiscreme.

2.1. Fall: Es gibt Orangensaft.

Dann gibt es nach (6) Eiscreme. Nach (2) gibt es keinen Käse.

Nach (1) gibt es keinen Rotwein.

2.2. Fall: Es gibt keinen Orangensaft. Dann gibt es Eiscreme.

Nach (2) gibt es dann aber Orangensaft, im Widerspruch zur gerade gewonnen Erkenntnis.

Es gibt also 2 mögliche Kombinationen:

1. Weißbrot, Rotwein, Käse, kein Biskuit, keinen Orangensaft und keine Eiscreme,

2. Biskuit, Orangensaft, Eiscreme, kein Weißbrot, keinen Rotwein und keinen Käse.

<u>Lösung zu Aufgabe 43</u>   <u>zur Aufgabe   Seite 14</u>

Wenn der Verteidiger eine logische Schulung hätte, dann dürfte er nicht allen Angeklagten glauben.

Denn aus der zweiten Aussage ergibt sich, dass Emil den Tresor geknackt hat und dass Karl Schmiere gestanden hat. Aus der dritten Aussage folgt nun, dass Peter beteiligt war. Mit der vierten Aussage ergibt sich dann, dass Fritz den Tresor geknackt hat. Mit der ersten Aussagen folgt dann, dass Karl nicht Schmiere gestanden hat.

Lösung zu Aufgabe 44   zur Aufgabe   Seite 14
Leisschuh unterscheidet 4 Fälle.

1. Fall: Ausbrecher-Ede lügt, und alle anderen sagen die Wahrheit.

Dann wurde das Ding letzte Nacht gedreht, aber weder Brieftaschen-Otto noch Casino-Max waren die Täter. Nach Aussage von Brieftaschen-Otto war Diamanten-Joe der Täter im Widerspruch zur Aussage von Diamanten-Joe.

2. Fall: Brieftaschen-Otto lügt, und alle anderen sagen die Wahrheit. Dann war weder Casino-Max noch Diamanten-Joe der Täter. Nach Aussage von Casino-Max war Brieftaschen-Otto auch nicht der Täter. Die Tat kann also nach Aussage von Ausbrecher-Ede nicht in der letzten Nacht begangen worden sein. Somit ist Ausbrecher-Ede nach Aussage von Diamanten-Joe der Täter.

3. Fall: Casino-Max lügt, und alle anderen sagen die Wahrheit.

Dann war Casino-Max oder Brieftaschen-Otto der Täter.

Dies steht im Widerspruch zur Aussage von Diamanten-Joe, nach der Ausbrecher-Ede der Täter war.

4. Fall: Diamanten-Joe lügt, und alle anderen sagen die Wahrheit.

Dann ist Diamanten-Joe der Täter. Die Tat wurde nicht in der letzten Nacht begangen und Ausbrecher-Ede ist unschuldig.

Dies steht im Widerspruch zur Aussage von Brieftaschen-Otto, nach der die Tat in der letzten Nacht von Brieftaschen-Otto begangen wurde.

Die Tat wurde also in der vorletzten Nacht von Ausbrecher-Ede begangen.

Lösung zu Aufgabe 45   zur Aufgabe   Seite 15
1. Fall: Man gibt Natterngift hinein.

Dann kommen nach der letzten Aussage auch des Lurches Aug und des Ochsen Blut hinzu.

Dies steht aber im Widerspruch zur ersten Aussage.

2. Fall: Man gibt kein Natterngift hinein.

Dann kommt nach der fünften Aussage des Lurches Aug hinein.

Nach der letzten Aussage darf des Ochsen Blut aber nicht hinein.

Nach der vierten Aussage ist nun ein Mistelblatt erforderlich. Mit der zweiten Aussage folgt, dass auch Krötenfüße hinein müssen.

Dies steht aber im Widerspruch zur dritten Aussage.

Wir schließen also, dass es keinen Zaubertrank gibt, der mühelos zum Lehramt geleitet.

Lösung zu Aufgabe 46 zur Aufgabe Seite 16

Behauptung: Genau die Teilmengen $\{2, 3\}$ und $\{2, 3, 5, 6\}$ erfüllen alle Bedingungen.

Beweis:

1. Fall: $4 \in T$.

Dann folgt aus (6) schon $1 \in T$.

Mit (2) folgt $5 \in T$.

Weiter folgt mit (4) $1 \notin T$.

Dieses steht im Widerspruch zu (5).

2. Fall: $4 \notin T$.

Dann folgt aus (3), dass $3 \in T$.

Aus (1) folgt weiter $2 \in T$ und mit (4) $1 \notin T$.

Da $1 \notin T$, gilt nun $5 \in T \leftrightarrow (6 \in T \lor 1 \in T)$, und das ist äquivalent zu $5 \in T \leftrightarrow 6 \in T$.

Falls $5 \in T$, dann muss auch $6 \in T$ sein.

Falls $5 \notin T$, dann ist auch $6 \notin T$.

Man erhält also genau die beiden Mengen $\{2, 3\}$ und $\{2, 3, 5, 6\}$.

Lösung zu Aufgabe 47 zur Aufgabe Seite 16

Behauptung: Zu seinen Pommes Frites bestellt der Kunde Ketchup und eine Wurst mit Senf.

Beweis:

1. Fall: Er bestellt Ketchup.

Dann will er keine Bulette. Aus seiner nächsten Aussage folgt, dass er eine Wurstvmit Senf bestellt. Schließlich ergibt sich, dass er keine Mayonnaise bestellt. Also verlangt er neben den Pommes Frites eine Wurst und Ketchup und Senf.

2. Fall: Er bestellt keinen Ketchup.

Dann bestellt er eine Bulette. Weiter bestellt er Mayonnaise. Aus seiner letzten Aussage lässt sich schließen, dass er keine Bulette will. Das widerspricht sich.

Lösung zu Aufgabe 48   zur Aufgabe   Seite 17
Behauptung: Die gesuchte Zahl ist 909.

Beweis:

Es ist sofort klar, dass Beates Aussage (1) falsch ist, denn anderenfalls wäre (1) wahr und (2) falsch und das hieße, dass die Zahl durch 27, aber nicht durch 9 teilbar ist.
Christians Aussage (1) muss falsch sein, denn wenn sie wahr wäre, so wäre (2) falsch und die gesuchte Zahl wäre 91809 und sie wäre nicht durch 101 teilbar. Es ist aber $909 \cdot 101 = 91809$.

Wir wissen nun: Die gesuchte Zahl ist durch 9, aber nicht durch 27 teilbar. Außerdem ist sie durch 101 teilbar, aber es ist nicht die Zahl 91809.
Da sie durch 101 teilbar ist, muss Albrechts Aussage (1) falsch sein. Das heißt, es gibt genau zwei Primzahlen, die die gesuchte Zahl teilen.
Diese Primzahlen müssen 3 und 101 sein. Da die gesuchte Zahl durch 9 und durch 101 teilbar ist, folgt, dass sie durch 909 teilbar ist. 909 ist auch die einzige Zahl mit der gesuchten Eigenschaft. Denn da sie keine weiteren Primteiler besitzt, kann sie nur die Primfaktoren 3 und 101 enthalten. Wenn aber der Primfaktor 3 in einer Potenz > 2 auftaucht, ist die Zahl durch 27 teilbar. Wenn 101 in der zweiten Potenz enthalten ist, dann ist die Zahl 91809.
Der Faktor 101 kann ich nicht in einer Potenz > 2 vorkommen, da die Zahl dann größer als 1000000 wäre.

Lösung zu Aufgabe 49   zur Aufgabe   Seite 17
Man muss D sagen. A, B oder C darf man nicht sagen.

Lösung zu Aufgabe 50   zur Aufgabe   Seite 17
Behauptung: Es kommen Maultiere und Lamas, aber keine weiteren Tiere ins Gehege.

Beweis:

Nashörner kommen nicht ins Gehege, dann nach (5) kämen dann auch Lamas und Okapis ins Gehege, im Widerspruch zu (1), denn nach (1) kommen diese 3 Tierarten nicht gemeinsam ins Gehege.

Nach (4) kommen Lamas ins Gehege und mit (5) folgt, dass keine Okapis ins Gehege kommen. Nach (3) müssen Maultiere ins Gehege und nach (2) dürfen keine Kamele hinein.

8. Lösungen zur Quantorenlogik

Lösung zu Aufgabe 51   zur Aufgabe   Seite 19

Dass es überhaupt 8 Quantorisierungen gibt, ist nicht Teil der Aufgabe, aber leicht einzusehen. Es gibt nämlich vier Möglichkeiten, zwei Quantoren auszuwählen. Für jede dieser Möglichkeiten gibt es zwei Möglichkeiten, jedem Quantor eine Variable zuzuordnen.

Die 8 möglichen Quantorisierungen sind:

a) $\forall x \in \mathbb{Z} \ \forall y \in \mathbb{Z} : x - y < xy$

b) $\forall y \in \mathbb{Z} \ \forall x \in \mathbb{Z} : x - y < xy$

c) $\forall x \in \mathbb{Z} \ \exists y \in \mathbb{Z} : x - y < xy$

d) $\forall y \in \mathbb{Z} \ \exists x \in \mathbb{Z} : x - y < xy$

e) $\exists x \in \mathbb{Z} \ \forall y \in \mathbb{Z} : x - y < xy$

f) $\exists y \in \mathbb{Z} \ \forall x \in \mathbb{Z} : x - y < xy$

g) $\exists x \in \mathbb{Z} \ \exists y \in \mathbb{Z} : x - y < xy$

h) $\exists y \in \mathbb{Z} \ \exists x \in \mathbb{Z} : x - y < xy$

Nach der Vertauschungsregel brauchen wir uns nur mit jeweils einer der Aussagen a) und b), beziehungsweise g) und h) zu befassen.

Behauptung: Die Aussagen c), d), e), f), g) und h) sind wahr, die anderen sind falsch.

Beweis:

a) Die Aussage ist falsch.

Wir zeigen ihre Negation: $\exists x \in \mathbb{Z} \ \exists y \in \mathbb{Z} : x - y \geq xy$

Für $x = 1, y = 0$ ist $x - y = 1 - 0 = 1 \geq 0 = 1 \cdot 0 = x \cdot y$.

b) Nach der Vertauschungsregel ist auch b) falsch.

c) Wir zeigen unten, dass die Aussage f) wahr ist.

Mit dem Schluss von der absoluten Existenz auf die relative Existenz ist auch c) wahr.

d) Unten wird gezeigt, dass die Aussage e) wahr ist.

Mit dem Schluss von der absoluten Existenz auf die relative Existenz ist auch d) wahr.

e) Wähle $x = -1$.

Sei $y \in \mathbb{Z}$ gegeben.

Dann gilt

$$
\begin{aligned}
x - y = -1 - y \\
< -y \\
= (-1) \cdot y \\
= x \cdot y.
\end{aligned}
$$

f) Wähle $y = 1$.

Sei $x \in \mathbb{Z}$ gegeben.

Dann gilt

$$
\begin{aligned}
x - y = x - 1 \\
< x \cdot 1 \\
= x \cdot y.
\end{aligned}
$$

g) und h) sind wahr, weil f) wahr ist.

<u>Lösung zu Aufgabe 52</u>   <u>zur Aufgabe</u>   <u>Seite 20</u>

Die 8 möglichen Quantorisierungen sind:

a) $\forall x \in \mathbb{N} \ \forall y \in \mathbb{N} : x \mid y$

b) $\forall y \in \mathbb{N} \ \forall x \in \mathbb{N} : x \mid y$

c) $\forall x \in \mathbb{N} \ \exists y \in \mathbb{N} : x \mid y$

d) $\forall y \in \mathbb{N} \ \exists x \in \mathbb{N} : x \mid y$

e) $\exists x \in \mathbb{N} \ \forall y \in \mathbb{N} : x \mid y$

f) $\exists y \in \mathbb{N} \ \forall x \in \mathbb{N} : x \mid y$

g) $\exists x \in \mathbb{N} \ \exists y \in \mathbb{N} : x \mid y$

h) $\exists y \in \mathbb{N} \ \exists x \in \mathbb{N} : x \mid y$

Behauptung: Genau die Aussagen c), d), e), g) und h) sind wahr.

Beweis:

a) Die Aussage ist falsch, wir zeigen also, dass die Negation wahr ist:

$\exists x \in \mathbb{N} \ \exists y \in \mathbb{N} : x \nmid y$.

Für $x = 2$ und $y = 3$ gilt $x \nmid y$.

b) Die Aussage ist äquivalent zur Aussage a).

c) Sei $x \in \mathbb{N}$ gegeben.

Wähle $y = x$.

Dann gilt $x \mid y$.

d) Da e) wahr ist, können wir von der absoluten auf die relative Existenz schließen. Also ist d) wahr.

e) Wähle $x = 1$.

Sei $y \in \mathbb{N}$ gegeben.

Dann gilt $x \mid y$.

f) Die Aussage ist falsch, also zeigen wir, dass ihre Negation wahr ist:

$\forall y \in \mathbb{N} \ \exists x \in \mathbb{N} : x \nmid y$.

Sei $y \in \mathbb{N}$ gegeben.

Wähle $x = y + 1$.

Dann gilt $x \nmid y$.

g) Für $x = y = 1$ gilt die Behauptung.

h) Die Aussage h) ist äquivalent zur Aussage g).

<u>Lösung zu Aufgabe 53</u>   <u>zur Aufgabe   Seite 20</u>

Es gibt drei Möglichkeiten, eine Variable auszuwählen, die vom Existenzquantor gebunden wird. In jedem dieser Fälle gibt es vier Möglichkeiten, den Allquantoren Variable zuzuweisen. Denn wenn der Existenzquantor an erster oder an dritter Stelle steht, dann gibt es jeweils eine relevante Möglichkeit, Variable für die Allquantoren auszuwählen, da diese dann ja in ihrer Reihenfolge vertauschbar sind. Befindet sich der Existenzquantor aber zwischen den beiden Allquantoren, dann gibt es zwei wesentlich verschiedene Möglichkeiten, Variable für die Allquantoren auszuwählen.

Insgesamt erhalten wir also tatsächlich genau 12 wesentlich verschiedene Quantorisierungen.

Wir unterscheiden nun danach, welche Variable durch den Existenzquantor gebunden wird.

1. Fall: Der Existenzquantor bindet x.

Dann betrachten wir die folgenden vier Quantorisierungen:

$$a)\ \exists x\ \forall y\ \forall z : x \cdot y \leq y + z\,.$$
$$b)\ \forall y\ \exists x\ \forall z : x \cdot y \leq y + z\,.$$
$$c)\ \forall z\ \exists x\ \forall y : x \cdot y \leq y + z\,.$$
$$d)\ \forall y\ \forall z\ \exists x : x \cdot y \leq y + z\,.$$

Behauptung: a), b), c) und d) sind wahr.

Beweis: Wähle x = 1.

Seien $y, z \in \mathbb{N}$ gegeben.

Dann ist

$$\begin{aligned} x \cdot y &= 1 \cdot y \\ &= y \\ &\leq y + z\,. \end{aligned}$$

Mit der Vertauschungsregel und dem Schluss von der absoluten auf die relative Existenz folgen aus a) auch die Aussagen b), c) und d).

2. Fall: Der Existenzquantor bindet y.

Dann betrachten wir die folgenden vier Quantorisierungen:

$$e)\ \exists y\ \forall x\ \forall z : x \cdot y \leq y + z\,.$$

f) $\forall x \ \exists y \ \forall z : x \cdot y \le y + z$.

g) $\forall z \ \exists y \ \forall x : x \cdot y \le y + z$.

h) $\forall x \ \forall z \ \exists y : x \cdot y \le y + z$.

Behauptung: e), f), g), h) ist falsch.

Beweis: Wir betrachten h) und zeigen, dass die Negation dieser Aussage wahr ist:

$$\exists x \ \forall z \ \forall y : x \cdot y \le y + z .$$

Wähle x = 3 und z = 1.

Sei $y \in \mathbb{N}$ gegeben.

Dann ist

$$
\begin{aligned}
x \cdot y &= 3y \\
&= y + 2y \\
&> y + 1 \\
&= y + z .
\end{aligned}
$$

Mit der Vertauschungsregel und dem Schluss von der absoluten auf die relative Existenz in   kontraponierter Form folgen aus der Negation von h) auch die Negationen von e), f) und g).

3. Fall: Der Existenzquantor bindet z.

Dann betrachten wir die folgenden vier Quantorisierungen:

i) $\exists z \ \forall x \ \forall z : x \cdot y \le y + z$.

j) $\forall x \ \exists z \ \forall z : x \cdot y \le y + z$.

k) $\forall y \ \exists z \ \forall x : x \cdot y \le y + z$.

l) $\forall x \ \forall y \ \exists z : x \cdot y \le y + z$.

Behauptung: i), j), k) sind falsch, l) ist wahr.

Beweis dafür: Wir zeigen zunächst, dass j) falsch ist, also dass

$$\exists x \ \forall z \ \exists y : x \cdot y > y + z .$$

Wähle x = 2.

Sei $z \in \mathbb{N}$ gegeben, wähle $y = z + 1$.

Dann ist

$$
\begin{aligned}
x \cdot y &= 2y \\
&= y + y \\
&= y + z + 1 \\
&> y + z.
\end{aligned}
$$

Damit ist auch Aussage i) falsch.

Nun zeigen wir, dass k) falsch ist, also dass

$\exists y \; \forall z \; \exists x : x \cdot y > y + z$.

Wähle y = 1.

Sei $z \in \mathbb{N}$ gegeben. Wähle $x = z + 2$.

Dann ist

$$
\begin{aligned}
x \cdot y &= z + 2 \\
&> z + 1 \\
&= y + 1.
\end{aligned}
$$

Die Aussage l) ist wahr, denn seien $x, y \in \mathbb{N}$ gegeben.

Wähle $z = x \cdot y$.

Dann ist

$$
\begin{aligned}
x \cdot y &= z \\
&\leq y + z.
\end{aligned}
$$

<u>Lösung zu Aufgabe 54</u>   <u>zur Aufgabe</u>   <u>Seite 20</u>

Die 6 Quantorisierungen sind

a) $\forall x \in \mathbb{Z} \; \forall y \in \mathbb{Z} : x + y \leq x \cdot (x - y)$

b) $\forall x \in \mathbb{Z} \; \exists y \in \mathbb{Z} : x + y \leq x \cdot (x - y)$

c) $\forall y \in \mathbb{Z} \; \exists x \in \mathbb{Z} : x + y \leq x \cdot (x - y)$

d) $\exists x \in \mathbb{Z} \; \forall y \in \mathbb{Z} : x + y \leq x \cdot (x - y)$

e) $\exists y \in \mathbb{Z} \; \forall x \in \mathbb{Z} : x + y \leq x \cdot (x - y)$

f) $\exists x \in \mathbb{Z} \; \exists y \in \mathbb{Z} : x + y \leq x \cdot (x - y)$

Behauptung: Die Aussage a) ist falsch, alle anderen sind wahr.

a) Zu zeigen: $\exists x \in \mathbb{Z} \; \exists y \in \mathbb{Z} : x + y > x \cdot (x - y)$

  Beweis: Für $x = y = 2$ gilt:

$$
\begin{aligned}
x + y &= 2 + 2 \\
&= 4 \\
&> 0 \\
&= 2 \cdot (2 - 2) \\
&= x \cdot (x - y).
\end{aligned}
$$

b) Folgt mit dem Schluss von der absoluten Existenz auf die relative Existenz aus e).

c) Folgt mit dem Schluss von der absoluten Existenz auf die relative Existenz aus d).

d) Wähle $x = -1$.

  Sei $y \in \mathbb{Z}$ gegeben.

  Dann gilt

$$
\begin{aligned}
x + y &= -1 + y \\
&\leq 1 + y \\
&= (-1) \cdot (-1 - y).
\end{aligned}
$$

e) Wähle $y = 0$.

  Sei $x \in \mathbb{Z}$ gegeben.

  Dann gilt

$$
\begin{aligned}
x + y &= x \\
&\leq x^2 \\
&= x \cdot (x - 0) \\
&= x \cdot (x - y).
\end{aligned}
$$

f) Folgt aus d).

Lösung zu Aufgabe 55   zur Aufgabe   Seite 20
Die Quantorisierungen sind

a) $\forall x \in \mathbb{N} \; \exists y \in \mathbb{N} : \; x \leq 5 \leftrightarrow x = y$

b) $\forall y \in \mathbb{N} \; \exists x \in \mathbb{N} : \; x \leq 5 \leftrightarrow x = y$

c) $\exists x \in \mathbb{N} \; \forall y \in \mathbb{N} : \; x \leq 5 \leftrightarrow x = y$

d) $\exists y \in \mathbb{N} \; \forall x \in \mathbb{N} : \; x \leq 5 \leftrightarrow x = y$

Behauptung: Genau die Aussagen a) und b) sind wahr.

Beweis: a) Sei $x \in \mathbb{N}$ gegeben.

      1. Fall: $x > 5$.

            Wähle $y = 4$.

            Dann gilt $x \leq 5 \leftrightarrow x = y$, da beide Seiten falsch sind.

      2. Fall: $x \leq 5$.

            Wähle $y = x$.

            Dann gilt $x \leq 5 \leftrightarrow x = y$, da beide Seiten wahr sind.

b) Sei $y \in \mathbb{N}$ gegeben.

      1. Fall: $y > 5$.

            Wähle $x = y + 1$.

            Dann gilt $x \leq 5 \leftrightarrow x = y$, da beide Seiten falsch sind.

      2. Fall: $y \leq 5$.

            Wähle $x = y$.

            Dann gilt $x \leq 5 \leftrightarrow x = y$, da beide Seiten wahr sind.

c) Zu zeigen: $\forall x \in \mathbb{N} \; \exists y \in \mathbb{N} : \; x \leq 5 \leftrightarrow x \neq y$

    Sei $x \in \mathbb{N}$ gegeben.

      1. Fall: $x > 5$.

            Wähle $y = x$.

Dann gilt $x \leq 5 \leftrightarrow x \neq y$, da beide Seiten falsch sind.

2. Fall: $x \leq 5$.

Wähle $y = 6$.

Dann gilt $x \leq 5 \leftrightarrow x \neq y$, da beide Seiten wahr sind.

d) Zu zeigen: $\forall y \in \mathbb{N} \ \exists x \in \mathbb{N} : \ x \leq 5 \leftrightarrow x \neq y$

Sei $y \in \mathbb{N}$ gegeben.

1. Fall: $y > 5$.

Wähle $x = y$.

Dann gilt $x \leq 5 \leftrightarrow x \neq y$, da beide Seiten falsch sind.

2. Fall: $y \leq 5$.

Wähle $x = 5$, falls $y < 5$, und wähle $x = 4$, falls $y = 5$.

Dann gilt $x \leq 5 \leftrightarrow x \neq y$, da beide Seiten wahr sind.

Lösung zu Aufgabe 56   zur Aufgabe   Seite 20

Die Quantorisierungen sind

a) $\forall x \in \mathbb{N} \forall y \in \mathbb{N} : x + y \leq x^2$

b) $\forall x \in \mathbb{N} \exists y \in \mathbb{N} : x + y \leq x^2$

c) $\exists y \in \mathbb{N} \forall x \in \mathbb{N} : x + y \leq x^2$

d) $\forall y \in \mathbb{N} \exists x \in \mathbb{N} : x + y \leq x^2$

e) $\exists x \in \mathbb{N} \forall y \in \mathbb{N} : x + y \leq x^2$

f) $\exists x \in \mathbb{N} \exists y \in \mathbb{N} : x + y \leq x^2$

Behauptung: Die Aussagen d) und f) sind wahr. Alle anderen sind falsch.

Beweis: a) Da b) falsch ist, ist auch a) falsch.

b) ist falsch.

Zu zeigen: $\exists x \in \mathbb{N} \forall y \in \mathbb{N} : x + y > x^2$.

Wähle $x = 1$.

Sei nun $y \in \mathbb{N}$ gegeben.

Dann gilt

$$
\begin{aligned}
x + y &= 1 + y \\
&> 1 \\
&= 1^2 \\
&= x^2.
\end{aligned}
$$

c) Da b) falsch ist, ist auch c) falsch.

d) Sei $y \in \mathbb{N}$ gegeben.

Wähle $x = \min\{2, y\}$.

1. Fall: $y = 1$.

Dann wähle $x = 2$, und es gilt

$$
\begin{aligned}
x + y &= 2 + 1 \\
&\leq 4 \\
&= x^2.
\end{aligned}
$$

2. Fall: $y \geq 2$.

Dann wähle $x = y$, und es gilt

$$
\begin{aligned}
x + y &= 2y \\
&\leq y^2 \\
&= x^2.
\end{aligned}
$$

e) ist falsch.

Zu zeigen: $\forall x \in \mathbb{N} \exists y \in \mathbb{N} : x + y > x^2$.

Sei $x \in \mathbb{N}$ gegeben.

Wähle $y = x^2$.

Dann gilt

$$x + y = x + x^2$$
$$> x^2.$$

f) Wegen d) ist auch f) wahr.

Lösung zu Aufgabe 57   zur Aufgabe   Seite 21
Anstelle von $x^2 + px + q = 0$ ist lösbar, können wir auch schreiben

$$\exists x \in \mathbb{R} : x^2 + px + q = 0.$$

Wir können also den Quantorisierungen der Variablen x und y noch $\exists x \in \mathbb{R}$ anhängen und erhalten dann die folgenden sechs Quantorisierungen:

a) $\forall p \in \mathbb{R} \, \forall q \in \mathbb{R} \, \exists x \in \mathbb{R} : x^2 + px + q = 0$

b) $\forall p \in \mathbb{R} \, \exists q \in \mathbb{R} \, \exists x \in \mathbb{R} : x^2 + px + q = 0$

c) $\forall q \in \mathbb{R} \, \exists p \in \mathbb{R} \, \exists x \in \mathbb{R} : x^2 + px + q = 0$

d) $\exists p \in \mathbb{R} \, \forall q \in \mathbb{R} \, \exists x \in \mathbb{R} : x^2 + px + q = 0$

e) $\exists q \in \mathbb{R} \, \forall p \in \mathbb{R} \, \exists x \in \mathbb{R} : x^2 + px + q = 0$

f) $\exists p \in \mathbb{R} \, \exists q \in \mathbb{R} \, \exists x \in \mathbb{R} : x^2 + px + q = 0$

Behauptung: Genau die Aussagen b), c), e) und f) sind wahr.

Beweis: a) Da die Aussage d) falsch ist, ist auch a) falsch.

b) Da e) wahr ist, muss auch b) wahr sein.

c) Sei $q \in \mathbb{R}$ gegeben.

Wähle $p = 2\sqrt{|q|} + 1$ und $x = -\dfrac{p}{2} + \sqrt{\dfrac{p^2}{4} - q}$, dann gilt

$$p^2 > 4|q|.$$

Insbesondere gilt $\dfrac{p^2}{4} > q$, also $\dfrac{p^2}{4} - q > 0$.

Nun ist

$$x^2 + px + q$$

$$= \left(-\frac{p}{2} + \sqrt{\frac{p^2}{4} - q}\right)^2 + p \cdot \left(-\frac{p}{2} + \sqrt{\frac{p^2}{4} - q}\right) + q$$

$$= \frac{p^2}{4} + 2 \cdot \left(-\frac{p}{2}\right) \cdot \sqrt{\frac{p^2}{4} - q} + \frac{p^2}{4} - q - \frac{p^2}{2} + p \cdot \sqrt{\frac{p^2}{4} - q} + q$$

$$= 0.$$

d) Diese Aussage ist falsch. Wir zeigen das, indem wir beweisen, dass die Negation wahr ist, also dass folgende Aussage gilt:

$$\forall p \in \mathbb{R} \; \exists q \in \mathbb{R} \; \forall x \in \mathbb{R} : \; x^2 + px + q \neq 0.$$

Sei $p \in \mathbb{R}$ gegeben.

Wähle $q = \dfrac{p^2}{4} + 1$.

Sei nun $x \in \mathbb{R}$ gegeben.

Dann gilt

$$\left(x + \frac{p}{2}\right)^2 > -1$$

$$\Rightarrow x^2 + px + \frac{p^2}{4} > \frac{p^2}{4} - \left(\frac{p^2}{4} + 1\right)$$

$$\Rightarrow x^2 + px + q > 0.$$

e) Wähle $q = 0$.

Sei $p \in \mathbb{R}$ gegeben.

Wähle $x = 0$.

Dann gilt

$$x^2 + px + q = 0^2 + p \cdot 0 + 0 = 0.$$

f) Die Aussage f) folgt aus der Aussage e)

Lösung zu Aufgabe 58   zur Aufgabe   Seite 21

Es gibt folgende Quantorisierungen:

a) $\forall x \in \mathbb{Z}_{\neq 0} \forall y \in \mathbb{Z}_{\neq 0} : \dfrac{x}{y} \leq 1$

b) $\forall x \in \mathbb{Z}_{\neq 0} \exists y \in \mathbb{Z}_{\neq 0} : \dfrac{x}{y} \leq 1$

c) $\forall y \in \mathbb{Z}_{\neq 0} \exists x \in \mathbb{Z}_{\neq 0} : \dfrac{x}{y} \leq 1$

d) $\exists x \in \mathbb{Z}_{\neq 0} \forall y \in \mathbb{Z}_{\neq 0} : \dfrac{x}{y} \leq 1$

e) $\exists y \in \mathbb{Z}_{\neq 0} \forall x \in \mathbb{Z}_{\neq 0} : \dfrac{x}{y} \leq 1$

f) $\exists x \in \mathbb{Z}_{\neq 0} \exists y \in \mathbb{Z}_{\neq 0} : \dfrac{x}{y} \leq 1$

Behauptung: Genau die Aussagen b), c), d) und f) sind wahr.

Beweis: a) Die Aussage a) ist falsch, da e) falsch ist.

    b) Sei $x \in \mathbb{Z}_{\neq 0}$ gegeben, dann wähle $y = x$, und es gilt $\dfrac{x}{y} = \dfrac{x}{x} = 1 \leq 1$.

    c) Die Aussage folgt direkt aus d)

    d) Wähle $x = 1$.

     Sei nun $y \in \mathbb{Z}_{\neq 0}$ gegeben.

Dann gilt $\dfrac{x}{y} = \dfrac{1}{y} \le 1.$

e) Zu zeigen: $\forall y \in \mathbb{Z}_{\neq 0} \exists x \in \mathbb{Z}_{\neq 0} : \dfrac{x}{y} > 1.$

Sei $y \in \mathbb{Z}_{\neq 0}$ gegeben.

1. Fall: $y > 0.$

Wähle $x = y + 1.$

Dann ist $\dfrac{x}{y} = \dfrac{y+1}{y}\,.$

Es ist $\dfrac{y+1}{y} > 1 \Leftrightarrow y + 1 > y$, und das ist wahr.

2. Fall: $y < 0.$

Wähle $x = y - 1.$

Dann ist $\dfrac{x}{y} = \dfrac{y-1}{y}\,.$

Es ist $\dfrac{y-1}{y} > 1 \Leftrightarrow y - 1 < y$, und das ist wahr.

f) Die Aussage f) folgt direkt aus d).

Lösung zu Aufgabe 59   zur Aufgabe   Seite 21

a) Jede leichte Klassenarbeit ist angemessen. Denn wenn eine Klassenarbeit leicht ist, dann gibt es einen Schüler S, der alle Aufgaben lösen kann. Also wurde auch jede Aufgabe von mindestens einem Schüler gelöst, nämlich mindestens von S. Dies ist ein Beispiel für einen Schluss von der absoluten Existenz auf die relative Existenz.

b) Nicht jede angemessene Klassenarbeit ist leicht. Man kann sich eine Klassenarbeit denken, in der es mindestens 2 Aufgaben gibt, und in der jede

Aufgabe von einem Schüler gelöst wurde, aber keiner der Schüler, die Aufgabe 1 gelöst haben, auch Aufgabe 2 lösen konnte. Diese Klassenarbeit ist dann angemessen, weil jede Aufgabe von mindestens einem Schüler gelöst wurde. Sie ist aber nicht leicht, denn es gibt ja keinen Schüler, der alle Aufgaben lösen konnte.

Lösung zu Aufgabe 60 zur Aufgabe Seite 21
Sei M die Menge aller Menschen.

a) $\exists x, y, z \in M : xHy \wedge xHz \wedge y \neq z$.

b) $\forall x, y, z \in M : \left(xHy \wedge xHz\right) \rightarrow y = z$.

c) $\forall x \in M \left(\exists y \in M : xHy \rightarrow \exists z \in M : xHz \wedge y \neq z\right)$.

$\forall x \in M \; \forall y \in M : \left(xHy \rightarrow \exists z \in M : xHz \wedge y \neq z\right)$.

Lösung zu Aufgabe 61 zur Aufgabe Seite 21
Herr Quantoro weiß, dass es eine Primelzahl gibt, die nicht durch 7 teilbar ist. Also existieren Primelzahlen. Sei p eine solche.
Da jede Primelzahl durch 17 teilbar ist, ist auch p durch 17 teilbar.
Also ist p nicht einstellig.

Lösung zu Aufgabe 62 zur Aufgabe Seite 22
Sei T eine Teilmenge von $\mathbb{N}$.

„$\Leftarrow$" Sei $1 \in T$.
Sei nun $x \in \mathbb{N}\backslash T$ gegeben.
Wähle $y = 1$.
Sei $z \in \mathbb{N}$.
Dann ist

$$
\begin{aligned}
y &= 1 \\
&< 2 + 1 \\
&\leq x + y.
\end{aligned}
$$

„⇒" (durch Kontraposition)

Sei also $1 \notin T$.

Zu zeigen: $\exists x \in \mathbb{N} \backslash T \; \forall y \in T \; \exists z \in \mathbb{N} : y \geq x + z$.

Wähle $x = 1$.

Sei $y \in T$.

Dann ist $y > 1$.

Wähle $z = 1$.

Dann gilt

$$y \geq 2$$
$$= 1 + 1$$
$$= x + y.$$

Lösung zu Aufgabe 63   zur Aufgabe   Seite 22

„⇒" (durch Kontraposition)

Sei also T nicht endlich.

Dann ist zu zeigen: $\forall n \in \mathbb{N} \; \exists t \in T \; \forall s \in T : \; t + s \geq n$.

Sei also $n \in \mathbb{N}$.

Dann wähle ein $t \in T$ mit der Eigenschaft, dass $t > n$.

(Anmerkung: Ein solches t existiert, da anderenfalls T endlich wäre.)

Sei nun $s \in T$.

Dann gilt $t + s \geq n$.

„⇐" Sei T endlich. Dann gibt es in T ein größtes Element m.

Wähle nun $n = 2m + 1$.

Sei $t \in \mathbb{N}$ gegeben.

Wähle $s = m$.

Dann gilt

$$t + s \leq 2m$$
$$< 2m + 1$$
$$= n.$$

Lösung zu Aufgabe 64   zur Aufgabe   Seite 22

Behauptung: Für alle $n \in \mathbb{N}$ gilt

$$\forall x \in \mathbb{N} \exists y \in \mathbb{N} : \left(x - n \in \mathbb{N} \right) \rightarrow \left(x - n \mid y + n \right).$$

Beweis: Seien $n, x \in \mathbb{N}$ gegeben.

Für $x - n \notin \mathbb{N}$ ist nichts zu zeigen.

Es gelte also $x - n \in \mathbb{N}$.

Wähle $y = (n + 1)(x - n) - n$.

Dann gilt

$$
\begin{aligned}
y + n &= (n + 1)(x - n) - n + n \\
&= (n + 1)(x - n)
\end{aligned}
$$

und somit auch $x - n \mid y + n$.

<u>Lösung zu Aufgabe 65</u>   <u>zur Aufgabe   Seite 22</u>

„$\Rightarrow$"   Es gelte $\forall x \in A \, \exists y \in B : (y \in A \rightarrow x \in B)$.

Für $A = B$ ist die Behauptung wahr.

Sei also $A \neq B$.

Ist nun $A \subseteq B$, dann folgt $B \nsubseteq A$.

Ist $A \nsubseteq B$, dann findet man ein $a \in A$ mit $a \notin B$.

Zu diesem $a \in A$ findet man nach Voraussetzung ein $y \in B$, für das

gilt $y \notin A$, denn wäre $y \in A$, so auch $a \in B$.

Also gilt $y \in B \backslash A$ und somit $B \nsubseteq A$.

„$\Leftarrow$"   Es gelte $A = B$ oder $B \nsubseteq A$.

    1. Fall: $A = B$.

        Sei $x \in A$ gegeben.

        Wähle $y = x$.

        Dann gilt $y \in A$ und $x \in B$.

        Also ist die Subjunktion wahr.

    2. Fall: $A \neq B$.

        Dann gilt $B \nsubseteq A$.

        Also findet man ein $b \in B \backslash A$.

        Sei nun $a \in A$ gegeben.

        Wähle $y = b$.

        Dann gilt $y \notin A$.

        Also ist die Subjunktion wahr.

9. Lösungen zu Mengen

Lösung zu Aufgabe 66   zur Aufgabe   Seite 23

Seien A, B nicht-leere Mengen, und es gelte $A \times B \subseteq B \times A$.

Nun soll die Gleichheit der Mengen A und B gezeigt werden, über die wir nichts weiter als diese Voraussetzung kennen.

Wir zeigen, dass A Teilmenge von B ist und dass B Teilmenge von A ist.

Sei $a \in A$ und sei $b \in B$.

Dann ist $(a, b) \in A \times B$ und nach Voraussetzung auch $(a, b) \in B \times A$.

Das bedeutet aber $a \in B$ und $b \in A$.

Also gilt $A \subseteq B$ und $B \subseteq A$.

Mit dieser gegenseitigen Inklusion ist schon gezeigt, dass $A = B$.

Lösung zu Aufgabe 67   zur Aufgabe   Seite 24

$$\left| A \times B \right| - \left| A \cap B \right| = \left| A \times A \right| + \left| A \cup B \right|$$

$$\Rightarrow \left| A \right| \cdot \left| B \right| - \left| A \cap B \right| = \left| A \right|^2 + \left| A \right| + \left| B \right| - \left| A \cap B \right|$$

$$\Rightarrow \left| B \right| \cdot \left(\left| A \right| - 1 \right) = \left| A \right| \cdot \left(\left| A \right| + 1 \right)$$

Für $\left| A \right| = 1$ ist diese Gleichung nicht lösbar.

Wir dürfen also $\left| A \right| \neq 1$ voraussetzen und durch $\left| A \right| - 1$ dividieren.

So erhalten ir $\left| B \right| = \dfrac{\left| A \right| \cdot \left(\left| A \right| + 1 \right)}{\left| A \right| - 1}$.

Da $\left| B \right| \in \mathbb{N}_0$ ist, ist $\left| A \right| - 1$ ein Teiler von $\left| A \right| \cdot \left(\left| A \right| + 1 \right)$.

Wir wissen, dass $\left| A \right| - 1$ auch ein Teiler von $\left| A \right| \cdot \left(\left| A \right| - 1 \right)$ ist.

Aus der Teilbarkeitslehre ist uns bekannt, dass für alle $a, b, c \in \mathbb{Z}$ gilt $a \mid b \land a \mid c \rightarrow a \mid b - c$.

Ist eine Zahl also ein Teiler zweier Zahlen, so ist sie auch ein Teiler der Differenz dieser beiden Zahlen.

Mit $a = \left| A \right| - 1$, $b = \left| A \right| \cdot \left(\left| A \right| + 1 \right)$, $c = \left| A \right| \cdot \left(\left| A \right| - 1 \right)$

© Der/die Autor(en), exklusiv lizenziert an
Springer-Verlag GmbH, DE, ein Teil von Springer Nature 2022
S. Rollnik, *Übungsbuch fürs erfolgreiche Staatsexamen in der Mathematik*, https://doi.org/10.1007/978-3-662-65507-8_9

ergibt sich, dass $\left|A\right| - 1$ auch ein Teiler von $2\left|A\right|$ ist.

Weiter folgen wir mit demselben Argument, dass $\left|A\right| - 1$ ein Teiler von $2\left|A\right| - 2\left(\left|A\right| - 1\right)$, also von 2 ist.

Es muss also $\left|A\right| - 1 = 1$ oder $\left|A\right| - 1 = 2$ sein.

Für $\left|A\right| - 1 = 1$ folgt $\left|A\right| = 2$, und somit $\left|B\right| = 6$.

Für $\left|A\right| - 1 = 2$ folgt $\left|A\right| = 3$, und somit $\left|B\right| = 6$.

Es ist also in jedem Falle $\left|B\right| = 6$.

<u>Lösung zu Aufgabe 68</u>   <u>zur Aufgabe</u>   <u>Seite 24</u>

Wir beginnen mit zwei Strategien, um einen solchen Ausdruck zu finden.

1) In der Abbildung rechts sehen wir, dass eine Obermenge, die drei Mengen A, B, C enthält in acht disjunkte Bereiche zerlegt werden kann.

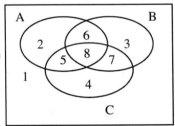

Hier ist $A = \left\{2, 5, 6, 8\right\}$,

$B = \left\{3, 6, 7, 8\right\}$, $C = \left\{4, 5, 7, 8\right\}$.

Dann ist $B\backslash C = \left\{3, 6\right\}$ und $A \cup (B\backslash C) = \left\{2, 3, 5, 6, 8\right\}$.

Weiter ist $A\backslash C = \left\{2, 6\right\}$, $C\backslash B = \left\{4, 5\right\}$, also

$(A\backslash C) \cup (C\backslash B) = \left\{2, 4, 5, 6\right\}$.

Also ist $\left(A \cup (B\backslash C)\right) \cap \left((A\backslash C) \cup (C\backslash B)\right) = \left\{2, 5, 6\right\}$.

2) Ein Venn-Diagramm allein ist ebenfalls gut geeignet, um eine Lösung zu finden.

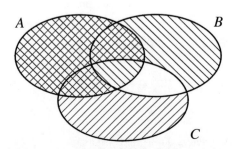

In diesem Diagramm ist $A \cup (B \backslash C)$ schwarz schraffiert und $(A \backslash C) \cup (C \backslash B)$ blau.

Der Durchschnitt der beiden Mengen ist dann der doppelt schraffierte Bereich.

Durch diese heuristischen Hilfsmittel kommen wir zu der

Behauptung: $\Big(A \cup (B \backslash C) \Big) \cap \Big((A \backslash C) \cup (C \backslash B) \Big) = A \backslash (B \cap C)$.

Beweis:

$$\Big(A \cup (B \backslash C) \Big) \cap \Big((A \backslash C) \cup (C \backslash B) \Big)$$

$$= \Big(A \cap (A \backslash C) \Big) \cup \Big(A \cap (C \backslash B) \Big)$$

$$\cup \Big((B \backslash C) \cap (A \backslash C) \Big) \cup \Big((B \backslash C) \cap (C \backslash B) \Big)$$

$$= (A \backslash C) \cup \Big((A \cap C) \backslash B \Big) \cup \Big((A \cap B) \backslash C \Big) \cup \varnothing$$

$$= A \backslash (B \cap C).$$

<u>Lösung zu Aufgabe 69</u>   zur Aufgabe   Seite 24

Seien A, B, C Mengen.

Wir können wieder zwei Inklusionen zeigen.

Das ist hier vielleicht nicht so einfach wie in Aufgabe 66, da man erst einmal erfassen muss, was $x \in A \backslash (B \backslash C)$ bedeutet. Daraus muss man dann $x \in (A \backslash B) \cup (A \cap C)$ schließen.

Für die andere Richtung darf man $x \in (A \backslash B) \cup (A \cap C)$ voraussetzen.

Man hat dann also zwei Fälle zu betrachten, nämlich 1.) $x \in A \backslash B$ und 2.) $x \in A \cap C$. In beiden Fällen muss man dann auf $x \in A \backslash (B \backslash C)$ schließen.

Eine andere Methode ist, die Definition der Differenzmenge zu nutzen und den Ausdruck $A \backslash (B \backslash C)$ immer weiter umzuformen, bis man $(A \backslash B) \cup (A \cap C)$ erhält. Dabei nutzen wir die de Morgansche Regel und Distributivität des Durchschnitts über der Vereinigung.

Es gilt:

$$A\backslash(B\backslash C) = A \cap \overline{\overline{B} \cap \overline{C}}$$
$$= A \cap \left(\overline{\overline{B}} \cup \overline{\overline{C}}\right)$$
$$= A \cap \left(\overline{B} \cup C\right)$$
$$= \left(A \cap \overline{B}\right) \cup \left(A \cap C\right)$$
$$= \left(A\backslash B\right) \cap \left(A \cup C\right).$$

<u>Lösung zu Aufgabe 70</u>   zur Aufgabe   Seite 24

Seien A, A', B beliebige Mengen.

Vorbemerkung:

Man kann sich leicht klar machen, dass aus $A \cup B = A' \cup B$ nicht $A = A'$ folgt.
Denn man könnte man sich eine Menge B mit zwei verschiedenen Teilmengen A, A' wählen.
Dann wäre $A \cup B = B = A' \cup B$, aber $A \neq A'$.

Ebenso kann aus $A \cap B = A' \cap B$ nicht auf $A = A'$ geschlossen werden.
Denn wenn A, A' zwei verschiedene Mengen sind und $B = \emptyset$, dann gilt $A \cap B = \emptyset = A' \cap B$, aber $A \neq A'$.

Es gelte nun $A \cup B = A' \cup B$ und $A \cap B = A' \cap B$.
Wir zeigen: $A = A'$.

Beweis:

Wir zeigen die Gleichheit der Mengen durch zwei Inklusionen.

„$\subseteq$"   Sei $a \in A$.

   Dann gilt $a \in A \cup B$.

   Wegen $A \cup B = A' \cup B$ ist dann auch $a \in A' \cup B$.

   1. Fall: $a \in B$.

      Dann gilt $a \in A \cap B$ und wegen $A \cap B = A' \cap B$ auch $a \in A' \cap B$.

      Also gilt insbesondere $a \in A'$.

   2. Fall: $a \notin B$.

      Dann folgt direkt $a \in A'$.

„$\supseteq$" analog mit vertauschten Rollen von A und A'.

Lösung zu Aufgabe 71   zur Aufgabe   Seite 24
Seien A, B, C Mengen.

Dann gilt

$$(A\backslash B)\backslash C = A \cap \overline{B} \cap \overline{C} \text{ und } A\backslash(B\backslash C) = (A \cap \overline{B}) \cup (A \cap C).$$

„$\Rightarrow$"   durch Kontraposition:

Sei also $A \cap C \neq \varnothing$.

Dann findet man ein $a \in A \cap C$.

Nun gilt $a \in (A \cap \overline{B}) \cup (A \cap C)$, aber $a \notin A \cap \overline{B} \cap \overline{C}$.

Also gilt $a \in A\backslash(B\backslash C)$, aber $a \notin (A\backslash B)\backslash C$.

„$\Leftarrow$"   Sei $A \cap C = \varnothing$.

Dann gilt

$$\begin{aligned} (A\backslash B)\backslash C &= A \cap \overline{B} \cap \overline{C} \\ &= A \cap \overline{B} \\ &= (A \cap \overline{B}) \cup (A \cap C) \\ &= A\backslash(B\backslash C). \end{aligned}$$

Lösung zu Aufgabe 72   zur Aufgabe   Seite 24
Behauptung: $A \cup (B\backslash C) = (A \cup B)\backslash(A \cup C) \Leftrightarrow A = \varnothing$.

Beweis: „$\Leftarrow$"   Sei $A = \varnothing$.

Dann gilt

$$\begin{aligned} A \cup (B\backslash C) &= B\backslash C \\ &= (A \cup B)\backslash(A \cup C). \end{aligned}$$

„$\Rightarrow$"   durch Kontraposition:

Sei also $A \neq \varnothing$.

Dann findet man $a \in A$.

Nun gilt $a \in A \cup (B\backslash C)$.

Weiter gilt $a \in A \cup B$ und $a \in A \cup C$.

Also $a \notin (A \cup B) \backslash (A \cup C)$.

Damit ist gezeigt: $A \cup (B \backslash C) \neq (A \cup B) \backslash (A \cup C)$.

<u>Lösung zu Aufgabe 73</u>   <u>zur Aufgabe   Seite 25</u>

Seien A, B, C Teilmengen von M.

Behauptung: $A \cup B = A \cup C \Leftrightarrow A \cup \overline{B} = A \cup \overline{C}$

Beweis: „$\Rightarrow$"   Es gelte $A \cup B = A \cup C$.

„$\subseteq$"   Sei $x \in A \cup \overline{B}$. Ist $x \in A$, so ist $x \in A \cup \overline{C}$.

Ist $x \notin A$, dann ist $x \in \overline{B}$. In diesem Fall ist $x \notin A \cup B$
und nach Voraussetzung auch $x \notin A \cup C$. Also ist $x \notin C$.
Damit ist aber $x \in A \cup \overline{C}$.

„$\supseteq$"   Analog zu „$\subseteq$" mit vertauschten Rollen von B und C.

„$\Leftarrow$"   Es gelte $A \cup \overline{B} = A \cup \overline{C}$.
Nach der schon bewiesenen Richtung wissen wir, dass dann auch
$A \cup \overline{\overline{B}} = A \cup \overline{\overline{C}}$ gilt, und das heißt $A \cup B = A \cup C$.

<u>Lösung zu Aufgabe 74</u>   <u>zur Aufgabe   Seite 25</u>

Seien A, B, C Mengen.

Behauptung: Dann gilt $(A \backslash B) \cup C = (B \backslash C) \cup A \Leftrightarrow B \subseteq C \subseteq A$.

Beweis:

„$\Rightarrow$"   Es gelte $(A \backslash B) \cup C = (B \backslash C) \cup A$.

Seien nun $b \in B$, $c \in C$ gegeben.

Annahme: $b \notin C$.

Dann gilt $b \notin (A \backslash B) \cup C$, aber $b \in (B \backslash C) \cup A$
im Widerspruch zu $(A \backslash B) \cup C = (B \backslash C) \cup A$.

Also ist die Annahme falsch, und es gilt $b \in C$.

Da $c \in C$, gilt insbesondere $c \in (A \backslash B) \cup C$ und somit auch

$c \in (B \backslash C) \cup A$.

Da aber $c \notin B \backslash C$, folgt $c \in A$.

Insgesamt folgt also $B \subseteq C$ und $C \subseteq A$.

„$\Leftarrow$" Es gelte $B \subseteq C \subseteq A$.

Dann ist

$$(A\backslash B) \cup C = (A \cap \overline{B}) \cup C$$
$$= (A \cup C) \cap (\overline{B} \cup C)$$
$$= A$$
$$= (B\backslash C) \cup A.$$

a) Behauptung: Es gibt Mengen A, B, C mit $(A\backslash B) \cup C = A$ und $A \cap B \neq C$.

Beweis: Für $A = \{1, 2, 3, 4\}$, $B = \{1, 2\}$ und $C = \{1, 2, 3\}$ gilt
$(A\backslash B) \cup C = A$, aber $A \cap B = \{1, 2\} \neq C$.

b) Behauptung: Für alle Mengen A, B, C gilt $A \cap B = C \Rightarrow (A\backslash B) \cup C = A$.

Beweis: Seien A, B, C Mengen und es gelte $A \cap B = C$.

Dann gilt

$$(A\backslash B) \cup C = (A\backslash B) \cup (A \cap B)$$
$$= (A \cap \overline{B}) \cup (A \cap B)$$
$$= A \cap (B \cup \overline{B})$$
$$= A.$$

Lösung zu Aufgabe 75   zur Aufgabe   Seite 25

a) Behauptung: Es gibt Mengen A, B, C mit $(A\backslash B) \cup C = A$ und $A \cap B \neq C$.

Beweis: Wähle $A = \{2, 4, 5\}$, $B = \{1, 4, 6\}$, $C = \{2, 4\}$.

Dann gilt

$$(A\backslash B) \cup C = \{2, 5\} \cup \{2, 4\}$$
$$= \{2, 4, 5\}$$
$$= A.$$

Aber es ist $A \cap B = \{4\} \neq \{2, 4\} = C$.

b) Behauptung: Für alle Mengen A, B, C gilt:
$$A \cap B = C \Rightarrow (A \backslash B) \cup C = A.$$

Beweis: Seien A, B, C Mengen mit $A \cap B = C$.

Dann ist

$$\begin{aligned}
(A \backslash B) \cup C &= (A \backslash B) \cup (A \cap B) \\
&= (A \cap \overline{B}) \cup (A \cap B) \\
&= A \cap (\overline{B} \cup B) \\
&= A.
\end{aligned}$$

<u>Lösung zu Aufgabe 76</u>   <u>zur Aufgabe</u>   <u>Seite 25</u>

Behauptung: Dann gilt für alle Mengen $A, B : A \cup B \subseteq A \circ B$.

Beweis: Seien A, B Mengen und sei $x \in A \cup B$ gegeben.

Die Voraussetzung verspricht uns, dass für alle Mengen A, B, C

$(A \circ B) \cup C = A \circ (B \cup C)$ gilt.

Also gilt dies insbesondere für $C = A \cup B$.

Sei nun $x \in A \cup B$ gegeben.

Dann ist zu zeigen $x \in A \circ B$.

Mit $x \in A \cup B$ folgt $x \in C$ und damit $x \in (A \circ B) \cup C$.

Nun gilt aber

$$\begin{aligned}
(A \circ B) \cup C &= (A \circ B) \cup (A \cup B) \\
&= A \circ (B \cup (A \cup B)) \\
&= A \circ (A \cup B) \\
&= A \circ (B \cup A) \\
&= (A \circ B) \cup A \\
&= (B \circ A) \cup A
\end{aligned}$$

$$= B \circ (A \cup A)$$
$$= B \circ A$$
$$= A \circ B.$$

Also gilt auch $x \in A \circ B$.

Damit ist gezeigt $A \cup B \subseteq A \circ B$.

Lösung zu Aufgabe 77   zur Aufgabe   Seite 25
Seien A, B, C Mengen mit $B \subseteq A$.

Behauptung: $(A \backslash B) \cup (B \backslash C) = A \backslash C \Leftrightarrow A \cap C \subseteq B$.

Beweis: „$\Rightarrow$"   Es gelte $(A \backslash B) \cup (B \backslash C) = A \backslash C$.

Sei nun $x \in A \cap C$.

Dann gilt $x \notin A \backslash C$.

Somit $x \notin (A \backslash B) \cup (B \backslash C)$.

Also ist $x \in (\overline{A \backslash B}) \cap (\overline{B \backslash C})$.

$$(\overline{A \backslash B}) \cap (\overline{B \backslash C})$$
$$= (\overline{A} \cup B) \cap (\overline{B} \cup C)$$
$$= (\overline{A} \cap \overline{B}) \cup (\overline{A} \cap C) \cup (B \cap \overline{B}) \cup (B \cap C).$$

Zusammen mit $x \in A \cap C$ folgt $x \in B \cap C$, und somit auch $x \in B$.

„$\Leftarrow$"   Es gelte $A \cap C \subseteq B$.

„$\subseteq$"   Sei nun $x \in (A \backslash B) \cup (B \backslash C)$ gegeben.

Dann gilt $x \in A \cup B$ und wegen $B \subseteq A$ auch $x \in A$.

Annahme: $x \in C$.

Dann folgt $x \in B$ wegen $A \cap C \subseteq B$.

Dann gilt aber $x \notin A \backslash B$ und $x \notin B \backslash C$.

Also ist die Annahme falsch, und es gilt $x \notin C$.

Das heißt, $x \in A \backslash C$.

„⊇"   Sei $x \in A\backslash C$.

Dann gilt $x \in A$ und $x \notin C$.

1. Fall: $x \in B$.

Dann ist $x \in B\backslash C$.

2. Fall: $x \notin B$.

Dann ist $x \in A\backslash B$.

In beiden Fällen folgt $x \in (A\backslash B) \cup (B\backslash C)$.

Lösung zu Aufgabe 78   zur Aufgabe   Seite 26

Seien A, B, C Mengen.

Behauptung: Dann gilt

$$(A \backslash B) \cup (B \backslash C) \cup (C \backslash A) = (A \cup B \cup C) \backslash (A \cap B \cap C).$$

Beweis: Es gilt

$$(A \backslash B) \cup (B \backslash C) \cup (C \backslash A)$$
$$= (A \cap \overline{B}) \cup (B \cap \overline{C}) \cup (C \cap \overline{A})$$
$$= (A \cup B \cup C) \cap (A \cup B \cup \overline{A}) \cap (A \cup \overline{C} \cup C) \cap (A \cup \overline{C} \cup \overline{A})$$
$$\cap (\overline{B} \cup B \cup C) \cap (\overline{B} \cup B \cup \overline{A}) \cap (\overline{B} \cup \overline{C} \cup C) \cap (\overline{B} \cup \overline{C} \cup A)$$
$$= (A \cup B \cup C) \cap (\overline{B} \cup \overline{C} \cup \overline{A})$$
$$= (A \cup B \cup C) \cap (\overline{A \cap B \cap C})$$
$$= (A \cup B \cup C) \backslash (A \cap B \cap C).$$

Lösung zu Aufgabe 79   zur Aufgabe   Seite 26

Seien A, B, C Mengen.

Behauptung: $(A \cap B) \cup C = A \cup (B \cap C) \Leftrightarrow A \cup C \subseteq (A \cap C) \cup B$

Beweis: „⇒"   Es gelte $(A \cap B) \cup C = A \cup (B \cap C)$

Sei nun $x \in A \cup C$.

1. Fall: $x \in A$.

Dann gilt $x \in A \cup (B \cap C)$ und somit auch
$x \in (A \cap B) \cup C$.

Falls $x \in B$, so ist nichts zu zeigen. Sei also $x \notin B$.
Dann ist $x \in C$. Insbesondere gilt dann
$x \in (A \cap C) \cup B$.

2. Fall: $x \notin A$.

Dann gilt $x \in C$ und somit $x \in (A \cap B) \cup C$, also auch
$x \in A \cup (B \cap C)$.

Da $x \notin A$ folgt $x \in B \cap C$, also insbesondere $x \in B$
und damit auch $x \in (A \cap C) \cup B$.

„$\Leftarrow$"   Es gelte $A \cup C \subseteq (A \cap C) \cup B$.

Zu zeigen: $(A \cap B) \cup C = A \cup (B \cap C)$.

Es ist $(A \cap C) \cup B = (A \cup B) \cap (B \cup C)$.

Es gilt also $A \cup C \subseteq A \cup B$ und $A \cup C \subseteq B \cup C$.

Daraus folgt schon $(A \cup C) \cap (A \cup B) = A \cup C$ und
$(A \cup C) \cap (B \cup C) = A \cup C$.

Also gilt $(A \cup C) \cap (B \cup C) = (A \cup C) \cap (A \cup B)$.

Das ist äquivalent zu $(A \cap B) \cup C = A \cup (B \cap C)$.

Lösung zu Aufgabe 80   zur Aufgabe   Seite 26

Behauptung: a) Für alle Mengen A, B gilt

$$(A \setminus B) \times (B \setminus A) \subseteq (A \times B) \setminus (B \times A).$$

b) Es gibt Mengen A, B, für die gilt

$$(A \times B) \setminus (B \times A) \nsubseteq (A \setminus B) \times (B \setminus A).$$

Beweis: a) Seien A, B Mengen.

Sei $x \in (A \setminus B) \times (B \setminus A)$.

Dann findet man $a \in A \setminus B$, $b \in B \setminus A$ mit $x \in (a, b)$.

Es gilt $(a, b) \in A \times B$ und $(a, b) \notin B \times A$, also gilt
$(a, b) \in (A \times B) \setminus (B \times A)$, und somit $x \in (A \times B) \setminus (B \times A)$.

b) Für $A = \{1, 2\}$, $B = \{2, 3\}$ gilt

$$A \times B = \Big\{ (1,2), (1,3), (2,2), (2,3) \Big\} \text{ und}$$

$$B \times A = \Big\{ (2,1), (2,2), (3,1), (3,2) \Big\},$$

also $(A \times B) \setminus (B \times A) = \Big\{ (1,2), (1,3), (2,3) \Big\}$.

Es ist $A \setminus B = \big\{1\big\}$ und $B \setminus A = \big\{3\big\}$, also

$$(A \setminus B) \times (B \setminus A) = \Big\{ (1,3) \Big\}.$$

Hier gilt also $(A \times B) \setminus (B \times A) \nsubseteq (A \setminus B) \times (B \setminus A)$.

Lösung zu Aufgabe 81   zur Aufgabe   Seite 26
Behauptung: $\big| A \cap B \big| = 8$.

Beweis: Es gilt

$$\big| (A \times B) \cup (B \times A) \big| = \big| A \times B \big| + \big| B \times A \big| - \big| (A \times B) \cap (B \times A) \big|$$

$$= \big| A \times B \big| + \big| B \times A \big| - \big| (A \cap B) \times (A \cap B) \big|$$

$$= 2 \cdot \big| A \big| \cdot \big| B \big| - \big| A \cap B \big|^2$$

$$= 200 - \big| A \cap B \big|^2.$$

Mit der Voraussetzung $\big| (A \times B) \cup (B \times A) \big| = 136$ folgt $\big| A \cap B \big|^2 = 64$, also $\big| A \cap B \big| = 8$.

Lösung zu Aufgabe 82   zur Aufgabe   Seite 26
Behauptung: Es gibt keine endlichen Mengen A, B mit
$$\big| A \cap B \big| = 3 \text{ und } \big| (A \times B) \setminus (B \times A) \big| = \big| A \cup B \big|.$$

Beweis: Annahme: Es gibt endliche Mengen A, B mit $|A \cap B| = 3$ und
$$\big| (A \times B) \setminus (B \times A) \big| = \big| A \cup B \big|.$$

Es ist $\big| (A \times B) \setminus (B \times A) | = \big| A \cup B \big|$ äquivalent zu
$$\big| A \big| \cdot \big| B \big| - \big| A \cap B \big|^2 = \big| A \big| + \big| B \big| - \big| A \cap B \big|.$$

Mit $\left| A \cap B \right| = 3$ folgt

$$\left| A \right| \cdot \left| B \right| - 9 = \left| A \right| + \left| B \right| - 3.$$

$$\left| A \right| \cdot \left| B \right| - 9 = \left| A \right| + \left| B \right| - 3$$

$$\Leftrightarrow \left| A \right| \cdot \left| B \right| - \left| A \right| = \left| B \right| + 6$$

$$\Leftrightarrow \left| A \right| \cdot \left(\left| B \right| - 1 \right) = \left| B \right| + 6$$

$$\Leftrightarrow \left| A \right| \overset{(*)}{=} \frac{\left| B \right| + 6}{\left| B \right| - 1}.$$

(*) Wegen $\left| A \cap B \right| = 3$ ist $\left| B \right| \neq 1$, also $\left| B \right| - 1 \neq 0$.

Da $A \in \mathbb{N}_0$, folgt $\left(\left| B \right| - 1 \right) \Big| \left(\left| B \right| + 6 \right)$.

Daraus ergibt sich $\left(\left| B \right| - 1 \right) \Big| 7$.

Also ist $\left| B \right| - 1 = 1$ oder $\left| B \right| - 1 = 7$.

Da $\left| B \right| \geq 3$, ist $\left| B \right| - 1 \neq 1$. Also ist $\left| B \right| - 1 = 7$.

Daraus ergibt sich $\left| B \right| = 8$.

Dann ist aber $\left| A \right| = \dfrac{\left| B \right| + 6}{\left| B \right| - 1} = \dfrac{14}{7} = 2$, im

Widerspruch zu $\left| A \cap B \right| = 3$.

Also ist die Annahme falsch, und es folgt die Behauptung.

Lösung zu Aufgabe 83   zur Aufgabe   Seite 26

Seien A, B Mengen.

Behauptung: Dann gilt $\left| \mathfrak{P}(A \cup B) \right| = \left| \mathfrak{P}(A) \right| \cdot \left| \mathfrak{P}(B) \right| \Leftrightarrow A \cap B = \varnothing$.

Beweis: Es ist

$$\left| \mathfrak{P}(A \cup B) \right| = 2^{\left| A \cup B \right|}$$

$$= 2^{\left| A \right| + \left| B \right| - \left| A \cap B \right|}$$

und

$$\left| \mathfrak{P}(A) \right| \cdot \left| \mathfrak{P}(B) \right| = 2^{\left| A \right|} \cdot 2^{\left| B \right|}$$

$$= 2^{\left| A \right| + \left| B \right|} .$$

Also gilt

$$\left| \mathfrak{P}(A \cup B) \right| = \left| \mathfrak{P}(A) \right| \cdot \left| \mathfrak{P}(B) \right|$$

$$\Leftrightarrow 2^{\left| A \right| + \left| B \right| - \left| A \cap B \right|} = 2^{\left| A \right| + \left| B \right|}$$

$$\Leftrightarrow \left| A \right| + \left| B \right| - \left| A \cap B \right| = \left| A \right| + \left| B \right|$$

$$\Leftrightarrow A \cap B = \varnothing .$$

Lösung zu Aufgabe 84   zur Aufgabe   Seite 27

Aus $\left| B \times C \right| = 4$ ergeben sich drei mögliche Fälle:

1.) $\left| B \right| = 1$ und $\left| C \right| = 4$,

2.) $\left| B \right| = 2$ und $\left| C \right| = 2$,

3.) $\left| B \right| = 4$ und $\left| C \right| = 1$.

Aus $\left| \mathfrak{P}(B \setminus C) \right| < \left| A \times (B \setminus C) \right| < \left| \mathfrak{P}(B) \right|$ folgt $2^{\left| B \setminus C \right|} < 2^{\left| B \right|}$, also auch $\left| B \setminus C \right| < \left| B \right|$. Somit ist $B \cap C \neq \varnothing$.

Die Gleichung $\left| (A \times B) \cup (A \times C) \right| = 20$ führt zu $\left| A \right| \cdot \left| B \cup C \right| = 20$.

Mit 1.) folgt nun $\left| A \right| = 5$ und $\left| B \cup C \right| = 4$, da $B \cap C \neq \varnothing$.

Man erhält aber einen Widerspruch zur Ungleichung.

Mit 2.) folgt $\left|B \cap C\right| = 1$ oder $\left|B \cap C\right| = 2$.

Aus $\left|B \cap C\right| = 1$ folgt aber $\left|B \cup C\right| = 3$, so dass die Gleichung $\left|A\right| \cdot \left|B \cup C\right| = 20$ nicht erfüllt werden kann.

Ist $\left|B \cap C\right| = 2$, so ist auch $\left|B \cup C\right| = 2$ und wegen $\left|A\right| \cdot \left|B \cup C\right| = 20$ folgt $\left|A\right| = 10$. Die Ungleichung ist nun nicht mehr erfüllbar.

Also tritt auch dieser Fall nicht ein.

Mit 3.) folgt $\left|B \cap C\right| = 1$ und $\left|B \cup C\right| = 4$. Nun ist $\left|A\right| = 5$.

In der Tat gilt nun $\left|\mathfrak{P}(B \setminus C)\right| < \left|A \times (B \setminus C)\right| < \left|\mathfrak{P}(B)\right|$, denn $\left|\mathfrak{P}(B \setminus C)\right| = 2^3 = 8$, $\left|A \times (B \setminus C)\right| = 5 \cdot 3 = 15$, $\left|\mathfrak{P}(B)\right| = 2^4 = 16$.

Also folgt $\left|A\right| = 5$, $\left|B\right| = 4$, $\left|C\right| = 1$ und $\left|B \setminus C\right| = 3$.

<u>Lösung zu Aufgabe 85</u>   <u>zur Aufgabe</u>   <u>Seite 27</u>
a) Behauptung: Für alle Mengen A, B gilt $\mathfrak{P}(A \cap B) = \mathfrak{P}(A) \cap \mathfrak{P}(B)$.

   Beweis: Seien A, B Mengen.

          Dann gilt

$$X \in \mathfrak{P}(A \cap B) \Leftrightarrow X \subseteq A \cap B$$
$$\Leftrightarrow X \subseteq A \wedge X \subseteq B$$
$$\Leftrightarrow X \in \mathfrak{P}(A) \wedge X \in \mathfrak{P}(B)$$
$$\Leftrightarrow X \in \mathfrak{P}(A) \cap \mathfrak{P}(B).$$

b) Behauptung: Für alle Mengen A, B gilt $\mathfrak{P}(A \setminus B) \neq \mathfrak{P}(A) \setminus \mathfrak{P}(B)$.

   Beweis: Seien A, B Mengen.

          Dann ist $\varnothing \in \mathfrak{P}(A \setminus B)$, aber $\varnothing \notin \mathfrak{P}(A) \setminus \mathfrak{P}(B)$.

Lösung zu Aufgabe 86   zur Aufgabe   Seite 27

a) Behauptung: Aus $\left\{ \{a\}, \{a,b\} \right\} = \left\{ \{x\}, \{x,y\} \right\}$ folgt $a = x$ und $b = y$.

Beweis: 1. Fall: $a = b$.

Dann ist $\left\{ \{a\}, \{a,b\} \right\} = \left\{ \{a\} \right\}$.

Daraus folgt sofort, dass auch $\left\{ \{x\}, \{x,y\} \right\} = \left\{ \{x\} \right\}$.

Also ist dann $a = x = b = y$.

2. Fall: $a \neq b$.

Dann ist $\left| \left\{ \{a\}, \{a,b\} \right\} \right| = 2$ und somit auch

$\left| \left\{ \{x\}, \{x,y\} \right\} \right| = 2$.

Es ist dann also auch $x \neq y$.

Da $\left| \{a\} \right| = 1$, $\left| \{a,b\} \right| = 2$, $\left| \{x\} \right| = 1$, und

$\left| \{x,y\} \right| = 2$, ist $\{a\} = \{x\}$ und $\{a,b\} = \{x,y\}$.

Auch in diesem Fall folgt also die Behauptung.

b) Behauptung: Aus $\left\{ \{a\}, \{a,b\}, \{a,b,c\} \right\} = \left\{ \{x\}, \{x,y\} \{x,y,z\} \right\}$

folgt nicht, dass $a = x$ und $b = y$ und $c = z$.

Beweis: Für $a = c = 1, b = 2, x = y = 1, z = 2$ gilt

$$\left\{ \{a\}, \{a,b\}, \{a,b,c\} \right\} = \left\{ \{1\}, \{1,2\}, \{1,2,1\} \right\}$$

$$= \left\{ \{1\}, \{1,2\} \right\}$$

$$= \left\{ \{1\}, \{1,1\} \{1,1,2\} \right\}$$

$$= \left\{ \{x\}, \{x,y\} \{x,y,z\} \right\}.$$

Aber es gilt $b \neq y$.

Lösung zu Aufgabe 87   zur Aufgabe   Seite 27

Der Verein hat 100 Mitglieder.

Davon sind 12 Mitglieder sind in allen drei Sportarten aktiv.

Ein gutes heuristisches Mittel, um die Lösung zu finden, ist ein Venn-Diagramm.

Seien also R, S, T die Mengen der Ruderer, Segler, Taucher dieses Vereins.

Dann bezeichnen wir mit a, b, c, d, e, f, g, h die Mächtigkeiten der laut Diagramm gebildeten acht disjunkten Mengen.

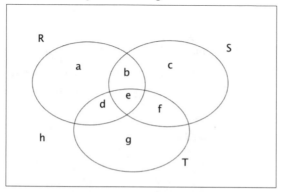

Die erste Information ist, dass jeder Sportler mindestens in einer der drei Sportarten aktiv ist. Das heißt, $h = 0$.

Die Summe der Anzahlen der Ruderer, Segler und Taucher ist 170.

Diese muss natürlich nicht die Anzahl der Vereinsmitglieder sein, denn es ist möglich, dass einige Sportler in mehreren Sparten aktiv sind.

Es ist $|R| + |S| + |T| = 170$, beziehungsweise

$$a + 2b + c + 2d + 3e + 2f + g = 170.$$

Wir wissen weiter, dass 58 Mitglieder mindestens 2 Sportarten betreiben.

Also gilt $b + d + e + f = 58$.

Die dritte Information ist, dass 88 Mitglieder höchstens 2 Sportarten betreiben. Also gilt $a + b + c + d + f + g = 88$.

Wir arbeiten nun mit folgenden Gleichungen:

I $a + 2b + c + 2d + 3e + 2f + g = 170$

II $b + d + e + f = 58$

III $a + b + c + d + f + g = 88$

Subtrahiert man nun die Summe der Gleichungen II und III von I, dann erhält man
$2e = 24$.
Es ist also $e = 12$.

Subtrahiert man nur II von I, so erhält man $a + b + c + d + 2e + f + g = 112$.
Mit $e = 12$ und $h = 0$ folgt $a + b + c + d + e + f + g + h = 100$.

Lösung zu Aufgabe 88   zur Aufgabe   Seite 28
Wir teilen die Kinder in drei disjunkte Mengen und betrachten deren Anzahlen.
Sei a die Anzahl der Kinder, die Läuse und keine Flöhe haben. Sei b die Anzahl der
Kinder, die sowohl Läuse als auch Flöhe haben, und sei c die Anzahl der Kinder
Flöhe, aber keine Läuse haben.
Dann entnehmen wir dem Text die beiden Ungleichungen

I $a + b > b + c$ und   II $b + c > a$.

Die Ungleichung I ist äquivalent zu $a > c$.

Hieraus ergibt sich nun $a \geq c + 1$ und $b + c \geq a + 1$.
Wir erhalten nun die Ungleichungskette $b + c \geq a + 1 \geq c + 2$.
Also muss $b \geq 2$ gelten.
Es gibt also mindestens 2 Kinder, die sowohl Läuse als auch Flöhe haben.

Lösung zu Aufgabe 89   zur Aufgabe   Seite 28
Ein gutes heuristisches Mittel zur Lösung dieses Problems ist das Schubfachprinzip.
Wir betrachten alle 32 Teilmengen einer 5-elementigen Menge.
Genau 16 dieser 32 Teilmengen besitzen mindestens 3 Elemente.

Nun „packen" wir die 32 Teilmengen so in 16 Schubfächer, dass jedes Schubfach
eine der 3-, 4-, oder 5-elementigen Teilmengen und ihre Komplementärmenge
enthält.

Annahme: Es lassen sich 17 Unterausschüsse so bilden, dass je zwei
            Unterausschüsse ein gemeinsames Mitglied haben.

Dann muss aber ein Schubfach existieren, deren beide Mengen einen Unterausschuss bilden. Nun sind aber gerade diese beiden Mengen disjunkt. Wir haben also zwei Unterausschüsse, die kein gemeinsames Mitglied haben.

Das ist ein Widerspruch zur Voraussetzung.

Also ist die Annahme falsch. Es lassen sich also höchstens 16 Ausschüsse mit der geforderten Bedingung bilden.

Nebenbemerkung: Dass sich 16 Ausschüsse mit der gewünschten Eigenschaft bilden lassen, ist leicht einzusehen. Wir wählen dafür die 16 Teilmengen zu Unterausschüssen, die mindestens drei Elemente enthalten.

Nimmt man nun zwei beliebige dieser Unterausschüsse, so müssen sie ein gemeinsames Element enthalten, denn es entfallen dann mindestens 6 Ausschussmitgliedschaften auf 5 Personen. Somit muss eine der Personen beiden Ausschüssen angehören.

Lösung zu Aufgabe 90 zur Aufgabe   Seite 28
Sei M die Menge der gegebenen natürlichen Zahlen.

Sei G die Menge aller geraden Zahlen aus M.

Sei D die Menge der durch 3 teilbaren Zahlen aus M.

Dann ist $\left|M\right| = 100$, $\left|G \cup \overline{D}\right| = 83$ und $\left|G \cup D\right| = 67$.

Daraus ergibt sich $\left|M \setminus (G \cup \overline{D})\right| = 17$, also $\left|\overline{G} \cap D\right| = 17$.

Weiter ergibt sich $\left|M \setminus (G \cup D)\right| = 33$, also $\left|\overline{G} \cap \overline{D}\right| = 33$.

Es ist $\overline{G} = \left(\overline{G} \cap D\right) \,\dot{\cup}\, \left(\overline{G} \cap \overline{D}\right)$.

Also ist $\left|\overline{G}\right| = 50$.

Die Menge enthält also genau 50 ungerade Zahlen.

Lösung zu Aufgabe 91 zur Aufgabe   Seite 28
Es muss 10 Dorfbewohner geben, die in allen drei Vereinen Mitglied sind.

Wenn dann 20 Dorfbewohner im Reiter- und im Schützenverein, aber nicht im Turnverein sind, und 30 Dorfbewohner im Reiter- und im Turnverein sind, aber nicht im Schützenverein, und 40 Dorfbewohner im Schützen- und im Turnverein, aber nicht im Reiterverein sind, dann sind alle Bedingungen erfüllt.

Wenn es weniger als 10 Dorfbewohner gibt, die in allen drei Vereinen Mitglied sind, dann gibt es über 90 Dorfbewohner mit höchstens zwei Mitgliedschaften in diesen drei Vereinen.

Sei d die Anzahl der Dorfbewohner, die in allen drei Vereinen Mitglied ist, dann ist die Anzahl der Mitgliedschaften $3d + 2 \cdot (100 - d) = 200 + d$.

Wenn $d < 10$, kann die Anzahl aller Mitgliedschaften nicht mehr 210 sein.

Wir wissen aber, dass diese Anzahl 210 ist, also muss $d \geq 10$ sein.

Damit ist 10 die größte Mindestzahl.

Lösung zu Aufgabe 92   zur Aufgabe   Seite 28

Die Anzahl der k-elementigen Teilmengen einer n-elementigen Menge wird durch den Binomialkoeffizienten $\begin{pmatrix} n \\ k \end{pmatrix}$ angegeben.

Damit die Anzahl ihrer 4-elementigen Teilmengen mindestens so groß ist wie die Anzahl ihrer 2-elementigen Teilmengen, muss eine endliche Menge mindestens 6 Elemente enthalten.

Beweis:

$$\binom{n}{4} \geq \binom{n}{2} \Leftrightarrow \frac{n \cdot (n-1) \cdot (n-2) \cdot (n-3)}{24} \geq \frac{n \cdot (n-1)}{2}$$
$$\Leftrightarrow (n-2) \cdot (n-3) \geq 12$$
$$\Leftrightarrow n \geq 6.$$

Lösung zu Aufgabe 93   zur Aufgabe   Seite 28

Wir bezeichnen die Menge der Mitglieder der Feuerwehr mit F, die Menge der Mitglieder des Gesangsverein mit G und die Menge der Mitglieder des Turnvereins mit T.

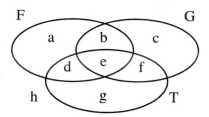

Mit a, b, c, d, e, f, g, h bezeichnen wir die Mächtigkeiten der acht paarweise disjunkten Teilmengen laut obigem Diagramm. Beispielsweise ist dann $a = \left| F \setminus (G \cup T) \right|$, also die Anzahl der Mitglieder der Feuerwehr, die weder im Gesangsverein noch im Turnverein Mitglied sind.

Dann gilt:

I. $a + b + d + e = 28$

II. $b + c + e + f = 30$

III. $d + e + f + g = 42$

IV. $b + e = 8$

V. $d + e = 10$

VI. $e + f = 5$

VII. $e = 3$

Nun ergibt sich mit VII. und den Gleichungen IV., V., VI., dass $b = 5, d = 7, f = 2$.

Mit I., II., III. ergibt sich nun $a = 13, c = 20, g = 30$.

Insgesamt folgt $a + b + c + d + e + f + g = 80$.

<u>Lösung zu Aufgabe 94</u>   <u>zur Aufgabe</u>   <u>Seite 29</u>

Sei $M := \{1, 2, 3, ..., 10000\}$.

Sei $Z := \{x \in M \mid 2 \,\big|\, x\}, D := \{x \in M \mid 3 \,\big|\, x\}, F := \{x \in M \mid 5 \,\big|\, x\}$.

Gesucht ist $\left| Z \cup D \cup F \right|$.

$$\left| Z \cup D \cup F \right|$$

$$= \left| Z \right| + \left| D \right| + \left| F \right| - \left| Z \cap D \right| - \left| Z \cap F \right| - \left| D \cap F \right| + \left| Z \cap D \cap F \right|$$

$$= 5000 + 3333 + 2000 - 1666 - 1000 - 666 + 333$$

$$= 7334.$$

Lösung zu Aufgabe 95 zur Aufgabe   Seite 29

Es ist

$$\left| A \setminus C \right| + \left| B \setminus A \right| + \left| C \setminus B \right| - \left| A \setminus B \right| - \left| B \setminus C \right|$$

$$= \left| A \right| - \left| A \cap C \right| + \left| B \right| - \left| A \cap B \right| + \left| C \right| - \left| B \cap C \right|$$

$$- \left(\left| A \right| - \left| A \cap B \right| \right) - \left(\left| B \right| - \left| B \cap C \right| \right)$$

$$= \left| C \right| - \left| A \cap C \right|$$

$$= \left| C \setminus A \right| .$$

10. Lösungen zu Relationen und Abbildungen

Lösung zu Aufgabe 96   zur Aufgabe   Seite 32

Wähle $M := \{1,2,3\}$.

Dann sind $R := \{(1,1), (2,2), (3,3), (1,2), (2,1)\}$ und

$S := \{(1,1), (2,2), (3,3), (2,3), (3,2)\}$ Äquivalenzrelationen auf M,

denn beide Relationen sind reflexiv, symmetrisch und transitiv.

Es ist aber

$$R \cup S = \{(1, 1), (2, 2), (3, 3), (1, 2), (2, 1), (2, 3), (3, 2)\}.$$

Also ist $R \cup S$ keine Äquivalenzrelation, da $R \cup S$ nicht transitiv ist, denn $(1, 2) \in R \cup S$ und $(2, 3) \in R \cup S$, aber $(1, 3) \notin R \cup S$.

Lösung zu Aufgabe 97   zur Aufgabe   Seite 32

Man kann sich diese Relationen gut in einer Tabelle veranschaulichen.

Beispiel:

Die Abbildung unten steht für die Relation

$$\{(2, 1), (2, 3), (2, 5), (3, 4), (4, 3)\}.$$

	1	2	3	4	5
1					
2	x		x		x
3				x	
4			x		
5					

Wenn es darum geht, wie viele Relationen überhaupt in dieser Menge existieren, so kann man ebenso fragen, wie viele Möglichkeiten es gibt, in dieser Tabelle Kreuze zu setzen

Sucht man die Anzahl der reflexiven Relationen, so muss wie in der folgenden Abbildung die Diagonale vollständig besetzt sein.

	1	2	3	4	5
1	x				
2		x			
3			x		
4				x	
5					x

Die Frage ist nun, wie viele Möglichkeiten es gibt, Kreuze außerhalb der Diagonalen zu setzen.

Sucht man die Anzahl aller symmetrischen Relationen, so kann man sich klarmachen, dass die Anzahl aller Möglichkeiten gesucht ist, auf der Diagonalen oder darunter ein Kreuz zu setzen. Die weiteren Kreuze, die für die Symmetrie erforderlich sind, ergeben sich dann durch Spiegelung an der Diagonalen. Sucht man die Anzahl aller symmetrischen Relationen, die zugleich reflexiv sind, so fällt die Wahlmöglichkeit auf der Diagonalen weg.

Geht es schließlich um die Anzahl der antisymmetrischen Relationen, so hat man auf jedem Feld der Diagonalen 2 Möglichkeiten. Für jedes Feld außerhalb der Diagonalen hat man drei Möglichkeiten, nämlich

i)   man setzt ein Kreuz in das Feld. In das an der Diagonalen gespiegelte Feld kommt dann kein Kreuz.

ii) man setzt kein Kreuz in das Feld, aber in das an der Diagonalen gespiegelte Feld setzen wir ein Kreuz.

iii) man setzt weder in das Feld noch in das an der Diagonalen gespiegelte Feld ein Kreuz.

a) Es ist $M \times M = \{1, 2, 3, 4, 5\}^2$, also $|M \times M| = 25$.
    Jede Teilmenge von $M \times M$ ist eine Relation auf M und $M \times M$ besitzt
    2^{25} Teilmengen, also gibt es 2^{25} Relationen auf M.

b) Jede reflexive Relation enthält $\left\{ (1,1), (2,2), (3,3), (4,4), (5,5) \right\}$.

Bei jedem der 20 anderen Paare gibt es 2 Möglichkeiten:

    i) Es gehört zu Relation oder

    ii) es gehört nicht zur Relation.

Somit gibt es 2^{20} reflexive Relationen auf M.

c) Für jedes Paar $(a, b) \in M \times M$ gibt es wieder die beiden Möglichkeiten

aus b). Für alle anderen Paare ist dadurch festgelegt, ob sie zur Relation

gehören oder nicht.

Es gibt also 2^{15} symmetrische Relationen auf M.

d) Für alle Paare $(a, a) \in M \times M$ gibt es keine Wahlmöglichkeit, sie müssen zur

Relation gehören. Für jedes Paar $(a, b) \in M \times M$ mit $a < b$ gibt es wieder die

2 Möglichkeiten aus b). Es gibt also 2^{10} Relationen auf M, die sowohl

symmetrisch, als auch reflexiv sind.

e) Für jedes Paar $(a, a) \in M \times M$ gibt es die 2 Möglichkeiten aus b).

Für alle Paare $(a, b) \in M \times M$ mit $a < b$ gibt es genau 3 Möglichkeiten:

    i) (a, b) gehört zur Relation, (b, a) aber nicht.

    ii) (b, a) gehört zur Relation, (a, b) aber nicht.

    iii) Weder (a, b) noch (b, a) gehören zur Relation.

Es gibt also $2^5 \cdot 3^{10}$ antisymmetrische Relationen auf M.

Lösung zu Aufgabe 98   zur Aufgabe   Seite 32

„R ist reflexiv“:

Sei $x \in \mathbb{R}$ gegeben.

Dann gilt $x - x = 0$, und $0 \in \mathbb{Z}$.

„R ist symmetrisch“:

Seien $x, y \in \mathbb{R}$ gegeben mit $x R y$.

Dann gilt $x - y \in \mathbb{Z}$.

Es ist $y - x = -(x - y) \in \mathbb{Z}$.

„R ist transitiv“:

Seien $x, y, z \in \mathbb{R}$ gegeben mit $x R y$ und $y R z$.

Dann gilt $x - y \in \mathbb{Z}$ und $y - z \in \mathbb{Z}$.

Es ist $x - z = (x - y) + (y - z) \in \mathbb{Z}$.

„R ist nicht irreflexiv“:

R ist reflexiv auf $\mathbb{R}$ und da $\mathbb{R} \neq \emptyset$ ist, kann R nicht gleichzeitig irreflexiv sein.

„R ist nicht antisymmetrisch“:

Es gilt $2R3$ und $3R2$, aber $2 \neq 3$.

R ist also reflexiv, symmetrisch und transitiv und weder irreflexiv noch antisymmetrisch.

„S ist nicht reflexiv“:

Für $x = 2{,}3$ gilt:

$$x + x = 4{,}6$$

und $4{,}6 \notin \mathbb{Z}$.

„S ist symmetrisch“:

Das folgt sofort aus der Kommutativität der Addition in $\mathbb{R}$.

„S ist nicht transitiv“:

Für x = 1,4, y = 0,6 und z = 0,4 gilt: $x + y \in \mathbb{Z}$ und $y + z \in \mathbb{Z}$, aber $x + z \notin \mathbb{Z}$.

„S ist nicht irreflexiv“:

Für x = 2 gilt $x + x \in \mathbb{Z}$.

„S ist nicht antisymmetrisch“:

Für $x = 1{,}3$ und $y = 0{,}7$ gilt: $x + y = 2 \in \mathbb{Z}$ und ebenso $y + x \in \mathbb{Z}$, aber $x \neq y$.

S ist also symmetrisch, aber nicht reflexiv, nicht transitiv, nicht irreflexiv und nicht antisymmetrisch.

Lösung zu Aufgabe 99   zur Aufgabe   Seite 32

a) i) Sei A eine Teilmenge von $\mathbb{N}$.

Dann gilt $A \setminus A = \emptyset$ und $\emptyset \subseteq T$, also $A \sim A$.

$\sim$ ist also reflexiv.

ii) Seien A, B Teilmengen von $\mathbb{N}$ und es gelte $A \sim B$.

Dann gilt $A \setminus B \subseteq T$ und $B \setminus A \subseteq T$.

Somit gilt auch $B \setminus A \subseteq T$ und $A \setminus B \subseteq T$, also $B \sim A$.

$\sim$ ist also symmetrisch.

iii) Seien A, B, C Teilmengen von $\mathbb{N}$ und es gelte $A \sim B$ und $B \sim C$.

Dann gilt $A \setminus B \subseteq T$ und $B \setminus A \subseteq T$ und $B \setminus C \subseteq T$ und $C \setminus B \subseteq T$.

Annahme: $A \setminus C \not\subseteq T$ oder $C \setminus A \not\subseteq T$.

1. Fall: $A \setminus C \not\subseteq T$.

Dann findet man ein $a \in A \setminus C$ mit $a \notin T$.

Es ist $a \in A \setminus C$ äquivalent zu $a \in A \cap \overline{C}$.

Wäre $a \in \overline{B}$, dann wäre $a \in A \setminus B$ und somit auch $a \in T$.

Das steht im Widerspruch zu $a \notin T$.

Also ist $a \in B$.

Dann gilt aber $a \in B \setminus C$ und somit auch $a \in T$.

Auch dies steht also im Widerspruch zu $a \notin T$.

2. Fall: $C \setminus A \not\subseteq T$.

Dann findet man ein $c \in C \setminus A$ mit $c \notin T$.

Nun ist $c \in C \setminus A$ äquivalent zu $c \in C \cap \overline{A}$.

Wäre $c \in \overline{B}$, dann wäre $c \in C \setminus B$ und damit auch $c \in T$.

Also ist $c \in B$.

Dann gilt aber $c \in B \setminus A$ und damit aber auch $c \in T$.

In diesem Fall ergibt sich also ein Widerspruch zu $c \notin T$.

Also ist die Annahme falsch und es gilt $A \setminus C \subseteq T$ und $C \setminus A \subseteq T$.

Also ist $\sim$ transitiv.

b) $\mathfrak{K} = \Big\{ \varnothing, \{1\}, \{2\}, \{1,2\} \Big\}$ ist ein vollständiges Repräsentantensystem der Äquivalenzklassen.

Lösung zu Aufgabe 100   zur Aufgabe   Seite 32

Seien $x, y, z \in \mathbb{Q}$ gegeben und es gelte $x\,R\,y$ und $y\,R\,z$.

Dann gilt einer der folgenden vier Fälle:

i) $x + 3 < 0$ und $y + 3 < 0$,

ii) $x + 3 < 0$ und $2y + 3 < z$,

iii) $2x + 3 < y$ und $y + 3 < 0$,

iv) $2x + 3 < y$ und $2y + 3 < z$.

In den ersten beiden Fällen gilt offensichtlich $x\,R\,z$,   da dafür ja $x + 3 < 0$ hinreichend ist.

Im Fall iii) folgt aus $2x + 3 < y$ schon $2x + 6 < y + 3$.

Zusammen mit $y + 3 < 0$ folgt $2x + 6 < 0$.

Damit folgt $x + 3 < 0$ und $x\,R\,z$.

Im Fall iv) gilt für den Fall, dass $x + 3 < 0$ ist sowieso $x\,R\,z$.

Falls aber $x + 3 \geq 0$ ist, folgt aus $2x + 3 < y$ schon $x < y$ und somit aus $2y + 3 < z$ schon $2x + 3 < z$.

Also gilt auch hier $x\,R\,z$

Lösung zu Aufgabe 101   zur Aufgabe   Seite 33

i) Sei $(a, b) \in \mathbb{N} \times \mathbb{N}$.

   Dann gilt $(a, b) \lhd (a, b)$, da $a = a$ und $b \leq b$.

   Also ist $\lhd$ reflexiv.

ii) Seien $(a, b), (a', b') \in \mathbb{N} \times \mathbb{N}$ gegeben und es gelte $(a, b) \lhd (a', b')$ und $(a', b') \lhd (a, b)$.

   Dann gilt $a = a'$ und $b \leq b'$ und $b' \leq b$.

   Folglich gilt $a = a'$ und $b = b'$. Das heißt, $(a, b) = (a', b')$.

Also ist $\lhd$ antisymmetrisch.

iii) Seien $(a, b), (a', b'), (a'', b'') \in \mathbb{N} \times \mathbb{N}$ gegeben und es gelte
$(a, b) \lhd (a', b')$ und $(a', b') \lhd (a'', b'')$.
Dann gilt einer der folgenden vier Fälle:

1. $a < a'$ und $a' < a''$.
2. $a < a'$ und $(a' = a''$ und $b' \leq b'')$.
3. $(a = a'$ und $b \leq b')$ und $a' < a''$.
4. $(a = a'$ und $b \leq b')$ und $(a' = a''$ und $b' \leq b'')$.

In jedem Fall folgt $a < a''$ oder $(a = a''$ und $b \leq b'')$.
Also ist $\lhd$ transitiv.

iv) Seien $(a, b), (a', b') \in \mathbb{N} \times \mathbb{N}$ gegeben und es gelte nicht
$(a, b) \lhd (a', b')$.
Dann gilt $a \geq a'$ und $(a \neq a'$ oder $b > b')$.
Das heißt, es gilt $a > a'$ oder $(a \geq a'$ und $b > b')$.
Tatsächlich gilt sogar $a > a'$ oder $(a = a'$ und $b > b')$.
Also gilt dann $(a', b') \lhd (a, b)$.

<u>Lösung zu Aufgabe 102</u> zur Aufgabe <u>Seite 33</u>
a) $\sim_r$ ist genau dann reflexiv, wenn $r \leq 1$.

Nach Definition ist $\sim_r$ genau dann reflexiv, wenn für alle $a \in \mathbb{R}_{>0}$ gilt $ar \leq a$.
Sei $a \in \mathbb{R}_{>0}$ gegeben, dann gilt $ar \leq a \Leftrightarrow r \leq 1$.

b) Für $r \leq 0$ ist $\sim_r$ symmetrisch, da dann $\sim_r$ die Allrelation ist.
Für $r > 0$ ist $\sim_r$ nicht symmetrisch.
Denn sei $r > 0$.
Dann gilt $0 < r < 1$ oder $r \geq 1$.

1. Fall: $0 < r < 1$.
Dann gilt $r \sim_r 2$, aber nicht $2 \sim_r r$.
2. Fall: $r \geq 1$.

Dann gilt $1 \sim_r r$, aber nicht $r \sim_r 1$.

c) $\sim_r$ ist genau dann transitiv, wenn $r \geq 1$.

Sei nämlich $r \geq 1$.

Seien $a, b, c \in \mathbb{R}_{>0}$ mit $a \sim_r b$ und $b \sim_r c$.

Dann gilt $a r \leq b$ und $b r \leq c$.

Da auch $b \leq b r$ gilt, folgt $a r \leq c$, also $a \sim_r c$.

Sei nun $r < 1$.

Dann gilt $1 \sim_r r$ und $r \sim_r r^2$, aber nicht $1 \sim_r r^2$.

<u>Lösung zu Aufgabe 103</u>   <u>zur Aufgabe   Seite 33</u>

Wegen der Reflexivität von $\sim$ gilt schon $2\mathbb{Z} \subseteq T$.

Nun können 2 Fälle eintreten:

1. Fall: $\forall x, y \in \mathbb{Z} : x \sim y \Rightarrow x \equiv y$ mod 2.

Dann ist $\sim$ die Kongruenz modulo 2.

2. Fall: $\exists x, y \in \mathbb{Z} : x \sim y \wedge x - y \equiv 1$ mod 2.

Dann ist $\sim$ die Allrelation.

<u>Lösung zu Aufgabe 104</u>   <u>zur Aufgabe   Seite 34</u>

a) i) Sei $(x, y) \in \mathbb{R}^2$.

Dann gilt $x \geq x$, also $(x, y)\not{R}(x, y)$.

Also ist R irreflexiv.

ii) Seien $(x, y), (x', y') \in \mathbb{R}^2$ und es gelte $(x, y)R(x', y')$ und $(x, y) \neq (x', y')$.

Dann gilt insbesondere $x < x'$.

Somit kann aber nicht $x' < x$ gelten.

Also $(x', y')\not{R}(x, y)$.

Also ist R antisymmetrisch.

iii) Seien $(x, y), (x', y'), (x'', y'') \in \mathbb{R}^2$ und es gelte $(x, y)R(x', y')$ und

$(x', y')R(x'', y'')$.

Dann gilt $x < x'$ und $x' < x''$ und $x' < y''$.

Nun folgt $x < x''$ und $x < y''$ und somit auch $(x, y)R(x'', y'')$.

Also ist R transitiv.

b) i) Es gilt $(1,2)S(1,2)$, da $1 < 2$.

Also ist S nicht irreflexiv.

ii) Es gilt $(1,3)S(2,2)$, da $1 < 2$, und es gilt $(2,2)S(1,3)$, da $2 < 3$.

Aber es ist $(1,3) \neq (2,2)$.

Also ist S nicht antisymmetrisch.

iii) Es gilt $(4,3)S(1,5)$, da $4 < 5$.

Weiter gilt $(1,5)S(2,3)$, da $1 < 2$, aber es gilt $(4,3)\cancel{S}(2,3)$, da $4 \geq 2$ und $4 \geq 3$.

Also ist S nicht transitiv.

Lösung zu Aufgabe 105   zur Aufgabe   Seite 34

„$\Rightarrow$" Sei R transitiv. Für alle $x, y, z \in M$ folgt dann aus xRy und yRz schon xRz.

Falls $d(x, z) = 0$, dann gilt $d(x, z) \leq d(x, y) + d(y, z)$.

Falls $d(x, z) = 1$, dann gilt $x\cancel{R}z$ und wegen der Transitivität von R folgt $x\cancel{R}y$ oder $y\cancel{R}z$. Das heißt, $d(x, y) = 1$ oder $d(y, z) = 1$ und somit $d(x, z) \leq d(x, y) + d(y, z)$.

„$\Leftarrow$" Seien $x, y, z \in M$ gegeben mit xRy und yRz.

Dann gilt $d(x, y) = 0$ und $d(y, z) = 0$.

Somit ist auch $d(x, y) + d(y, z) = 0$.

Mit $d(x, z) \leq d(x, y) + d(y, z)$ folgt $d(x, z) = 0$ und somit xRz.

Lösung zu Aufgabe 106   zur Aufgabe   Seite 34

a) i) Sei $(m, n) \in M \times N$ gegeben, dann gilt $m = m$ und nSn, da S reflexiv ist.

Somit gilt $(m, n)RS(m, n)$.

Also ist RS reflexiv.

ii) Seien $(m, n), (m', n') \in M \times N$ gegeben und es gelte $(m, n)RS(m', n')$ und $(m', n')RS(m, n)$.

Dann gilt $(m \neq m' \wedge m R m') \vee (m = m' \wedge n S n')$ und
$(m' \neq m \wedge m' R m) \vee (m' = m \wedge n' S n)$.

Es gilt also einer der folgenden vier Fälle:

1. Fall: $(m \neq m' \wedge m R m')$ und $(m' \neq m \wedge m' R m)$.

2. Fall: $(m \neq m' \wedge m R m')$ und $(m' = m \wedge n' S n)$.

3. Fall: $(m = m' \wedge n S n')$ und $(m' \neq m \wedge m' R m)$.

4. Fall: $(m = m' \wedge n S n')$ und $(m' = m \wedge n' S n)$.

Der erste Fall steht im Widerspruch zur Antisymmetrie und kann daher nicht eintreten. Der zweite und der dritte Fall enthalten den Widerspruch $m \neq m'$ und $m = m'$ und können deswegen nicht auftreten.

Der vierte Fall führt zu $m = m'$ und wegen der Antisymmetrie von S zu $n = n'$, das heißt, $(m, n) = (m', n')$.

Also ist $R S$ antisymmetrisch.

iii) Seien $(m, n), (m', n'), (m'', n'') \in M \times N$ gegeben und es gelte $(m, n) R S (m', n')$ und $(m', n') R S (m'', n'')$. Dann gilt
$(m \neq m' \wedge m R m') \vee (m = m' \wedge n S n')$ und
$(m' \neq m'' \wedge m' R m'') \vee (m' = m'' \wedge n' S n'')$.

Es gilt also einer der folgenden vier Fälle:

1. Fall:$(m \neq m' \wedge m R m')$ und $(m' \neq m'' \wedge m' R m'')$.

2. Fall:$(m \neq m' \wedge m R m')$ und $(m' = m'' \wedge n' S n'')$.

3. Fall:$(m = m' \wedge n S n')$ und $(m' \neq m'' \wedge m' R m'')$.

4. Fall:$(m = m' \wedge n S n')$ und $(m' = m'' \wedge n' S n'')$.

Im ersten Fall folgt aus der Transitivität von R, dass $m R m''$ gilt.
Gilt nun $m \neq m''$, dann gilt nach der Definition von RS auch
$(m, n) R S (m'', n'')$.

Gilt $m = m''$, dann gilt $(m'', n)RS(m', n')$. Nach Definition von RS heißt dies, dass $(m'' \neq m' \wedge m''Rm') \vee (m'' = m' \wedge nSn')$. Es kann aber nicht $m''Rm'$ gelten, da sonst mit $m'Rm''$ aus der Antisymmetrie von R schon $m' = m''$ im Widerspruch zu $m' \neq m''$ folgte.

Also gilt $m'' = m' \wedge nSn'$. Weiter gilt $(m', n')RS(m, n'')$.

Mit der gleichen Argumentation folgt $m' = m$ und $n'Sn''$.
Mit der Transitivität von S folgt nun nSn'', und es gilt $(m, n)RS(m'', n'')$.

Im zweiten und dritten Fall folgt sofort $m \neq m''$ und mRm''.
Also gilt $(m, n)RS(m'', n'')$.
Im vierten Fall folgt sofort $m = m''$ und nSn''.
Also gilt auch hier $(m, n)RS(m'', n'')$.

b) für $(M \times N, RS)$:   für $(N \times M, SR)$:

<u>Lösung zu Aufgabe 107</u>   <u>zur Aufgabe</u>   <u>Seite 35</u>
Sei $M := \{1, 2, 3, 4, 5\}$.
Folgende wesentlich verschiedenen Klasseneinteilungen sind möglich:

$$\mathfrak{K}_1 = \Big\{ \{1\}, \{2\}, \{3\}, \{4\}, \{5\} \Big\},$$

$$\mathfrak{K}_2 = \Big\{ \{1,2\}, \{3\}, \{4\}, \{5\} \Big\},$$

$$\mathfrak{K}_3 = \Big\{ \{1,2\}, \{3,4\}, \{5\} \Big\},$$

$$\mathfrak{K}_4 = \Big\{ \{1,2,3\}, \{4\}, \{5\} \Big\},$$

$$\mathfrak{K}_5 = \Big\{ \{1,2,3\}, \{4,5\} \Big\},$$

$$\mathfrak{K}_6 = \Big\{ \{1,2,3,4\}, \{5\} \Big\},$$
$$\mathfrak{K}_7 = \{M\}.$$

Die Klasseneinteilungen enthalten also $5, 7, 9, 11, 13, 17$ oder 25 Paare.

Alternativer Weg:

Man kann sich auch überlegen, dass die Anzahl der Paare in einer Äquivalenzrelation immer die Summe von Quadratzahlen ist. Denn jede Äquivalenzklasse mit $n \in \mathbb{N}$ Elementen liefert n^2 Paare für die Äquivalenzrelation. Gesucht ist also nach Möglichkeiten, die Zahl 19 als Summe von höchstens 5 Quadratzahlen darzustellen.

Da gibt es nur folgende Möglichkeiten: $1 + 9 + 9$, $1 + 1 + 4 + 4 + 9$ und $1 + 1 + 1 + 16$.

Für jede dieser Möglichkeiten muss aber $|M| > 5$ sein.

<u>Lösung zu Aufgabe 108</u>   zur Aufgabe   Seite 35

Wegen der Reflexivität von R ist sofort klar, dass alle Quadratzahlen zu T gehören.

Außerdem gilt für alle $x \in \mathbb{Z} : x R - 1$, denn sei $x \in \mathbb{Z}$ gegeben, dann gilt

$x - (-1) + x \cdot (-1) = 1$ und $1 \in T$.

Wegen der Symmetrie gilt dann auch $-1 R x$ für alle $x \in \mathbb{Z}$.

Es gilt also insbesondere $-1 R 0$ und somit wegen der Transitivität $x R 0$ für alle $x \in \mathbb{Z}$. Also gilt für alle $x \in \mathbb{Z}$ auch $x \in T$.

<u>Lösung zu Aufgabe 109</u>   zur Aufgabe   Seite 35

a) i) Sei $a \in M$ gegeben.

   Dann gilt $(a, a) \in R$, da R reflexiv, und $(a, a) \in S$, da S reflexiv. Also gilt $(a, a) \in R \cap S$.

   Das heißt, $R \cap S$ ist reflexiv.

   ii) Seien $a, b \in M$ und es gelte $(a, b) \in R \cap S$ und $(b, a) \in R \cap S$.

   Dann gilt insbesondere $(a, b) \in R$ und $(b, a) \in R$ und wegen der Antisymmetrie von R schon $a = b$. Also ist auch $R \cap S$ antisymmetrisch.

iii) Seien $a, b, c \in M$ gegeben und es gelte $(a, b) \in R \cap S$ und $(b, c) \in R \cap S$.

Dann gilt $(a, b) \in R$ und $(b, c) \in R$ und $(a, b) \in S$ und $(b, c) \in S$.

Da R und S transitiv sind, folgt $(a, c) \in R$ und $(a, c) \in S$, also $(a, c) \in R \cap S$.

Also ist $R \cap S$ transitiv.

b)

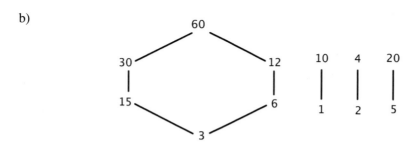

Lösung zu Aufgabe 110   zur Aufgabe   Seite 35

Es gibt 18 Äquivalenzklassen, da genau die Quersummen von 1 bis 18 vorkommen. Ein Repräsentantensystem ist also $\{1, 2, ..., 18\}$.

Für alle $i \in \{1, ..., 18\}$ bezeichne $\mathfrak{K}_i$ die Äquivalenzklasse mit allen Elementen, deren Quersumme i ist.

In $\mathfrak{K}_9$ liegen die meisten Zahlen.

In $\mathfrak{K}_1$ liegen genau 3 Zahlen, nämlich 1, 10 und 100.

Für alle $n \in \{2, ..., 9\}$ liegen in $\mathfrak{K}_n$ genau $n + 1$ Zahlen, denn wir können Zahlen mit der Quersumme n bilden, indem wir die Einerstelle mit $k \leq n$ besetzen und dann $n - k$ an die Zehnerstelle setzen. Nun gibt es aber genau $n + 1$ Möglichkeiten, $k \in \{0, ..., n\}$ zu wählen.

Ab $n = 10$ nimmt die Anzahl der Zahlen aus $\{1, ..., 100\}$ mit der Quersumme n wieder ab. Sowohl die Zehner- als auch die Einerstelle müssen mindestens mit 1 besetzt werden. Im Falle $n = 10$ bleiben noch 8 übrig, die auf die beiden Stellen zu verteilen sind. Die Anzahl der Möglichkeiten dafür ist genau so groß wie die Anzahl der Zahlen aus $\{1, ..., 100\}$ mit der Quersumme 8.

Analog gilt für alle $m \in \{2,...,7\}$, dass die Anzahl der Zahlen aus $\{1,...,100\}$ mit der Quersumme $9 + m$ genau so groß ist wie die Anzahl der Zahlen aus $\{1,...,100\}$ mit der Quersumme $9 - m$.

Diese Argumentation kann nicht auf $m = 8$ oder $m = 9$ übertragen werden, da durch die Tatsache, dass nur eine dreistellige Zahl in $\{1,...,100\}$ enthalten ist, keine Symmetrie vorliegt.

In $\mathfrak{K}_{17}$ liegen genau die beiden Zahlen 89 und 98, und in $\mathfrak{K}_{18}$ liegt nur 99.

Lösung zu Aufgabe 111   zur Aufgabe   Seite 36

Sei $a \in \mathbb{Z}$ gegeben.

Wir zeigen: $a \in T$.

Dann gilt $a \sim -a$, da $\dfrac{a + (-a)}{2} = 0$.

Weiter gilt $-a \sim a$ und somit wegen der Transitivität von $\sim$ auch $a \sim a$.

Das heißt aber $a \in T$.

Also $T = \mathbb{Z}$.

Lösung zu Aufgabe 112   zur Aufgabe   Seite 36

Sei $b \in B$ gegeben.

Wir zeigen, dass auch $b \in A$.

Man findet ein Element $s \in A \cap B$, da nach Voraussetzung $A \cap B \neq \varnothing$.

Weiter findet man ein $a \in A \setminus B$, da $A \not\subseteq B$.

Nun gilt $(s, b) \in B \times B$ und $(a, s) \in A \times A$.

Mit $(a, s), (s, b) \in (A \times A) \cup (B \times B)$ folgt wegen der Transitivität $(a, b) \in (A \times A) \cup (B \times B)$.

Da $a \in A \setminus B$, folgt $(a, b) \notin B \times B$.

Somit gilt $(a, b) \in A \times A$, also insbesondere $b \in A$.

Lösung zu Aufgabe 113   zur Aufgabe   Seite 36

Beide Äquivalenzrelationen enthalten wegen der Reflexivität alle 9 Paare mit zwei gleichen Komponenten. Kommt nun ein weiteres Paar hinzu, so kommt wegen der Symmetrie auch das mit vertauschten Komponenten hinzu. Wenn wir also 3 Äquivalenzklassen mit jeweils zwei Elementen bilden, dann erhalten wir 6 weitere

Paare. Ebenso erhalten wir 6 weitere Paare, wenn wir stattdessen drei Elemente in eine Äquivalenzklasse packen.

a) R mit der Klasseneinteilung $\left\{\{1,2\},\{3,4\},\{5,6\},\{7\},\{8\},\{9\}\right\}$.

b) S mit der Klasseneinteilung $\left\{\{1,2,3\},\{4\},\{5\},\{6\},\{7\},\{8\},\{9\}\right\}$.

<u>Lösung zu Aufgabe 114</u>   <u>zur Aufgabe</u>   <u>Seite 36</u>

a) i) Die Reflexivität ist klar.

ii) Seien $x, y \in \mathbb{N}$ gegeben mit $x\,R\,y$ und $y\,R\,z$.

  Annahme: $x \neq y$.

  Dann gilt $y - x \geq 2$ und $x - y \geq 2$.

  Wenn wir nun die Ungleichungen addieren, erhalten wir

  $y - x + x - y \geq 2 + 2$, also $0 \geq 4$.

  Das ist ein Widerspruch.

  Die Annahme war also falsch.

  Also gilt $x = y$.

  Das heißt, R ist antisymmetrisch.

iii) Seien $x, y, z \in \mathbb{N}$ gegeben mit $x\,R\,y$ und $y\,R\,z$.

  Dann gilt einer der folgenden vier Fälle:

  (1) $x = y$ und $y = z$.

  (2) $x = y$ und $z - y \geq 2$.

  (3) $y - x \geq 2$ und $y = z$.

  (4) $y - x \geq 2$ und $z - y \geq 2$.

  Im Fall (1) folgt $x = z$ und damit $x\,R\,z$.

  In den Fällen (2) und (3) folgt $z - x \geq 2$ und damit $x\,R\,z$.

  Im Fall (4) folgt $z - x \geq 4$ und insbesondere $z - x \geq 2$, also auch $x\,R\,z$.

  Das heißt, R ist transitiv.

b)

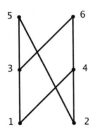

Lösung zu Aufgabe 115   zur Aufgabe   Seite 37

a) i) Sei $x \in \mathbb{Q}$ gegeben.

Dann gilt $x - x = 0$ und $0 = \dfrac{0}{1}$.

Das heißt, $x R x$.

Also ist R reflexiv.

ii) Seien $x, y \in \mathbb{Q}$ gegeben und es gelte $x R y$ und $y R x$.

Dann sind sowohl $y - x$ als auch $x - y = -(y - x)$ nichtnegativ.

Das heißt, $x = y$.

Also ist R antisymmetrisch.

iii) Seien $x, y, z \in \mathbb{Q}$ gegeben und es gelte $x R y$ und $y R z$.

Dann lassen sich sowohl $y - x$ als auch $z - y$ als nichtnegative Brüche mit ungeradem Nenner schreiben, das heißt, man findet $a, c \in \mathbb{N}_0$ und $b, d \in \mathbb{N}$ mit b, d ungerade und $y - x = \dfrac{a}{b}$ und $z - y = \dfrac{c}{d}$.

Nun ist

$$z - x = z - y + y - x$$
$$= \frac{a}{b} + \frac{c}{d}$$
$$= \frac{ad + bc}{bd}$$

und es gilt $ad + bc \geq 0$ und $bd \geq 0$ und bd ungerade.

Also lässt sich auch $z - x$ als nichtnegativer Bruch mit ungeradem

Nenner schreiben.

Somit gilt $x R z$.

Also ist R transitiv.

b)

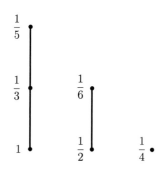

Lösung zu Aufgabe 116   zur Aufgabe   Seite 37
Die Reflexivität und die Symmetrie von R sind offensichtlich.

Seien $x, y, z \in \mathbb{Z}$ gegeben und es gelte $x R y$ und $y R z$.

Dann gilt einer der folgenden Fälle:

(1) $x = y$ und $y = z$.

(2) $x = y$ und $y = 5 - z$

(3) $x = 5 - y$ und $y = z$.

(4) $x = 5 - y$ und $y = 5 - z$

In den Fällen (1) und (4) gilt $x = z$. In den Fällen (2) und (3) gilt $x = 5 - z$.

In allen Fällen gilt $x R z$.

Also ist R transitiv.

Die Klasseneinteilung ist $\left\{ \{2,3\}, \{1,4\}, \{0,5\}, \{-1,6\}, \{-2,7\} \right\}$.

Ein vollständiges Repräsentantensystem ist $\mathbb{N}_{>2}$.

Lösung zu Aufgabe 117   zur Aufgabe   Seite 37
i) Sei $x \in \mathbb{N}$ gegeben.

Dann gilt $\dfrac{x}{x} = \dfrac{1}{1}$.

Das heißt, $x \sim x$.

Also ist $\sim$ reflexiv.

ii) Seien $x, y \in \mathbb{N}$ gegeben und es gelte $x \sim y$.

Dann findet man $a, b \in \mathbb{N}$ mit a, b ungerade und $\dfrac{x}{y} = \dfrac{a}{b}$.

Nun ist $\dfrac{y}{x} = \dfrac{b}{a}$.

Das heißt, es gilt auch $y \sim x$.

Also ist $\sim$ symmetrisch.

iii) Seien $x, y, z \in \mathbb{N}$ gegeben und es gelte $x \sim y$ und $y \sim z$.

Dann findet man $a, b, c, d \in \mathbb{N}$ mit a, b, c, d ungerade und $\dfrac{x}{y} = \dfrac{a}{b}$ und

$\dfrac{y}{z} = \dfrac{c}{d}$.

Nun ist

$$\begin{aligned}
\frac{x}{z} &= \frac{x}{y} \cdot \frac{y}{z} \\
&= \frac{ac}{bd}.
\end{aligned}$$

Es sind ac und bd ungerade.

Somit gilt auch $x \sim z$.

Also ist $\sim$ transitiv.

Die dazugehörige Klasseneinteilung ist

$$\Big\{ \{1,3,5,7,9,...\}, \{2,6,10,14,18,...\}, \{4,12,20,28,36,...\}, \{8,24,40,56,72,...\}, ... \Big\}$$

$$= \Big\{ \{2^k, 3 \cdot 2^k, 5 \cdot 2^k, 7 \cdot 2^k, 9 \cdot 2^k, ...\} \mid k \in \mathbb{N}_0 \Big\}.$$

Ein vollständiges Repräsentantensystem ist also

$$\{1, 2, 4, 8, 16,...\} = \big\{ 2^k \mid k \in \mathbb{N}_0 \big\}.$$

Lösung zu Aufgabe 118   zur Aufgabe   Seite 37

a) Die Reflexivität und die Symmetrie sind offensichtlich.

Seien $x, y, z \in \mathbb{Q}_{>0}$ mit $x \sim y$ und $y \sim z$.

Dann findet man $q, r \in \mathbb{Q}_{>0}$ mit $x \cdot y = q^2$ und $y \cdot z = r^2$.

Nun gilt

$$x \cdot z = \frac{xy \cdot yz}{y^2}$$
$$= \frac{q^2 r^2}{y^2}$$
$$= \left(\frac{qr}{y}\right)^2 .$$

Das heißt $x \sim z$.

Also ist $\sim$ transitiv.

b) In jeder Klasse liegt mindestens eine natürliche Zahl, denn sei die Klasse $\mathfrak{K}_q$ eines Elements $q \in \mathbb{Q}_{>0}$ gegeben. Dann findet man $a, b \in \mathbb{N}$ mit $q = \frac{a}{b}$.

Für die natürliche Zahl ab gilt nun $ab \sim q$, da $ab \cdot q = ab \cdot \frac{a}{b} = a^2$. Es gibt also ein vollständiges Repräsentantensystem $\mathfrak{R}$, das eine Teilmenge von $\mathbb{N}$ ist. Es gilt aber $\mathfrak{R} \neq \mathbb{N}$, denn die Elemente 2 und 8 liegen in derselben Äquivalenzklasse, da $2 \cdot 8 = 16 = 4^2$.

Lösung zu Aufgabe 119   zur Aufgabe   Seite 38

Die Reflexivität und die Symmetrie sind offensichtlich.

Seien nun $x, y, z \in \mathbb{Q}$ und es gelte $x R y$ und $y R z$.

Dann gilt $12 \cdot (x - y) \in \mathbb{Z}$ und $12 \cdot (y - z) \in \mathbb{Z}$.

Somit ist auch $12 \cdot (x - y) + 12 \cdot (y - z) \in \mathbb{Z}$.

Das heißt, $12 \cdot (x - z) \in \mathbb{Z}$ und somit $x R z$.

Also ist R transitiv.

Die Klasseneinteilung von R eingeschränkt auf $\left\{\dfrac{1}{1}, \dfrac{1}{2}, \ldots, \dfrac{1}{8}\right\}$ ist

$$\left\{\left\{\dfrac{1}{1}, \dfrac{1}{2}, \dfrac{1}{3}, \dfrac{1}{4}, \dfrac{1}{6}\right\}, \left\{\dfrac{1}{5}\right\}, \left\{\dfrac{1}{7}\right\}, \left\{\dfrac{1}{8}\right\}\right\}.$$

Diese Stammbrüche verteilen sich also auf 4 Klassen.

Lösung zu Aufgabe 120   zur Aufgabe   Seite 38

Sei $c \in M$ gegeben.

Dann betrachten wir die konstante Abbildung

$$\alpha_c : M \to M$$
$$m \mapsto c.$$

Sei nun $m \in M$.

Dann gilt $m\,\alpha_c\varphi = c\,\varphi$ und $m\,\varphi\,\alpha_c = c$.

Da $m\,\alpha_c\varphi = m\,\varphi\,\alpha_c$, ist auch $c\,\varphi = c$.

Somit ist φ die Identität.

Lösung zu Aufgabe 121   zur Aufgabe   Seite 38

Es ist $\left(\dfrac{1}{2}, \dfrac{2}{3}\right) \in \mathbb{R}$ und $\left(\dfrac{2}{4}, \dfrac{3}{5}\right) = \left(\dfrac{1}{2}, \dfrac{3}{5}\right) \in \mathbb{R}$.

Also ist R keine Abbildung.

Lösung zu Aufgabe 122   zur Aufgabe   Seite 38

I.   Die Aussagen a) und b) sind wahr, c) ist falsch.

a) Seien f, g injektiv.

Seien $a_1, a_2 \in A$ gegeben mit $a_1(fg) = a_2(fg)$.

Dann gilt $(a_1 f)g = (a_2 f)g$ und da g injektiv ist, gilt auch $a_1 f = a_2 f$.

Mit der Injektivität von f folgt nun $a_1 = a_2$.

b) Sei fg injektiv.

Seien $a_1, a_2 \in A$ gegeben mit $a_1 f = a_2 f$.

Dann gilt auch $(a_1 f)g = (a_2 f)g$ und somit $a_1(fg) = a_2(fg)$.

Mit der Injektivität von fg folgt nun $a_1 = a_2$.

c) Für $A := \{1,2\}$, $B := \{a,b,c\}$, $C := \{x,y\}$ mit

$$f : A \to B \qquad g : B \to C \qquad fg : A \to C$$

$$\begin{array}{lll}
1 \mapsto b & a \mapsto x & 1 \mapsto x \\
2 \mapsto c & b \mapsto x & 2 \mapsto y \\
 & c \mapsto y &
\end{array}$$

und ... gilt ...

Es ist also fg injektiv, aber g nicht injektiv, da $ag = bg$, aber $a \neq b$.

II. Die Aussagen a) und c) sind wahr, b) ist falsch.

a) Seien f, g surjektiv.

Sei $c \in C$ gegeben.

Dann findet man ein $b \in B$ mit $bg = c$, da g surjektiv ist.

Da f surjektiv ist, findet man ein $a \in A$ mit $af = b$.

Nun gilt

$$\begin{aligned}
a(fg) &= (af)g \\
&= bg \\
&= c.
\end{aligned}$$

Also ist c surjektiv.

b) Für die Mengen A, B, C aus I. c) und die dort definierten Abbildungen f, g gilt:

fg ist surjektiv, aber f ist nicht surjektiv, denn für $a \in B$ existiert kein $x \in A$ mit $xf = a$.

c) Sei fg surjektiv und sei $c \in C$ gegeben.

Dann findet man ein $a \in A$ mit $a(fg) = c$.

Es ist $a(fg) = (af)g$.

Also ist g surjektiv.

<u>Lösung zu Aufgabe 123</u>   zur Aufgabe   Seite 39

a) Nein, denn zum Beispiel für $M := \mathbb{N}$, $\alpha : n \mapsto n + 1$ und

$$\beta : n \mapsto \begin{cases} n - 1 & \text{für } n \geq 2 \\ 1 & \text{für } n = 1 \end{cases}$$

gilt $\alpha\beta = \beta\alpha$, aber $\alpha \neq i\,d_M$.

b) In Aufgabe 122 wurde gezeigt, dass für alle Abbildungen f, g von A in B gilt:

Wenn fg injektiv ist, dass ist auch f injektiv, und wenn fg surjektiv ist,

dann ist auch g surjektiv.

Mit $\alpha = f = g$ und $M = A = B$ folgt aus $\alpha\alpha = i\,d_M$ sofort, dass α bijektiv ist.

Lösung zu Aufgabe 124   zur Aufgabe   Seite 39

a) $x \mapsto -\dfrac{9}{5}x - \dfrac{32}{5}$

b) $x \mapsto -\dfrac{5}{9}x - \dfrac{32}{9}$

Lösung zu Aufgabe 125   zur Aufgabe   Seite 39

Die beiden Abbildungen sind genau dann vertauschbar, wenn für alle reellen Zahlen x gilt: $(xa + b)^2 = x^2a + b$.

Dies ist genau dann der Fall, wenn $(a, b) \in \left\{ (0,0), (1,0), (0,1) \right\}$.

Lösung zu Aufgabe 126   zur Aufgabe   Seite 40

a) Es gilt $m\alpha\beta = m\beta$ und $m\beta\alpha = m\alpha\beta = m\beta$.

Das heißt, $m\beta$ ist Fixelement von α.

Da α nur das Fixelement m besitzt, gilt schon $m\beta = m$.

Es ist also m auch Fixelement von β.

b) β kann natürlich weitere Fixelemente besitzen, wenn $\left| M \right| > 1$ und zum

Beispiel $\beta = i\,d_M$.

Lösung zu Aufgabe 127   zur Aufgabe   Seite 40

Die Abbildung ist genau dann selbstinvers, wenn für alle $x \in \mathbb{R}$ gilt:

$a(ax + b) + b = x$.

Es ist $a(ax + b) + b = x \Leftrightarrow a^2x + (a + 1)b = x$.

Für alle $x \in \mathbb{R}$ gilt $a^2x + (a+1)b = x$ genau dann, wenn $a^2 = 1$ und $(a+1)b = 0$.

Die Abbildung ist also genau dann selbstinvers, wenn $(a,b) = (1,0)$ oder $(a,b) = (-1,b)$ mit $b \in \mathbb{R}$.

Lösung zu Aufgabe 128   zur Aufgabe   Seite 40

Sei $c \in M$ gegeben, so dass für jedes $x \in M$ gilt: $\bigl((x\alpha)\alpha\bigr)\alpha = c$.

(Nach Voraussetzung existiert ein solches Element c.)

Dann gilt dies auch für $x := c\alpha$, also

$$
\begin{aligned}
c &= (c\alpha)\alpha^3 \\
  &= (c\alpha^3)\alpha \\
  &= c\alpha.
\end{aligned}
$$

Es ist also c ein Fixelement von α.

Sei nun $x \in M$ ein Fixelement von α.

Dann gilt $x\alpha = x$ und $x = x\alpha^3$.

Aber $x\alpha^3 = c$.

Lösung zu Aufgabe 129   zur Aufgabe   Seite 40

Wähle $M = \mathbb{N}$.

Definiere die Abbildungen f, g folgendermaßen:

$$
f : M \to M
$$

$$
g : M \to M \qquad \text{und} \qquad n \mapsto \begin{cases} n-1 & \text{für } n > 1 \\ 1 & \text{für } n = 1 \end{cases}
$$
$$
n \mapsto n+1
$$

Dann ist g nicht surjektiv, da für alle $n \in M : g(n) \neq 1$.

Weiter gilt f ist nicht injektiv, denn $1 \neq 2$ und $f(1) = 1 = f(2)$.

Aber

$$
f \circ g : M \to M
$$
$$
n \mapsto n
$$

ist die identische Abbildung und demzufolge bijektiv.

Lösung zu Aufgabe 130   zur Aufgabe   Seite 40
Die Abbildung ist linear. Wir zeigen, dass $\mathrm{Kern} f = \{0\}$.

Das ist äquivalent zur Injektivität von f.

Sei $c := f(1) \neq 0$.

Es gilt $f(0) = 0$, denn mit $f(1) = c$ und $f(0) = d$ folgt

$$f(1) = f(1 + 0)$$
$$= f(1) + f(0)$$
$$= c + d \, .$$

Also $c = c + d$ und damit $d = 0$.

Annahme: Es gibt $y \neq 0$ mit $f(y) = 0$.

Dann findet man $p \in \mathbb{Z} \setminus \{0\}, q \in \mathbb{N}$ mit $y = \dfrac{p}{q}$.

Nun gilt $f\left(\dfrac{p}{q}\right) = 0$ und

$$f\left(\frac{p}{q}\right) = f\left(p\,\frac{1}{q}\right)$$
$$= f\underbrace{\left(\frac{1}{q} + \ldots + \frac{1}{q}\right)}_{p\;Summanden}$$
$$= \underbrace{f\left(\frac{1}{q}\right) + \ldots + f\left(\frac{1}{q}\right)}_{p\;Summanden}$$
$$= p \cdot f\left(\frac{1}{q}\right)$$
$$= 0.$$

Wegen $p \neq 0$ ist $f\left(\dfrac{1}{q}\right) = 0$ und somit $q \cdot f\left(\dfrac{1}{q}\right) = 0$ und

$$q \cdot f\left(\frac{1}{q}\right) = \underbrace{f\left(\frac{1}{q}\right) + \ldots + f\left(\frac{1}{q}\right)}_{q\,Summanden}$$

$$= f\Big(\underbrace{\frac{1}{q} + \ldots + \frac{1}{q}}_{q\,Summanden}\Big)$$

$$= f\left(q \cdot \frac{1}{q}\right)$$

$$= f(1).$$

Nach Voraussetzung ist aber $f(1) \neq 0$.

Also ist die Annahme falsch und 0 ist das einzige Element aus Kern f.

Daher ist f injektiv.

Lösung zu Aufgabe 131   zur Aufgabe   Seite 41
Es gibt ein $k \in \{1,2,\ldots,n\}$ mit $f(k) \leq k$, denn anderenfalls wäre für alle $k \in \{1,2,\ldots,n\}$ schon $f(k) > k$, also insbesondere auch $f(n) > n$.

Man wähle das kleinste Element k mit $f(k) \leq k$.

Sei $a := f(k)$.

Dann ist $f(a) = a$.

Denn wäre $f(a) < a$, so wäre k nicht minimal mit dieser Eigenschaft, und wäre $f(a) > a$, so wäre f nicht monoton steigend.

Lösung zu Aufgabe 132   zur Aufgabe   Seite 41
Wir definieren

$$f : \mathbb{N} \to \mathbb{N} \qquad\qquad\qquad g : \mathbb{N} \to \mathbb{N}$$

$$n \mapsto \begin{cases} n, & \text{wenn } n \text{ gerade} \\ 1, & \text{wenn } n \text{ ungerade} \end{cases} \qquad n \mapsto \begin{cases} n, & \text{wenn } n \text{ ungerade} \\ 1, & \text{wenn } n \text{ gerade} \end{cases}$$

Dann sind f, g, id paarweise verschieden und es gilt offensichtlich $f \circ f = f$ und $g \circ g = g$.

Es ist $f \circ g = g \circ f$, da beide Verkettungen alle Elemente auf die 1 abbilden.

Lösung zu Aufgabe 133   zur Aufgabe   Seite 41
Für jede mit α vertauschbare Abbildung β gilt

$$\beta\Big(\alpha(1)\Big) = \beta(2) = \alpha\Big(\beta(1)\Big),$$

$$\beta\Big(\alpha(2)\Big) = \beta(2) = \alpha\Big(\beta(2)\Big),$$

$$\beta\Big(\alpha(3)\Big) = \beta(1) = \alpha\Big(\beta(3)\Big),$$

$$\beta\Big(\alpha(4)\Big) = \beta(1) = \alpha\Big(\beta(4)\Big).$$

Es ist $\beta(2)$ ein Fixpunkt von α, also $\beta(2) = 2$.

Nun ist $\alpha\Big(\beta(1)\Big) = \beta\Big(\alpha(1)\Big) = 2$, also $\beta(1) = 1$ oder $\beta(1) = 2$.

1. Fall: $\beta(1) = 1$.

Dann ist $\alpha\Big(\beta(3)\Big) = 1$ und $\alpha\Big(\beta(4)\Big) = 1$, also $\beta(3) = 3$ oder $\beta(3) = 4$ und ebenfalls $\beta(4) = 3$ oder $\beta(4) = 4$.

2. Fall: $\beta(1) = 2$.

Dann ist $\alpha\Big(\beta(3)\Big) = 2$ und $\alpha\Big(\beta(4)\Big) = 2$, also $\beta(3) = 1$ oder $\beta(3) = 2$ und ebenfalls $\beta(4) = 1$ oder $\beta(4) = 2$.

Die folgenden Abbildungen sind also mit α vertauschbar:

$$\beta_1 = \begin{pmatrix} 1 & 2 & 3 & 4 \\ 1 & 2 & 3 & 3 \end{pmatrix}, \quad \beta_2 = \begin{pmatrix} 1 & 2 & 3 & 4 \\ 1 & 2 & 3 & 4 \end{pmatrix}, \quad \beta_3 = \begin{pmatrix} 1 & 2 & 3 & 4 \\ 1 & 2 & 4 & 3 \end{pmatrix},$$

$$\beta_4 = \begin{pmatrix} 1 & 2 & 3 & 4 \\ 1 & 2 & 4 & 4 \end{pmatrix},$$

$$\beta_5 = \begin{pmatrix} 1 & 2 & 3 & 4 \\ 2 & 2 & 1 & 1 \end{pmatrix}, \; \beta_6 = \begin{pmatrix} 1 & 2 & 3 & 4 \\ 2 & 2 & 1 & 2 \end{pmatrix}, \beta_7 = \begin{pmatrix} 1 & 2 & 3 & 4 \\ 2 & 2 & 2 & 1 \end{pmatrix}, \; \beta_8 = \begin{pmatrix} 1 & 2 & 3 & 4 \\ 2 & 2 & 2 & 2 \end{pmatrix}.$$

Es gibt also 8 Abbildungen, die mit α vertauschbar sind.

Hiervon sind genau zwei, nämlich β_2 und β_3 bijektiv.

Lösung zu Aufgabe 134   zur Aufgabe   Seite 41
Nach (1) ist $f(2) = f(1) + f(1) + 2 = 4$.

Nun ist nach (1) $f(2x) = f(x) + f(x) + 2x^2$ und nach (2) ist $f(2x) = f(2) \cdot f(x) = 4f(x)$.

Somit folgt $2f(x) + 2x^2 = 4f(x)$, also $f(x) = x^2$.

Lösung zu Aufgabe 135   zur Aufgabe   Seite 41

Es gibt eine solche Abbildung, nämlich

$$f : \mathbb{R}_{\geq 0} \to \mathbb{R}_{\geq 0}$$
$$x \mapsto \sqrt{x + 1} - 1.$$

Sei $x \in \mathbb{R}_{\geq 0}$ gegeben.

Dann gilt $(f(x))^2 + 2f(x) = (\sqrt{x+1} - 1)^2 + 2(\sqrt{x+1} - 1) = x$.

Also ist $f^2 + 2f = id$.

Seien $x, y \in \mathbb{R}_{\geq 0}$ gegeben mit $f(x) = f(y)$.

Dann gilt $\sqrt{x+1} - 1 = \sqrt{y+1} - 1$.

$$\sqrt{x+1} - 1 = \sqrt{y+1} - 1 \Rightarrow \sqrt{x+1} = \sqrt{y+1}$$
$$\Rightarrow x + 1 = y + 1$$
$$\Rightarrow x = y.$$

Also ist f injektiv.

Sei $y \in \mathbb{R}_{\geq 0}$ gegeben.

Wähle $x = y^2 + 2y$.

Dann gilt

$$f(x) = f(y^2 + 2y)$$
$$= \sqrt{(y^2 + 2y) + 1} - 1$$
$$= \sqrt{(y + 1)^2 - 1}$$
$$= y + 1 - 1$$
$$= y.$$

Also ist f surjektiv.

Lösung zu Aufgabe 136   zur Aufgabe   Seite 42
Seien $n, m \in \mathbb{N}$ gegeben mit $f(n) = f(m)$.

Dann folgt sofort, dass n, m dieselbe Parität besitzen.

1. Fall: n, m sind beide gerade.

Dann gilt:

$$f(n) = f(m)$$
$$\Rightarrow \frac{(-1)^n \cdot (2n - 1) + 1}{4} = \frac{(-1)^m \cdot (2m - 1) + 1}{4}$$
$$\Rightarrow n = m .$$

2. Fall: n, m sind beide ungerade.

Dann gilt:

$$f(n) = f(m)$$
$$\Rightarrow \frac{(-1)^n \cdot (2n - 1) + 1}{4} = \frac{(-1)^m \cdot (2m - 1) + 1}{4}$$
$$\Rightarrow -2n + 2 = -2m + 2$$
$$\Rightarrow n = m .$$

Also ist f injektiv.

Sei nun $y \in \mathbb{Z}$ gegeben.

1. Fall: $y \in \mathbb{Z}_{\leq 0}$.

Wähle $n = -2y + 1$.

Dann ist $n \in \mathbb{N}$ und es gilt

$$f(n) = f(-2y + 1)$$
$$= \frac{(-1)^{-2y+1}\left(2 \cdot (-2y + 1) - 1\right) + 1}{4}$$
$$= \frac{(4y - 2 + 1) + 1}{4}$$
$$= y .$$

2. Fall: $y \in \mathbb{N}$.

Wähle $n = 2y$.

Dann ist $n \in \mathbb{N}$ und es gilt

$$
\begin{aligned}
f(n) &= f(2y) \\
&= \frac{(-1)^{2y}\big(2 \cdot (2y) - 1\big) + 1}{4} \\
&= \frac{(4y - 1) + 1}{4} \\
&= y.
\end{aligned}
$$

Also ist f surjektiv.

Lösung zu Aufgabe 137   zur Aufgabe   Seite 42

Die Menge ist so klein, dass man durch Ansicht der 49 Bilder feststellen kann, dass es sich um eine Bijektion handelt.

Wir zeigen aber auf anderem Weg die Bijektivität.

Da es sich um eine endliche Menge handelt, reicht es die Injektivität oder die Surjektivität zu zeigen, um auf die Bijektivität zu schließen. Wir zeigen hier trotzdem beides.

Seien $x, y \in M$ gegeben mit $f(x) = f(y)$.

Dann findet man $a, c \in \{0,1,...,4\}$, $b, d \in \{0,1,...,9\}$ mit

$x = 10a + b, y = 10c + d$.

Nun gilt:

$$
\begin{aligned}
f(x) = f(y) &\Rightarrow f(10a + b) = f(10c + d) \\
&\Rightarrow 5b + a = 5d + c \\
&\overset{(*)}{\Rightarrow} a = c \wedge b = d \\
&\Rightarrow x = y.
\end{aligned}
$$

$(*)$ $5b + a = 5d + c \Leftrightarrow 5(b - d) = c - a$.

Die Differenz der Zehnerziffern muss also ein Vielfaches von 5 sein, damit die Gleichheit gelten kann. Da wir nur Zehnerziffern aus $\{0,1,2,3,4\}$ zur Verfügung haben, kann nur $c - a = 0$ sein.

Also folgt $a = c$ und damit auch $5b = 5d$, also $b = d$.

Also ist f injektiv.

Sei $y \in M$ gegeben.

Dann findet man $a \in \{0,1,...,4\}, b \in \{0,1,...,9\}$ mit $y = 10a + b$.

1. Fall: $b \geq 5$.

         Wähle $c = b - 5, d = 2a + 1$.

         Setze $x = 10c + d$.

         Dann gilt:

$$
\begin{aligned}
f(x) &= f(10c + d) \\
&= 5d + c \\
&= 10a + 5 + b - 5 \\
&= 10a + b \\
&= y.
\end{aligned}
$$

2. Fall: $b < 5$.

         Wähle $c = b, d = 2a$.

         Setze $x = 10c + d$.

         Dann gilt:

$$
\begin{aligned}
f(x) &= f(10c + d) \\
&= 5d + c \\
&= 10a + b \\
&= y.
\end{aligned}
$$

Also ist f surjektiv.

Lösung zu Aufgabe 138 zur Aufgabe   Seite 42

a) Seien $x, y \in \mathbb{N}$ gegeben mit $f(x) = f(y)$.

Dann gilt $(x + 1)^2 + (-1)^x = (y + 1)^2 + (-1)^y$.

$$(x + 1)^2 + (-1)^x = (y + 1)^2 + (-1)^y$$

$$\Rightarrow (x + 1)^2 - (y + 1)^2 = (-1)^y - (-1)^x$$

$$\Rightarrow (x + y + 2)(x - y) = (-1)^y + (-1)^{x+1}.$$

Hieraus folgt, dass x und y dieselbe Parität besitzen müssen, da anderenfalls die linke Seite ungerade und die rechte Seite gerade wäre. Mit der Gleichheit der Parität von x und y folgt sofort $(x + y + 2)(x - y) = 0$ und damit $x = y$.

b) Setzt man für n eine gerade Zahl ein, so ist $f(n) > 2$ und $f(n)$ gerade, also $f(n)$ nicht prim.

Für $n = 1$ ist $f(n) = 3$.

Falls n ungerade und $n > 1$, dann gilt $f(n) = n^2 + 2n = n(n + 2)$.

Also gilt $n \mid f(n)$ und $1 < n < f(n)$, also $f(n)$ nicht prim.

3 ist also die einzige Primzahl in der Bildmenge von f.

Lösung zu Aufgabe 139   <u>zur Aufgabe</u>   Seite 42

a) $g \circ f$ ist nicht surjektiv nach $\mathbb{N}$, denn für alle $n \in \mathbb{N}$ gilt: $(g \circ f)(n) \neq 3$.

b) Seien $x, y \in \mathbb{N}$ gegeben mit $(g \circ f)(x) = (g \circ f)(y)$.

Dann gilt: $g(f(x)) = g(f(y))$.

1. Fall: $f(x), f(y)$ sind beide gerade.

Dann gilt

$$g(f(x)) = g(f(y)) \Rightarrow \frac{f(x)}{2} = \frac{f(y)}{2}$$
$$\Rightarrow \frac{x^2}{2} = \frac{y^2}{2}$$
$$\Rightarrow x^2 = y^2$$
$$\Rightarrow x^2 - y^2 = 0$$
$$\Rightarrow (x + y)(x - y) = 0.$$

Es muss also $x + y = 0$ oder $x - y = 0$ gelten.

Da $x, y \in \mathbb{N}$, ist $x + y \neq 0$ also $x - y = 0$ und damit $x = y$.

2. Fall: $f(x), f(y)$ sind nicht beide gerade.

2. 1. Fall: $f(x), f(y)$ sind beide ungerade.

Dann gilt

$$g\Big(f(x)\Big) = g\Big(f(y)\Big) \Rightarrow f(x) = f(y)$$
$$\Rightarrow x^2 = y^2$$
$$\Rightarrow x = y.$$

Der Schluss ergibt sich auf dieselbe Weise wie im 1. Fall.

2. 2. Fall: $f(x), f(y)$ haben verschiedene Parität.

O.B.d.A. sei $f(x)$ gerade.

Dann gilt

$$g\Big(f(x)\Big) = g\Big(f(y)\Big) \Rightarrow \frac{f(x)}{2} = f(y)$$
$$\Rightarrow \frac{x^2}{2} = y^2$$
$$\Rightarrow \sqrt{2} \in \mathbb{Q},$$

im Widerspruch zu $\sqrt{2} \notin \mathbb{Q}$.

Der Fall 2. 2. tritt also nicht ein.

In den anderen Fällen folgt aus $(g \circ f)(x) = (g \circ f)(y)$

stets $x = y$.

Also ist $g \circ f$ injektiv.

<u>Lösung zu Aufgabe 140</u>   <u>zur Aufgabe</u>   <u>Seite 43</u>

$f \circ g$ ist nicht bijektiv.

Es ist nämlich

$$(f \circ g)(1) = f\Big(g(1)\Big)$$
$$= (5 \cdot 1 + 1 - 1)^2$$
$$= 25$$
$$= (5 \cdot (-1) + 1 - 1)^2$$
$$= f\Big(g(-1)\Big)$$
$$= (f \circ g)(-1),$$

aber $1 \neq -1$.

Also ist $f \circ g$ nicht injektiv und damit auch nicht bijektiv.

$g \circ f$ ist nicht bijektiv. Es ist nämlich

$$
\begin{aligned}
\left(g \circ f\right)(2) &= g\Big(f(2)\Big) \\
&= 5 \cdot (2-1)^2 + 1 \\
&= 6 \\
&= 5 \cdot (0-1)^2 + 1 \\
&= g\Big(f(0)\Big) \\
&= \left(g \circ f\right)(0),
\end{aligned}
$$

aber $2 \neq 0$.

Also ist $g \circ f$ nicht injektiv und damit auch nicht bijektiv.

Aber $g \circ g$ ist bijektiv.

Seien nämlich $x, y \in \mathbb{R}$ gegeben mit $\left(g \circ g\right)(x) = \left(g \circ g\right)(y)$.

Dann gilt

$$
\begin{aligned}
g\Big(g(x)\Big) &= g\Big(g(y)\Big) \text{ und} \\
g\Big(g(x)\Big) = g\Big(g(y)\Big) &\Rightarrow 5 \cdot (5x+1) + 1 = 5 \cdot (5y+1) + 1 \\
&\Rightarrow x = y.
\end{aligned}
$$

Also ist $g \circ g$ injektiv.

Sei nun $y \in \mathbb{R}$ gegeben.

Wähle $x = \dfrac{y-1}{5}$.

Dann ist $\left(g \circ g\right)(x) = 5 \cdot \dfrac{y-1}{5} + 1 = y$.

Also ist $g \circ g$ auch surjektiv und damit bijektiv.

11. Lösungen zur vollständigen Induktion

Lösung zu Aufgabe 141   zur Aufgabe   Seite 45

Sei k eine beliebige ungerade natürliche Zahl.

Dann findet man ein $m \in \mathbb{N}$ mit $k = 2m - 1$.

Induktionsanfang:

Für $n = 1$ ist $2^{n+2} = 8$ und

$$
\begin{aligned}
k^{(2^n)} - 1 &= k^2 - 1 \\
&= (2m - 1)^2 - 1 \\
&= 4m(m - 1).
\end{aligned}
$$

Da eine der beiden Zahlen $m - 1, m$ gerade ist, ist $4m(m - 1)$ durch 8 teilbar.

Induktionsschritt:

Induktionsvoraussetzung:

Sei ein $n \in \mathbb{N}$ gegeben, für das 2^{n+2} ein Teiler von $k^{(2^n)} - 1$ ist.

Induktionsbehauptung:

2^{n+3} teilt $k^{(2^{n+1})} - 1$.

Induktionsschluss:

Es ist

$$
\begin{aligned}
k^{(2^{n+1})} - 1 &= k^{2^n} \cdot k^{2^n} - 1 \\
&= \left(k^{2^n} + 1\right)\left(k^{2^n} - 1\right).
\end{aligned}
$$

Nach Induktionsvoraussetzung ist $k^{2^n} - 1$ durch 2^{n+2} teilbar.
Da $k^{2^n} - 1$ durch 2 teilbar ist, ist auch $k^{2^n} + 1$ durch 2 teilbar.
Es ist also auch $\left(k^{2^n} + 1\right)\left(k^{2^n} - 1\right)$ durch 2^{n+3} teilbar.

© Der/die Autor(en), exklusiv lizenziert an
Springer-Verlag GmbH, DE, ein Teil von Springer Nature 2022
S. Rollnik, *Übungsbuch fürs erfolgreiche Staatsexamen in der Mathematik*, https://doi.org/10.1007/978-3-662-65507-8_11

Lösung zu Aufgabe 142   zur Aufgabe   Seite 45
Diese Aussage lässt sich auch ohne vollständige Induktion beweisen.

Man kann sich dazu klar machen, dass $n^3 - n = (n - 1) \cdot n \cdot (n + 1)$ als Produkt dreier aufeinanderfolgender Zahlen sowohl den Faktor 2 als auch den Faktor 3 enthalten muss und damit durch 6 teilbar ist.

Mit dem Verfahren der vollständigen Induktion können wir die Aussage folgendermaßen beweisen.

Induktionsanfang:

Für $n = 1$ ist $n^3 - n = 0$ und 0 ist durch 6 teilbar.

Induktionsschritt:

Induktionsvoraussetzung:

Sei nun ein $n \in \mathbb{N}$ gegeben, für das $n^3 - n$ durch 6 teilbar ist.

Induktionsbehauptung: Dann ist $(n + 1)^3 - (n + 1)$ ebenfalls durch 6 teilbar.

Induktionsschluss:

Es ist

$$
\begin{aligned}
(n + 1)^3 - (n + 1) &= n^3 + 3n^2 + 3n + 1 - n - 1 \\
&= n^3 - n + 3n \cdot (n + 1).
\end{aligned}
$$

Nach Induktionsvoraussetzung ist $n^3 - n$ durch 6 teilbar.

Somit bleibt noch zu zeigen, dass auch $3n \cdot (n + 1)$ durch 6 teilbar ist.

Von den beiden Zahlen $n, n + 1$ ist eine gerade.

Das Produkt der beiden Zahlen ist also ebenfalls gerade.

Der Faktor 3 ist offensichtlich auch enthalten.

Damit ist $3n \cdot (n + 1)$ durch 6 teilbar und somit auch $n^3 - n + 3n \cdot (n + 1)$ durch 6 teilbar.

Lösung zu Aufgabe 143   zur Aufgabe   Seite 45
Induktionsanfang:

Für $n = 1$ ist

$$\left(\sum_{k=1}^{n} k\right)^2 = \left(\sum_{k=1}^{1} k\right)^2$$
$$= 1^2$$
$$= 1^3$$
$$= \sum_{k=1}^{1} k^3$$
$$= \sum_{k=1}^{n} k^3 \, .$$

Induktionsschritt:

Induktionsvoraussetzung:

Sei ein $n \in \mathbb{N}$ gegeben, für das $\left(\sum_{k=1}^{n} k\right)^2 = \sum_{k=1}^{n} k^3 \, .$

Induktionsbehauptung: Dann gilt auch $\left(\sum_{k=1}^{n+1} k\right)^2 = \sum_{k=1}^{n+1} k^3 \, .$

Induktionsschluss:

In diesem Beweis wie auch in folgenden bedeutet „*I.V.*" auf dem Gleichheitszeichen, dass an dieser Stelle die Induktionsvoraussetzung benutzt wird.

Es ist

$$\left(\sum_{k=1}^{n+1} k\right)^2 = \left(\left(\sum_{k=1}^{n} k\right) + (n+1)\right)^2$$
$$= \left(\sum_{k=1}^{n} k\right)^2 + 2 \cdot (n+1) \cdot \sum_{k=1}^{n} k + (n+1)^2$$
$$\overset{I.V.}{=} \sum_{k=1}^{n} k^3 + 2 \cdot (n+1) \cdot \sum_{k=1}^{n} k + (n+1)^2$$
$$= \sum_{k=1}^{n} k^3 + 2 \cdot (n+1) \cdot \frac{n \cdot (n+1)}{2} + (n+1)^2$$

$$= \sum_{k=1}^{n} k^3 + (n+1) \cdot (n+1)^2$$

$$= \sum_{k=1}^{n} k^3 + (n+1)^3$$

$$= \sum_{k=1}^{n+1} k^3 .$$

<u>Lösung zu Aufgabe 144</u>   <u>zur Aufgabe</u>   <u>Seite 46</u>

Induktionsanfang:

Für $n = 1$ gilt

$$\sum_{k=1}^{n} \frac{1}{(2k-1) \cdot (2k+1)} = \frac{1}{3}$$
$$= \frac{n}{2n+1} .$$

Induktionsschritt:

Induktionsvoraussetzung:

Sei nun ein $n \in \mathbb{N}$ gegeben, für das

$$\sum_{k=1}^{n} \frac{1}{(2k-1) \cdot (2k+1)} = \frac{n}{2n+1} .$$

Induktionsbehauptung: Dann gilt auch

$$\sum_{k=1}^{n+1} \frac{1}{(2k-1) \cdot (2k+1)} = \frac{n+1}{2n+3} .$$

Induktionsschluss:

Es ist

$$\sum_{k=1}^{n+1} \frac{1}{(2k-1) \cdot (2k+1)} = \sum_{k=1}^{n} \frac{1}{(2k-1) \cdot (2k+1)} + \frac{1}{(2n+1) \cdot (2n+3)}$$

$$\overset{I.V.}{=} \frac{n}{2n + 1} + \frac{1}{(2n + 1) \cdot (2n + 3)}$$

$$= \frac{n \cdot (2n + 3) + 1}{(2n + 1) \cdot (2n + 3)}$$

$$= \frac{(2n + 1) \cdot (n + 1)}{(2n + 1) \cdot (2n + 3)}$$

$$= \frac{n + 1}{2n + 3} \cdot$$

Lösung zu Aufgabe 145 zur Aufgabe   Seite 46

Induktionsanfang:

Für $n = 1$ gilt

$$3 \cdot (1 \cdot 2) = 6$$
$$= 1 \cdot (1 + 1) \cdot (1 + 2)$$
$$= n \cdot (n + 1) \cdot (n + 2).$$

Induktionsschritt:

Induktionsvoraussetzung:

Sei nun ein $n \in \mathbb{N}$ gegeben, für das

$$3 \cdot \Big(1 \cdot 2 + 2 \cdot 3 + \ldots + n(n + 1) \Big) = n(n + 1)(n + 2).$$

Induktionsbehauptung:

Dann gilt auch

$$3 \cdot \Big(1 \cdot 2 + 2 \cdot 3 + \ldots + n(n + 1) + (n + 1)(n + 2) \Big) = (n + 1)(n + 2)(n + 3).$$

Induktionsschluss

Es ist

$$3 \cdot \Big(1 \cdot 2 + 2 \cdot 3 + \ldots + n(n + 1) + (n + 2)(n + 2) \Big)$$

$$= 3 \cdot \Big(1 \cdot 2 + 2 \cdot 3 + \ldots + n(n + 1) \Big) + 3(n + 2)(n + 2)$$

$$\stackrel{I.V.}{=} n(n+1)(n+2) + 3(n+1)(n+2)$$

$$= (n+1)(n+2)(n+3).$$

Lösung zu Aufgabe 146   zur Aufgabe   Seite 46

Induktionsanfang:

Für $n = 1$ ist $(-1)^1 1^2 = (-1)^1 \cdot 1$.

Induktionsschluss:

Sei nun ein $n \in \mathbb{N}$ gegeben, für das

$$-1^2 + 2^2 - 3^2 + \ldots + (-1)^n n^2 = (-1)^n (1 + 2 + 3 + \ldots + n).$$

Zu zeigen: Dann gilt auch

$$-1^2 + 2^2 - 3^2 + \ldots + (-1)^n n^2 + (-1)^{n+1}(n+1)^2$$

$$= (-1)^{n+1}\left(1 + 2 + 3 + \ldots + n + (n+1)\right).$$

Es ist

$$-1^2 + 2^2 - 3^2 + \ldots + (-1)^n n^2 + (-1)^{n+1}(n+1)^2$$

$$\stackrel{I.V.}{=} (-1)^n(1 + 2 + 3 + \ldots + n) + (-1)^{n+1}(n+1)^2$$

$$= (-1)^n\left[(1 + 2 + 3 + \ldots + n) - (n+1)^2\right]$$

$$= (-1)^n\left[\frac{n}{2}(n+1) - (n+1)^2\right]$$

$$= (-1)^n\left[\left(\frac{n}{2} - (n+1)\right)(n+1)\right]$$

$$= (-1)^n\left[-\frac{(n+1)(n+2)}{2}\right]$$

$$= (-1)^{n+1}\left(1 + 2 + 3 + \ldots + n + (n+1)\right).$$

Lösung zu Aufgabe 147   zur Aufgabe   Seite 46
Induktionsanfang:

Für $n = 1$ gilt

$$1 + 2^{(2^n)} + 4^{(2^n)} = 1 + 4 + 16$$
$$= 21,$$

und 7 teilt 21.

Induktionsschritt:

Induktionsvoraussetzung:

Sei nun ein $n \in \mathbb{N}$ gegeben, für das 7 ein Teiler von $1 + 2^{(2^n)} + 4^{(2^n)}$ ist.

Induktionsbehauptung: Dann teilt 7 auch $1 + 2^{(2^{n+1})} + 4^{(2^{n+1})}$.

Induktionsschluss:

Es ist

$$1 + 2^{(2^{n+1})} + 4^{(2^{n+1})}$$
$$= 1 + 2^{(2^n)} \cdot 2^{(2^n)} + 4^{(2^n)} \cdot 4^{(2^n)}$$
$$= 1 + 4^{(2^n)} + 2^{(2^n)} \cdot 8^{(2^n)}$$
$$= 1 + 2^{(2^n)} + 4^{(2^n)} + 2^{(2^n)} \cdot \left(8^{(2^n)} - 1 \right)$$
$$= 1 + 2^{(2^n)} + 4^{(2^n)} + 2^{(2^n)} \cdot \left(1 + 2^{(2^n)} + 4^{(2^n)} \right) \cdot \left(2^{(2^n)} - 1 \right)$$

In dieser Summe aus vier Summanden ist die Summe der ersten drei Summanden, also $1 + 2^{(2^n)} + 4^{(2^n)}$ nach Induktionsvoraussetzung durch 7 teilbar. Der vierte Summand ist das Produkt

$$2^{(2^n)} \cdot \left(1 + 2^{(2^n)} + 4^{(2^n)} \right) \cdot \left(2^{(2^n)} - 1 \right),$$

das den Faktor $1 + 2^{(2^n)} + 4^{(2^n)}$ enthält, der nach Induktionsvoraussetzung durch 7 teilbar ist, so dass das gesamte Produkt durch 7 teilbar ist. Somit ist auch $1 + 2^{(2^{n+1})} + 4^{(2^{n+1})}$ durch 7 teilbar.

Lösung zu Aufgabe 148   zur Aufgabe   Seite 46
Induktionsanfang:

Für $n = 1$ ist eine Kubikzahl im Bereich von 1 bis 4 zu untersuchen.

Da die Grenzen erlaubt sind, werden wir mit 1 fündig.

Induktionsschritt:

Induktionsvoraussetzung:

Sei nun ein $n \in \mathbb{N}$ gegeben, für das mindestens eine Kubikzahl zwischen n und $4n$ liegt.

Induktionsbehauptung:

Dann liegt auch eine Kubikzahl zwischen $n + 1$ und $4(n + 1)$.

Induktionsschluss:

Nach Induktionsvoraussetzung findet man eine Kubikzahl zwischen n und $4n$.

Das heißt, man findet $k \in \mathbb{N}$ mit $n \le k^3 \le 4n$.

1. Fall: $n < k^3 \le 4n$.

   Dann gilt $n + 1 \le k^3 \le 4(n + 1)$.

2. Fall: $n = k^3$.

   In diesem Fall zeigen wir, dass $n + 1 \le (k + 1)^3 \le 4(n + 1)$.

   Zunächst ist klar, dass $n + 1 \le k^3 + 1 \le (k + 1)^3$.

   Weiter ist $1 \le k$ und wir schließen

$$
\begin{aligned}
1 \le k &\Rightarrow 3k^2 - 3 \le k(3k^2 - 3) \\
&\Rightarrow 3k^2 + 3k \le 3k^3 + 3 \\
&\Rightarrow 3k^2 + 3k \le 3n + 3 \\
&\Rightarrow k^3 + 3k^2 + 3k + 1 \le 4n + 4 \\
&\Rightarrow (k + 1)^3 \le 4(n + 1).
\end{aligned}
$$

Lösung zu Aufgabe 149   zur Aufgabe   Seite 46
Induktionsanfang:

Für $n = 1$ ist $\dfrac{1}{\sqrt{1}} \ge \sqrt{1} = \sqrt{n}$.

Induktionsschritt:

Induktionsvoraussetzung:

Sei nun ein $n \in \mathbb{N}$ gegeben, für das $\dfrac{1}{\sqrt{1}} + \dfrac{1}{\sqrt{2}} + \ldots + \dfrac{1}{\sqrt{n}} \geq \sqrt{n}$

Induktionsbehauptung:

Dann gilt auch $\dfrac{1}{\sqrt{1}} + \dfrac{1}{\sqrt{2}} + \ldots + \dfrac{1}{\sqrt{n}} + \dfrac{1}{\sqrt{n+1}} \geq \sqrt{n+1}$.

Induktionsschluss:

Es ist

$$\frac{1}{\sqrt{1}} + \frac{1}{\sqrt{2}} + \ldots + \frac{1}{\sqrt{n}} + \frac{1}{\sqrt{n+1}} \overset{I.V.}{\geq} \sqrt{n} + \frac{1}{\sqrt{n+1}} \, .$$

Es reicht also zu zeigen, dass $\sqrt{n} + \dfrac{1}{\sqrt{n+1}} \geq \sqrt{n+1}$.

Es ist $\sqrt{n+1} > \sqrt{n}$. Also schließen wir

$$\sqrt{n}\sqrt{n+1} > n \Rightarrow \sqrt{n}\sqrt{n+1} + 1 > n + 1$$
$$\Rightarrow \sqrt{n} + \frac{1}{\sqrt{n+1}} \geq \sqrt{n+1} \, .$$

Nebenbemerkung:

Man kann diese Aufgabe auch ohne vollständige Induktion lösen, wenn einem Mittel der Integralrechnung zur Verfügung stehen.

Betrachtet man das Integral über der Funktion $f : x \mapsto \dfrac{1}{\sqrt{x}}$ für $x > 0$ in den

Grenzen von 1 bis $n + 1$, so ist wegen der Monotonie dieser Funktion klar, dass es kleiner ist als die Summe $s_n := \displaystyle\sum_{i=1}^{n} \frac{1}{\sqrt{i}}$. Es gilt also $s_n \geq \displaystyle\int_{1}^{n+1} \frac{1}{\sqrt{x}} \, dx$. Folgende

Abbildung veranschaulicht dieses: (Zeichnung erstellt mit Geogebra.)

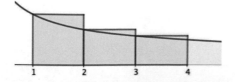   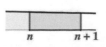

Es gilt $\displaystyle\int_1^{n+1} \frac{1}{\sqrt{x}}\, dx = 2\left(\sqrt{n+1} - 1\right).$

Es reicht also zu zeigen, dass $2\left(\sqrt{n+1} - 1\right) \geq \sqrt{n}.$

Es ist $2\left(\sqrt{n+1} - 1\right) \geq \sqrt{n} \Leftrightarrow n \geq \dfrac{16}{9}\,.$

Für $n = 1$ ist die Behauptung sowieso wahr.

Also gilt sie tatsächlich für alle $n \in \mathbb{N}\,.$

Lösung zu Aufgabe 150   zur Aufgabe   Seite 46

Induktionsanfang:

Für $n = 1$ hat man drei Münzen zur Verfügung.

Man legt nun eine in die linke Waagschale und eine in die rechte. Geht eine Waagschale nach oben, so befindet sich die falsche Münze darin. Sind beide Waagschalen im Gleichgewicht, so ist die dritte Münze die falsche.

Induktionsschritt:

Induktionsvoraussetzung:

Sei nun ein $n \in \mathbb{N}$ gegeben, für das man aus 3^n Münzen, die bis auf eine leichtere alle gleich schwer sind, mit n Wägungen auf einer Balkenwaage die falsche herausfinden kann.

Induktionsbehauptung:

Dann kann man aus 3^{n+1} Münzen, die bis auf eine leichtere alle gleich schwer sind, mit $n + 1$ Wägungen auf einer Balkenwaage die falsche herausfinden.

Induktionsschluss:

Seien nun also 3^{n+1} Münzen gegeben, die bis auf eine leichtere alle gleich schwer sind. Man teile die Münzen in drei gleich große Haufen A, B, C. Dann lege man A in die linke Waagschale und B in die rechte. Bewegt sich eine der beiden Waagschalen nach oben, so befindet sich darin die gesuchte Münze. Anderenfalls befindet sie sich im Haufen C.

Wir wissen also nach einer Wägung, in welchem Haufen sich die falsche Münze befindet.

Da jeder Haufen 3^n Münzen enthält und wir nach Induktionsvoraussetzung mit n Wägungen eine leichtere Münze unter 3^n gleich schweren finden können, reichen insgesamt $n + 1$ Wägungen.

Lösung zu Aufgabe 151   zur Aufgabe   Seite 47

a) Sei $a \in \mathbb{R}$ gegeben.

   Induktionsanfang:

   Für $n = 1$ ist

$$(1 + a)^n = 1 + a$$

$$= \binom{1}{0} \cdot a^0 + \binom{1}{1} \cdot a^1$$

$$= \sum_{k=0}^{n} \binom{n}{k} a^k .$$

   Induktionsschritt:

   Induktionsvoraussetzung:

   Sei nun ein $n \in \mathbb{N}$ gegeben, für das $(1 + a)^n = \sum_{k=0}^{n} \binom{n}{k} a^k$.

   Induktionsbehauptung:

   Dann ist $(1 + a)^{n+1} = \sum_{k=0}^{n+1} \binom{n + 1}{k} a^k$.

   Induktionsschluss:

   Es ist

$$(1 + a)^n$$

$$= (1 + a) \cdot (1 + a)^n$$

$$\overset{I.V}{=} (1 + a) \cdot \sum_{k=0}^{n} \binom{n}{k} a^k$$

$$= \sum_{k=0}^{n} \binom{n}{k} a^k + \sum_{k=0}^{n} \binom{n}{k} a^{k+1}$$

$$= \binom{n}{0} a^0 + \sum_{k=1}^{n} \binom{n}{k} a^k + \sum_{k=1}^{n} \binom{n}{k-1} a^k + \binom{n}{n} a^{n+1}$$

$$= \binom{n+1}{0} a^0 + \sum_{k=1}^{n} \left(\binom{n}{k} + \binom{n}{k-1} \right) a^k + \binom{n+1}{n+1} a^{n+1}$$

$$= \binom{n+1}{0} a^0 + \sum_{k=1}^{n} \binom{n+1}{k} a^k + \binom{n+1}{n+1} a^{n+1}$$

$$= \sum_{k=0}^{n+1} \binom{n+1}{k} a^k.$$

b) Es ist

$$(a+b)^n = a^n \cdot \left(1 + \frac{b}{a}\right)^n$$

$$\overset{(a)}{=} a^n \cdot \sum_{k=0}^{n} \binom{n}{k} \left(\frac{b}{a}\right)^k$$

$$= a^n \cdot \sum_{k=0}^{n} \binom{n}{k} b^k a^{-k}$$

$$= \sum_{k=0}^{n} \binom{n}{k} b^k a^{n-k}.$$

<u>Lösung zu Aufgabe 152</u>   <u>zur Aufgabe   Seite 47</u>

Induktionsanfang:

Für $n = 1$ sei eine beliebige reelle Zahl x gegeben. Es ist klar, dass $x_1^2 \leq 1 \cdot x_1^2$.

Induktionsschritt:

Induktionsvoraussetzung:

Sei ein $n \in \mathbb{N}$ gegeben, so dass für alle $x_1 \ldots x_n \in \mathbb{R}$ gilt:

$$\left(x_1 + \ldots + x_n\right)^2 \leq n \cdot \left(x_1^2 + \ldots + x_n^2\right).$$

Induktionsbehauptung:

Für alle $x_1 \ldots x_n, x_{n+1} \in \mathbb{R}$ gilt:

$$\left(x_1 + \ldots + x_n + x_{n+1}\right)^2 \leq (n+1) \cdot \left(x_1^2 + \ldots + x_n^2 + x_{n+1}^2\right).$$

Induktionsschluss:

Es ist

$$
\begin{aligned}
&\left(x_1 + \ldots + x_n + x_{n+1}\right)^2 \\
&= \left(x_1 + \ldots + x_n\right)^2 + 2\left(x_1 + \ldots + x_n\right)x_{n+1} + x_{n+1}^2 \\
&\overset{I.V}{=} n \cdot \left(x_1^2 + \ldots + x_n^2\right) + 2x_1 x_{n+1} + 2x_2 x_{n+1} + \ldots + 2x_n x_{n+1} + x_{n+1}^2 \\
&\overset{*}{\leq} n \cdot \left(x_1^2 + \ldots + x_n^2\right) + \left(x_1^2 + x_{n+1}^2\right) + \left(x_2^2 + x_{n+1}^2\right) + \ldots + \left(x_n^2 + x_{n+1}^2\right) + x_{n+1}^2 \\
&= n \cdot \left(x_1^2 + \ldots + x_n^2\right) + \left(x_1^2 + \ldots + x_n^2\right) + (n+1) \cdot x_{n+1}^2 \\
&= (n+1)\left(x_1^2 + \ldots + x_n^2\right) + (n+1) \cdot x_{n+1}^2 \\
&= (n+1)\left(x_1^2 + \ldots + x_n^2 + x_{n+1}^2\right).
\end{aligned}
$$

An der Stelle * nutzen wir, dass für alle reellen Zahlen a, b gilt:
$2ab \leq a^2 + b^2$.

Das ist sehr leicht einzusehen. Seien nämlich reellen Zahlen a, b gegeben.
Dann gilt $0 \leq (a - b)^2$. Das ist äquivalent zu $2ab \leq a^2 + b^2$.

Lösung zu Aufgabe 153   zur Aufgabe   Seite 47
Induktionsanfang:

Für $n = 1$ wähle a $= 1$.

Induktionsschritt:

Induktionsvoraussetzung:

Sei ein $n \in \mathbb{N}$ gegeben, für das ein $a \in \mathbb{N}$ existiert mit $n \leq a^2 \leq 2n$.

Induktionsbehauptung:

Es existiert ein $b \in \mathbb{N}$ mit $n + 1 \leq b^2 \leq 2(n + 1)$.

Induktionsschluss:

Wir unterscheiden zwei Fälle.

1. Fall: $n < a^2$.

          Dann wähle $b = a$.

2. Fall: $n = a^2$.

Dann wähle $b = a + 1$. Nun ist

$$
\begin{aligned}
n + 1 &= a^2 + 1 \\
&\leq (a + 1)^2 \\
&= b^2 .
\end{aligned}
$$

Weiter ist $(a - 1)^2 \geq 0$.

$$
\begin{aligned}
0 \leq (a - 1)^2 &\Rightarrow 2a + 1 \leq a^2 + 2 \\
&\Rightarrow a^2 + 2a + 1 \leq 2a^2 + 2 \\
&\Rightarrow (a + 1)^2 \leq 2n + 2 \\
&\Rightarrow b^2 \leq 2(n + 1) .
\end{aligned}
$$

<u>Lösung zu Aufgabe 154</u>   <u>zur Aufgabe</u>   <u>Seite 47</u>

Induktionsanfang:

Für $n = 1$ liegt uns ein $2 \cdot 2$- „Schachbrett" vor, aus dem ein beliebiges Feld heraus gesägt wird. Der Rest hat dann gerade die Form eines solchen Hakens.

Induktionsschritt:

Induktionsvoraussetzung:

Sei ein $n \in \mathbb{N}$ gegeben, für das gilt, dass der Rest eines „Schachbretts" mit $2^n \cdot 2^n$ Feldern, aus dem ein beliebiges Feld heraus gesägt wird, in „Haken",

d. h. 3-feldrige Teile der Form zersägt werden kann.

Induktionsbehauptung:

Jedes „Schachbrett" aus $2^{n+1} \cdot 2^{n+1}$ Feldern, aus dem ein beliebiges Feld heraus gesägt wird, kann in „Haken" der obigen Form zersägt werden.

Induktionsschluss:

Sei also ein „Schachbrett" mit $2^{n+1} \cdot 2^{n+1}$ Feldern gegeben, aus dem ein beliebiges Feld heraus gesägt wurde. Wir denken uns nun dieses „Schachbrett" in vier „Schachbretter" aus $2^n \cdot 2^n$ Feldern zerlegt, die wir mit A, B, C, D bezeichnen.

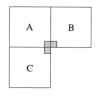

O.B.d.A. werde das Feld aus D heraus gesägt.

Anderenfalls drehe man das „Schachbrett" entsprechend.

Nun lässt sich im „Schachbrett" D nach Induktionsvoraussetzung der Rest in solche „Haken" zersägen.

Wir betrachten also nur den aus A, B, C bestehenden Bereich.

Dort sägen wir einen Haken wie rechts in der Abbildung so heraus, dass er jeweils ein Feld in den Schachbrettern A, B und C bedeckt. Aus jedem der $2^n \cdot 2^n$-„Schachbretter" A, B, C wurde nun also genau ein Feld herausgesägt. Nach Induktionsvoraussetzung lässt sich der Rest in solche „Haken" zersägen.

Lösung zu Aufgabe 155 zur Aufgabe   Seite 47

Sei a eine reelle Zahl mit $0 < a < 1$.

Induktionsanfang:

Für $n = 1$ ist

$$
\begin{aligned}
(1-a)^n &= 1 - a \\
&\overset{(*)}{<} \frac{1}{1+a} \\
&= \frac{1}{1+na}.
\end{aligned}
$$

(*) Wir nutzen, dass $(1-a)(1+a) < 1$.

Induktionsschritt:

Induktionsvoraussetzung:

Sei ein $n \in \mathbb{N}$ gegeben, für das $(1-a)^n < \dfrac{1}{1+na}$.

Induktionsbehauptung:

Dann gilt auch $(1-a)^{n+1} < \dfrac{1}{1+(n+1)a}$.

Induktionsschluss:

Es ist

$$\left(1-a\right)^{n+1} = (1-a)\left(1-a\right)^{n}$$
$$\overset{I.V}{<} (1-a) \cdot \frac{1}{1+na} \,.$$

Es reicht also zu zeigen, dass $(1-a) \cdot \dfrac{1}{1+na} < \dfrac{1}{1+(n+1)a}$.

Es gilt $(n+1)a^2 > 0$.

Nun schließen wir

$$0 < (n+1)a^2 \Rightarrow -a^2(n+1) < 0$$
$$\Rightarrow -a(na+a) < 0$$
$$\Rightarrow 1+na+a-a(1+na+a) < 1+na$$
$$\Rightarrow (1-a)\left(1+(n+1)a\right) < 1+na$$
$$\Rightarrow (1-a) \cdot \frac{1}{1+na} < \frac{1}{1+(n+1)a} \,.$$

<u>Lösung zu Aufgabe 156</u>   <u>zur Aufgabe   Seite 47</u>

Nebenbemerkung:

Die Aussage sagt, dass die Anzahl der lückenlosen Belegungen eines $2 \times n-$Brettes mit Doppelquadraten (d. h. $2 \times 1-$Brettern) für jedes $n \in \mathbb{N}$ eine Fibonacci-Zahl ist.

Die Abbildung zeigt ein Brett für das Beispiel $n = 6$ punktiert und links daneben das Doppelquadrat. Die Summe aus der Anzahl der lückenlosen Belegungen für das Brett der Länge 4 und der Anzahl der lückenlosen Belegungen für das Brett der Länge 5 ist gerade die Anzahl der lückenlosen Belegungen für das Brett der Länge 6.

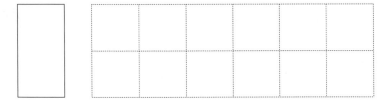

Zum Beweis:

(*) Wir machen uns klar, dass $a^2 = a + 1$ und $b^2 = b + 1$:

$$a^2 = \left(\frac{1+\sqrt{5}}{2}\right)^2 \qquad b^2 = \left(\frac{1-\sqrt{5}}{2}\right)^2$$

$$\text{und}$$

$$= \frac{1+\sqrt{5}}{2} + 1 \qquad = \frac{1-\sqrt{5}}{2} + 1$$

$$= a + 1 \qquad\qquad = a + 1$$

Induktionsanfang:

Für $n = 1$ liegt ein $2 \times 1-$Brett vor. Es gibt also nur eine Belegungsmöglichkeit. Es ist

$$\frac{\left(\frac{1+\sqrt{5}}{2}\right)^{1+1} - \left(\frac{1-\sqrt{5}}{2}\right)^{1+1}}{\sqrt{5}} = \frac{1 + 2\sqrt{5} + 5 - (1 - 2\sqrt{5} + 5)}{4\sqrt{5}}$$

$$= 1.$$

Für $n = 2$ liegt ein $2 \times 2-$Brett vor. Dafür gibt es zwei Belegungsmöglichkeiten. Es ist

$$\frac{\left(\frac{1+\sqrt{5}}{2}\right)^{2+1} - \left(\frac{1-\sqrt{5}}{2}\right)^{2+1}}{\sqrt{5}} = \frac{\left(\frac{3+\sqrt{5}}{2}\right)\left(\frac{1+\sqrt{5}}{2}\right) - \left(\frac{3-\sqrt{5}}{2}\right)\left(\frac{1-\sqrt{5}}{2}\right)}{\sqrt{5}}$$

$$= \frac{3 + 4\sqrt{5} + 5 - (3 - 4\sqrt{5} + 5)}{4\sqrt{5}}$$

$$= 2.$$

Induktionsschritt:

Induktionsvoraussetzung:

Sei ein $n \in \mathbb{N}_{\geq 2}$ gegeben, für das es genau $\dfrac{a^{n+1} - b^{n+1}}{\sqrt{5}}$ Möglichkeiten gibt, ein

$2 \times n-$Brett mit $2 \times 1-$Brettern zu belegen und genau $\dfrac{a^n - b^n}{\sqrt{5}}$ Möglichkeiten, ein

$2 \times (n - 1)-$Brett mit $2 \times 1-$Brettern zu belegen.

Induktionsbehauptung:

Dann lässt sich ein $2 \times (n + 1)-$Brett auf genau $\dfrac{a^{n+2} - b^{n+2}}{\sqrt{5}}$ Weisen mit $2 \times 1-$

Brettern belegen.

Induktionsschluss:

Sei nun ein $2 \times (n + 1)-$Brett gegeben.

Wir zählen alle Möglichkeiten, dieses mit $2 \times 1-$Brettern zu belegen.

1.) Jedem $2 \times (n - 1)-$Brett werden zwei $2 \times 1-$Bretter in
$1 \times 2-$Richtung angefügt.

$$\boxed{2 \times (n - 1)-\text{Brett}}$$

2.) Jedem $2 \times n-$Brett wird ein $2 \times 1-$Brett angefügt.

$$\boxed{2 \times 1-\text{Brett}}$$

Nach Induktionsvoraussetzung gibt es für den 1.) Fall $\dfrac{a^n - b^n}{\sqrt{5}}$

und für den 2.) Fall $\dfrac{a^{n+1} - b^{n+1}}{\sqrt{5}}$ Möglichkeiten.

Es sind also insgesamt $\dfrac{a^n - b^n}{\sqrt{5}} + \dfrac{a^{n+1} - b^{n+1}}{\sqrt{5}}$ Möglichkeiten.

Nun ist

$$\frac{a^n - b^n}{\sqrt{5}} + \frac{a^{n+1} - b^{n+1}}{\sqrt{5}} = \frac{a^n - b^n + a^n \cdot a - b^n \cdot b}{\sqrt{5}}$$

$$= \frac{a^n(a+1) + b^n(b+1)}{\sqrt{5}}$$

$$\overset{(*)}{=} \frac{a^n \cdot a^2 + b^n \cdot b^2}{\sqrt{5}}$$

$$= \frac{a^{n+2} + b^{n+2}}{\sqrt{5}} \, .$$

<u>Lösung zu Aufgabe 157</u>   <u>zur Aufgabe   Seite 48</u>

Induktionsanfang:

Für $n = 1$ ist

$$1 + \frac{1}{2} + \frac{1}{3} + \ldots + \frac{1}{2^n} = \frac{3}{2}$$

$$\geq \frac{1}{2}$$

$$= \frac{n}{2} \, .$$

Induktionsschritt:

Induktionsvoraussetzung:

Sei ein $n \in \mathbb{N}$ gegeben, für das $1 + \frac{1}{2} + \frac{1}{3} + \ldots + \frac{1}{2^n} \geq \frac{n}{2}$.

Induktionsbehauptung:

Dann ist auch $1 + \frac{1}{2} + \frac{1}{3} + \ldots + \frac{1}{2^n} + \frac{1}{2^n + 1} + \ldots + \frac{1}{2^{n+1}} \geq \frac{n+1}{2}$.

Induktionsschluss:

Man mache sich klar, dass 2^n neue Summanden hinzukommen.

Es ist

$$1 + \frac{1}{2} + \frac{1}{3} + \ldots + \frac{1}{2^n} + \frac{1}{2^n + 1} + \ldots + \frac{1}{2^{n+1}} \overset{I.V.}{\geq} \frac{n}{2} + \frac{1}{2^n + 1} + \ldots + \frac{1}{2^{n+1}}$$

$$\geq \frac{n}{2} + \underbrace{\frac{1}{2^n + 1} + \ldots + \frac{1}{2^{n+1}}}_{2^n \text{ Summanden}}$$

$$= \frac{n}{2} + \frac{2^n}{2^{n+1}}$$

$$= \frac{n}{2} + \frac{1}{2}$$

$$= \frac{n+1}{2}.$$

<u>Lösung zu Aufgabe 158</u>   <u>zur Aufgabe   Seite 48</u>

Induktionsanfang:

Für $n = 1$ ist

$$1^3 + 3^3 + 5^3 + \ldots + (2n-1)^3 = 1$$
$$= 1^2 \cdot (2 \cdot 1^2 - 1)$$
$$= n^2(2n^2 - 1).$$

Induktionsschritt:

Induktionsvoraussetzung:

Sei ein $n \in \mathbb{N}$ gegeben, für das $1^3 + 3^3 + 5^3 + \ldots + (2n-1)^3 = n^2(2n^2 - 1)$.

Induktionsbehauptung:

Dann gilt auch

$$1^3 + 3^3 + 5^3 + \ldots + (2n-1)^3 + (2n+1)^3 = (n+1)^2(2(n+1)^2 - 1).$$

Induktionsschluss:

$$1^3 + 3^3 + 5^3 + \ldots + (2n-1)^3 + (2n+1)^3 \overset{I.V.}{=} n^2(2n^2 - 1) + (2n+1)^3$$
$$= 2n^4 + 8n^3 + 11n^2 + 6n + 1$$
$$= (n^2 + 2n + 1)(2n^2 + 4n + 1)$$
$$= (n+1)^2\left(2(n+1)^2 - 1\right).$$

<u>Lösung zu Aufgabe 159</u>   <u>zur Aufgabe   Seite 48</u>

Induktionsanfang:

Für $n = 1$ ist

$$\frac{a_1}{a_2} + \frac{a_2}{a_3} + \ldots + \frac{a_{n-1}}{a_n} + \frac{a_n}{a_1} = \frac{a_1}{a_1}$$
$$= 1$$
$$\geq n \, .$$

Induktionsschritt:

Induktionsvoraussetzung:

Sei ein $n \in \mathbb{N}$ gegeben, für das für alle positiven reellen Zahlen

$a_1, \ldots, a_n$ mit $a_1 \leq a_2 \leq \ldots \leq a_n$ gilt $\dfrac{a_1}{a_2} + \dfrac{a_2}{a_3} + \ldots + \dfrac{a_{n-1}}{a_n} + \dfrac{a_n}{a_1} \geq n$.

Induktionsbehauptung:

Dann gilt für alle positiven reellen Zahlen $a_1, \ldots, a_n, a_{n+1}$ mit

$a_1 \leq a_2 \leq \ldots \leq a_n \leq a_{n+1}$:

$$\frac{a_1}{a_2} + \frac{a_2}{a_3} + \ldots + \frac{a_{n-1}}{a_n} + \frac{a_n}{a_{n+1}} + \frac{a_{n+1}}{a_1} \geq n + 1.$$

Induktionsschluss:

Seien also positive reelle Zahlen $a_1, \ldots, a_n, a_{n+1}$ mit $a_1 \leq a_2 \leq \ldots \leq a_n \leq a_{n+1}$ gegeben.

Es ist

$$\frac{a_1}{a_2} + \frac{a_2}{a_3} + \ldots + \frac{a_{n-1}}{a_n} + \frac{a_n}{a_{n+1}} + \frac{a_{n+1}}{a_1}$$
$$= \frac{a_1}{a_2} + \frac{a_2}{a_3} + \ldots + \frac{a_{n-1}}{a_n} + \frac{a_n}{a_1} + \frac{a_n}{a_{n+1}} + \frac{a_{n+1}}{a_1} - \frac{a_n}{a_1}$$
$$\overset{I.V.}{\geq} n + \frac{a_n}{a_{n+1}} + \frac{a_{n+1}}{a_1} - \frac{a_n}{a_1} \, .$$

Es reicht also zu zeigen, dass $\dfrac{a_n}{a_{n+1}} + \dfrac{a_{n+1}}{a_1} - \dfrac{a_n}{a_1} \geq 1$.

Es ist $\dfrac{a_n}{a_{n+1}} + \dfrac{a_{n+1}}{a_1} - \dfrac{a_n}{a_1} \geq 1 \Leftrightarrow \dfrac{a_{n+1} - a_n}{a_1} \geq \dfrac{a_{n+1} - a_n}{a_{n+1}}$, und das ist wahr, da

$a_1 \leq a_{n+1}$.

Lösung zu Aufgabe 160   zur Aufgabe   Seite 48

Induktionsanfang:

Für $n = 3$ ist $\dfrac{1}{2} + \dfrac{1}{3} + \dfrac{1}{6} = 1$ eine Möglichkeit, die 1 als Summe von drei paarweise verschiedenen Stammbrüchen zu schreiben.

Induktionsschritt:

Induktionsvoraussetzung:

Sei ein $n \in \mathbb{N}$ gegeben, für das 1 als Summe von n paarweise verschiedenen Stammbrüchen darstellbar ist.

Induktionsbehauptung:

Dann lässt sich 1 auch als Summe von $n + 1$ paarweise verschiedenen Stammbrüchen schreiben.

Induktionsschluss:

Nach Induktionsvoraussetzung findet man $a_1, a_2, \ldots, a_{n-1}, a_n \in \mathbb{N}$ mit

$a_1 < a_2 < \ldots < a_{n-1} < a_n$ und $\dfrac{1}{a_1} + \dfrac{1}{a_2} + \ldots + \dfrac{1}{a_{n-1}} + \dfrac{1}{a_n} = 1.$

Nun sind aber auch $a_1, a_2, \ldots, a_{n-1}, a_n + 1, a_n \cdot (a_n + 1) \in \mathbb{N}$ paarweise verschieden mit

$a_1 < a_2 < \ldots < a_{n-1} < a_n + 1 < a_n \cdot (a_n + 1)$ und

$\dfrac{1}{a_1} + \dfrac{1}{a_2} + \ldots + \dfrac{1}{a_{n-1}} + \dfrac{1}{a_n + 1} + \dfrac{1}{a_n(a_n + 1)} = 1$, denn

$$\dfrac{1}{a_1} + \dfrac{1}{a_2} + \ldots + \dfrac{1}{a_{n-1}} + \dfrac{1}{a_n + 1} + \dfrac{1}{a_n(a_n + 1)}$$

$$= \dfrac{1}{a_1} + \dfrac{1}{a_2} + \ldots + \dfrac{1}{a_{n-1}} + \dfrac{a_n + 1}{a_n(a_n + 1)}$$

$$= \dfrac{1}{a_1} + \dfrac{1}{a_2} + \ldots + \dfrac{1}{a_{n-1}} + \dfrac{1}{a_n}$$

$$= 1.$$

Lösung zu Aufgabe 161   zur Aufgabe   Seite 48

Induktionsanfang:

Für $n = 4$ seien uns vier Personen a, b, c, d gegeben.

Man kann im ersten Gespräch a mit b telefonieren lassen, im zweiten c mit d, im dritten a mit c und schließlich b mit d.

Die folgende Tabelle zeigt den Informationsstand jeder Person nach jedem dieser vier Telefonate.

Telefonat	a	b	c	d
1	a, b	a, b	c	d
2	a, b	a, b	c, d	c, d
3	a, b, c, d	a, b	a, b, c, d	c, d
4	a, b, c, d	a, b, c, d	a, b, c, d	a, b, c, d

Induktionsschritt:

Induktionsvoraussetzung:

Sei ein $n \in \mathbb{N}_{\geq 4}$ gegeben, für das gilt, dass $2n - 4$ Telefongespräche ausreichen, um n Personen, von denen jede eine Neuigkeit weiß, über alle Neuigkeiten zu informieren, wobei die Neuigkeiten paarweise verschieden sind.

Induktionsbehauptung:

Für $n + 1$ Personen, von denen jede eine Neuigkeit weiß, reichen $2n - 2$ Telefongespräche, um alle Personen über alle Neuigkeiten zu informieren, wobei die Neuigkeiten paarweise verschieden sind.)

Seien also $n + 1$ Personen gegeben, von denen jede eine Neuigkeit weiß, so dass die Neuigkeiten paarweise verschieden sind.

Im 1. Telefonat rufe die $(n + 1)$-te Person eine Person a aus dem Kreise der n anderen Personen an.

Nach Induktionsvoraussetzung können die n anderen Personen in $2n - 4$ Telefonaten alle ihre Neuigkeiten austauschen. Dabei werden sie, wenn sie über die Neuigkeit der Person a informiert werden, auch über die der $(n + 1)$-ten Person informiert. Bis hierhin sind alle Personen außer der $(n + 1)$-ten Person schon über alle Neuigkeiten informiert. Die $(n + 1)$-te Person kennt neben ihrer eigenen Neuigkeit bisher nur die von Person a.

In einem letzten Telefonat ruft Person a nun die $(n+1)$-te Person an und teilt ihr alle Neuigkeiten mit.

Es reichen also $1 + (2n - 4) + 1$ Anrufe, und $1 + (2n - 4) + 1 = 2n - 2$.

Lösung zu Aufgabe 162   zur Aufgabe   Seite 49
Nebenbemerkung:

Diese Anzahlen findet man zum Beispiel in solchen Würfelgebäuden wie in der Abbildung für das Beispiel $n = 5$.

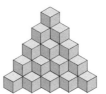

Induktionsanfang:

Für $n = 1$ ist
$$1 + (1 + 2) + (1 + 2 + 3) + \ldots + (1 + 2 + \ldots + n) = 1$$
$$= \binom{1 + 2}{3}$$
$$= \binom{n + 2}{3}.$$

Induktionsschritt:

Induktionsvoraussetzung:

Sei ein $n \in \mathbb{N}$ gegeben, für das
$$1 + (1 + 2) + (1 + 2 + 3) + \ldots + (1 + 2 + \ldots + n) = \binom{n + 2}{3}.$$

Induktionsbehauptung:

Dann ist auch

$$1 + (1 + 2) + \ldots + (1 + 2 + \ldots + n) + \Big(1 + 2 + \ldots + n + (n + 1)\Big)$$
$$= \binom{n + 3}{3}.$$

Induktionsschluss:

Es ist

$$1 + (1 + 2) + \ldots + (1 + 2 + \ldots + n) + \left(1 + 2 + \ldots + n + (n + 1)\right)$$

$$\overset{I.V.}{=} \binom{n + 2}{3} + \left(1 + 2 + \ldots + n + (n + 1)\right)$$

$$= \frac{(n + 2)!}{3!(n - 1)!} + \frac{3(n - 1)!(n + 1)(n + 2)}{3!(n - 1)!}$$

$$= \frac{n(n + 2)! + 3(n + 2)!}{3!n!}$$

$$= \frac{(n + 3)!}{3!n!}$$

$$= \binom{n + 3}{3}.$$

Lösung zu Aufgabe 163   zur Aufgabe   Seite 49

Induktionsanfang:

Für $n = 2$ ist

$$\binom{2}{2} + \binom{3}{2} + \ldots + \binom{n}{2} = \binom{2}{2}$$

$$= 1$$

$$= \binom{3}{3}$$

$$= \binom{n + 1}{3}.$$

Induktionsschritt:

Induktionsvoraussetzung:

Sei ein $n \in \mathbb{N}_{\geq 2}$ gegeben, für das $\binom{2}{2} + \binom{3}{2} + \ldots + \binom{n}{2} = \binom{n + 1}{3}$.

Induktionsbehauptung:

Dann ist $\binom{2}{2} + \binom{3}{2} + \ldots + \binom{n}{2} + \binom{n + 1}{2} = \binom{n + 2}{3}$.

Induktionsschluss:

Es ist

$$\binom{2}{2} + \binom{3}{2} + \ldots + \binom{n}{2} + \binom{n+1}{2} \overset{I.V.}{=} \binom{n+1}{3} + \binom{n+1}{2}$$

$$= \binom{n+2}{3}.$$

<u>Lösung zu Aufgabe 164</u>   <u>zur Aufgabe   Seite 49</u>
Es gibt jeweils $(n+1)!$ Möglichkeiten.

Induktionsanfang:

Für $n = 1$ gibt es 2 Möglichkeiten, denn das Auto kann entweder auf der linken oder auf der rechten Spur fahren, und $(1+1)! = 2$.

Induktionsschritt:

Induktionsvoraussetzung:

Sei ein $n \in \mathbb{N}$ gegeben, für das es $(n+1)!$ Möglichkeiten gibt.

Induktionsbehauptung:

Für $n+1$ Autos gibt es $(n+2)!$ Möglichkeiten.

Induktionsschluss:

Seien $n+1$ Autos auf dieser Straße unterwegs, von denen wir zunächst eines aus der Betrachtung ausnehmen. Für die anderen n Autos gibt es nach Induktionsvoraussetzung $(n+1)!$ Möglichkeiten, sich auf den beiden Spuren anzuordnen. Man findet $k \in \mathbb{N}$ $0 \le k \le n$, so dass k Autos auf der linken Spur fahren und $n-k$ auf der rechten Spur.

Nun gibt es $k+1$ Möglichkeiten, das $(k+1)-$te Auto auf der linken Spur zu positionieren und $n-k+1$ Möglichkeiten, es auf der rechten Spur zu positionieren.

Es ist $k+1+n-k+1 = n+2$ also gibt es $(n+2) \cdot (n+1)!$

Möglichkeiten, $n+1$ Autos auf dieser Straße zu positionieren, und

$(n+2) \cdot (n+1)! = (n+2)!$

<u>Lösung zu Aufgabe 165</u>   <u>zur Aufgabe   Seite 49</u>
Induktionsanfang:

Für $n = 1$ sind 4 Kugeln vorhanden, unter denen eine oder zwei schwerer sind als die anderen. Wir nennen sie k_1, k_2, k_3, k_4.

1. Wägung: k_1 gegen k_2.
2. Wägung: k_1 gegen k_3.

1. Fall: Die Waage ist bei der ersten Wägung im Gleichgewicht.

1.1. Fall: Die Waage ist bei der zweiten Wägung im Gleichgewicht.
            Dann haben k_1, k_2, k_3 dasselbe Gewicht und k_4 ist schwerer als die anderen Kugeln.

1.2. Fall: Die Waage ist bei der zweiten Wägung nicht im Gleichgewicht.
            Dann haben wir mindestens eine Kugel mit dem Gewicht b gefunden.

2. Fall: Die Waage ist bei der ersten Wägung nicht im Gleichgewicht.
            Dann haben wir eine Kugel des Gewichts b gefunden.

Es reichen also zwei Wägungen aus, und $2 \cdot 1 = 2$.

Induktionsschritt:

Induktionvoraussetzung:

Sei ein $n \in \mathbb{N}$ gegeben, für das gilt, dass man bei 4^n Kugeln, von denen eine oder zwei schwerer sind als die übrigen, durch $2n$ Wägungen auf einer Balkenwaage eine der schweren Kugel herausfinden kann.

Induktionsbehauptung:

Bei 4^{n+1} Kugeln, von denen eine oder zwei ein anderes Gewicht haben als alle übrigen, kann man durch $2(n + 1)$ Wägungen auf einer Balkenwaage eine der schwereren Kugeln herausfinden.

Induktionsschluss:

Seien 4^{n+1} Kugeln gegeben, von denen eine oder zwei ein anderes Gewicht haben als alle übrigen.

Zunächst zerlegen wir die Menge der 4^{n+1} Kugeln in 4 gleich große Mengen von Kugeln. Diese nennen wir A, B, C, D.

1. Wägung: *A* gegen *B*.

2. Wägung: *A* gegen *C*.

   1. Fall: Die Waage ist bei der ersten Wägung im Gleichgewicht.

    1.1. Fall: Die Waage ist bei der zweiten Wägung im Gleichgewicht.
                 Dann gibt es in *D* eine oder zwei schwere Kugeln.

    1.2. Fall: Die Waage ist bei der zweiten Wägung nicht im Gleichgewicht.
                 Geht die Waagschale mit *C* nach unten, so enthält *C* eine oder zwei
                 schwere Kugeln. Anderenfalls enthalten *A* und *B* jeweils eine schwere
                 Kugel.

   2. Fall: Die Waage ist bei der ersten Wägung nicht im Gleichgewicht.
                 Geht die Waagschale mit *A* nach unten so enthält *A* eine oder zwei
                 schwere Kugeln. Anderenfalls enthält *B* eine oder zwei schwere
                 Kugeln.

Wir können also mit 2 Wägungen herausfinden, in welcher Menge *A*, *B*, *C*, *D*. sich eine oder zwei schwere Kugeln befinden. Jede dieser Mengen enthält 4^n Kugeln. Nach Induktionsvoraussetzung gelingt es nun mit $2n$ Wägungen, eine schwere Kugel in dieser Menge zu finden. Insgesamt reichen also $2(n + 1)$ Wägungen.

<u>Lösung zu Aufgabe 166</u>   <u>zur Aufgabe</u>   <u>Seite 49</u>

Induktionsanfang:

Für $n = 1$ ist

$$11^{n+1} + 12^{2n-1} = 11^2 + 12$$
$$= 133,$$

und 133 ist durch 133 teilbar.

Induktionsschritt:

Induktionsvoraussetzung:

Sei ein $n \in \mathbb{N}$ gegeben, für das $133 \,\big|\, 11^{n+1} + 12^{2n-1}$ gilt.

Induktionsbehauptung:

Dann gilt auch $133 \mid 11^{n+2} + 12^{2n+1}$.

Induktionsschluss:

Es ist

$$
\begin{aligned}
11^{n+2} + 12^{2n+1} &= 11 \cdot 11^{n+1} + 144 \cdot 12^{2n-1} \\
&= 11 \cdot \left(11^{n+1} + 12^{2n-1}\right) + 133 \cdot 12^{2n-1}.
\end{aligned}
$$

Nach Induktionsvoraussetzung ist $11^{n+1} + 12^{2n-1}$ durch 133 teilbar.

Der Summand $133 \cdot 12^{2n-1}$ enthält den Faktor 133, ist also auch durch 133 teilbar.

Damit ist auch die Summe durch 133 teilbar.

Lösung zu Aufgabe 167   zur Aufgabe   Seite 49

Induktionsanfang:

Für $n = 1$ ist

$$
\begin{aligned}
\sum_{k=1}^{n} \left(\frac{3}{2}\right)^{(k^2)} &= \frac{3}{2} \\
&\leq \frac{9}{4} \\
&= \left(\frac{3}{2}\right)^{n^2+1}.
\end{aligned}
$$

Induktionsschritt:

Induktionsvoraussetzung:

Sei ein $n \in \mathbb{N}$ gegeben, für das $\displaystyle\sum_{k=1}^{n} \left(\frac{3}{2}\right)^{(k^2)} \leq \left(\frac{3}{2}\right)^{n^2+1}$.

Induktionsbehauptung:

Dann gilt auch $\displaystyle\sum_{k=1}^{n+1} \left(\frac{3}{2}\right)^{(k^2)} \leq \left(\frac{3}{2}\right)^{(n+1)^2+1}$

Induktionsschluss:

Es ist

$$\sum_{k=1}^{n+1}\left(\frac{3}{2}\right)^{(k^2)} = \left(\frac{3}{2}\right)^{(n+1)^2} + \sum_{k=1}^{n}\left(\frac{3}{2}\right)^{(k^2)}$$

$$\overset{I.V.}{\leq} \left(\frac{3}{2}\right)^{(n+1)^2} + \left(\frac{3}{2}\right)^{n^2+1} .$$

Es reicht also zu zeigen, dass $\left(\frac{3}{2}\right)^{(n+1)^2} + \left(\frac{3}{2}\right)^{n^2+1} \leq \left(\frac{3}{2}\right)^{(n+1)^2+1}$.

Es ist $2 \leq \left(\frac{3}{2}\right)^{2n}$, also $1 \leq \left(\frac{3}{2}\right)^{2n} \cdot \left(\frac{3}{2} - 1\right)$.

Wir schließen

$$1 \leq \left(\frac{3}{2}\right)^{2n} \cdot \left(\frac{3}{2} - 1\right) \Rightarrow \left(\frac{3}{2}\right)^{2n} + 1 \leq \left(\frac{3}{2}\right)^{2n+1}$$

$$\Rightarrow \left(\left(\frac{3}{2}\right)^{2n} + 1\right) \cdot \left(\frac{3}{2}\right)^{n^2+1} \leq \left(\frac{3}{2}\right)^{2n+1} \cdot \left(\frac{3}{2}\right)^{n^2+1}$$

$$\Rightarrow \left(\frac{3}{2}\right)^{(n+1)^2} + \left(\frac{3}{2}\right)^{n^2+1} \leq \left(\frac{3}{2}\right)^{(n+1)^2+1} .$$

<u>Lösung zu Aufgabe 168</u>　　　　<u>zur Aufgabe</u>　　　<u>Seite 50</u>

Induktionsanfang:

Für $n = 1$ ist

$$\sum_{k=1}^{n}\frac{1}{k(k+2)} = \frac{1}{3}$$

$$= \frac{n(3n+5)}{4(n+1)(n+2)}$$

Induktionsschritt:

Induktionsvoraussetzung:

Sei ein $n \in \mathbb{N}$ gegeben, für das $\displaystyle\sum_{k=1}^{n} \frac{1}{k(k+2)} = \frac{n(3n+5)}{4(n+1)(n+2)}$.

Induktionsbehauptung:

Dann gilt auch $\displaystyle\sum_{k=1}^{n+1} \frac{1}{k(k+2)} = \frac{(n+1)(3n+8)}{4(n+2)(n+3)}$.

Induktionsschluss:

Es ist

$$\sum_{k=1}^{n+1} \frac{1}{k(k+2)}$$

$$= \frac{1}{(n+1)(n+3)} + \sum_{k=1}^{n} \frac{1}{k(k+2)}$$

$$\overset{I.V.}{=} \frac{1}{(n+1)(n+3)} + \frac{n(3n+5)}{4(n+1)(n+2)}$$

$$= \frac{4(n+2)}{4(n+1)(n+2)(n+3)} + \frac{n(3n+5)(n+3)}{4(n+1)(n+2)(n+3)}$$

$$= \frac{3n^3 + 14n^2 + 19n + 8}{4(n+1)(n+2)(n+3)}$$

$$= \frac{(n+1)^2(3n+8)}{4(n+1)(n+2)(n+3)}$$

$$= \frac{(n+1)(3n+8)}{4(n+2)(n+3)}.$$

Lösung zu Aufgabe 169   zur Aufgabe   Seite 50

Induktionsanfang:

Für $n = 1$ sei eine einelementige Menge M gegeben.

Die Potenzmenge ist $\mathfrak{P}(M) = \{\varnothing, M\}$.

Sie besitzt also 2 Elemente und $2 = 2^1$.

Induktionsschritt:

Induktionsvoraussetzung:

Sei ein $n \in \mathbb{N}$ gegeben, für das gilt, dass die Potenzmenge jeder n-elementigen Menge M

genau 2^n Elemente besitzt.

Induktionsbehauptung:

Die Potenzmenge jeder $(n + 1)$-elementigen Menge M besitzt genau 2^{n+1} Elemente. Sei also eine $(n + 1)$-elementige Menge M gegeben.

Sei $m \in M$.

Wir zerlegen $\mathfrak{P}(M)$ nun in die Menge der Teilmengen von M, die m enthalten, und die Menge der Teilmengen von M, die m nicht enthalten. Die Menge der Teilmengen von M, die m nicht enthalten, ist $\mathfrak{P}(M \setminus \{m\})$.

$M \setminus \{m\}$ ist eine n-elementige Menge, deren Potenzmenge nach Induktionsvoraussetzung 2^n Elemente besitzt.

Jede Teilmenge von M, die m enthält, ist eine Teilmenge von $M \setminus \{m\}$ vereinigt mit $\{m\}$. Deren Anzahl ist also ebenfalls 2^n.

Die Anzahl aller Teilmengen von M ist also $2^n + 2^n = 2^{n+1}$.

<u>Lösung zu Aufgabe 170</u>   <u>zur Aufgabe   Seite 50</u>

Induktionsanfang:

Für $m = 0$, $n \in \mathbb{N}_0$ ist die Aussage äquivalent zu $1 = 1$ und somit wahr.

Induktionsschritt:

Induktionsvoraussetzung:

Seien nun $m, n \in \mathbb{N}_0$ gegeben, für die $\displaystyle\sum_{k=0}^{m} \binom{n+k}{n} = \binom{m+n+1}{n+1}$.

Induktionsbehauptung:

Dann gilt auch $\displaystyle\sum_{k=0}^{m+1} \binom{n+k}{n} = \binom{m+n+2}{n+1}$.

Induktionsschluss:

Dann gilt

$$\sum_{k=0}^{m+1} \binom{n+k}{n} = \binom{n+m+1}{n} + \sum_{k=0}^{m} \binom{n+k}{n}$$

$$\stackrel{I.V.}{=} \binom{n+m+1}{n} + \binom{m+n+1}{n+1}$$

$$= \binom{m+n+2}{n+1}.$$

12. Lösungen zu Arithmetik

Lösung zu Aufgabe 171   zur Aufgabe   Seite 51
Die Lösungsmenge dieses Gleichungssystems ist leer.

Aus der ersten Gleichung folgt $\sqrt{y} = 2 - \sqrt{x}$.

Mit der zweiten Gleichung folgt nun $x + 2(2 - \sqrt{x}) = 5$ und somit $x - 2\sqrt{x} = 1$.

Diese Gleichung ist äquivalent zu $x = 3 + 2\sqrt{2}$.

Mit $\sqrt{y} = 2 - \sqrt{x}$ folgt nun aber $\sqrt{y} < 0$.

Das ist ein Widerspruch, also gibt es keine reelle Lösung.

Lösung zu Aufgabe 172   zur Aufgabe   Seite 51
Nebenbemerkung:

Das Verfahren, zwei Brüche $\dfrac{a}{b}, \dfrac{c}{d}$ nach dem Schema $\dfrac{a}{b} + \dfrac{c}{d} = \dfrac{a+c}{b+d}$ zu addieren, zählt zu den am weitesten verbreiteten Fehlerstrategien im Zusammenhang mit der Bruchrechnung. (vgl. Padberg, F.: Didaktik der Bruchrechnung. 3. Auflage. Heidelberg - Berlin: Spektrum Akademischer Verlag 2002, S. 102 und Wartha, S.: Längsschnittliche Untersuchungen zur Untersuchung des Bruchzahlbegriffs. Hildesheim, Berlin. Franzbecker Verlag 2007, S. 187)

Hier zeigen wir, dass es zu je zwei verschiedenen und von 0 verschiedenen Brüchen aber stets eine Darstellung gibt, für die nach obigem Schema addiert werden kann. Man kann also zwei solcher Brüche immer so kürzen oder erweitern, dass man nach diesem Schema addieren kann.

Seien $q, q' \in \mathbb{Q} \backslash \{0\}$.

Dann findet man $k, l, m, n \in \mathbb{Z}$ mit $q = \dfrac{k}{l}, q' = \dfrac{m}{n}$ und $k, l, m, n \neq 0$.

Es gilt $nl \neq 0$ und auch $kn - lm \neq 0$, da sonst $q = q'$ wäre.

Also ist auch $nl(kn - lm) \neq 0$.

Setze nun $a := k^2 n^2$, $b := lkn^2$, $a' := -l^2 m^2$, $b' := -l^2 mn$.

Dann ist $\dfrac{a}{b} = \dfrac{k}{l} = q$, $\dfrac{a'}{b'} = \dfrac{m}{n} = q'$ und

$$\frac{a+a'}{b+b'} = \frac{k^2n^2 - l^2m^2}{lkn^2 - l^2mn}$$

$$= \frac{(kn+lm)(kn-lm)}{nl(kn-lm)}$$

$$= \frac{kn+lm}{nl}$$

$$= \frac{k}{l} + \frac{m}{n}$$

$$= q + q'.$$

<u>Lösung zu Aufgabe 173</u>   <u>zur Aufgabe   Seite 51</u>

Für $a = \dfrac{1}{2}, b = \dfrac{1}{4}, c = 0, d = -\dfrac{1}{4}$ gilt

$$a + b\sqrt{2} + c\sqrt{3} + d\sqrt{6} = \frac{1}{1 + \sqrt{2} + \sqrt{3}}.$$

Herleitung:

Geschicktes Erweitern unter Nutzung der „binomischen Formel" mit dem Ziel, den „Nenner rational zu machen".

Es ist

$$\frac{1}{1+\sqrt{2}+\sqrt{3}} = \frac{1+\sqrt{2}-\sqrt{3}}{(1+\sqrt{2}+\sqrt{3})(1+\sqrt{2}-\sqrt{3})}$$

$$= \frac{1+\sqrt{2}-\sqrt{3}}{2\sqrt{2}}$$

$$= \frac{(1+\sqrt{2}-\sqrt{3})\sqrt{2}}{4}$$

$$= \frac{1}{2} + \frac{1}{4}\sqrt{2} - \frac{1}{4}\sqrt{6}.$$

Nebenbemerkung:

Wenn man weiß, dass $\mathbb{Q}(\sqrt{2} + \sqrt{3})$ ein vierdimensionaler Vektorraum über $\mathbb{Q}$ ist mit der

Basis $\left\{1,\sqrt{2},\sqrt{3},\sqrt{6}\right\}$, dann ist klar, dass $a,b,c,d \in \mathbb{Q}$ existieren mit

$$a + b\sqrt{2} + c\sqrt{3} + d\sqrt{6} = \frac{1}{1+\sqrt{2}+\sqrt{3}}.$$

Lösung zu Aufgabe 174 zur Aufgabe   Seite 51

a) Jede positive rationale Zahl lässt sich als Summe endlich vieler Quadrate rationaler Zahlen darstellen. Das lässt sich leicht dadurch einsehen, dass jede positive rationale Zahl sich im Stellenwertsystem zur Basis 4 schreiben lässt. In diesem Stellenwertsystem hat jede Stelle den Wert eines Quadrates einer rationalen Zahl.

b) Jede rationale Zahl q lässt sich als Differenz zweier rationaler Zahlen darstellen. Sei nämlich $q \in \mathbb{Q}$. Dann gilt

$$\left(\frac{q+1}{2}\right)^2 - \left(\frac{q-1}{2}\right)^2 = \frac{q^2 + 2q + 1 - q^2 + 2q - 1}{4}$$

$$= \frac{4q}{4}$$

$$= q.$$

Lösung zu Aufgabe 175 zur Aufgabe   Seite 51

Sei $n \in \mathbb{N}$.

Dann ist

$$\left(a + b\sqrt{c}\right)^n + \left(a - b\sqrt{c}\right)^n$$

$$= \sum_{k=0}^{n} a^{n-k}\left(b\sqrt{c}\right)^k + \sum_{k=0}^{n} (-1)^k a^{n-k}\left(b\sqrt{c}\right)^k.$$

Für alle geraden k sind die Summanden rational.

Für alle ungeraden k fallen die Summanden wegen unterschiedlicher Vorzeichen weg.

Lösung zu Aufgabe 176 zur Aufgabe   Seite 52

Da $x^2 \geq 0$ und $x^4 \geq 0$ und nach Voraussetzung auch $b \geq 0$, folgt aus $x^4 + bx^2 + c = 0$ sofort, dass $c \leq 0$.

Sei nun $c \leq 0$.

Dann ist $x^4 + bx^2 + c = 0$ äquivalent zu $\left(x^2 + \dfrac{b}{2}\right)^2 = \dfrac{b^2}{4} - c$.

Da $c \leq 0$, ist $\dfrac{b^2}{4} - c \geq 0$.

$$\left(x^2 + \frac{b}{2}\right)^2 = \frac{b^2}{4} - c$$

$$\Leftrightarrow \left(x^2 + \frac{b}{2}\right)^2 = \left(\sqrt{\frac{b^2}{4} - c}\,\right)^2$$

$$\Leftrightarrow x^2 + \frac{b}{2} = \sqrt{\frac{b^2}{4} - c} \;\vee\; x^2 + \frac{b}{2} = -\sqrt{\frac{b^2}{4} - c}$$

$$\Leftrightarrow x^2 = -\frac{b}{2} + \sqrt{\frac{b^2}{4} - c} \;\vee\; x^2 = -\frac{b}{2} - \sqrt{\frac{b^2}{4} - c}.$$

Da $-\dfrac{b}{2} - \sqrt{\dfrac{b^2}{4} - c}$, falls nicht $b = c = 0$, bleibt $x^2 = -\dfrac{b}{2} + \sqrt{\dfrac{b^2}{4} - c}$.

Hier ist $x = \sqrt{-\dfrac{b}{2} + \sqrt{\dfrac{b^2}{4} - c}}$ oder $x = -\sqrt{-\dfrac{b}{2} + \sqrt{\dfrac{b^2}{4} - c}}$.

<u>Lösung zu Aufgabe 177</u>   <u>zur Aufgabe   Seite 52</u>

An der Zehnerstelle wird sofort klar, dass L = 9 sein muss.

Daraus ergibt sich F = 8.

Weiter ist klar, dass Z = 1 ist.

Es ergibt sich N = 5 oder N = 7.

Annahme: N = 5.

          Dann ist W = 0 oder W = 1.

          Beides ist aber ausgeschlossen.

Also ist die Annahme falsch, und es ist N = 7.

Nun ist klar, dass W = 4 oder W = 5.

W = 5 erfordert aber einen Übertrag von der Hunderterstelle in die Tausenderstelle.

Dann müsste aber auch U = 5 sein, was nicht sein kann.

Also ist W = 4. Nun muss U = 2 und Ö = 5 sein.

```
    N   U   L   L       7   2   9   9
    N   U   L   L       7   2   9   9
────────────────────────────────────────
    Z   W   Ö   L   F   1   4   5   9   8
```

<u>Lösung zu Aufgabe 178</u>   <u>zur Aufgabe   Seite 52</u>

Seien $a, b \in \mathbb{Q}$. Dann gilt

$$\left(a + b\sqrt{2}\right)^2 = 2 + \sqrt{2} \Rightarrow a^2 + 2ab\sqrt{2} + 2b^2 = 2 + \sqrt{2}$$

$$\Rightarrow a^2 + 2b^2 - 2 = (1 - 2ab)\sqrt{2}.$$

1. Fall: $1 - 2ab \neq 0$.

Dann ist $2ab = 1$ und $b = \dfrac{1}{2a}$.

Es folgt

$$\left(a + b\sqrt{2}\right)^2 = 2 + \sqrt{2}$$

$$\Leftrightarrow a^2 + \frac{1}{2a^2} = 2$$

$$\Leftrightarrow a \in \left\{ -\sqrt{1 - \frac{1}{\sqrt{2}}},\ \sqrt{1 - \frac{1}{\sqrt{2}}},\ -\sqrt{1 + \frac{1}{\sqrt{2}}},\ \sqrt{1 + \frac{1}{\sqrt{2}}} \right\}.$$

In diesem Fall wäre a irrational. Dieser Fall tritt also nicht ein.

2. Fall: $1 - 2ab \neq 0$.

Dann ist

$$a^2 + 2b^2 - 2 = (1 - 2ab)\sqrt{2}$$

$$\Leftrightarrow \frac{a^2 + 2b^2 - 2}{1 - 2ab} = \sqrt{2}.$$

Hier ist der Quotient auf der linken Seite offensichtlich rational, $\sqrt{2}$ jedoch nicht. Also gibt es keine rationalen Zahlen a, b, die diese Gleichung lösen.

<u>Lösung zu Aufgabe 179</u>   <u>zur Aufgabe   Seite 52</u>

Behauptung: Es gilt

$$\sqrt{x + a + 2} - 1 = \sqrt{2x + 2a + 1} - \sqrt{x + a} \Leftrightarrow x = 1 - a.$$

Beweis:

Der Definitionsbereich D ist

$$D = \{x \in \mathbb{R} \mid x \geq -a - 2\} \cap \left\{ x \in \mathbb{R} \mid x \geq \frac{-2a - 1}{2} \right\} \cap \{x \in \mathbb{R} \mid x \geq -a\}.$$

Sei $x \in D$.

Dann gilt

$$\sqrt{x + a + 2} - 1 = \sqrt{2x + 2a + 1} - \sqrt{x + a}$$

$$\Leftrightarrow \sqrt{x + a + 2} + \sqrt{x + a} = \sqrt{2x + 2a + 1} + 1$$

$$\Leftrightarrow 2x + 2a + 2 + 2\sqrt{x + a + 2} \cdot \sqrt{x + a} = 2x + 2a + 2 + 2\sqrt{2x + 2a + 1}$$

$$\Leftrightarrow \sqrt{x + a + 2} \cdot \sqrt{x + a} = \sqrt{2x + 2a + 1}$$

$$\Leftrightarrow x^2 + 2ax + 2x + a^2 + 2a = 2x + 2a + 1$$

$$\Leftrightarrow x^2 + 2ax + a^2 = 1$$

$$\Leftrightarrow (x + a)^2 = 1$$

$$\Leftrightarrow x = 1 - a \quad (x = -1 - a \notin D).$$

Lösung zu Aufgabe 180 zur Aufgabe Seite 52

Die Gerade durch $(-1,2)$, $(2,3)$ hat die Gleichung $y = \frac{1}{3}x + \frac{7}{3}$.

Das Lot von $(3,0)$ auf diese Gerade hat die Gleichung $y = -3x + 9$.

Der Schnittpunkt der Geraden ist $(2,3)$.

Der Abstand von $(3,0)$ zu $(2,3)$ ist $\sqrt{10}$.

a) Schnittpunkte existieren nur für $r \geq \sqrt{10}$.

Sei also $r \geq \sqrt{10}$.

Die Kreisgleichung ist $(x - 3)^2 + y^2 = r^2$.

Setzen wir nun $y = \frac{1}{3}x + \frac{7}{3}$ in diese Gleichung ein, so erhalten wir

$$(x - 3)^2 + \left(\frac{1}{3}x + \frac{7}{3} \right)^2 = r^2.$$

Die Gleichung $(x - 3)^2 + \left(\dfrac{1}{3}x + \dfrac{7}{3}\right)^2 = r^2$ ist äquivalent zu

$$x = 2 + 3\sqrt{\dfrac{1}{10}r^2 - 1} \text{ oder } x = 2 - 3\sqrt{\dfrac{1}{10}r^2 - 1}.$$

Zur Berechnung der dazugehörigen y-Koordinate setzen wir diese Werte in die Geradengleichung ein und erhalten die Schnittpunkte

$$\left(2 + 3\sqrt{\dfrac{1}{10}r^2 - 1},\ 3 + \sqrt{\dfrac{1}{10}r^2 - 1}\right) \text{ und}$$

$$\left(2 - 3\sqrt{\dfrac{1}{10}r^2 - 1},\ 3 - \sqrt{\dfrac{1}{10}r^2 - 1}\right).$$

b) Wenn $r = \sqrt{10}$, ist $(2,3)$ der einzige Schnittpunkt und g die Tangente am Kreis.

Lösung zu Aufgabe 181   zur Aufgabe   Seite 53

Eine Zahl x ist Fixelement von f, wenn $x = x^2 + x - 4$.

Das ist genau dann der Fall, wenn $x \in \{-2,2\}$.

Jedes Fixelement von f ist auch Fixelement von g.

Es gilt

$$\begin{aligned}
g(x) = x &\Leftrightarrow x^4 + 2x^3 - 6x^2 - 7x + 8 = x \\
&\Leftrightarrow x^4 + 2x^3 - 6x^2 - 8x + 8 = 0 \\
&\Leftrightarrow (x - 2)(x + 2)(x^2 + 2x - 2) = 0 \\
&\Leftrightarrow x \in \left\{-1 - \sqrt{3},\ -2,\ -1 + \sqrt{3}, 2\right\}.
\end{aligned}$$

Lösung zu Aufgabe 182   zur Aufgabe   Seite 53

a) Die Verknüpfung ist nicht assoziativ, denn

$$(1,4 \odot 1,7) \odot 1,2 = 2,4 \odot 1,2 = 2,9 \text{ und}$$
$$1,4 \odot (1,7 \odot 1,2) = 1,4 \odot 2,0 = 2,8$$

b) $0,9$ ist das einzige $\odot$-Inverse der Zahl $1,1$.

c) 1000 hat kein $\odot$-Inverses.

d) Zu 0,5 gibt es mit 1,9 und 2 zwei $\odot$-Inverse.

<u>Lösung zu Aufgabe 183</u>   zur Aufgabe   Seite 53
a) 1,10

b) 1,11

<u>Lösung zu Aufgabe 184</u>   zur Aufgabe   Seite 54
Es muss $b > 5$ sein, da sonst 55_b keine gültige Schreibweise ist.

Weiter muss 55_b durch 4 teilbar sein, weil alle anderen Summanden ebenfalls durch 4 teilbar sind. Dafür muss $b \equiv 3 \mod 4$ sein.

Für $b = 7$ erhalten wir die Gleichung $-64 + 16a - 96 + 40 = 0$, die für keine ganze Zahl a gilt.

Für $b = 11$ erhalten wir die Gleichung $-64 + 16a - 144 + 60 = 0$, die für keine ganze Zahl a gilt.

Für $b = 15$ erhalten wir die Gleichung $-64 + 16a - 192 + 80 = 0$, die für $a = 11$ gilt.

Alternativ können wir die Tatsache, dass $\left(x^3 + a\,x^2 + 33x + 55\right)_b$ bei -4 eine Nullstelle hat, auch folgendermaßen ausnutzen:

$$(-4)^3 + a(-4)^2 + (3b + 3)(-4) + 5b + 5 = 0$$
$$\Leftrightarrow -64 + 16a - 12b - 12 + 5b + 5 = 0$$
$$\Leftrightarrow 16a - 7b = 71.$$

Diese diophantische Gleichung ist lösbar, da $ggT(7,16) \mid 71$.

$(a, b) = (11,15)$ ist das Lösungspaar mit dem kleinsten möglichen positiven b.

<u>Lösung zu Aufgabe 185</u>   zur Aufgabe   Seite 54
a) Es ist $a_{n+1} = 2b_n - a_n$, $b_{n+1} = a_n - b_n$.

b) Beweis durch vollständige Induktion:

Induktionsanfang:

Für $n = 1$ gilt

$$
\begin{aligned}
a_n^2 - 2b_n^2 &= \left(-1\right)^2 - 2 \cdot 1^2 \\
&= -1 \\
&= \left(-1\right)^n.
\end{aligned}
$$

Induktionsschritt:

Induktionsvoraussetzung:

Sei ein $n \in \mathbb{N}$ gegeben, für das $a_n^2 - 2b_n^2 = \left(-1\right)^n$.

Induktionsbehauptung:

Dann gilt auch $a_{n+1}^2 - 2b_{n+1}^2 = \left(-1\right)^{n+1}$.

Beweis dafür:

$$
\begin{aligned}
a_{n+1}^2 - 2b_{n+1}^2 &= \left(2b_n - a_n\right)^2 - 2\left(a_n - b_n\right)^2 \\
&= 4b_n^2 - 4a_n b_n + a_n^2 - 2a_n^2 + 4a_n b_n - 2b_n^2 \\
&= 2b_n^2 - a_n^2 \\
&= \left(-1\right) \cdot \left(a_n^2 - 2b_n^2\right) \\
&\stackrel{I.V}{=} \left(-1\right) \cdot \left(-1\right) \\
&= \left(-1\right)^{n+1}.
\end{aligned}
$$

<u>Lösung zu Aufgabe 186</u>   <u>zur Aufgabe   Seite 54</u>

Wir setzen $a := x - y, \; b := x + y$.

Dann erhalten wir das zu obigem Gleichungssystem äquivalente

$$
\begin{aligned}
\tfrac{1}{3}b - \tfrac{1}{60}a^2 &= \tfrac{46}{15} \\
\tfrac{b+a}{2} \cdot \tfrac{b-a}{2} &= 21.
\end{aligned}
$$

Dieses ist äquivalent zu

$$20b - a^2 \quad = 184$$
$$b^2 - a^2 \quad = 84.$$

Eine weitere Äquivalenzumformung liefert

$$\left(b - 10\right)^2 \quad = 0$$
$$b^2 - a^2 \quad = 84.$$

Wir erhalten die Lösungen

$$\left(a, b\right) = \left(-4, 10\right) \vee \left(a, b\right) = \left(4, 10\right).$$

Sie führen zu

$$\left(x, y\right) = \left(3, 7\right) \vee \left(x, y\right) = \left(7, 3\right).$$

Lösung zu Aufgabe 187   zur Aufgabe   Seite 54

Sei n die Anzahl der Gewichtsstücke, die zu Beginn in dem Kasten liegen.

Sei k die Anzahl der entnommenen Gewichtsstücke.

Sei b das Durchschnittsgewicht der entnommenen Gewichtsstücke.

Das Gesamtgewicht der Gewichtsstücke im Kasten ist zu Beginn nd.

Nach der Entnahme der k Gewichtsstücke verbleibt ein Gewicht von $nd - kb$.

Das Durchschnittsgewicht dieser $n - k$ Gewichtsstücke ist $\dfrac{nd - kb}{n - k}$.

Zu zeigen: $\dfrac{nd - kb}{n - k} > d$.

Es gilt nach Voraussetzung $d > b$.

$$d > b \Rightarrow kd > kb$$
$$\Rightarrow nd - kb > nd - kd$$
$$\Rightarrow \frac{nd - kb}{n - k} > d.$$

Lösung zu Aufgabe 188   zur Aufgabe   Seite 55

Aus der dritten Gleichung folgt, dass $x, y > 0$.

Damit ergibt sich aber auch $y > 0$.

Aus $\sqrt{x}\sqrt{y} = 12$ folgt $xz = 12^2$.

Es ist

$$x^2 y^2 z^2 = xy \cdot yz \cdot xz$$
$$= 12 \cdot 108 \cdot 12^2$$
$$= 2^8 \cdot 3^6.$$

Mit $xz = 12^2$ ergibt sich $x^2 z^2 = 2^8 \cdot 3^4$.

Also ist $y^2 = 3^2$ und damit $y = 3$.

Weiter folgt $x = 4$ und $z = 36$.

Also ist $(x, y, z) = (4, 3, 36)$ das einzige Tripel, für das alle drei Gleichungen gelten.

Lösung zu Aufgabe 189   zur Aufgabe   Seite 55

a) Ein möglicher Ansatz ist $x = \sqrt{2} + \sqrt{3}$ in die Gleichung
$a x^4 + b x^3 + c x^2 + d x + e = 0$ einzusetzen.

Man erhält dann

$$\left(49 + 20\sqrt{6}\right)a + \left(11\sqrt{2} + 9\sqrt{3}\right)b$$
$$+ \left(5 + 2\sqrt{6}\right)c + \left(\sqrt{2} + \sqrt{3}\right)d + e = 0,$$

beziehungsweise

$$49a + 5c + e + (11b + d)\sqrt{2}$$
$$+ (9b + d)\sqrt{3} + (20a + 2c)\sqrt{6} = 0.$$

Da ganzzahlige Koeffizienten gesucht werden, setzen wir
$20a + 2c = 0, \quad 9b + d = 0, \quad 11b + d = 0.$

Nun folgt $b = d = 0$ und $c = -10a$, sowie $e = a$.

Für $a = 1$ erhalten wir das Polynom $x^4 - 10x^2 + 1$, das $\sqrt{2} + \sqrt{3}$ als Nullstelle besitzt.

b) Wir setzen $y = x^2$ und substituieren, untersuchen also die Gleichung
$y^2 - 10y + 1 = 0.$

$$y^2 - 10y + 1 = 0 \Leftrightarrow (y - 5)^2 = 24$$
$$\Leftrightarrow y - 5 = \sqrt{24} \ \lor \ y - 5 = -\sqrt{24}$$
$$\Leftrightarrow y = 5 + 2\sqrt{6} \ \lor \ y = 5 - 2\sqrt{6}.$$

Nun folgt

$$x = \sqrt{5 + 2\sqrt{6}} \ \lor \ x = -\sqrt{5 + 2\sqrt{6}}$$
$$\lor \ x = \sqrt{5 - 2\sqrt{6}} \ \lor \ x = -\sqrt{5 - 2\sqrt{6}}.$$

Lösung zu Aufgabe 190   zur Aufgabe   Seite 55

Es ist $\sqrt{2(100 - \sqrt{9999})} - \sqrt{101} + \sqrt{99} = 0$, denn

$$\sqrt{2(100 - \sqrt{9999})} - \sqrt{101} + \sqrt{99}$$
$$= \sqrt{2(100 - \sqrt{9999})} - \left(\sqrt{101} - \sqrt{99}\right)$$
$$= \sqrt{2(100 - \sqrt{9999})} - \sqrt{\left(\sqrt{101} - \sqrt{99}\right)^2}$$
$$= \sqrt{2(100 - \sqrt{9999})} - \sqrt{101 - 2\sqrt{101}\sqrt{99} + 99}$$
$$= \sqrt{2(100 - \sqrt{9999})} - \sqrt{200 - 2\sqrt{9999})}$$
$$= \sqrt{2(100 - \sqrt{9999})} - \sqrt{2(100 - \sqrt{9999})}$$
$$= 0.$$

Lösung zu Aufgabe 191   zur Aufgabe   Seite 55

a) Behauptung: $\dfrac{1}{1 + r} = \dfrac{1}{3} - \dfrac{1}{3}r + \dfrac{1}{3}r^2$.

Beweis:

$$r = \sqrt[3]{2} \Rightarrow r^3 = 2$$
$$\Rightarrow r^3 + 1 = 3$$
$$\Rightarrow \left(1 - r + r^2\right)\left(1 + r\right) = 3$$
$$\Rightarrow \frac{1}{1 + r} = \frac{1}{3} - \frac{1}{3}r + \frac{1}{3}r^2.$$

b) Behauptung: $\dfrac{1}{1+r^2} = \dfrac{1}{5} - \dfrac{2}{5}r + \dfrac{1}{5}r^2$.

Beweis:

$$r = \sqrt[3]{2} \Rightarrow 0 = 2 - r^3$$
$$\Rightarrow 0 = r\left(2 - r^3\right)$$
$$\Rightarrow 0 = 2r - r^4$$
$$\Rightarrow 5 = 1 + 2r - r^2 + r^2 + 2r^3 - r^4$$
$$\Rightarrow 5 = \left(1 + 2r - r^2\right)\left(1 + r^2\right)$$
$$\Rightarrow \dfrac{1}{1+r^2} = \dfrac{1}{5} + \dfrac{2}{5}r - \dfrac{1}{5}r^2 \,..$$

c) Behauptung: $\dfrac{1}{2+r+r^2} = 1 - \dfrac{1}{2}r^2$.

Beweis:

$$r = \sqrt[3]{2} \Rightarrow 0 = 2 - r^3$$
$$\Rightarrow 0 = r\left(2 - r^3\right)$$
$$\Rightarrow 0 = 2r - r^4$$
$$\Rightarrow 2 = 4 + 2r + 2r^2 - 2r^2 - r^3 - r^4$$
$$\Rightarrow 2 = \left(2 - r^2\right)\left(2 + r + r^2\right)$$
$$\Rightarrow \dfrac{1}{2+r+r^2} = 1 - \dfrac{1}{2}r^2.$$

Nebenbemerkung:

Diese Aufgabe ist ähnlich zur Aufgabe 173. Wenn man weiß, dass $\mathbb{Q}(\sqrt[3]{2})$ ein dreidimensionaler Vektorraum über $\mathbb{Q}$ ist und dass $1, \sqrt[3]{2}, \sqrt[3]{2}^2$ eine Basis von $\mathbb{Q}(\sqrt[3]{2})$ ist, dann ist auch klar, dass die unter a), b), c) genannten Elemente in $\mathbb{Q}(\sqrt[3]{2})$ liegen, dass also $a, b, c \in \mathbb{Q}$ existieren, um diese Elemente in der Form $a + br + cr^2$ darzustellen.

Lösung zu Aufgabe 192   zur Aufgabe   Seite 55

Behauptung: Es ist $\sqrt{2}^{\sqrt{3}} < \sqrt{3}^{\sqrt{2}}$.

Beweis: Es ist

$$\sqrt{2}^{\sqrt{3}} < \sqrt{3}^{\sqrt{2}} \Leftrightarrow \left(\sqrt{2}^{\sqrt{3}}\right)^{\sqrt{2}} < \left(\sqrt{3}^{\sqrt{2}}\right)^{\sqrt{2}}$$

$$\Leftrightarrow \sqrt{2}^{\sqrt{6}} < \sqrt{3}^{2}$$

$$\Leftrightarrow \sqrt{2}^{\sqrt{6}} < 3.$$

Es reicht also zu zeigen, dass $\sqrt{2}^{\sqrt{6}} < 3$.
Es gilt $\sqrt{6} < 3$ und somit

$$\sqrt{2}^{\sqrt{6}} < \sqrt{2}^{3}$$
$$= 2\sqrt{2}$$
$$< 3.$$

<u>Lösung zu Aufgabe 193</u>   zur Aufgabe   Seite 56

Die 5 muss an einer Stelle stehen, an der sie beim Verdoppeln einen Übertrag erhält, da das Doppelte nicht die Ziffer 0 erhalten darf.

Von den Ziffernpaaren $(1,6)$, $(2,7)$, $(3,8)$, $(4,9)$ muss jeweils genau eine Ziffer beim Verdoppeln einen Übertrag erhalten, da sie sonst dieselbe Ziffer liefern würden.

Eine Zahl mit dieser Eigenschaft ist 123456789, eine andere ist 426985731.

<u>Lösung zu Aufgabe 194</u>   zur Aufgabe   Seite 56

Seien $a, b \in \mathbb{N}$.
Dann gilt

$$a^2 + b^2 = \frac{(a-b)^2 + (a+b)^2}{2}.$$

<u>Lösung zu Aufgabe 195</u>   zur Aufgabe   Seite 56

Das Gleichungssystem setzt $y \notin \{-1, -4, -9\}$ voraus.

Es ist äquivalent zu

$$
\begin{aligned}
x + yz + z &= y + 1 \\
x + yz + 4z &= 2y + 8 \\
x + yz + 9z &= 3y + 27
\end{aligned}
$$

Dieses Gleichungssystem ist wiederum äquivalent zu

$$
\begin{aligned}
x - y + z + yz &= 1 \\
y - 3z &= -7 \\
2z &= 12
\end{aligned}
$$

Es hat als einzige Lösung $(x, y, z) = (-60, 11, 6)$.

<u>Lösung zu Aufgabe 196</u>   <u>zur Aufgabe</u>   <u>Seite 56</u>

Seien $a, b \in \mathbb{N}$ mit $10 \le a, b \le 99$.

Dann findet man $x, x' \in \{1, \ldots, 9\}, y, y' \in \{0, \ldots, 9\}$ mit

$a = 10x + y, b = 10x' + y'$.

Es gelte $ab = 10(y + 10x' + y') + yy'$.

Dann gilt $(10x + y)(10x' + y') = 10(y + 10x' + y') + yy'$.

$$
\begin{aligned}
&(10x + y)(10x' + y') = 10(y + 10x' + y') + yy' \\
\Leftrightarrow\ &100xx' + 10xy' + 10x'y + yy' = 100x' + 10y + 10y' + yy' \\
\Leftrightarrow\ &10xx' + xy' + x'y = 10x' + y + y' \\
\Leftrightarrow\ &10x'(x - 1) + y'(x - 1) + y(x' - 1) = 0 \\
\Leftrightarrow\ &(10x' + y')(x - 1) + y(x' - 1) = 0 \\
\Leftrightarrow\ &x = x' = 1 \lor (x = 1 \land y = 0).
\end{aligned}
$$

Das Rechenverfahren gilt also genau dann, wenn eine der beiden folgenden Kombinationen gilt:

1. $x = x' = 1$ oder
2. $x = 1$ und $y = 0$.

Der erste Fall zeigt, dass man bei zwei beliebigen zweistelligen < 20 nach diesem Verfahren vorgehen kann.

Im zweiten Fall ist der erste Faktor 10. Da ist die Multiplikation sowieso simpel.

<u>Lösung zu Aufgabe 197</u>   <u>zur Aufgabe   Seite 56</u>

$R_n : \mathbb{R}_{>0} \to \mathbb{N}_0$

$$x \mapsto \frac{G(10^n \cdot x)}{10^n} + \frac{\left(2 \cdot \left(10^n \cdot x - G(10^n \cdot x)\right)\right)}{10^n}$$

<u>Lösung zu Aufgabe 198</u>   <u>zur Aufgabe   Seite 56</u>

Setze $x := 123456789$.

Dann ist

$$123456785 \cdot 123456787 \cdot 123456788 \cdot 123456796$$
$$-123456782 \cdot 123456790 \cdot 123456791 \cdot 123456793$$
$$= (x-4) \cdot (x-2) \cdot (x-1) \cdot (x+7)$$
$$-(x-7) \cdot (x+1) \cdot (x+2) \cdot (x+4)$$
$$= x^4 - 35x^2 + 90x - 56 - [x^4 - 35x^2 - 90x - 56]$$
$$= 180x \,.$$

$$180x = 180 \cdot 123456789$$
$$= 22\,222\,222\,020 \,.$$

<u>Lösung zu Aufgabe 199</u>   <u>zur Aufgabe   Seite 57</u>

Im Stellenwertsystem zur Basis 21 gilt $45 \cdot 5 = 104$.

Ein geeigneter Ansatz ist $(4b + 5) \cdot 5 = b^2 + 4$, wobei b die gesuchte Basis ist.

<u>Lösung zu Aufgabe 200</u>   <u>zur Aufgabe   Seite 57</u>

Sei s die Länge einer Runde.

Dann ist die Länge seiner drei gefahrenen Runden $3s$.

Die Dauer für das gesamte Rennen ist $\dfrac{s}{v_1} + \dfrac{s}{v_2} + \dfrac{s}{v_3}$.

Somit beträgt seine Durchschnittsgeschwindigkeit

$$\frac{3s}{\frac{s}{v_1} + \frac{s}{v_2} + \frac{s}{v_3}} = \frac{3}{\frac{1}{v_1} + \frac{1}{v_2} + \frac{1}{v_3}}$$

$$= \frac{3v_1v_2v_3}{v_1v_2 + v_1v_3 + v_2v_3}.$$

Es ist das harmonische Mittel der drei Rundengeschwindigkeiten.

Teil III - Weiterführende Themen

13. Reelle Zahlen

Wurzelfunktion:

$$\forall a \in \mathbb{R}_{\geq 0} \exists d \in \mathbb{R} : d^2 = a$$

Diese Zahl d ist eindeutig bestimmt und heißt Wurzel von a.

Wir schreiben $d := \sqrt{a}$.

Betragsfunktion:

$$\forall x \in \mathbb{R} : \left| x \right| = \sqrt{x^2}$$

Binomischer Lehrsatz:

$$\forall a, b \in \mathbb{R} \backslash \{0\} \, \forall n \in \mathbb{N} : (a + b)^n = \sum_{k=0}^{n} \binom{n}{k} a^{n-k} b^k$$

Monotonie der Potenz:

$$\forall a, b \in \mathbb{R}_{\geq 0} \, \forall n \in \mathbb{N} : a < b \Leftrightarrow a^n < b^n$$
$$a = b \Leftrightarrow a^n = b^n$$

Bernoulli-Ungleichung:

$$\forall n \in \mathbb{N} \, \forall x \in \mathbb{R}_{>-1} : \left(1 + x \right)^n \geq 1 + n \cdot x$$

Sei $M \subseteq \mathbb{R}$.

Dann heißt M **nach oben beschränkt**, wenn es ein $s \in \mathbb{R}$ gibt, so dass für alle $m \in M$ gilt: $m \leq s$. Die Zahl s heißt dann **obere Schranke von M**. (entsprechend für untere Schranke)

Eine Zahl max $\in \mathbb{R}$ heißt **Maximum** von M, wenn max $\in M$ und max eine obere Schranke vom M ist. (entsprechend für das **Minimum** min)

© Der/die Autor(en), exklusiv lizenziert an
Springer-Verlag GmbH, DE, ein Teil von Springer Nature 2022
S. Rollnik, *Übungsbuch fürs erfolgreiche Staatsexamen in der Mathematik*, https://doi.org/10.1007/978-3-662-65507-8_13

Eine Zahl $\sup \in \mathbb{R}$ heißt **Supremum** von M, wenn $\sup$ obere Schranke von M ist und für jede obere Schranke t von M gilt: $t \geq \sup$. (entsprechend für das **Infimum** $\inf$)

Aufgabe 201   zur Lösung   Seite 307
a) Für alle $x, y \in \mathbb{R}$ gilt

$$x^2 - x + \frac{1}{4} + y^2 - y + \frac{1}{4} + x^2 y^2 + \frac{1}{2} > 0.$$

b) Die Abbildung

$$f : \mathbb{R} \to \mathbb{R}$$
$$x \mapsto x + \frac{1}{1 + x^2}$$

ist injektiv.

Aufgabe 202   zur Lösung   Seite 308
Man zeige:

Für jedes $a \in \mathbb{N}$ hat die Gleichung $\dfrac{x y}{x + y} = a^2$ mindestens so viele Lösungen aus $\mathbb{N} \times \mathbb{N}$ wie die Gleichung $\dfrac{x y}{x + y} = a$.

Aufgabe 203   zur Lösung   Seite 309
Für alle positiven reellen Zahlen a, b gilt:

$$\frac{3}{a^2 + a b + b^2} \leq \frac{1}{3} \left(\frac{1}{a^2} + \frac{1}{a b} + \frac{1}{b^2} \right).$$

Aufgabe 204   zur Lösung   Seite 309
Für alle reellen Zahlen a, b gilt:

$$a^2 b^2 + a^2 + b^2 + 1 \geq 4 a b.$$

Aufgabe 205   zur Lösung   Seite 309
Für alle reellen Zahlen a, b, c mit $a, b, c \geq 0$ gilt:

$$a^2(b + c) + b^2(a + c) + c^2(a + b) \geq 6abc.$$

Aufgabe 206   zur Lösung   Seite 310
Zwischen je zwei verschiedenen reellen Zahlen liegt eine rationale Zahl.

Aufgabe 207   zur Lösung   Seite 310
Man verwandle den periodischen Dezimalbruch $0,\overline{23}$ in einen Bruch.

(Mit Begründung.)

Aufgabe 208   zur Lösung   Seite 311
Für alle positiven reellen Zahlen a, b, c, a', b', c' gilt:

$$\text{Aus } \quad \frac{a}{a'} \leq \frac{b}{b'} \leq \frac{c}{c'} \quad \text{folgt} \quad \frac{a}{a'} \leq \frac{a + b + c}{a' + b' + c'} \leq \frac{c}{c'}.$$

Aufgabe 209   zur Lösung   Seite 311
Man zeige:

$$\left\{ (a, b) \, \Big| \, a, b \in \mathbb{R}, a \neq 1, a^2 + b^2 = 1 \right\} = \left\{ \frac{t^2 - 1}{t^2 + 1}, \frac{2t}{t^2 + 1} \, \Big| \, t \in \mathbb{R} \right\}.$$

Hinweis:

Für die nichttriviale Richtung löse man

$$a = \frac{t^2 - 1}{t^2 + 1} \quad \text{nach } t^2 \text{ auf und achte auf Vorzeichen.}$$

Aufgabe 210   zur Lösung   Seite 313
Für alle reellen Zahlen a, b gilt:

$$\left| a + b \right| = \left| a \right| + \left| b \right| \text{ ist gleichwertig mit } a \cdot b \geq 0.$$

Aufgabe 211   zur Lösung   Seite 313
Für welche reellen Zahlen x gilt $\sqrt{x - 1} + \sqrt{x} = \sqrt{x + 1}$?

Aufgabe 212   zur Lösung   Seite 314
Für welche reellen Zahlen x gilt $\left|x-3\right|^2 + \left|x-4\right| = 1$?

Aufgabe 213   zur Lösung   Seite 315
Für welche reellen Zahlen x gilt $\sqrt{x^2+1} \leq \sqrt{\left|x-1\right|}$?

Aufgabe 214   zur Lösung   Seite 316
Für welche reellen Zahlen x gilt $\left|4x^2-2x\right| \leq 2x+3$?

Aufgabe 215   zur Lösung   Seite 318
Für welche reellen Zahlen x gilt $\left|x^2+x\right| = \left|x^2-x\right|$?

Aufgabe 216   zur Lösung   Seite 319
Für welche $x \in \mathbb{R}\backslash\{-1,-2\}$ gilt $\dfrac{1}{x+1} + \dfrac{2}{x+2} > 2$?

Aufgabe 217   zur Lösung   Seite 321
Für welche reellen Zahlen x gilt $\sqrt{1-x} - \sqrt{x^2+2x+1} = 1$?

Aufgabe 218   zur Lösung   Seite322
Für welche reellen Zahlen x gilt $\sqrt{x^2+2x} - \sqrt{x^2+x-1} \leq 1$.

Aufgabe 219   zur Lösung   Seite 324
Man beweise oder widerlege die folgenden Aussagen:

a) Für alle nichtnegativen reellen Zahlen a, b, c gilt:

$$a+b > c \Rightarrow a^2+b^2 > c^2.$$

b) Für alle nichtnegativen reellen Zahlen a, b, c gilt:

$$a+b > c \Rightarrow \sqrt{a}+\sqrt{b} > \sqrt{c}.$$

Aufgabe 220   zur Lösung   Seite 324
Für welche reellen Zahlen x gilt $\left|\left|\left|x\right|-x\right|-x\right| - x = -1$?

Aufgabe 221   zur Lösung   Seite 325

Für jede natürliche Zahl n und jede reelle Zahl $x > -1$ gilt $\left(\dfrac{1}{1+x}\right)^n \geq 1 - nx$.

Aufgabe 222   zur Lösung   Seite 326

Für alle natürlichen Zahlen $n \geq 2$ gilt $\left(1 + \dfrac{1}{n}\right)^{n+1} < \left(1 + \dfrac{1}{n-1}\right)^n$.

Hinweis:

Quotienten betrachten, keine Induktion, sondern die Bernoullische Ungleichung anwenden.

Aufgabe 223   zur Lösung   Seite 327

Für alle $a \geq 0$ und alle $n \in \mathbb{N}$ gilt: $n \cdot \left(\sqrt[n]{a} - 1\right) \leq a - 1$.

Hinweis: Setze $x := \sqrt[n]{a} - 1$ und drücke a in x aus.

Aufgabe 224   zur Lösung   Seite 327

$\forall q \in \mathbb{Q}_{>0} : q^q < (q+1)^{q+1}$.

Aufgabe 225   zur Lösung   Seite 327

Seien A, B nichtleere nach oben beschränkte Teilmengen von $\mathbb{R}$.

Man zeige:

$$\sup\left(A \cup B\right) = \max\left\{\sup A, \sup B\right\}.$$

Aufgabe 226   zur Lösung   Seite 328

Seien A, B nichtleere beschränkte Teilmengen von $\mathbb{R}$.

Gilt auch, falls $A \cap B \neq \emptyset$ ist:

$$\sup\left(A \cap B\right) = \min\left\{\sup(A), \sup(B)\right\} ?$$

Aufgabe 227   zur Lösung   Seite 328

Man bestimme, falls vorhanden, das Minimum, Infimum, Maximum, Supremum der Menge

$$M := \left\{ \frac{1}{m} \cdot \left(1 + \frac{1}{n} \right) + (-1)^m \,\middle|\, m, n \in \mathbb{N} \right\}.$$

Aufgabe 228   zur Lösung   Seite 331
Man bestimme, falls vorhanden, das Minimum, Infimum, Maximum, Supremum der Menge

$$\left\{ \frac{k + l + m}{kl + lm + mk} \,\middle|\, k, l, m \in \mathbb{N} \right\}.$$

Aufgabe 229   zur Lösung   Seite 332
Man bestimme, soweit vorhanden, das Minimum, Maximum, Infimum, Supremum der Menge

$$M := \left\{ (-1)^n + \frac{n}{n + 3} \,\middle|\, n \in \mathbb{N} \right\}.$$

Aufgabe 230   zur Lösung   Seite 334
Seien A, B nicht-leere Teilmengen von $\mathbb{R}$.

Für alle $a \in A$, $b \in B$ gelte $a < b$.

a) Man zeige: $\sup A \leq \inf B$.

b) Man gebe Mengen A, B an, für die in a) die Gleichheit gilt.

Aufgabe 231   zur Lösung   Seite 334
Für alle $n \in \mathbb{N}$ gilt: $n^{n+1} \leq (2n - 1)^n$.

Aufgabe 232   zur Lösung

$$\text{Sei } A := \left\{ 4 - \frac{3}{n} \,\middle|\, n \in \mathbb{N} \right\} \text{ und } B := \left\{ 2 + \frac{3}{m} \,\middle|\, m \in \mathbb{N} \right\}.$$

Man bestimme, soweit vorhanden, Maximum, Minimum,

Supremum und Infimum von $A \cup B$ und $A \cap B$.

Aufgabe 233   zur Lösung   Seite 335
Man bestimme, soweit vorhanden, das Infimum und das Supremum der Menge

$$\left\{ x + \frac{25}{x} \,\Big|\, x \in n\mathbb{R}_{>0} \right\}.$$

Aufgabe 234   zur Lösung   Seite 336
Man bestimme, soweit vorhanden, Infimum, Minimum, Supremum, Maximum der Menge

$$\left\{ \left(-\frac{1}{3} \right)^{m} - \frac{2}{n} \,\Big|\, m, n \in \mathbb{N} \right\}.$$

Aufgabe 235   zur Lösung   Seite 338
Man bestimme, soweit vorhanden, Supremum, Maximum, Infimum, Minimum der Menge

$$\left\{ \left(\frac{1}{2} \right)^{n} \left(m \cdot n + (-1)^{n+1} \,\Big|\, m, n \in \mathbb{N} \right) \right\}.$$

14. Folgen und Konvergenz

Eine Folge α hat den **Grenzwert** $a \in \mathbb{R}$, wenn

$$\forall \varepsilon > 0 \, \exists n_0 \in \mathbb{N} \, \forall n \geq n_0 : |\alpha_n - a| < \varepsilon.$$

α hat den **Häufungswert** $h \in \mathbb{R}$, wenn

$$\forall \varepsilon > 0 \, \forall n_0 \in \mathbb{N} \, \exists n \geq n_0 : |\alpha_n - h| < \varepsilon.$$

Jede unbeschränkte Folge ist divergent.

Quetschsatz/Einschnürungssatz:

Seien α, β, γ Folgen. Seien α, β konvergent mit demselben Grenzwert c.
Für fast alle $n \in \mathbb{N}$ gelte $\alpha_n \leq \gamma_n \leq \beta_n$.
Dann konvergiert auch γ gegen c.

Jede monotone und beschränkte Folge ist konvergent.

Seien α, β konvergent mit den Grenzwerten a, bzw. b.
Dann konvergiert die Summenfolge $\alpha + \beta$ gegen $a + b$,
die Produktfolge $\alpha\beta$ konvergiert gegen ab,
die Folge $\left|\alpha\right|$ konvergiert gegen $\left|a\right|$.
die Folge $\sqrt{\alpha}$ (falls alle $\alpha_n \geq 0$) konvergiert gegen $\sqrt{a}$,
die Folge $\dfrac{1}{\alpha}$ (falls alle $\alpha_n \neq 0$) konvergiert gegen $\dfrac{1}{a}$, (falls $a \neq 0$).

Eine Folge α mit $q \in \mathbb{R}$, $\alpha_1 \in \mathbb{R}$ und $\alpha_n = \alpha_1 q^{n-1}$ für alle $n \in \mathbb{N}$ heißt
geometrische Folge.
Für $\left|q\right| > 1$ ist α divergent.
Für $\left|q\right| = 1$ ist α konstant oder divergent.
Für $\left|q\right| < 1$ ist α konvergent gegen 0.

© Der/die Autor(en), exklusiv lizenziert an
Springer-Verlag GmbH, DE, ein Teil von Springer Nature 2022
S. Rollnik, *Übungsbuch fürs erfolgreiche Staatsexamen in der
Mathematik*, https://doi.org/10.1007/978-3-662-65507-8_14

Die zugehörige geometrische Reihe β ist $\beta_n = \sum\limits_{i=1}^{n} \alpha_1 \left(\dfrac{1 - q^n}{1 - q} \right)$.

Ist $\left| q \right| < 1$, so konvergiert β gegen $\dfrac{\alpha_1}{1 - q}$.

Jede Folge besitzt eine monotone Teilfolge.

<u>Satz von Bolzano-Weierstraß</u>: Jede beschränkte Folge besitzt einen Häufungswert.

Eine Folge heißt **Cauchy-Folge**, wenn

$$\forall \varepsilon > 0 \; \exists n_0 \in \mathbb{N} \; \forall m, n \geq n_0 : \left| \alpha_m - \alpha_n \right| < \varepsilon.$$

Eine Folge ist genau dann konvergent, wenn sie eine Cauchy-Folge ist.

<u>Cauchy-Kriterium für Reihen:</u>

Sei α eine Folge. Die zugehörige Reihe $\sum \alpha_n$ konvergiert genau dann, wenn

$$\forall \varepsilon \; \exists n \in \mathbb{N} \; \forall n \geq n_0 \; \forall k \geq n_0 : | \alpha_n + \ldots + \alpha_{n+k} | < \varepsilon.$$

Eine Reihe $\sum \alpha_n$ heißt **absolut konvergent**, wenn die Reihe $\sum \left| \alpha_n \right|$ konvergiert.

Majorantenkriterium

Sei $\sum \gamma_n$ eine konvergente Reihe mit positiven Gliedern.

Sei α eine Folge und für fast alle $n \in \mathbb{N}$ gelte $\left| \alpha_n \right| \leq \gamma_n$.

Dann ist $\sum \alpha_n$ konvergent, und zwar sogar absolut.

Quotientenkriterium

Sei α eine Folge und $q \in \mathbb{R}$ mit $0 \leq q < 1$.

Für fast alle $n \in \mathbb{N}$ gelte $\dfrac{|a_{n+1}|}{|a_n|} \leq q$.

Dann ist $\sum \alpha_n$ absolut konvergent.

Aufgabe 236   zur Lösung   Seite 341
Man bestimme die Häufungswerte der Folge

$$\left(\frac{n^2 + (-2)^n}{n^2 + 2^n} \right)_{n \in \mathbb{N}} .$$

Aufgabe 237   zur Lösung   Seite 342
Man untersuche die Folgen

a) $\left(\dfrac{3 + (-1)^n}{5n} \right)_{n \in \mathbb{N}}$,

b) $\left(\dfrac{2 + (-1)^{n^2}}{3 + \frac{2}{n}} \right)_{n \in \mathbb{N}}$

auf Grenzwerte und Häufungswerte.

Aufgabe 238   zur Lösung   Seite 343
Man zeige, dass die Folge $\left(\sqrt[n]{n!} \right)_{n \in \mathbb{N}}$ nicht konvergiert.

Hinweis: Mit $\left(\sqrt{n} \right)_{n \in \mathbb{N}}$ vergleichen.

Aufgabe 239   zur Lösung   Seite 344
Man untersuche die Folge

$$\left(\frac{|n^3 - n - 5| - n^2 + 2}{5 + 2n - n^3} \right)_{n \in \mathbb{N}}$$

auf Konvergenz, und zwar direkt mit Hilfe der Definition der Konvergenz.

Aufgabe 240   zur Lösung   Seite 345
Man untersuche die Folge

$$\left(\left(1 + \frac{1}{n^2} \right)^n \right)_{n \in \mathbb{N}}$$

auf Konvergenz und bestimme gegebenenfalls ihren Grenzwert.

Aufgabe 241   zur Lösung   Seite 346
Man beweise die Konvergenz der Folge $\left(\dfrac{3n}{5n+7} \right)_{n\in\mathbb{N}}$

a) mit Hilfe von Grenzwert-Sätzen (die benutzten Sätze formulieren),

b) durch Nachweis der Monotonie und Beschränktheit der Folge,

c) direkt aus der Definition der Konvergenz.

Aufgabe 242   zur Lösung   Seite 349
Die Folge $\left(\sqrt[n]{n!} \right)_{n\in\mathbb{N}}$ ist nicht beschränkt.

Aufgabe 243   zur Lösung   Seite 351
Man untersuche die Folge

$$\left(\frac{n^2 + 2n\sqrt{n} + n - 3}{3n^2 - n\sqrt{n} + 15} \right)_{n\in\mathbb{N}}$$

auf Konvergenz, und zwar direkt mit Hilfe der Definition der Konvergenz.

Aufgabe 244   zur Lösung   Seite 352
Man untersuche die Folge

$$\left(\frac{n! \cdot 2 + n - 4}{n\big((n-1)! \cdot 3 - n + 1 \big)} \right)_{n\in\mathbb{N}}$$

auf Konvergenz, und zwar direkt mit Hilfe der Definition der Konvergenz.

Aufgabe 245   zur Lösung   Seite 353
Man untersuche die Folge

$$\left(\frac{1! + 2! + \ldots + n!}{n!} \right)_{n\in\mathbb{N}}$$

auf Konvergenz und bestimme gegebenenfalls ihren Grenzwert.

Aufgabe 246   zur Lösung   Seite 354
Man untersuche die Folge

$$\left(\frac{1}{2n} \prod_{k=1}^{n} \left(1 + \frac{1}{k} \right) \right)_{n \in \mathbb{N}}$$

auf Konvergenz.

Aufgabe 247   zur Lösung   Seite 355
Man zeige, dass die Folge

$$\left(\binom{2n}{n} \cdot \frac{1}{n!} \right)_{n \in \mathbb{N}}$$

gegen 0 konvergiert.

Aufgabe 248   zur Lösung   Seite 356
Man untersuche die Folge

$$\left(n \cdot \left(\sqrt[n]{1 + \frac{1}{n^2}} - 1 \right) \right)_{n \in \mathbb{N}}$$

auf Konvergenz.

Hinweis: Quetschsatz/Einschnürungssatz

Aufgabe 249   zur Lösung   Seite 357
Man untersuche die Folge

$$\left(\frac{n^3 - 1}{n^2 - 2} - \frac{n^2 + n + 1}{n + 3} \right)_{n \in \mathbb{N}}$$

auf Konvergenz, und zwar direkt mit Hilfe der Definition der Konvergenz.

Aufgabe 250   zur Lösung   Seite 359
Man untersuche auf Konvergenz, und zwar direkt mit Hilfe der Definition der Konvergenz.

$$\left(\frac{\text{Die Summe der Teiler von } n}{n^3} \right)_{n \in \mathbb{N}}.$$

Aufgabe 251   zur Lösung   Seite 359
Man untersuche die Folge

$$\left(\frac{\sum_{k=1}^{n} \left(1 + \frac{1}{k} \right)}{\prod_{k=1}^{n} \left(1 + \frac{1}{k} \right)} \right)_{n \in \mathbb{N}}$$

auf Konvergenz.

Aufgabe 252   zur Lösung   Seite 360
Eine Folge $\left(\alpha_n \right)_{n \in \mathbb{N}}$ sei rekursiv definiert durch

$$\alpha_1 = 1 \text{ und } \alpha_{n+1} = \alpha_n \cdot \sqrt{\frac{n}{n+1}} + \frac{1}{n+1} \text{ für alle } n \in \mathbb{N}.$$

Man zeige:

a) Es ist $\alpha_n \leq 1 + \sqrt{\dfrac{n}{n+1}}$ für alle $n \in \mathbb{N}$.

b) Die Folge konvergiert.

Aufgabe 253   zur Lösung   Seite 362
Man untersuche die Folge $\left(\alpha_n \right)_{n \in \mathbb{N}}$ mit

$$\alpha_1 = \sqrt{2} \text{ und}$$
$$\alpha_{k+1} = \sqrt{2\alpha_k} \text{ für alle } k \in \mathbb{N}.$$

auf Konvergenz und bestimme gegebenenfalls ihren Grenzwert.

Aufgabe 254   zur Lösung   Seite 363
Man untersuche die durch

$$\alpha_1 = 1 \quad \text{und}$$
$$\alpha_{n+1} = \frac{4 + 3\alpha_n}{3 + 2\alpha_n} \text{ für alle } n \in \mathbb{N}$$

rekursiv definierte Folge auf Konvergenz und bestimme gegebenenfalls ihren Grenzwert.

Aufgabe 255   zur Lösung   Seite 364
Man untersuche die durch

$$\alpha_1 = 1 \text{ und}$$
$$\alpha_{n+1} = \sqrt{\alpha_n + \sqrt{2\alpha_n}} \quad \text{für alle } n \in \mathbb{N}$$

rekursiv definierte Folge auf Konvergenz und bestimme gegebenenfalls ihren Grenzwert.

Aufgabe 256   zur Lösung   Seite 366
Sei $c \in \mathbb{R} \backslash \{0, 2\}$. Man untersuche die durch

$$\alpha_1 = c \text{ und}$$
$$\alpha_{n+1} = 2 - \frac{4}{\alpha_n} \text{ für alle } n \in \mathbb{N}$$

rekursiv definierte Folge auf Konvergenz.

Aufgabe 257   zur Lösung   Seite 366
Eine Folge $\left(\alpha_n\right)_{n \in \mathbb{N}}$ sei definiert durch

$$\alpha_1 = 1, \alpha_2 = 1, \alpha_{n+2} = \alpha_n + \alpha_{n+1}.$$

Dann gilt für alle k: α_{5k} ist durch 5 teilbar.

Hinweis: $\alpha_{n+5} = \ldots$

Aufgabe 258   zur Lösung   Seite 367
Sei $a > 0$. Dann konvergiert die Folge

$$\left(\sqrt[n]{a} \right)_{n \in \mathbb{N}} \text{ gegen } 1.$$

Aufgabe 259   zur Lösung   Seite 368
Man gebe eine Folge $\left(a_n \right)_{n \in \mathbb{N}}$ an, deren sämtliche Glieder positiv sind und die nicht

konvergiert, für die aber die Folge $\left(\sqrt[n]{a_1 \ldots a_n} \right)_{n \in \mathbb{N}}$ (die Folge der geometrischen

Mittel) konvergiert.

Hinweis: Aufgabe 258

Aufgabe 260   zur Lösung   Seite 368
Ist die Reihe $1 + \dfrac{1}{2} - \dfrac{1}{3} + \dfrac{1}{4} + \dfrac{1}{5} - \dfrac{1}{6} + \ldots$

(die aus der harmonischen Reihe dadurch entsteht, dass man

jedes dritte Glied durch seinen negativen Wert ersetzt) konvergent oder divergent?

Aufgabe 261   zur Lösung   Seite 369
Für welche reellen Zahlen x ist die Reihe $\displaystyle\sum_{n=1}^{\infty} \frac{x^n}{n^2}$ konvergent?

Aufgabe 262   zur Lösung   Seite 370
a) Für welche x konvergiert die Reihe $\displaystyle\sum_{n=1}^{\infty} 2^n \cdot n^2 \cdot x^n$?

b) Konvergiert die Reihe $\displaystyle\sum_{n=1}^{\infty} \frac{n! \cdot 2^n}{n^n}$?

Hinweis: Bernoullische Ungleichung zweiten Grades benutzen:

$$\left(1 + h \right)^n \geq 1 + nh + \frac{n(n-1)}{2} h^2.$$

Aufgabe 263   zur Lösung   Seite 371
Für welche reellen Zahlen x konvergiert die Reihe

$$\sum_{n=1}^{\infty} \frac{n^3}{3^n} x^n \ ?$$

Aufgabe 264   zur Lösung   Seite 373
Man untersuche die beiden folgenden Reihen auf Konvergenz:

$$\text{a) } \sum_{n=1}^{\infty} \frac{\sin(1 + n\pi)}{n}, \quad \text{b) } \sum_{n=1}^{\infty} \frac{1}{(2n+1)^2}.$$

Hinweis: zu a): $\sin(\alpha + \beta) = \sin \alpha \cos \beta + \cos \alpha \sin \beta$.

Aufgabe 265   zur Lösung   Seite 373
Man begründe die Konvergenz der Reihe

$$1 + \frac{1}{2} - \frac{1}{4} + \frac{1}{8} + \frac{1}{16} - \frac{1}{32} + \ldots + \frac{1}{2^{3n}} + \frac{1}{2^{3n+1}} - \frac{1}{2^{3n+2}} + \ldots$$

und bestimme ihren Grenzwert.

Aufgabe 266   zur Lösung   Seite 374
Konvergiert die Reihe

$$\text{a) } \sum_{n=1}^{\infty} \frac{1}{n}, \quad\quad \text{b) } \sum_{n=1}^{\infty} \frac{1}{n^2} \text{ ? (Mit Beweis.)}$$

Aufgabe 267   zur Lösung   Seite 375
Ist die Reihe $\displaystyle\sum_{k=1}^{\infty} \frac{1}{n(n+1)}$ konvergent oder divergent?

Aufgabe 268   zur Lösung   Seite 375
Man bestimme den Grenzwert

$$\sum_{n=0}^{\infty} \frac{1}{n^2 + 5n + 6}.$$

Hinweis: Ziehharmonika/Teleskopsumme

Aufgabe 269   zur Lösung   Seite 376
Man beweise die Divergenz der Reihe

$$\sum \left(\sqrt[n]{3} - 1 \right).$$

Aufgabe 270   zur Lösung   Seite 376
Sei b eine reelle Zahl > 0.

Man zeige, dass die Reihe

$$\left(\sum_{n \geq 1} \frac{1}{n^2 + (2b + 1)n + b^2 + b} \right)$$

konvergiert und berechne ihren Grenzwert.

Hinweis: Ziehharmonika, vgl. (für $n \geq 1$) den Fall $b = 0$.

15. Algebra

Sei G eine Menge und $\circ$ eine Verknüpfung in G.

$(G, \circ)$ heißt **Gruppe**, wenn $\circ$ assoziativ ist und

$$\exists e \in G \; \forall g \in G : \; e \circ g = g = g \circ e \text{ und}$$

$$\forall g \in G \; \exists g' \in G : \; g \circ g' = e = g' \circ g.$$

Das Element e heißt das **neutrale Element**.

Das Element g' heißt das **zu g inverse Element**. Es wird mit g^{-1} bezeichnet.

Ist $\circ$ kommutativ, so heißt G eine **kommutative** oder **abelsche Gruppe**.

Sei $U \subseteq G$.

Ist $(U, \circ)$ eine Gruppe, so heißt U **Untergruppe** von G.

Sei U Untergruppe von G und $g \in G$.

Dann heißt gU **Linksnebenklasse** und Ug **Rechtsnebenklasse** von U.

Für $g \in G$ ist die Menge $\langle g \rangle := \left\{ g^n \,\middle|\, n \in \mathbb{Z} \right\}$ eine Untergruppe von G.

Sie heißt die **von g erzeugte Untergruppe** oder das Erzeugnis von g.

Die Gruppe G heißt **zyklisch**, wenn ein Element $g \in G$ existiert mit $\langle g \rangle = G$.

Wenn $\langle g \rangle$ endlich ist, so heißt die kleinste natürliche Zahl m mit $g^m = e$ die **Ordnung von** g.

Satz von Lagrange:

Sei $(G, \circ)$ eine endliche Gruppe und U Untergruppe von G.

Dann gilt $|U| \,\big|\, |G|$.

Jede Gruppe, deren Ordnung eine Primzahl ist, ist zyklisch.

© Der/die Autor(en), exklusiv lizenziert an
Springer-Verlag GmbH, DE, ein Teil von Springer Nature 2022
S. Rollnik, *Übungsbuch fürs erfolgreiche Staatsexamen in der Mathematik*, https://doi.org/10.1007/978-3-662-65507-8_15

Für jedes Element g einer Gruppe G gilt $g^{|G|} = e$.

Seien $(G, \circ)$ und $(H, *)$ Gruppen.

Eine Abbildung $\varphi : G \to H$ heißt **Homomorphismus**, wenn für alle $a, b \in G$ gilt:

$$\varphi(a \circ b) = \varphi(a) * \varphi(b).$$

Ist φ ein bijektiver Homomorphismus, so heißt φ ein **Isomorphismus**.

Sei $\varphi : G \to H$ ein Homomorphismus.

Dann ist $\left\{ g \in G \,\middle|\, \varphi(g) = e_H \right\}$ eine Untergruppe. Sie heißt Kern φ.

Sei U Untergruppe einer Gruppe G.

Dann heißt U **Normalteiler** von G, wenn für alle $g \in G$ gilt $gU = Ug$.

Sei N ein Normalteiler einer Gruppe G.

Dann ist die Menge aller Nebenklassen $G/_N := \left\{ gN \,\middle|\, g \in G \right\}$ eine Gruppe.

Sie heißt **Faktorgruppe** „G nach N" oder „G modulo N".

Sei R eine Menge und seien $+, \cdot$ Verknüpfungen in R.

Dann heißt $(R, +, \cdot)$ ein **Ring**, wenn $(R, +)$ eine kommutative Gruppe ist und

    $\cdot$ assoziativ in R ist und

$$\forall a, b, c \in \mathbb{R} : (a + b) \cdot c = a \cdot c + b \cdot c$$
$$c \cdot (a + b) = c \cdot a + c \cdot b.$$

$(R, +, \cdot)$ heißt **kommutativer Ring**, wenn $\cdot$ kommutativ ist.

Aufgabe 271   zur Lösung   Seite 377

Sei $(G, \cdot)$ eine zyklische Gruppe.

Sei $D := G \times \{1, -1\}$.

Auf D sei eine Verknüpfung $\circ$ definiert durch

$$(g,a) \circ (h,b) := (g \cdot h^a, ab).$$

Man zeige:

a) $(D, \circ)$ ist eine Gruppe.

b) $(D, \circ)$ wird von zwei involutorischen Elementen erzeugt.

Aufgabe 272   zur Lösung   Seite 378
Sei $\star$ die übertragsfreie Addition im Zehnersystem in $\mathbb{N}_0$.

Ein Beispiel:

$$
\begin{array}{rccccc}
  & 6 & 8 & 3 & 0 & 4 \\
\star & 7 & 3 & 4 & 9 & 6 \\
\hline
= & 3 & 1 & 7 & 9 & 0
\end{array}
$$

a) $(\mathbb{N}_0, \star)$ ist eine kommutative Gruppe.

b) Die ≤ 2 stelligen Zahlen aus $\mathbb{N}_0$ bilden eine Untergruppe H von $(\mathbb{N}_0, \star)$ mit der Ordnung 100.

Gibt es zu jedem Teiler t von 100 eine Untergruppe von H mit der Ordnung t?

Aufgabe 273   zur Lösung   Seite 379
Sei $M = \{a, b\}$ eine zweielementige Menge.

Auf der Potenzmenge P von M (d. h. der Menge aller Teilmengen von M) sei eine Verknüpfung $\circ$ definiert durch: $S \circ T := (S \cup T) \backslash (S \cap T)$.

Ist $(P, \circ)$ eine Gruppe?

Aufgabe 274   zur Lösung   Seite 379
Seien $(G, \circ), (H, \odot)$ Gruppen. Auf der Paarmenge $G \times H$ sei eine Verknüpfung $\bullet$ definiert durch:

$$(a_1, b_1) \bullet (a_2, b_2) := (a_1 \circ a_2, b_1 \odot b_2) \text{ für alle } a_1, a_2 \in G \text{ und alle } b_1, b_2 \in H.$$

a) Dann ist $(G \times H, \bullet)$ eine Gruppe. (Sie wird das direkte Produkt der Gruppen $(G, \circ), (H, \odot)$ genannt.)

b) Ist das direkte Produkt zweier zyklischer Gruppen stets wieder eine zyklische
    Gruppe?

Aufgabe 275   zur Lösung   Seite 380
Man bestimme eine möglichst große Teilmenge von $\mathbb{Q}$, die mit der Verknüpfung $\circ$,
die definiert ist durch

$$a \circ b := a + b - 2ab,$$

eine Gruppe bilden.

Aufgabe 276   zur Lösung   Seite 382

$$\text{Sei } \varphi : \mathbb{Z} \to \mathbb{Z} \text{ mit } z\varphi := \begin{cases} -2z & \text{für } z < 0 \\ z + 1 & \text{für } z \geq 0 \end{cases}.$$

a) φ ist bijektiv.

b) $\left(\mathbb{N}, \circ\right)$ mit $a \circ b := \left(a\varphi^{-1} + b\varphi^{-1}\right)\varphi,$ für alle $a, b \in \mathbb{N}$, ist eine
    kommutative Gruppe.

c) Welche Lösung hat die Gleichung $x \circ x \circ 11 = 23$ (in $\left(\mathbb{N}, \circ\right)$) ?

Aufgabe 277   zur Lösung   Seite 384
Die beiden folgenden Tafeln definieren Verknüpfungen auf der Menge
$M := \left\{1,2,3,4,5\right\}$

$\circ$	1	2	3	4	5
1	1	2	3	4	5
2	2	1	4	5	3
3	3	4	5	2	1
4	4	5	1	3	2
5	5	3	2	1	4

$*$	1	2	3	4	5
1	4	3	1	5	2
2	3	5	2	1	4
3	1	2	3	4	5
4	5	1	4	2	3
5	2	4	5	3	1

Man beweise, dass genau eins der beiden Verknüpfungsgebilde $(M, \circ), (M, *)$

eine Gruppe ist.

Aufgabe 278   zur Lösung   Seite 385
Es gibt keine Gruppe, die genau zwei involutorische Elemente besitzt.

Aufgabe 279   zur Lösung   Seite 385
Es sei $(G, \cdot)$ eine kommutative Gruppe mit genau n Elementen.

Man zeige:

In G gibt es ein Element der Ordnung 2 genau dann, wenn n gerade ist.

Aufgabe 280   zur Lösung   Seite 386
Für reelle Zahlen a, b mit $a \neq 0$ sei $f_{a,b} : \mathbb{R} \to \mathbb{R}, x \mapsto a \cdot x + b$.

Sei $L := \left\{ f_{a,b} \,\middle|\, a, b \in \mathbb{R} \text{ und } a \neq 0 \right\}$.

a) Man zeige, dass L eine Untergruppe der Gruppe aller Permutationen von $\mathbb{R}$ ist.

b) Man bestimme alle endlichen Untergruppen von L.

Aufgabe 281   zur Lösung   Seite 389
Welche Gruppen haben genau 2 Untergruppen? (Mit Begründung)

Aufgabe 282   zur Lösung   Seite 390
a) Es gibt nur eine Möglichkeit, die folgende unvollständig angegebene Verknüpfungstafel für die Menge $A = \{1, 2, 3, 4, 5\}$ zu vervollständigen, wenn die Verknüpfung $\circ$ assoziativ sein soll.

$\circ$	1	2	3	4	5
1	2	5	4	1	
2	5	3	1	2	
3	4	1	5	3	
4	1	2	3	4	5
5				5	

Ist $(A, \circ)$ dann eine Gruppe?

b) Es gibt nur eine Möglichkeit, die folgende unvollständig angegebene Verknüpfungstafel für die Menge $B = \{a, b, c, d, e\}$ zu vervollständigen, wenn die Verknüpfung • regulär sein soll, d. h., wenn für sie die beiden Kürzungsregeln gelten sollen.

•	a	b	c	d	e
a	b	a	e		
b	a	b	c	d	e
c		c	b		
d		d	a		
e		e			b

Ist $(B, \bullet)$ dann eine Gruppe?

Aufgabe 283   zur Lösung   Seite 391
Man gebe diejenigen Mengen von Restklassen mod 10 an, die bezüglich der Restklassen-Multiplikation mod 10 Gruppen sind.

[Hinweis: z. B. ist $\{\overline{6}\}$ eine solche Menge.]

Aufgabe 284   zur Lösung   Seite 391
a) Eine Gruppe ist niemals Vereinigung von zwei echten Untergruppen.

b) Man gebe zwei (nichtisomorphe) Gruppen an, die Vereinigung von drei echten Untergruppen sind.

Aufgabe 285   zur Lösung   Seite 391
Eine kommutative Gruppe der Ordnung $2u$ mit u ungerade
kann höchstens eine Untergruppe der Ordnung 2 haben.
Zusatz-Frage: Gilt das auch ohne die Voraussetzung der Kommutativität?

Aufgabe 286 zur Lösung Seite 392
Muss eine Gruppe, in der für alle Elemente a, b der Gruppe $a^2 b^2 = b^2 a^2$ gilt, stets kommutativ sein?

Aufgabe 287 zur Lösung Seite 392
Sei G eine zyklische Gruppe der Ordnung 15

und H eine zyklische Gruppe der Ordnung 21.

Dann ist das direkte Produkt $G \times H$ nicht zyklisch.

Aufgabe 288 zur Lösung Seite 392
Jede Gruppe, die höchstens 4 Untergruppen hat, ist zyklisch.

Aufgabe 289 zur Lösung Seite 393
Man gebe zwei verschiedene Abbildungen α, β der Menge $\{1,2,3\}$ in sich an, die keine Permutationen sind und für die gilt:

$\{\alpha, \beta\}$ ist, mit der Nacheinanderausführung als Verknüpfung, eine Gruppe.

Aufgabe 290 zur Lösung Seite 393
Gibt es eine Untergruppe der Gruppe $(\mathbb{Q}, +)$, die isomorph ist zu der Gruppe $(\mathbb{Z} \times \mathbb{Z}, +)$?

Aufgabe 291 zur Lösung Seite 393
Sei G die multiplikative Gruppe der teilerfremden Reste mod 24.

Man gebe eine möglichst kleine Teilmenge T von G an mit $\langle T \rangle = G$.

[Für jede Teilmenge T von G soll $\langle T \rangle$ die von T erzeugte Untergruppe von G bedeuten.]

Aufgabe 292 zur Lösung Seite 394
Gibt es in der Gruppe S_3 zwei verschiedene nichttriviale Untergruppen U, V und Elemente a, b, so dass $Ua \cap Ub$ leer ist?

Aufgabe 293 zur Lösung Seite 394
Eine Gruppe hat genau drei Untergruppen genau dann,

wenn sie zyklisch ist und ihre Ordnung das Quadrat einer Primzahl ist.

Aufgabe 294   zur Lösung   Seite 394
Man untersuche, ob es einen Gruppen-Homomorphismus

    a) von $\mathbb{Z}_{12}$ auf $\mathbb{Z}_4$

    b) von $\mathbb{Z}_{13}$ auf $\mathbb{Z}_5$

    c) von S_3 auf $\mathbb{Z}_3$

    d) von S_3 auf $\mathbb{Z}_2$

gibt.

[Für jedes $m \in \mathbb{N}$ bedeute $\mathbb{Z}_m$ die Gruppe der Restklassen von $\mathbb{Z}$ modulo m, mit der Restklassen-Addition als Verknüpfung: S_3 sei die Gruppe aller Permutationen von $\{1,2,3\}$, mit der Nacheinanderausführung als Verknüpfung.]

Aufgabe 295   zur Lösung   Seite 395
$\mathbb{Z}_m$ bedeute die additive Gruppe der Restklassen von $\mathbb{Z}$ mod m.
Wie viele Homomorphismen gibt es

    a) von $\mathbb{Z}_5$ in $\mathbb{Z}_7$,

    b) von $\mathbb{Z}_4$ in $\mathbb{Z}_6$,

    c) von $\mathbb{Z}_4$ in $\mathbb{Z}_4$?

Aufgabe 296   zur Lösung   Seite 395
Gilt für jede Gruppe G, jede Untergruppe U von G und alle $a, b \in G$:

    Aus $aU = bU$ folgt $Ua = Ub$?

Aufgabe 297   zur Lösung   Seite 395
Lässt sich auf der Menge $\{0, 1, 2\}$ eine Verknüpfung $\circ$ mit $1 \circ 1 = 2$ und $2 \circ 0 = 1$ so definieren, dass $\left(\{0, 1, 2\}, \circ \right)$ eine Gruppe ist?

Aufgabe 298   zur Lösung   Seite 396
Für Untergruppen U, V, W einer Gruppe G gilt stets:

    Ist $U \subseteq V \cup W$, so ist $U \subseteq V$ oder $U \subseteq W$.

Aufgabe 299   zur Lösung   Seite 396
Sei $(R, +, \cdot)$ ein Ring, in dem für jedes $r \in R$ gilt: $r \cdot r = r$.

Dann ist $(R, +, \cdot)$ ein kommutativer Ring, d. h. für alle $a, b \in R$ gilt: $a \cdot b = b \cdot a$.

Aufgabe 300   zur Lösung   Seite 396
Gibt es in einer kommutativen Gruppe nur endlich viele involutorische Elemente, so ist deren Anzahl 0 oder ungerade.

[Hinweis: Man betrachte die Menge, die aus den involutorischen Elementen und dem neutralen Element besteht.]

Aufgabe 301   zur Lösung   Seite 397
Jede von zwei Elementen aus $\mathbb{Q}$ erzeugte Untergruppe der Gruppe $(\mathbb{Q}, +)$ ist zyklisch, das heißt, sie wird schon von einem Element erzeugt.

Aufgabe 302   zur Lösung   Seite 398
Seien $a, b, c \in \mathbb{Q}$ mit $c \geq 0$.
Dann gilt für alle $n \in \mathbb{N}$:

$$\left(a + b\sqrt{c}\right)^n + \left(a - b\sqrt{c}\right)^n \in \mathbb{Q}.$$

Aufgabe 303   zur Lösung   Seite 398
Sei φ ein Homomorphismus der Gruppe $(\mathbb{Q}, +)$ in sich.

Man zeige: Es gibt ein $c \in \mathbb{Q}$, so dass für alle $x \in \mathbb{Q}$ gilt:

$$x\varphi = x \cdot c.$$

Aufgabe 304   zur Lösung   Seite 399
Für $a, b \in \mathbb{Q} \setminus \{0\}$ werde definiert:

$$a * b := a \cdot \left|b\right|.$$

Ist $\left(\mathbb{Q} \setminus \{0\}, *\right)$ eine Gruppe?

Aufgabe 305   zur Lösung   Seite 400
Für jede der folgenden Aussagen

gebe man einen Beweis oder eine Widerlegung:

a) Jede Faktorgruppe einer kommutativen Gruppe ist kommutativ.

b) Jede Faktorgruppe einer unendlichen Gruppe ist unendlich.

c) Jede Gruppe mit höchstens 7 Elementen ist kommutativ.

d) Jede Gruppe, in der jedes Element gleich seinem Inversen ist, ist kommutativ.

e) Eine Gruppe ist kommutativ genau dann, wenn sie zyklisch ist.

f) Es gibt eine Faktorgruppe der Gruppe $(\mathbb{Z}_8, +)$, die eine Kleinsche Vierergruppe ist.

16. Lineare Algebra

Sei $(V, +)$ eine abelsche Gruppe und $\cdot$ eine äußere Verknüpfung von $\mathbb{R}$ mit V, dann heißt V ein **reeller Vektorraum**, wenn die folgenden Axiome gelten:

$(V1)$ $\quad \forall a, b \in \mathbb{R} \, \forall \mathfrak{a} \in V : a \cdot (b \cdot \mathfrak{a}) = (a \cdot b) \cdot \mathfrak{a}$

$(V2)$ $\quad \forall a, b \in \mathbb{R} \, \forall \mathfrak{a}, \mathfrak{b} \in V : a \cdot (\mathfrak{a} + \mathfrak{b}) = (a \cdot \mathfrak{a}) + (a \cdot \mathfrak{b})$

$(V3)$ $\quad \forall a, b \in \mathbb{R} \, \forall \mathfrak{a} \in V : (a + b) \cdot \mathfrak{a} = (a \cdot \mathfrak{a}) + (b \cdot \mathfrak{a})$

$(V4)$ $\quad \forall \mathfrak{a} \in V : 1 \cdot \mathfrak{a} = \mathfrak{a}$

Die Elemente aus V nennen wir **Vektoren**, die aus $\mathbb{R}$ **Skalare**.

Sei V ein Vektorraum. Sei $U \subseteq V$.

Dann heißt U **Unterraum** von V, wenn U ein Vektorraum ist.

Jeder Vektorraum V besitzt die trivialen Unterräume $\{0_V\}$ und V, wobei 0_V das neutrale Element bezüglich der Vektorraumaddition ist, der **Nullvektor**.

Unterraumkriterium

Sei V ein Vektorraum. Sei $U \subseteq V$. Sei $U \neq \varnothing$.

Dann sind die folgenden drei Aussagen äquivalent:

(1) U ist ein Unterraum von V.

(2) $\forall \mathfrak{a}, \mathfrak{b} \in U : \mathfrak{a} + \mathfrak{b} \in U$ und $\forall k \in \mathbb{R} \, \forall \mathfrak{a} \in V : k \cdot \mathfrak{a} \in U$

(3) $\forall k_1, k_2 \in \mathbb{R} \, \forall \mathfrak{a}, \mathfrak{b} \in U : k_1 \cdot \mathfrak{a} + k_2 \cdot \mathfrak{b} \in U$.

Sei $A \subseteq V$. Dann definieren wir

$$M_A := \left\{ U \subseteq V \,\middle|\, U \text{ ist Unterraum von } V \text{ und } A \subseteq U \right\}.$$

Die Menge $\langle A \rangle = \bigcap\limits_{U \in M_A} U$ heißt **der von A erzeugte Unterraum** von V.

Seien $a_{ij} \in \mathbb{R}$ für $1 \leq i \leq m$, $1 \leq j \leq n$ mit $m, n \in \mathbb{N}_0$.

Dann heißt

$$a_{11}x_1 \;+\; a_{12}x_2 \;+\ldots+\; a_{1n}x_n \;=\; b_1$$
$$a_{21}x_1 \;+\; a_{22}x_2 \;+\ldots+\; a_{2n}x_n \;=\; b_2$$
$$\vdots \quad+\quad \vdots \quad+\ldots+\quad \vdots \quad=\quad \vdots$$
$$a_{m1}x_1 \;+\; a_{m2}x_2 \;+\ldots+\; a_{mn}x_n \;=\; b_m$$

ein **lineares Gleichungssystem mit** m **Gleichungen und** n **Unbekannten**.

Es heißt **homogen**, wenn für alle i mit $1 \leq i \leq m$ gilt $b_i = 0$. Sonst heißt es

inhomogen.

Sei V ein Vektorraum und seien $\mathfrak{a}_1, \mathfrak{a}_2, \ldots, \mathfrak{a}_n \in V, k_1, k_2, \ldots, k_n \in \mathbb{R}$.

Dann heißt $\displaystyle\sum_{i=1}^{n} k_i \mathfrak{a}_i$ eine **Linearkombination** der Vektoren $\mathfrak{a}_1, \mathfrak{a}_2, \ldots, \mathfrak{a}_n$.

Ist $M \subseteq V$, dann heißt die Menge aller Linearkombinationen vom M

der von M **erzeugte Unterraum**.

Sei V ein Vektorraum und seien $\mathfrak{a}_1, \mathfrak{a}_2, \ldots, \mathfrak{a}_n \in V$.

Dann heißen $\mathfrak{a}_1, \mathfrak{a}_2, \ldots, \mathfrak{a}_n$ **linear unabhängig** genau dann, wenn

$\forall k_1, k_2, \ldots, k_n \in \mathbb{R} : k_1 \mathfrak{a}_1 + k_2 \mathfrak{a}_2 + \ldots + k_n \mathfrak{a}_n = 0_V \Rightarrow k_1 = k_2 = \ldots = k_n = 0$.

Anderenfalls heißen $\mathfrak{a}_1, \mathfrak{a}_2, \ldots, \mathfrak{a}_n$ **linear abhängig**.

Die maximale Anzahl linear unabhängiger Vektoren in V heißt die

Dimension von V.

Ein System von Vektoren $\mathfrak{a}_1, \mathfrak{a}_2, \ldots, \mathfrak{a}_n \in V$ heißt ein **Erzeugendensystem**

von V, wenn sich jeder Vektor aus V als Linearkombination der Vektoren

$\mathfrak{a}_1, \mathfrak{a}_2, \ldots, \mathfrak{a}_n \in V$ darstellen lässt.

Ein linear unabhängiges Erzeugendensystem von V heißt **Basis** von V.

Die Mächtigkeit der Basis von V heißt Dimension von V, kurz $\dim V$.

Sei V ein Vektorraum, seien U_1, U_2 Unterräume von V.

Dann gilt

$$\dim U_1 + \dim U_2 = \dim\big(U_1 + U_2\big) + \dim\big(U_1 \cap U_2\big).$$

Seien V, W Vektorräume.

Eine Abbildung $\varphi : V \to W$ heißt **lineare Abbildung** oder

Vektorraumhomomorphismus, wenn

(1) $\forall \mathfrak{a}, \mathfrak{b} \in V : \varphi(\mathfrak{a} + \mathfrak{b}) = \varphi(\mathfrak{a}) + \varphi(\mathfrak{b})$

(2) $\forall k \in \mathbb{R} \, \forall \mathfrak{a} \in V : \varphi(k \cdot \mathfrak{a}) = k \cdot \varphi(\mathfrak{a})$

Seien V, W Vektorräume und sei $\varphi : V \to W$ eine **lineare Abbildung**.

Dann heißt $\varphi(V)$ das **Bild** von φ und $\varphi^{-1}\left(\{0_W\}\right)$ der **Kern** von φ.

Es gilt dim Bild φ + dim Kern φ = dim V.

Aufgabe 306   zur Lösung   Seite 401

a) Bestimmen Sie sämtliche Lösungen des folgenden linearen Gleichungssystems:

$$
\begin{aligned}
-3x_1 + 4x_2 &&&= 6 \\
2x_1 - 3x_2 &+ x_3 &&= 1 \\
x_2 &- 3x_3 &&= -15
\end{aligned}
$$

b) Welche Sätze über lineare Gleichungssysteme sind Ihnen bekannt?

   Welche haben Sie in a) benutzt?

Aufgabe 307   zur Lösung   Seite 402

Man bestimme alle Lösungen des linearen Gleichungssystems

$$
\begin{aligned}
x_1 - 3x_2 + 2x_3 &&= 0 \\
2x_1 + 3x_2 - 41x_3 + 27x_4 &= 3 \\
3x_2 - 15x_3 + 9x_4 &= 1 \\
x_1 - 13x_3 + 9x_4 &= 1
\end{aligned}
$$

Gibt es Lösungen, bei denen alle Komponenten gleich sind, und wenn ja, welche?

Aufgabe 308   zur Lösung   Seite 403
Für das folgende lineare Gleichungssystem gebe man alle diejenigen Lösungen an, bei denen mindestens zwei Komponenten 0 sind:

$$
\begin{array}{rcrcrcrcl}
2x_1 & - & x_2 & + & 3x_3 & & & = & 1 \\
6x_1 & - & 2x_2 & + & 5x_3 & - & 2x_4 & = & 2 \\
x_1 & & & - & \tfrac{1}{2}x_3 & - & x_4 & = & 0 \\
& - & x_2 & + & 4x_3 & + & 2x_4 & = & 1
\end{array}
$$

Aufgabe 309   zur Lösung   Seite 405
Man bestimme alle diejenigen Lösungen des linearen Gleichungssystems

$$
\begin{array}{rcrcrcrcl}
3x_1 & + & x_2 & + & 3x_3 & - & 3x_4 & = & 2 \\
2x_1 & + & x_2 & + & 3x_3 & - & 2x_4 & = & 5 \\
3x_1 & + & 2x_2 & + & 3x_3 & - & 3x_4 & = & 4 \\
x_1 & + & x_2 & + & x_3 & - & x_4 & = & 2
\end{array}
$$

bei denen die Summe der Quadrate der Komponenten = 30 ist.

Aufgabe 310   zur Lösung   Seite 405
Man bestimme alle rationalen Lösungen des folgenden linearen Gleichungs-Systems (d. h. alle diejenigen Lösungen, deren sämtliche Komponenten rational sind):

$$
\begin{array}{rcrcrcrcl}
x_1 & + & \sqrt{2}x_2 & - & x_3 & & & = & 1 \\
x_1 & + & 2x_2 & + & 3x_3 & + & 3x_4 & = & -4 \\
2x_1 & & & + & 3x_3 & + & x_4 & = & -1 \\
-3x_1 & + & 2x_2 & - & 3x_3 & + & x_4 & = & -2
\end{array}
$$

Hinweis: Erst denken, dann rechnen, nicht umgekehrt!

Aufgabe 311   zur Lösung   Seite 406
Für welche $a, b \in \mathbb{R}$ hat das lineare Gleichungssystem

$$
\begin{array}{rcrcrcl}
x_1 & + & a x_2 & + & x_3 & = & 0 \\
    &   & 2x_2 & + & a x_3 & = & b \\
-x_1 & &   & + & x_3 & = & 1
\end{array}
$$

a) genau eine Lösung?

b) keine Lösung?

c) unendlich viele Lösungen?

Aufgabe 312   zur Lösung   Seite 407
Für welche reellen Zahlen a hat das lineare Gleichungssystem

$$
\begin{array}{rcrcrcl}
x & + & y & + & 3z & = & a \\
a x & + & y & + & 5z & = & 4 \\
x & + & a y & + & 4z & = & a
\end{array}
$$

a) keine Lösung?

b) genau eine Lösung?

c) unendlich viele Lösungen?

Aufgabe 313   zur Lösung   Seite 408
Gegeben sei das Gleichungssystem

$$
(*)\quad
\begin{array}{rcrcrcl}
x^2 & + & x y & - & y^2 & = & 1 \\
2x^2 & - & x y & + & 3y^2 & = & 13 \\
x^2 & + & 3x y & + & 2y^2 & = & 0
\end{array}
$$

a) Man setze $u := x^2$, $v := x y$, $w := y^2$ und bestimme alle Lösungen des entstehenden linearen Gleichungssystems.

b) Welche Lösungen hat (*) ?

Aufgabe 314   zur Lösung   Seite 408
a) Man untersuche, für welche $a \in \mathbb{R}$ das folgende

lineare Gleichungssystem lösbar ist:

$$
\begin{aligned}
(2a + 2)x_1 &+ (6 - 3a)x_2 &+ (5 - 5a)x_3 &= 13 - 3a \\
(a + 1)x_1 &+ (6 - 3a)x_2 &+ (1 - a)x_3 &= 8 - 3a \ . \\
(3a + 3)x_1 &+ (2 - a)x_2 &+ (3 - 3a)x_3 &= 8 - a
\end{aligned}
$$

b) Im Falle der Lösbarkeit bestimme man die Lösungsmenge und gebe sie als Nebenklasse der Lösungsmenge des zugehörigen homogenen linearen Gleichungssystems an.

Aufgabe 315   zur Lösung   Seite 410
Anne, Birgit, Christa, Dörte und Erika wiegen zusammen 255 kg.

Birgit ist halb so schwer wie Anne und Christa zusammen.
Dörte ist um so viel leichter als Birgit, wie Christa schwerer ist als Erika.

Anne und Birgit zusammen sind um 3 kg schwerer als Christa und Dörte zusammen.

Annes Gewicht ist zugleich das durchschnittliche Gewicht der fünf Damen.

Wie viel wiegt jede einzelne?

Aufgabe 316   zur Lösung   Seite 411
2 Pferde und 3 Kühe sind zusammen so viel wert wie 13 Schafe und 1 Ziege.

3 Pferde und 4 Schafe sind zusammen so viel wert wie 4 Kühe und 7 Ziegen.

2 Pferde und 9 Ziegen sind zusammen so viel wert wie 2 Kühe und 8 Schafe.

Wie viele Ziegen sind dann 1 Pferd, 1 Kuh und 1 Schaf zusammen wert?

Aufgabe 317   zur Lösung   Seite 411

Welche der folgenden Aussagen über lineare Gleichungssysteme sind wahr, welche falsch?

Man gebe für die falschen Aussagen Gegenbeispiele an und leite die wahren Aussagen aus bekannten Sätzen über lineare Gleichungssysteme her.

(LGS bedeute: lineares Gleichungssystem über $\mathbb{R}$.)

Ein LGS mit weniger Gleichungen als Unbekannten hat immer unendlich viele Lösungen.

Ein inhomogenes LGS hat höchstens so viele Lösungen wie das zugehörige homogene LGS.

Ein LGS mit ebenso viel Gleichungen wie Unbekannten hat immer genau eine Lösung.

Ein homogenes LGS mit mehr Unbekannten als Gleichungen hat immer genau eine Lösung.

Ein LGS mit mehr Gleichungen als Unbekannten hat keine Lösung.

Aufgabe 318   zur Lösung   Seite 413

Ein inhomogenes lineares Gleichungssystem kann höchstens eine Lösung haben, bei der alle Komponenten gleich sind.

Aufgabe 319   zur Lösung   Seite 414

a) Man gebe ein lineares Gleichungssystem mit 4 Unbekannten an, dessen Lösungsmenge

$$(1,1,0,0) + \Big\langle (1,1,1,0), (1,1,0,1) \Big\rangle \text{ ist.}$$

b) An die einfache Koeffizientenmatrix des in a) gefundenen linearen Gleichungssystems werde nun rechts eine Nullenspalte angehängt;die rechte Seite des Gleichungssystems bleibt dabei dieselbe.

Man bestimme die Lösungsmenge des abgeänderten linearen Gleichungssystems (das 5 Unbekannte hat).

Aufgabe 320   zur Lösung   Seite 414
Sei U der von der Menge

$$\left\{ \left(1, -2,0,3\right), \left(1, -1, -1,4\right), \left(1,0, -2,5\right) \right\}$$

erzeugte Unterraum des reellen Vektorraumes $\mathbb{R}^4$.

Man gebe ein homogenes lineares Gleichungssystem an, dessen Lösungsmenge U ist.

Aufgabe 321   zur Lösung   Seite 415
Man bestimme alle Polynome zweiten Grades über $\mathbb{R}$, deren Graphen die Punkte $\left(1,3\right), \left(-1,1\right), \left(-2,3\right)$ enthalten.

Aufgabe 322   zur Lösung   Seite 415
Sei V ein reeller Vektorraum und U ein Unterraum von V.

In V wird folgendermaßen die Relation $\sim$ eingeführt:

Für alle $u, v \in V$ sei $u \sim v :\Leftrightarrow u - v \in U$.

Man zeige:

   a) $\sim$ ist in V eine Äquivalenzrelation.

   b) Für alle $u, u', v, v' \in V$ und für alle $\lambda \in \mathbb{R}$ gilt

$$u \sim v \Rightarrow \lambda u \sim \lambda v$$
$$u \sim v \wedge u' \sim v' \Rightarrow u + u' \sim v + v'.$$

Aufgabe 323   zur Lösung   Seite 416
Sei A der Vektorraum der arithmetischen Folgen.

Man zeige:

   Die Abbildung $f : A \to \mathbb{R}^2$
   $$f\left(\left(x_1, x_2, \dots\right)\right) := \left(x_1, x_2 - x_1\right) \text{ ist ein Isomorphismus.}$$

Aufgabe 324   zur Lösung   Seite 417
Sei $k \in \mathbb{N}$ und sei $A_1, \ldots, A_k$ ein linear unabhängiges Vektorsystem eines Vektorraums V, und sei U der von $A_1, \ldots, A_k$ erzeugte Unterraum von V.

Dann gilt für jedes $A \in V$:
Das Vektorsystem $A_1, \ldots, A_k, A$ ist linear unabhängig genau dann, wenn $A \notin U$ ist.

Aufgabe 325   zur Lösung   Seite 418
Gilt für alle $A, B, C \in \mathbb{R}^3$, dass man durch Änderung genau einer der 9 Komponenten dieser Vektoren erreichen kann, dass

a) aus einem linear unabhängigen Vektorsystem A, B, C

   ein linear abhängiges Vektorsystem wird?

b) aus einem linear abhängigen Vektorsystem A, B, C

   ein linear unabhängiges Vektorsystem wird?

Aufgabe 326   zur Lösung   Seite 419
Man entscheide, ob

$\qquad$ a) $\quad (1, 2, 3, 4), \ (4, 3, 2, 1), \ (14, 13, 12, 11)$

$\qquad$ b) $\quad (1, 2, 3, 4), \ (4, 3, 2, 1), \ (1, 3, 2, 4)$

im Vektorraum $\mathbb{R}^3$ linear abhängig oder linear unabhängig sind.

Aufgabe 327   zur Lösung   Seite 419
Sei V ein reeller Vektorraum, seien $A, B, C, D \in V$.
und sei A, B, C, D linear unabhängig.

Für welche $x \in \mathbb{R}$ ist
$A - B \quad , \quad 2B + 3C \quad , \quad C + D \quad , \quad A + xD$ linear abhängig?

Aufgabe 328   zur Lösung   Seite 419
Seien A, B, C, D Elemente eines Vektorraumes V.
Sei A, B, C linear unabhängig, A, B, C, D linear abhängig und $D \neq \vec{0}$.

Man zeige, dass es dann mindestens ein linear unabhängiges System
aus drei der Vektoren A, B, C, D gibt, das D enthält.

Aufgabe 329   zur Lösung   Seite 420
Seien a, b, c, d reelle Zahlen mit $a + b + c + d = 0$.
Sei f die Abbildung von $\mathbb{R}^4$ nach $\mathbb{R}^4$, bei der für alle $\left(x_1, x_2, x_3, x_4\right) \in \mathbb{R}^4$ gilt:

$$f\left(\left(x_1, x_2, x_3, x_4\right)\right) = \left(a\,x_1, b\,x_2, c\,x_3, d\,x_4\right).$$

Man zeige:

f ist linear, und das Bild von f ist nicht 1-dimensional.

Aufgabe 330   zur Lösung   Seite 421
Sei V ein 1-dimensionaler Vektorraum und W ein beliebiger reeller Vektorraum.

Sei $\varphi : V \to W$ eine Abbildung mit der Eigenschaft

(*) Für alle $k \in \mathbb{R}, v \in V$ gilt $\varphi\left(k \cdot v\right) = k \cdot \varphi\left(v\right)$.

Man zeige, dass φ linear ist.

Aufgabe 331   zur Lösung   Seite 422
Im Vektorraum $\mathbb{R}^4$ seien die folgenden Vektoren gegeben:

$$A_1 := \left(1,2,3,4\right),$$
$$A_2 := \left(2,3,4,1\right),$$
$$A_3 := \left(3,4,1,2\right),$$
$$A_4 := \left(4,1,2,3\right),$$
$$E_4 := \left(0,0,0,1\right).$$

a) Man zeige, dass sich der Vektor E_4 als Linearkombination der
   Vektoren $B := A_2 - A_1$ und $C := A_1 + A_2 + A_3 + A_4$ darstellen lässt.

b) Man zeige, dass A_1, A_2, A_3, A_4 eine Basis des Vektorraumes $\mathbb{R}^4$ ist.

Aufgabe 332   zur Lösung   Seite 422
Welche Teilsysteme des Vektorsystems

$$(1,0,1), (2,2,4), (1,2,3), (0,4,4), (0,1,1)$$

sind Basen des Vektorraums $\mathbb{R}^3$?

Aufgabe 333   zur Lösung   Seite 423
Man ergänze das Vektorsystem

$$(1,1,0,0), (1,0,1,0), (1,0,0,1)$$

zu einer Basis des Vektorraums $\mathbb{R}^4$ und stelle den Vektor $(2,1,2,-1)$ als Linearkombination dieser Basis dar.

Aufgabe 334   zur Lösung   Seite 423
Sei $A_1, A_2, B_1, B_2, B_3, C, D$ ein linear unabhängiges Vektorsystem in einem Vektorraum V.

$$\text{Sei } S := \left\langle A_1, A_2, B_1 + D - C \right\rangle$$
$$\text{und } T := \left\langle B_1, B_2, B_3, A_1 + C - D \right\rangle.$$

Man gebe eine Basis von $S \cap T$ an.

Aufgabe 335   zur Lösung   Seite 423
Für welche Paare (a, b) von reellen Zahlen ist (im Vektorraum $\mathbb{R}^4$)

$$\dim\left(\left\langle (1,0,1,a), (a,a,1,1) \right\rangle \cap \left\langle (1,2,3,4), (b,b,0,0) \right\rangle \right) = 1 ?$$

Aufgabe 336   zur Lösung   Seite 426
Für jedes $a \in \mathbb{R}$ sei (im reellen Vektorraum $\mathbb{R}^3$)
$$U(a) := \left\langle (1, 2, a + 2), (-1, a + 1, a), (0, a, 1) \right\rangle$$
(d. h. der von diesen drei Vektoren erzeugt Untervektorraum (Teilraum) von $\mathbb{R}^3$).

Für welche $a \in \mathbb{R}$ gilt

    a) $\dim U(a) = 3$?

    b) $\dim U(a) = 2$?

    c) $\dim U(a) = 1$?

Aufgabe 337   zur Lösung   Seite 427

Sei $\mathfrak{A} := \begin{pmatrix} 1 & 0 & -\frac{1}{2} \\ 0 & 1 & 0 \\ 0 & 0 & 0 \end{pmatrix}$,

und sei α diejenige lineare Abbildung von $\mathbb{R}^3$ nach $\mathbb{R}^3$, die die Matrix $\mathfrak{A}$ hat. Man bestimme

$$\text{Fix } \alpha \quad \left(:= \left\{ X \mid X \in \mathbb{R}, \alpha(X) = X \right\} \right)$$

und

$$\text{Kern } \alpha \quad \left(:= \left\{ X \mid X \in \mathbb{R}, \alpha(X) = 0 \right\} \right)$$

und die Dimensionen dieser beiden Teilräume von $\mathbb{R}^3$.

Aufgabe 338   zur Lösung   Seite 428

Sei V der reelle Vektorraum der Polynome

$$f(x) = a_0 + a_1 x + a_2 x^2 + a_3 x^3 \text{ mit } a_0, a_1, a_2, a_3 \in \mathbb{R}\,.$$

Man zeige, dass die Abbildung

$$\varphi : V \to \mathbb{R}^3$$
$$f \mapsto \varphi(f) := \Big(f(0), f(1), f(0) + f(1) \Big)$$

eine lineare Abbildung ist und bestimme Kern φ und $\dim\big(\text{Bild } \varphi\big)$.

Aufgabe 339   zur Lösung   Seite 429

Sei α eine lineare Abbildung des Vektorraumes $\mathbb{R}^2$ in den Vektorraum $\mathbb{R}^3$, für die $(1,2)\alpha = (1,2,1)$ und $(1,3)\alpha = (1,3,1)$ gilt.

Für jedes $r \in \mathbb{R}$ bestimme man $(1,r)\alpha$.

Aufgabe 340   zur Lösung   Seite 429
a) Für welche $a \in \mathbb{R}$ ist

$$\varphi_a : \mathbb{R}^3 \to \mathbb{R}^2; \quad (x_1, x_2, x_3) \mapsto (x_1 + x_2 + x_3, \alpha)$$

eine lineare Abbildung?

b) Im Falle, dass φ_a linear ist, bestimme man Kern φ_a und Bild φ_a und deren Dimensionen.

17. Zahlentheorie

Für alle $a, b \in \mathbb{Z}$ mit $b > 0$ gibt es eindeutig bestimmte Zahlen $q, r \in \mathbb{Z}$ mit $a = bq + r$ wobei $0 \leq r < b$.

Sei $a \in \mathbb{Z}$.

Dann ist $V_a := \left\{ xa \mid x \in \mathbb{Z} \right\}$ die **Vielfachenmenge** von a.

und $T_a := \left\{ n \in \mathbb{N} \mid n \mid a \right\}$ die Menge der positiven Teiler von a.

Ist $\left| T_a \right| = 2$, dann heißt a **Primzahl**.

Die Menge aller Primzahlen bezeichen wir mit $\mathbb{P}$.

Seien $a, b \in \mathbb{Z}$, nicht beide 0.

Ist d die kleinste positive Zahl in $V_a + V_b$, dann ist $V_a + V_b = V_d$.

Die größte Zahl, die a und b teilt, heißt **größter gemeinsamer Teiler** von a und b, $ggT(a, b)$.

Die kleinste positive Zahl, die Vielfaches von a und von b ist, heißt **kleinstes gemeinsames Vielfaches** von a und b, $kgV(a, b)$.

Die Zahlen a, b heißen **teilerfremd**, wenn $ggT(a, b) = 1$.

Ist $ggT(a, b) = 1$, dann gibt es $x, y \in \mathbb{Z}$ mit $ax + by = 1$.

Euklidischer Hauptsatz

$\forall a, b, c \in \mathbb{N} : a \mid bc \wedge ggT(a, b) = 1 \Rightarrow a \mid c$.

$\forall a, b, p \in \mathbb{N} : p \in \mathbb{P} \wedge p \mid ab \Rightarrow p \mid a \vee p \mid b$.

Satz über die eindeutige Primfaktorzerlegung

a) Jede natürliche Zahl $n > 1$ lässt sich als Produkt von Primzahlen darstellen.

b) Eine solche Darstellung ist eindeutig, das heißt, wenn

$n = p_1 \cdot \ldots \cdot p_r = q_1 \cdot \ldots \cdot q_s$, dann gilt $r = s$ und

$\left\{ p_1, \ldots, p_r \right\} = \left\{ q_1, \ldots, q_s \right\}$.

© Der/die Autor(en), exklusiv lizenziert an
Springer-Verlag GmbH, DE, ein Teil von Springer Nature 2022
S. Rollnik, *Übungsbuch fürs erfolgreiche Staatsexamen in der Mathematik*, https://doi.org/10.1007/978-3-662-65507-8_17

Sei $m \in \mathbb{N}$, seien $a, b \in \mathbb{Z}$.

Lassen a, b bei Division durch m denselben Rest, so heißen sie **kongruent modulo** m. Man schreibt $a \equiv b \mod m$ oder auch $a \equiv b(m)$. Die Zahl m nennt man **Modul**.

Es gilt $a \equiv b \mod m \Leftrightarrow m \mid a - b$

$a \equiv b \mod m \Leftrightarrow \exists k \in \mathbb{Z} : a = b + mk$

$a \equiv b \mod m \Leftrightarrow a + m\mathbb{Z} = b + m\mathbb{Z}$

a ist zu genau einer Zahl aus $\{0, 1, 2, ..., m - 1\}$ kongruent.

Eine Menge $R := \{a_1, \ldots, a_m\} \subseteq \mathbb{Z}$ heißt ein vollständiges **Repräsentantensystem modulo** m, wenn jede ganz Zahl z zu genau einer der Zahlen aus R kongruent modulo m ist.

Die Kongruenz ist eine Äquivalenzrelation. Die Äquivalenzklassen nennt man **Restklassen**.

Mit $[a]_m$ bezeichnen wir die Restklasse von a modulo m.

Mit $\mathbb{Z}_m$ bezeichnen wir die Menge aller Restklassen modulo m.

Es gilt $a \equiv b \mod m \wedge t \mid m \Rightarrow a \equiv b \mod t$.

$\forall k \in \mathbb{Z} \backslash \{0\} : ka \equiv kb \mod m \Rightarrow a \equiv b \mod \dfrac{m}{ggT(k, m)}$.

$\forall n \in \mathbb{N} : a \equiv b \mod m \wedge a \equiv b \mod n \Rightarrow a \equiv b \mod kgV(m, n)$.

Ein Element $[a] \in \mathbb{Z}_m$ heißt **Nullteiler** in $\mathbb{Z}_m$, wenn ein $[b] \in \mathbb{Z}_m$ mit $[b] \neq [0]$ existiert mit $[a] \cdot [b] = [0]$.

$\mathbb{Z}_m$ heißt **nullteilerfrei**, wenn $[0]$ der einzige Nullteiler in $\mathbb{Z}_m$ ist.

Ein Element $[a] \in \mathbb{Z}_m$ heißt **Einheit**, wenn es $[b] \in \mathbb{Z}_m$ gibt mit $[a] \cdot [b] = [1]$.

Kleiner Satz von Fermat

Für jede natürliche Zahl a und jede Primzahl p mit $ggT(a, p) = 1$ gilt $a^{p-1} \equiv 1 \mod p$.

Die kleinste natürliche Zahl s mit $a^s \equiv 1 \mod p$ heißt die **Ordnung von** a modulo p, $ord_p(a)$.

Satz von Fermat-Euler

Seien $a, m \in \mathbb{N}$ mit $ggT(a, m) = 1$.

Dann gilt $a^r \equiv 1 \mod m$, wobei r die Anzahl der Einheiten in $\mathbb{Z}_m$ ist.

Die Funkion $\varphi : \mathbb{N} \to \mathbb{N}$ mit

$$\varphi(m) := \left| \left\{ x \in \mathbb{N} \,\middle|\, 1 \leq x \leq m \text{ und } ggT(x, m) = 1 \right\} \right|$$

heißt **Eulersche** φ**−Funktion**. Sie ist multiplikativ.

Satz von Wilson

Sei $p \in \mathbb{P}$. Dann gilt $(p - 1)! \equiv -1 \mod p$.

Chinesischer Restsatz

Das System von Kongruenzen

$$\begin{aligned} x &\equiv a_1 \mod m_1 \\ x &\equiv a_2 \mod m_2 \end{aligned} \quad \text{mit } a_1, a_2 \in \mathbb{Z}, m_1, m_2 \in \mathbb{N}$$

ist genau dann ganzzahlig lösbar, wenn $ggT(m_1, m_2) \,\big|\, a_1 - a_2$.

Falls es lösbar ist, ist die Lösung eine Restklasse modulo $kgV(m_1, m_2)$.

Das System

$$\begin{aligned} x &\equiv a_1 \mod m_1 \\ \vdots \quad & \quad \vdots \qquad \vdots \\ x &\equiv a_k \mod m_k \end{aligned}$$

ist genau dann ganzzahlig lösbar, wenn $m_1, \ldots, m_k$ paarweise teilerfremd sind. Die Lösung ist dann modulo $m_1 \cdot \ldots \cdot m_k$ eindeutig.

Jedes Tripel $(x, y, z) \in \mathbb{N}^3$ heißt **pythagoräisches Zahlentripel**, wenn $x^2 + y^2 = z^2$.

Aufgabe 341   zur Lösung   Seite 431
Wie viele Teiler hat 37026?

Aufgabe 342   zur Lösung   Seite 431
Gibt es zu jeder natürlichen Zahl t eine natürliche Zahl n mit $t \mid n^2 + 1$?

Aufgabe 343   zur Lösung   Seite 431
Für beliebige natürliche Zahlen m, n gilt stets:

3 teilt $m + n$ oder $m - n$ oder $m \cdot n$.

Aufgabe 344   zur Lösung   Seite 432
a) Für jede natürliche Zahl n ist $n^3 + 14n$ durch 3 teilbar.

b) Die Summe von je drei aufeinanderfolgenden Kubikzahlen ist durch 9 teilbar.

Aufgabe 345   zur Lösung   Seite 432
Für alle natürlichen Zahlen a, b gilt:

$$\text{Aus } 7 \mid a^2 + b^2 \text{ folgt } 7 \mid a \text{ und } 7 \mid b.$$

Aufgabe 346   zur Lösung   Seite 433
Man bestimme sämtliche natürlichen Zahlen n, die genau 14 Teiler besitzen und durch 12 teilbar sind.

Aufgabe 347   zur Lösung   Seite 433
Man zeige: Sind m, n natürliche Zahlen, für die

$$n + 1 = m^3 \text{ gilt, dann gilt}$$

$$504 \mid n(n + 1)(n + 2).$$

Aufgabe 348   zur Lösung   Seite 434
Für welche natürlichen Zahlen a, b gilt:

$$ggT(a, b) = 10 \text{ und } kgV(a, b) = 240 \ ?$$

Aufgabe 349   zur Lösung   Seite 434
Man bestimme den größten gemeinsamen Teiler von 37026 und 5016 auf zweierlei Weisen.

Aufgabe 350   zur Lösung   Seite 435
Man bestimme alle Paare $(a, b) \in \mathbb{N} \times \mathbb{N}$ mit $a \leq b$,

deren kgV um 10 größer ist als ihr ggT.

Aufgabe 351   zur Lösung   Seite 435
Für alle natürlichen Zahlen a, b gilt:

Sind a, b teilerfremd, so sind auch $a \cdot b, a + b$ teilerfremd.

Aufgabe 352   zur Lösung   Seite 435
Für alle natürlichen Zahlen m, n gilt:

$$ggT\Big(kgV(m, n), m + n\Big) = ggT(m, n).$$

Aufgabe 353   zur Lösung   Seite 436
a) Man bestimme alle Paare (m, n) natürlicher Zahlen

    mit $m + n = 300$ und $kgV(m, n) = 360$.

b) Zu natürlichen Zahlen s, k gibt es höchstens ein Paar (m, n) natürlicher Zahlen

    mit $m \leq n$ und $m + n = s$ und $kgV(m, n) = k$.

Hinweis: Aufgabe 352

Aufgabe 354   zur Lösung   Seite 437
Für jede natürliche Zahl n gilt: $ggT\big(n^3 - n^2 + 1, \; 2n^2 + 2n - 1\big) = 1$.

Hinweis: Man zeige

    a) Ist p ein gemeinsamer Primteiler der beiden Zahlen, so ist $p = 5$.

    b) 5 ist kein gemeinsamer Teiler der beiden Zahlen.

    (Durch Fallunterscheidung nach der Restklasse von $n \mod 5$.)

Aufgabe 355   zur Lösung   Seite 437
Man bestimme alle natürlichen Zahlen a, b, welche die Bedingung

$$\Big(kgV(a, b)\Big)^2 - \Big(ggT(a, b)\Big)^2 = 875$$

erfüllen.

Aufgabe 356   zur Lösung   Seite 438
Für jedes $n \in \mathbb{N}$ bestimme man das $kgV(6n + 4, 8n + 6)$.

Aufgabe 357   zur Lösung   Seite 439
Welchen Rest lässt $13^{16} - 2^{54} \cdot 5^{15}$ bei Division durch 21?

Aufgabe 358   zur Lösung   Seite 439
Für jede ganze Zahl a gilt: $a^{22} \equiv a^2 \mod 100$.

Aufgabe 359   zur Lösung   Seite 440
Seien a, b, c aufeinanderfolgende natürliche Zahlen.

Man zeige:

$$\text{Aus } a^2 + b^2 + c^2 \equiv 0 \mod 7 \text{ folgt } (a + b + c)^2 \equiv 1 \mod 7.$$

Gilt hiervon auch die Umkehrung?

Aufgabe 360   zur Lösung   Seite 440
Man bestimme alle $x \in \mathbb{Z}$, für die

$$x \equiv 2 \mod 4,$$
$$x \equiv 4 \mod 6$$
$$\text{und} \quad x \equiv 6 \mod 8.$$

gilt.

Aufgabe 361   zur Lösung   Seite 441
Für welche $x \in \mathbb{Z}$ gilt

$$x^2 + 15x + 29 \equiv 0 \mod 35 ?$$

Aufgabe 362   zur Lösung   Seite 442
a) Man zeige:

$$\forall a, b, c \in \mathbb{N} \, \exists x, y, z \in \mathbb{Z} : \, ggT(a, b, c) = xa + yb + zc$$

b) Für $a = 35, \quad b = 77, \quad c = 55$ gebe man solche x, y, z konkret an.

Aufgabe 363   zur Lösung   Seite 443
Man stelle den größten gemeinsamen Teiler von 90 und 231 als Vielfachsumme dieser beiden Zahlen dar.

Aufgabe 364   zur Lösung   Seite 443
Für alle natürlichen Zahlen a, b gilt

$$\tau(a \cdot b) \le \tau(a) \cdot \tau(b).$$

[$\tau(a) :=$ die Anzahl der Teiler von a (in $\mathbb{N}$).]

Aufgabe 365   zur Lösung   Seite 443
Sei $n \in \mathbb{N}_{\ge 2}$. Wie groß ist das arithmetische Mittel aller zu n teilerfremden Zahlen zwischen 1 und n?

Aufgabe 366   zur Lösung   Seite 444
Ist n teilerfremd zu 10, so teilt n mindestens eine der Zahlen 4, 44, 444,..., 444...4 (wobei die letzte Zahl n-stellig sei).

Aufgabe 367   zur Lösung   Seite 444
a) Mit welcher Ziffer endet die Zahl 3^{119}?

b) Welchen Rest lässt 3^{119} bei Division durch 7?

Aufgabe 368   zur Lösung   Seite 444
Für alle pythagoräischen Tripel (a, b, c) gilt:

$$(a + b + c)\big| a \cdot b.$$

Aufgabe 369   zur Lösung   Seite 445
Ein zerstreuter Kassierer verwechselt bei der Auszahlung eines Schecks den Euro- und den Cent-Betrag. Der erfreute unehrliche Kunde kauft sich eine Schachtel Streichhölzer für 3 Cent und stellt fest, dass er immer noch viermal so viel Geld hat, wie ihm eigentlich zustand.

Aus welchen Betrag war der Scheck ausgestellt?

Aufgabe 370   zur Lösung   Seite 445
Es sollen 50 m Bordsteinkante gesetzt werden, und zwar mit Steinen der Länge 70 cm bzw. 85 cm.

Wie viele Steine von jeder Sorte muss man nehmen, wenn die Anzahl der Fugen minimal sein soll?

Aufgabe 371   zur Lösung   Seite 445
Weiße und schwarze Kugeln, insgesamt 1000, sollen auf zwei Urnen so verteilt werden, dass das Verhältnis der Anzahl der weißen Kugeln zu der Anzahl der schwarzen Kugeln in der ersten Urne $\dfrac{9}{10}$ und in der zweiten $\dfrac{8}{25}$ beträgt.

Welche Möglichkeiten der Verteilung gibt es?

Aufgabe 372   zur Lösung   Seite 445
In einer Imbiss-Bude werden nur Bier, Apfelsaft und Frikadellen verkauft.

An jedem Bier verdient der Betreiber 0,41 EURO, an jedem Apfelsaft 0,20 EURO.

Die Frikadellen sollen Kunden anlocken; bei jeder setzt der Betreiber 0,13 EURO zu. Nach einer Stunde hat er 40 Getränke verkauft und 10,00 EURO Gewinn gemacht.

Wie viele Frikadellen könnte er verkauft haben?

Aufgabe 373   zur Lösung   Seite 446
Auf der Insel Phantadion wird alles in Erdnüssen bezahlt.

3 Melonen und 4 Bananen sind so viel wert wie 13 Apfelsinen und 400 Erdnüsse.

20 Apfelsinen und 5 Bananen sind so viel wert wie eine Melone und 200 Erdnüsse.

Wie viele Erdnüsse muss man für eine Melone geben?

Aufgabe 374   zur Lösung   Seite 446
Drei Eskimos besitzen zusammen 21 Hunde und 76 Robbenfelle.

Die Hunde sind alle gleichwertig, ebenso die Felle,

und 12 Hunde sind ebenso viel wert wie 19 Felle.

Einer von den dreien möchte sich selbstständig machen.

a) Kann man ihm, ohne Hunde oder Felle zu zerschneiden,
   ein Drittel des Besitzes übergeben, und wenn ja, wie?

b) Können sich dann die beiden anderen auch ohne Schneiden gleichwertig trennen?

Aufgabe 375   zur Lösung   Seite 446
Ein Einzelhändler kauft Fischdosen von drei Sorten,

und zwar x Dosen zu 1,80 €,

              y Dosen zu 1,50 €

und   z Dosen zu 1,10 € das Stück.

Zusammen bezahlt er 90,70 €.

Überrascht stellt er fest, dass

              x Dosen zu 1,50 €,

              y Dosen zu 1,10 €

und   z Dosen zu 1,80 €

zusammen genau dasselbe gekostet hätten.

Wie viele Dosen hat er von den einzelnen Sorten gekauft?

Aufgabe 376   zur Lösung   Seite 446
In einem Terrarium befinden sich Spinnen, Ameisen und Eidechsen.

Köpfe und Beine gibt es insgesamt 500. Spinnen und Eidechsen gibt es insgesamt 9.

Wie viele Spinnen, wie viele Ameisen und wie viele Eidechsen befinden sich in dem Terrarium?

[Bekanntlich haben Spinnen 8, Ameisen 6 und Eidechsen 4 Beine.]

Aufgabe 377   zur Lösung   Seite 446
Man zeige: Für jede Primzahl p und jede natürliche Zahl n

gilt:

$$\varphi\left(p^n\right) + \sigma\left(p^n\right) \geq 2p^n .$$

Dabei ist $\sigma\left(m\right)$ die Summe der natürlichen Teiler von $m \in \mathbb{N}$.

Aufgabe 378   zur Lösung   Seite 447
a) Die Summe zweier Stammbrüche mit teilerfremden Nennern ist kein Stammbruch.

b) Man gebe unendlich viele Paare $\left(m, n\right)$ von natürlichen Zahlen an, für die

$m \neq n$ und $\dfrac{1}{m} + \dfrac{1}{n}$ ein Stammbruch ist.

[Stammbrüche nennt man die Zahlen $\dfrac{1}{n}$ mit $n \in \mathbb{N}$.]

Aufgabe 379   zur Lösung   Seite 447
Für welche Paare $\left(k, l\right)$ von natürlichen Zahlen gilt

$$\frac{1}{k} - \frac{1}{l} = \frac{1}{15} \ ?$$

Aufgabe 380   zur Lösung   Seite 448
Es gibt genau eine natürliche Zahl n derart, dass $\dfrac{1}{7} + \dfrac{1}{n}$

ein Stammbruch ist.

18. Wahrscheinlichkeitsrechnung

Ein **endlicher Wahrscheinlichkeitsraum** ist ein Paar (Ω, W), wobei Ω eine endliche Menge und W eine Abbildung von Ω nach $\mathbb{R}$ ist, so dass gilt:

$$\forall \omega \in \Omega : 0 \leq W(\omega) \leq 1 \text{ und } \sum_{\omega \in \Omega} W(\omega) = 1.$$

Die Elemente von Ω heißen **Elementarereignisse**.

Die Teilmengen von Ω heißen **Ereignisse**.

Ist E ein Ereignis, so heißt $\overline{E} = \Omega \backslash E$ das **Gegenereignis** zu E.

Die Wahrscheinlichkeit von E ist $W(E) = \sum_{\omega \in E} W(\omega)$.

(Ω, W) heißt **laplacesch**, wenn $\exists c \in \mathbb{R} \, \forall \omega \in \Omega : W(\omega) = c$.

In einem laplaceschen Wahrscheinlichkeitraum (Ω, W) gilt für alle $E \subseteq \Omega$:

$$W(E) = \frac{\text{Anzahl der günstigen Fälle}}{\text{Anzahl aller möglichen Fälle}} = \frac{|E|}{|\Omega|}.$$

Additionssatz

Seien A, B Ereignisse in einem endlichen Wahrscheinlichkeitsraum (Ω, W).

Dann gilt $W(A \cup B) = W(A) + W(B) - W(A \cap B)$.

Übersicht über die Anzahl der Möglichkeiten bei Urnenexperimenten

	mit Zurücklegen	ohne Zurücklegen
Reihenfolge ist wichtig	k-Tupel mit Wiederholungen n^k	k-Tupel ohne Wiederholungen $\dfrac{n!}{(n-k)!}$

S. Rollnik, *Übungsbuch fürs erfolgreiche Staatsexamen in der Mathematik*, https://doi.org/10.1007/978-3-662-65507-8_18

Reihenfolge ist unwichtig	$n-1$-elementige Teilmenge einer $n+k-1$-elementigen Menge $$\binom{n+k-1}{n-1}$$	k-elementige Teilmenge einer n-elementigen Menge $$\binom{n}{k}$$

Satz von der totalen Wahrscheinlichkeit

Sei $\left(\Omega, W\right)$ ein endlicher Wahrscheinlichkeitsraum und sei $\Omega = \bigcup\limits_{i=1}^{n} A_i$ eine

Partition.

Sei $B \subseteq \Omega$. Dann ist

$$W\left(B\right) = \sum_{i=1}^{n} W\left(A_i\right) \cdot W\left(B\,|\,A_i\right).$$

Satz von Bayes

Sei $\Omega = \bigcup\limits_{i=1}^{n} A_i$.

Dann ist $W\left(A_i\,|\,B\right) = \dfrac{W\left(A_i\right) \cdot W\left(B\,|\,A_i\right)}{\sum_{i=1}^{n} W\left(A_i\right) \cdot W\left(B\,|\,A_i\right)}.$

Zwei Ereignisse A, B heißen **unabhängig**, wenn

$$W\left(A \cap B\right) = W\left(A\right) \cdot W\left(B\right).$$

Eine Abbildung $X : \Omega \to \mathbb{R}$ heißt **Zufallsvariable**.

Sei X eine Zufallsvariable, die die Werte $\alpha_1, \ldots, \alpha_k$ annimmt.

Seien $A_1, \ldots, A_k$ die durch $\left\{\omega \in \Omega \,\middle|\, X\left(\omega\right) = \alpha_i\right\}$ festgelegten Mengen A_i.

Dann heißt eine Liste, in der jedem α_i der Wert $W\left(A_i\right)$ zugeordnet wird,

die **Wahrscheinlichkeitsverteilung** der Zufallsvariablen X.

$E\left(X\right) = \sum\limits_{i=1}^{k} W\left(\omega_i\right) \cdot X\left(\omega_i\right)$ heißt der **Erwartungswert** von X.

$$V(X) = E\left((X - E(x))^2 \right) \text{ heißt die } \textbf{Varianz} \text{ von } X \text{ und } \sqrt{V(X)} \text{ heißt die}$$

Streuung oder **Standardabweichung** von X, kurz $\sigma(X)$.

Aufgabe 381   zur Lösung   Seite 449
Es wird mit zwei Würfeln gewürfelt.
Wie groß ist die Wahrscheinlichkeit dafür, eine Augensumme ≤ 8 zu erhalten?

Aufgabe 382   zur Lösung   Seite 449
Ein Spieler würfelt (mit einem Würfel) nach eigenem Belieben einmal oder zweimal. Die Entscheidung darüber trifft er nach dem ersten Wurf.

Aus einer Urne, in der 3 rote und 3 schwarze Kugeln liegen,
zieht er dann so viele Kugeln, wie er Würfe gemacht hat.

Gelingt es ihm, dabei keine schwarze Kugel zu greifen,
so wird ihm die Augensumme seiner (ein oder zwei) Würfe
als Punktzahl gutgeschrieben; andernfalls kriegt er 0 Punkte.

a) Wie sollte sich der Spieler verhalten, um im Mittel möglichst viele Punkte zu machen?
b) Wie groß ist bei diesem optimalen Verhalten der Erwartungswert?

Aufgabe 383   zur Lösung   Seite 451
Aus einem Skatspiel (32 Karten mit den Werten
7, 8, 9, 10, Bube, Dame, König, Ass in 4 Farben)
erhält ein Spieler 2 Asse zugeteilt. Aus den restlichen,
verdeckt hingelegten Karten greift er 3 weitere Karten heraus.

Ist die Wahrscheinlichkeit dafür, dass er nun alle 4 Asse hat,
kleiner als die Wahrscheinlichkeit dafür, dass er nun einen „Full House" hat,
das heißt 3 wertgleiche und 2 andere wertgleiche Karten?

Aufgabe 384   zur Lösung   Seite 452
Ein Käfer krabbelt auf den Kanten eines Würfels von Ecke zu Ecke.

An jeder Ecke setzt er seinen Weg beliebig in einer der drei möglichen Richtungen fort.

Wie groß ist die Wahrscheinlichkeit dafür, dass er sich nach dem Durchlaufenvon genau 5 Kanten in der Ecke befindet, die seiner Ausgangsecke räumlich gegenüberliegt?

Aufgabe 385   zur Lösung   Seite 453
Unter 10 Glühbirnen sind 4 unbrauchbar. Es werden 4 von den Glühbirnen geprüft.

Mit welcher Wahrscheinlichkeit erhält man dabei

a) lauter brauchbare,

b) mindestens eine brauchbare,

c) 2 brauchbare und 2 unbrauchbare?

Aufgabe 386   zur Lösung   Seite 454
Aus einem Skatspiel (32 Karten mit den Werten $7, 8, 9, 10$, Bube, Dame, König, Ass in vier Farben) erhält Spieler A zwölf Karten und die Spieler B und C erhalten je zehn Karten.

Spieler A hat in seinem Blatt Herz Ass, Bube, 10, 7.

Wie groß ist die Wahrscheinlichkeit,

dass die restlichen vier Herz-Karten so verteilt sind, dass

a) jeder der Spieler B, C zwei von ihnen hat,

b) einer der Spieler B, C genau drei Herz-Karten, und darunter König und Dame hat?

Aufgabe 387   zur Lösung   Seite 454
Auf einem Tisch liegen drei mit 0, 1, 2 beschriftete Kästen mit Zigarren.

Im ersten Kasten liegen 2 Zigarren, und zwar eine dunkle und eine helle,

im zweiten Kasten liegen $n + 1$ Zigarren, eine dunkle und n helle,

und im dritten $n + 4$ Zigarren, eine dunkle und $n + 3$ helle.

Ein Raucher wählt in zufälliger Weise eine Seite aus einem Buch

mit genau 300 Seiten und bestimmt dann den Rest der gewählten Seitennummer bei Division durch 3. Dann greift er aus dem Kasten,

der mit diesem Rest beschriftet ist, blindlings eine Zigarre heraus.

Man gebe für dieses Experiment einen Wahrscheinlichkeitsraum (Ω, W)
an und bestimme die natürlichen Zahlen n, für die die Wahrscheinlichkeit,
eine dunkle Zigarre zu greifen, genau $\dfrac{1}{3}$ wird.

Aufgabe 388   zur Lösung   Seite 455
In einer Urne liegen weiße Kugeln und schwarze Kugeln, zusammen 50 Stück. Die
Wahrscheinlichkeit, dass bei gleichzeitigem Herausgreifen
von zwei Kugeln beide Kugeln weiß sind, sei größer als $\dfrac{1}{2}$.
Wie viele weiße Kugeln liegen mindestens in der Urne?

Aufgabe 389   zur Lösung   Seite 455
Herr Schulz stellt nach der Ziehung der ersten drei Lottozahlen (im 6 aus 49-Lotto)
fest, dass er alle drei gezogenen Zahlen richtig angekreuzt hat.

In diesem Augenblick geht sein Fernsehapparat kaputt, so dass er über die restlichen
drei Lottozahlen zunächst nichts erfahren kann.

Hoffnungsvoll rechnet er sich stattdessen die Wahrscheinlichkeit aus, mindestens 5
Richtige zu haben.

Aufgabe 390   zur Lösung   Seite 455
a) In zwei Urnen befinden sich Kugeln, die weiß oder schwarz sind.

   In der ersten Urne sind gleichviel weiße wie schwarze Kugeln,

   und in der zweiten Urne ist die Verteilung beliebig.

   Jemand zieht zunächst aus der ersten Urne eine beliebige Kugel

   und dann aus der zweiten.

   Wie groß ist die Wahrscheinlichkeit dafür,

   dass er zwei verschiedenfarbige Kugeln gezogen hat?

b) In sechs Urnen befinden sich Kugeln,

   die weiß oder schwarz sind, und zwar in folgenden Verteilungen:

   (3 weiße, 3 schwarze), (4 weiße, 4 schwarze), (8 weiße, 2 schwarze),

   (7 weiße, 5 schwarze), (5 weiße, 5 schwarze), (6 weiße, 6 schwarze).

   Jemand zieht aus zwei willkürlich gewählten Urnen je eine Kugel.

Wie groß ist die Wahrscheinlichkeit dafür,

dass er zwei verschiedenfarbige Kugeln gezogen hat?

Aufgabe 391   zur Lösung   Seite 456
a) In drei Urnen befinden sich jeweils 6 Kärtchen mit den Zahlen

   von 1 bis 6. (In jeder Urne kommt also jeder der Zahlen von 1 bis 6

   genau einmal vor.)

   Jemand zieht der Reihe nach aus jeder Urne ein Kärtchen.

Wie groß ist die Wahrscheinlichkeit dafür,

dass die gezogene Folge aus drei Zahlen streng monoton wachsend ist?

b) Dasselbe allgemein für n anstelle von 6.

Aufgabe 392   zur Lösung   Seite 457
Aus den Ziffern 1, 2 wird eine 5-stellige Zahl wahllos gebildet.

Wie groß ist die Wahrscheinlichkeit dafür, dass diese Zahl

   a) durch 2,   b) durch 3,   c) durch 4,   d) durch 6

teilbar ist?

Aufgabe 393   zur Lösung   Seite 457
Herr Klardreyer und sein Nachbar, Herr Blindfierer,

kommen von einer gemeinsamen Zechtour nach Hause.

Jeder von ihnen hat einen Schlüsselbund mit 10 Schlüsseln,

von denen genau 2 zur jeweiligen Haustür passen.

Bei Herrn Klardreyer reicht die Konzentrationsfähigkeit nur noch dazu aus,

bis zu drei Schlüssel nacheinander auszuprobieren,

wobei er aber Schlüssel, die er schon ausprobiert hat, ausscheidet.

Herr Blindfierer dagegen kann sich keine Schlüssel mehr merken,

schafft es aber noch, bis zu vier Schlüssel nacheinander auszuprobieren

(wobei es vorkommen kann, dass er Schlüssel mehrfach ausprobiert).

Welcher von beiden hat die größere Chance, seine Haustür zu öffnen?

Aufgabe 394   zur Lösung   Seite 458

20 Karten, und zwar 2 rote, 2 schwarze und 16 weiße,

werden wahllos an zwei Spieler verteilt, so dass jeder 10 Karten bekommt.

Wie groß ist die Wahrscheinlichkeit dafür, dass jeder der beiden Spieler genau eine rote oder genau eine schwarze Karte bekommen hat?

[Beim Skat genügt es zum Gewinn eines Grands in Vorhand oft,

dass die beiden gegnerischen Buben verteilt sind

oder die ausstehende 10 einer Fünfer-Farbe mit As blank sitzt.

Die Aufgabe untersucht diese Situation.]

Aufgabe 395   zur Lösung   Seite 458

Zwei Würfel sollen (anders als üblich) auf allen Seiten nur mit 1, 2 oder 3 Augen markiert werden, und zwar so, dass die Wahrscheinlichkeit, bei einmaligem Werfen dieser beiden Würfel die Augensumme 3 zu bekommen, $\frac{5}{18}$ ist, und die Wahrscheinlichkeit für die Augensumme 5 auch $\frac{5}{18}$ ist.

Man gebe eine Möglichkeit dafür an.

Aufgabe 396   zur Lösung   Seite 458

Neun Karten liegen gemischt und verdeckt auf dem Tisch. Die Karten sind mit den Zahlen 1, 2,..., 9 so beschriftet, dass auf jeder Karte genau eine Zahl steht und dass jede der Zahlen 1, 2,..., 9 genau einmal vorkommt.

In einer Urne liegen 6 schwarze und 3 weiße Kugeln.

Eine der Karten wird gezogen, und dann werden aus der Urne so viele Kugeln herausgenommen, wie die Zahl auf der gezogenen Karte angibt.

Wie groß ist die Wahrscheinlichkeit, dass man nur schwarze Kugeln bekommt?

Aufgabe 397   zur Lösung   Seite 459

6 Personen stellen fest, dass sie alle im Juni Geburtstag haben.

Man zeige:

Die Wahrscheinlichkeit dafür, dass mindestens zwei von ihnen

am selben Tag Geburtstag haben ist größer als $\dfrac{1}{3}$.

<u>Aufgabe 398</u>   zur Lösung   Seite 459
In einer Urne liegen weiße und schwarze Kugeln,

zusammen zwischen 50 und 80 Stück, und zwar mehr weiße als schwarze.

Die Wahrscheinlichkeit dafür, bei gleichzeitigem Herausgreifen

von zwei Kugeln zwei verschiedenfarbige Kugeln zu bekommen, ist $\dfrac{1}{2}$.

Wie viele weiße und wie viele schwarze Kugeln sind in der Urne?

<u>Aufgabe 399</u>   zur Lösung   Seite 459
Zwei Maschinen produzieren Stahlkugeln.

Dabei ist 3 % der Tagesproduktion der ersten Maschine

und 8 % der Tagesproduktion der zweiten Maschine Ausschuss.

60 % der defekten Kugeln der gesamten Tagesproduktion

der beiden Maschinen stammen von der ersten Maschine.

Wie viel Prozent der Tagesproduktion stammt von der ersten Maschine?
Wie viel Prozent der Tagesproduktion ist Ausschuss?

<u>Aufgabe 400</u>   zur Lösung   Seite 460
Seien k , n natürliche Zahlen mit $k \leq n$.

Ein Stapel von n Karten, die mit den Zahlen von 1 bis n durchnummeriert sind, wird gemischt.

a) Wie groß ist die Wahrscheinlichkeit dafür, dass die Nummern der ersten k
    Karten monoton wachsen?

b) Sei jetzt $k < n$.
    Wie groß ist die Wahrscheinlichkeit dafür, dass die Nummern der ersten k Karten
    monoton wachsen, aber die Nummer der $(k + 1)$-ten Karte kleiner ist als die der
    k-ten Karte?

Aufgabe 401 zur Lösung Seite 460
In der Herstellung eines Typoskripts von 200 Seiten waren drei Angestellte eines Schreibbüros beteiligt: Frau Wenig hat 40 Seiten, Frau Mittel 60 Seiten und Frau Viel 100 Seiten getippt.

Aus Erfahrung weiß man, dass bei Frau Wenig durchschnittlich jede dritte Seite nicht fehlerfrei ist, bei Frau Mittel jede zweite und bei Frau Viel jede fünfte. Der Autor der Vorlage erfreute sich an einer fehlerfreien Seite
und bedankt sich für diese bei Frau Viel.

Wie groß ist die Wahrscheinlichkeit dafür, dass Frau Viel diese Seite tatsächlich geschrieben hat?

Aufgabe 402 zur Lösung Seite 460
In einer Urne liegen weiße und schwarze Kugeln, und zwar ebenso viele weiße wie schwarze. Die Wahrscheinlichkeit, bei gleichzeitigem Herausgreifen von zwei Kugeln zwei verschiedenfarbige Kugeln zu erhalten, liegt echt zwischen 0,52 und 0,523.

Wie viele Kugeln befinden sich in der Urne?

Aufgabe 403 zur Lösung Seite 461
Bei den letzten Wahlen entfielen 30 Prozent der Stimmen auf die Fortschrittspartei, 60 Prozent auf die Gerechtigkeitspartei und 10 Prozent auf die Aktionsliste.

Jungwähler waren bei der Fortschrittspartei $\frac{2}{100}$ ihrer Wähler,

bei der Gerechtigkeitspartei $\frac{1}{100}$ ihrer Wähler und bei der Aktionsliste $\frac{15}{100}$ ihrer Wähler. Man hat einen Jungwähler vor sich.

Wie groß ist die Wahrscheinlichkeit dafür, dass er die Aktionsliste gewählt hat?

Aufgabe 404 zur Lösung Seite 461
In einem Regal stehen 5 Bücher nebeneinander.
Jemand entleiht die 5 Bücher und stellt sie später wieder wahllos zurück.

Wie groß ist die Wahrscheinlichkeit dafür, dass die Bücher durch Umstellen von genau einem Buch (und eventuelles Verschieben von Büchern) wieder in die ursprüngliche Ordnung zurückgebracht werden können?

Aufgabe 405   zur Lösung   Seite 461
Sei n eine natürliche Zahl ≥ 3.

n Karten, die mit den Zahlen $1,...,n$ durchnummeriert sind, werden gemischt und dann als Stapel auf den Tisch gelegt. Die Wahrscheinlichkeit dafür, dass von den obersten drei Karten genau zwei benachbarte Zahlen tragen, ist $\dfrac{3}{5}$.

Wie groß könnte n sein?

Aufgabe 406   zur Lösung   Seite 462
Beim Würfelspiel „Hohe Hausnummer" geht es darum,

durch zweimaliges Würfeln mit einem Würfel

eine möglichst hohe zweistellige Zahl zu erzielen:

Nach dem ersten Wurf bestimmt der Spieler,

ob die gefallene Augenzahl die Einerziffer oder die Zehnerziffer sein soll;

die im zweiten Wurf fallende Augenzahl gibt dann die andere Ziffer.

Wie sollte sich der Spieler verhalten,

um eine möglichst hohe „Hausnummer" zu bekommen,

und wie groß ist der Erwartungswert für die Hausnummer bei diesem Verhalten?

Aufgabe 407   zur Lösung   Seite 462
Auf einer Buslinie gibt es 12 Haltestellen, Anfangs- und Endstation nicht mitgerechnet. An jeder der ersten sechs Haltestellen will mit der Wahrscheinlichkeit 0,8 ein Fahrgast einsteigen und mit der Wahrscheinlichkeit 0,4 ein Fahrgast aussteigen.

Bei den weiteren sechs Haltestellen sind die Wahrscheinlichkeiten für das Einsteigen stets 0,4 und für das Aussteigen 0,8.

a) Mit welcher Wahrscheinlichkeit muss der Bus an einer beliebig
     gewählten Haltestelle anhalten?
b) Mit welcher Wahrscheinlichkeit muss der Bus bei einer Fahrt von der
     Anfangs- bis zur Endstation an genau 10 Haltestellen anhalten?

Aufgabe 408   zur Lösung   Seite 462
Fünf rote und fünf schwarze Spielkarten werden gemischt;

danach erhalten zwei Spieler je vier der Karten.

E_1 sei das Ereignis: „Der erste Spieler erhält zwei rote und zwei schwarze Karten".

E_2 sei das entsprechende Ereignis für den zweiten Spieler.

Sind die beiden Ereignisse voneinander unabhängig?

Aufgabe 409   zur Lösung   Seite 462
Sechs Karten mit den Nummern 1 bis 6 werden gemischt und auf einen Stapel gelegt.

Von diesem Stapel wird ein Teil-Stapel abgehoben, der aus so vielen Karten besteht, wie die Nummer der obersten Karte angibt.

Wie groß ist die Wahrscheinlichkeit dafür, dass die Nummern der Karten des abgehobenen Teil-Stapels monoton steigen oder monoton fallen?

Aufgabe 410   zur Lösung   Seite 463
Bei einem Abendessen setzen sich k Ehepaare in zufälliger Anordnung

um einen runden Tisch mit $2k$ Stühlen.

Mit welcher Wahrscheinlichkeit treten folgende Ereignisse ein?

a) Keine Frau sitzt neben einer Frau.

b) Ehepartner sitzen stets nebeneinander.

c) Keine Frau sitzt neben einer Frau, und Ehepartner sitzen stets nebeneinander.

d) Alle Männer sitzen nebeneinander.

e) Ehepartner sitzen sich stets gegenüber.

Aufgabe 411   zur Lösung   Seite 463
Drei Spieler A, B, C möchten sehr gern Schach spielen;

aber natürlich muss einer von ihnen ausscheiden.

Sie legen zwei weiße und einen schwarzen Bauern in einen Beutel und planen, nacheinander je einen dieser Bauern zu ziehen.

Wer den schwarzen erwischt, scheidet aus.

Nachdem A freudig seinen gezogenen weißen Bauern zeigt

und die Reihe an B kommt, beklagt sich dieser:

„A schied nur mit der Wahrscheinlichkeit $\dfrac{1}{3}$ aus,

ich aber jetzt mit der Wahrscheinlichkeit $\dfrac{1}{2}$.

A soll seinen Bauern zurücklegen,

damit auch für mich die Wahrscheinlichkeit auszuscheiden $\dfrac{1}{3}$ ist

(und demzufolge dann auch für C)."

Man analysiere das geplante Losverfahren sowie das von B vorgeschlagene.

Aufgabe 412   zur Lösung   Seite 464
Auf der 0 der Zahlengeraden $\mathbb{Z}$ sitzt ein Männchen. Jede Sekunde hüpft es mit der

Wahrscheinlichkeit $\dfrac{1}{2}$ auf die linke bzw. rechte Nachbarzahl.

a) Wie groß ist die Wahrscheinlichkeit dafür,

   dass es nach $2n$ Sekunden wieder auf der 0 gelandet ist?

b) Man zeige, dass für wachsende n die Wahrscheinlichkeit aus a) monoton fällt.

Aufgabe 413   zur Lösung   Seite 464
(Ein Toto-Problem)
Zwei Personen schreiben unabhängig voneinander und zufällig je ein 11-Tupel aus

genau 7 Nullen, 3 Einsen und einer Zwei auf.

Wie groß ist die Wahrscheinlichkeit dafür,

dass ihre beiden Tupel an mindestens 9 Stellen übereinstimmen?

Aufgabe 414   zur Lösung   Seite 465
Sei (Ω, W) ein endlicher Wahrscheinlichkeitsraum,

und sei $X : \Omega \to \mathbb{R}$ eine Zufallsvariable mit Wertemenge $\{x_1, \ldots, x_n\}$.

a) Man gebe die Definition des Erwartungswertes $E(X)$ und der Varianz $V(X)$ an
und

   zeige $V(X) = E(X^2) - \big(E(X)\big)^2$.

b) Die Zufallsvariable X habe folgende Verteilung

x_i	1	2	3	4	5	6	7
$(X = x_i)$	0,05	0,1	0,15	0,4	0,25	0,04	0,01

Man berechne $E(X)$ und $V(X)$.

Aufgabe 415   zur Lösung   Seite 466
Aus einer Urne mit 4 schwarzen und 6 weißen Kugeln

werden 3 Kugeln mit einem Griff gezogen.

Sei X die Zufallsvariable, welche die Anzahl der gezogenen schwarzen Kugeln

angibt.

Man berechne für X die Verteilung, den Erwartungswert,

die Varianz und die Standardabweichung.

19. Geometrie

Grundlage sind die Axiome der euklidischen Geometrie.

Sei $\mathfrak{P}$ eine Menge, deren Objekte wir Punkte nennen. Sei $\mathfrak{G}$ eine Menge von Teilmengen von $\mathfrak{P}$. Die Elemente von $\mathfrak{G}$ heißen Geraden. Sei I eine Inzidenzstruktur.

Wir bezeichnen mit Groß- und Geraden mit Kleinbuchstaben.

Mit AB bezeichnen wir die Strecke von A nach B.

Mit $|AB|$ bezeichnen wir die Länge der Strecke AB.

Mit $\overline{AB}$ bezeichnen wir die Verbindungsgerade von A und B.

Satz des Thales

Sei ABC ein echtes Dreieck und M der Mittelpunkt von AB.

Dann ist $|MA| = |MC|$ genau dann, wenn ABC rechtwinklig ist.

Der Kreis um M durch A heißt dann der **Thaleskreis** über AB.

Sehnenregel

Das Mittellot jeder Sehne an einem Kreis geht durch seinen Mittelpunkt.

Haus der Vierecke

Ein echtes Viereck $ABCD$ heißt

- **Parallelogramm**, wenn $\overline{AB} \parallel \overline{CD}$ und $\overline{BC} \parallel \overline{AD}$.

- **Raute**, wenn $|AB| = |BC| = |CD| = |DA|$.

- **Rechteck**, wenn $\overline{AB} \perp \overline{BC} \perp \overline{CD} \perp \overline{DA}$.

- **Quadrat**, wenn es Rechteck und Raute ist.

- **symmetrisches Trapez**, wenn AB und CD dasselbe Mittellot haben.

- **symmetrischer Drachen**, wenn $\overline{AC}$ Mittellot von BD ist.

- **Trapez**, wenn $\overline{AB} \parallel \overline{CD}$.

- **Drachen**, wenn $\overline{AC}$ durch den Mittelpunkt von BD geht.

Besondere Linien im Dreieck

Sei ABC ein echtes Dreieck, seien K, L, M die Seitenmitten von AB, BC, CD.

© Der/die Autor(en), exklusiv lizenziert an
Springer-Verlag GmbH, DE, ein Teil von Springer Nature 2022
S. Rollnik, *Übungsbuch fürs erfolgreiche Staatsexamen in der Mathematik*, https://doi.org/10.1007/978-3-662-65507-8_19

Konventionell bezeichnen wir $a := |BC|, b := |AC|, c := |AB|$.

m heißt **Mittellot** von AB, wenn $m \perp \overline{AB}$ und der Mittelpunkt von AB auf m liegt.

Seien a, b Geraden und $a \nparallel b$. Sei S der Schnittpunkt von a und b.

Eine Gerade w heißt **Winkelhalbierende** von (a, b), wenn es $A \in a$, $B \in b$ gibt, so dass w Mittellot von AB ist.

Das Lot von einem Punkt auf die gegenüberliegende Seite heißt **Höhenlinie**. Sie schneidet die gegenüberliegende Seite im Höhenfußpunkt. Die Strecke von einer Ecke zum zugehörigen Höhenfußpunkt heißt **Höhe**.

Die Strecken AL, BM, CK heißen **Seitenhalbierende**.

Die Geraden $\overline{AL}, \overline{BM}, \overline{CK}$ heißen **Seitenhalbierendenlinien**.

Die Mittellote schneiden sich Umkreismittelpunkt U.

Die Winkelhalbierenden treten paarweise auf. Sie schneiden sich in vier paarweise verschiedenen Punkten, den Mittelpunkten von Berührkreisen der Geraden $\overline{AB}, \overline{BC}, \overline{CA}$.

Die Höhenlinien schneiden sich in einem Punkt H.

Die Seitenhalbierendenlinien schneiden sich im **Schwerpunkt S**.

Er teilt die Seitenhalbierenden im Verhältnis 2:1.

Die Seitenmitten und die Höhenfußpunkte liegen auf einem Kreis, dem **Feuerbachkreis**.

H, S, U liegen auf einer Geraden, der **Euler-Geraden**. S teilt HU im Verhältnis 2:1.

Eine **Bewegung** γ ist eine Permutation der Punktmenge $\mathfrak{P}$ mit folgender Eigenschaft:

$$\forall A, B \in \mathfrak{P} : \left| AB \right| = \left| A\gamma B\gamma \right|.$$

Die Menge der Bewegungen $\mathfrak{B}$ bildet mit der Hintereinanderausführung eine Gruppe, die <u>Bewegungsgruppe der euklidischen Ebene</u>.

Jede Bewegung ist Hintereinanderausführung von 2 oder 3 Geradenspiegelungen.

Im Folgenden sei ABC ein echtes Dreieck, $p = \left| H_C B \right|, q = \left| A H_C \right|$.

Satz des Pythagoras

Es gilt $\overline{AC} \perp \overline{BC} \Leftrightarrow a^2 + b^2 = c^2$.

Kathetensatz

Es gilt $\overline{AC} \perp \overline{BC} \Leftrightarrow a^2 = cp \wedge b^2 = cq$.

Höhensatz

Es gilt $\overline{AC} \perp \overline{BC} \Leftrightarrow h_c^2 = pq$.

Umfangswinkelsatz

Der Umfangswinkel über einer Kreissehne ist halb so groß wie der Mittelpunktswinkel über dieser Sehne.

Sehnen-Tangentenwinkelsatz

Die beiden Sehnen-Tangentenwinkel eines Kreises sind so groß wie die zugehörigen Umfangswinkel.

Aufgabe 416   zur Lösung   Seite 467

a)   Lässt sich ein Dreieck mit den Seitenlängen 3 cm, 10 cm, 12 cm zeichnen? (Wenn ja, warum?)

b)   Wenn ja, so kann man ein zweites Dreieck zeichnen, dessen Seiten so lang sind wie die Höhen des ersten?

Aufgabe 417   zur Lösung   Seite 468

Man beweise (z. B. durch Betrachtung ähnlicher Dreiecke) für rechtwinklige Dreiecke den Kathetensatz: $a^2 = cp$, dann mit dem Kathetensatz den Satz des Pythagoras $a^2 + b^2 = c^2$, und schließlich mit dem Kathetensatz und dem Satz des Pythagoras den Höhensatz $h^2 = pq$.

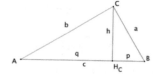

(Zeichnung erstellt mit GeoGebra)

Aufgabe 418   zur Lösung   Seite 468

In jeder euklidischen Ebene $(\mathfrak{P}, \mathfrak{G}, I, \perp, \mathfrak{B})$ gilt:

Die Mittelsenkrechten eines Dreiecks mit nichtkollinearen
Ecken schneiden sich in einem Punkt.

Aufgabe 419   zur Lösung   Seite 469
Von einem Dreieck (Bezeichnungen wie in der Figur)
seien die Länge der Seite c, der Winkel α und die Summe
der Längen der beiden Seiten a, b bekannt.

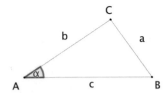

Man konstruiere das Dreieck mit Zirkel und Lineal.
(Zeichnung erstellt mit GeoGebra)

Aufgabe 420   zur Lösung   Seite 469
An den inneren von zwei konzentrischen Kreisen sei eine Tangente
gelegt. Die Strecke vom Berührpunkt dieser Tangente bis zu einem
ihrer Schnittpunkte mit dem äußeren Kreis habe die Länge s.

Wie groß ist die Fläche des Ringes zwischen den Kreisen?

Aufgabe 421   zur Lösung   Seite 469
Um eine zylindrische Säule von 2 m Umfang und 5 m Höhe wird schraubenlinig
eine Girlande gelegt, die sich in 6 Windungen von unten nach oben windet (und
zwar so, dass ihr Endpunkt genau über ihrem Anfangspunkt liegt). Wie lang ist sie?

Aufgabe 422   zur Lösung   Seite 470
Der Schnittpunkt zweier Seitenhalbierenden eines Dreiecks
teilt die Seitenhalbierenden im Verhältnis 2 : 1.

Hinweis: Es darf folgender Hilfssatz benutzt werden:
Sei ABC ein echtes Dreieck und $\overline{LM}$ Mittelparallele in ABC mit $\overline{LM} \parallel \overline{AB}$.
Dann ist s genau dann Seitenhalbierende von MLC durch C, wenn s
Seitenhalbierende von ABC durch C ist.

Aufgabe 423   zur Lösung   Seite 470
In einem Dreieck mit den Seitenlängen a, b, c und den Seitenhalbierenden s_a, s_b, s_c sei der Umfang $a + b + c$ mit u und die Summe $s_a + s_b + s_c$ der Seitenhalbierenden mit s bezeichnet.

Dann gilt stets: $\dfrac{3}{4}u < s < \dfrac{3}{2}u$.

Aufgabe 424   zur Lösung   Seite 471
Man beweise den Sehnen-Tangenten-Satz:

Zieht man durch einen Punkt außerhalb eines Kreises eine Sekante und eine Tangente zu dem Kreis, so gilt:

Das Produkt der Abstände des Punktes von den beiden Schnittpunkten der Sekante mit dem Kreis ist gleich dem Quadrat des Abstandes des Punktes vom Berührungspunkt der Tangente.

[Hinweis: Die Behauptung $\left| PA \right| \cdot \left| PB \right| = \left| PT \right|^2$ lässt sich auch in der Form $\dfrac{\left| PA \right|}{\left| PT \right|} = \dfrac{\left| PT \right|}{\left| PB \right|}$ schreiben.]

(Zeichnung erstellt mit GeoGebra)

Aufgabe 425   zur Lösung   Seite 472
Sei $\left(\mathfrak{P}, \mathfrak{G}, I, \perp, \mathfrak{B} \right)$ eine euklidische Ebene.

Man zeige: Jede Bewegung lässt sich entweder als Produkt von 2 Geradenspiegelungen oder als Produkt von 3 Geradenspiegelungen darstellen.

Aufgabe 426   zur Lösung   Seite 472
Für jede Gleitspiegelung einer euklidische Ebene $\left(\mathfrak{P}, \mathfrak{G}, I, \perp, \mathfrak{B}\right)$ gilt:

Die Mittelpunkte von Punkt und Bildpunkt bei der Gleitspiegelung liegen immer auf der Achse der Gleitspiegelung.

Aufgabe 427   zur Lösung   Seite 472
Seien K_1, K_2 zwei Kreise, die sich in genau zwei verschiedenen Punkten A, B schneiden.

Sei a eine Gerade durch A, die jeden der beiden Kreise in zwei verschiedenen Punkten schneidet, und zwar K_1 in A, A_1 und K_2 in A, A_2.

Entsprechend sei b eine Gerade durch B, die jeden der beiden Kreise in zwei verschiedenen Punkten schneidet, und zwar K_1 in B, B_1 und K_2 in B, B_2.

Dabei seien $a, b \neq \overline{AB}$, und es sei $A_1 \neq B_1$ und $A_2 \neq B_2$.

Man zeige: Dann ist $\overline{A_1 B_1}$ parallel zu $\overline{A_2 B_2}$.

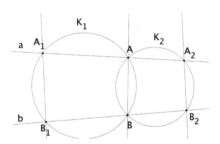

(Zeichnung erstellt mit GeoGebra)

Aufgabe 428   zur Lösung   Seite 473
Der Schnittpunkt einer Winkelhalbierenden eines Dreiecks mit der gegenüberliegenden Dreiecks-Seite teilt diese Dreiecks-Seite im Verhältnis der Längen der an den Abschnitten

liegenden anderen Dreiecks-Seiten (Satz von Apollonius).

In der Figur gilt also

$$\frac{\left| A\,S \right|}{\left| S\,B \right|} = \frac{\left| A\,C \right|}{\left| C\,B \right|}.$$

[Hinweis: Eine geeignete Parallele ziehen.]

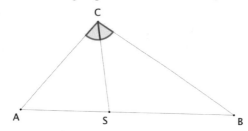

(Zeichnung erstellt mit GeoGebra)

Aufgabe 429   zur Lösung   Seite 473

In einem gleichschenkligen Trapez sei s die Länge der beiden Schenkel,

a, b seien die Längen der beiden (parallelen) Grundseiten,

und d sei die Länge der beiden Diagonalen.

Man zeige: $d^2 = s^2 + ab$.

Aufgabe 430   zur Lösung   Seite 473

Im Inneren eines Parallelogramms $ABCD$ sei ein Punkt P gegeben.

Man zeige:

Die Summe der Flächeninhalte der Dreiecke ABP, CDP

ist gleich der Summe der Flächeninhalte der Dreiecke BCP, DAP.

Aufgabe 431   zur Lösung   Seite 473

Einem Kreis vom Radius 1 ist ein regelmäßiges Achteck einbeschrieben.

Man berechne die Längen der Seiten sowie der drei Arten von Diagonalen und summiere dann die quadrierten Längen sämtlicher Seiten und Diagonalen des Achtecks.

Aufgabe 432   zur Lösung   Seite 476

Welche Parallelogramme haben

    a) einen Umkreis (d. h. einen Kreis, der durch alle vier Ecken geht) ?

    b) einen Inkreis (d. h. einen Kreis, der alle vier Seiten berührt) ?

c) sowohl einen Umkreis als auch einen Inkreis ?

Aufgabe 433   zur Lösung   Seite 476
Seien A, B, C drei Punkte, die nicht auf einer Geraden liegen,

und für die $AC \equiv BC$ gilt.

Sei A_1 ein Punkt zwischen A, C

(das soll heißen: Ein Punkt auf der Verbindungsgeraden von A, C,

der zwischen A, C liegt und $\neq A$, C ist),

sei B_1 ein Punkt zwischen B, C

und B_2 ein Punkt zwischen B_1, C.

Dabei gelte:

$$AB \equiv AB_1 \equiv A_1B_1 \equiv A_1B_2 \equiv CB_2 \, .$$

(Es sind also insgesamt 5 gleichschenklige Dreiecke gegeben.)

Wie groß ist dann der Winkel bei C?

Aufgabe 434   zur Lösung   Seite 477
Gegeben sei der kleinere Abschnitt $p = 3$ cm des Goldenen Schnitts

der Strecke $p + q$. Man bestimme q konstruktiv und rechnerisch.

Aufgabe 435   zur Lösung   Seite 478
Von einem Dreieck sind (in der üblichen Bezeichnungsweise) gegeben:

$$c = 7 \text{ cm}, a - b = 3 \text{ cm}, \beta = 35° \, .$$

Man konstruiere das Dreieck

(mit Konstruktionsbeschreibung und Begründung.)

Aufgabe 436   zur Lösung   Seite 478
Man zeige für jedes spitzwinklige Dreieck:

Das Produkt der Längen der beiden Abschnitte, in die eine Höhe des Dreiecks

durch den Höhenschnittpunkt zerlegt wird, ist für jede der dreien Höhen gleich.

[Hinweis: Ähnliche Dreiecke.]

Aufgabe 437   zur Lösung   Seite 478
Das Schustermesser des Archimedes.

Zeigen Sie:

Die schwarze, von drei Halbkreisen berandete Fläche, das so genannte Schustermesser,

hat denselben Flächeninhalt wie die schwarze Kreisfläche.

Aufgabe 438   zur Lösung   Seite 479
Sei $ABCD$ ein Trapez, ABD rechtwinklig und $X \in \overline{AC}$.

a) Man zeige:

   X ist Mittelpunkt von $AC \Rightarrow |XB| = |XD|$.

b) Gilt auch die Umkehrung von a)?

Aufgabe 439   zur Lösung   Seite 479
Sei $ABCD$ ein Drachen, M Mittelpunkt von AB und N Mittelpunkt von CD.

   Man zeige:

   Dann ist auch $AMCN$ ein Drachen.

Aufgabe 440   zur Lösung   Seite 479
Von einem echten Dreieck der Zeichenebene sind gegeben:

Die Punkte A und C, die Länge der Höhe von C aus,
die Länge der Seitenhalbierenden von A aus.

Man rekonstruiere das Dreieck mit Zirkel und Lineal.

Teil IV - Lösungen zu weiterführenden Themen

20. Lösungen zu „Reelle Zahlen"

Lösung zu Aufgabe 201   zur Aufgabe   Seite 230

a) Seien $x, y \in \mathbb{R}$.

Dann gilt

$$x^2 - x + \frac{1}{4} + y^2 - y + \frac{1}{4} + x^2 y^2 + \frac{1}{2}$$

$$= \underbrace{\left(x - \frac{1}{2}\right)^2}_{\geq 0} + \underbrace{\left(y - \frac{1}{2}\right)^2}_{\geq 0} + \underbrace{x^2 y^2}_{\geq 0} + \frac{1}{2}$$

$$> 0.$$

b) Seien $x, y \in \mathbb{R}$ und sei o.B.d.A. $y > x$.

Nach a) gilt:

$$x^2 - x + \frac{1}{4} + y^2 - y + \frac{1}{4} + x^2 y^2 + \frac{1}{2} > 0.$$

$$x^2 - x + \frac{1}{4} + y^2 - y + \frac{1}{4} + x^2 y^2 + \frac{1}{2} > 0$$

$$\Rightarrow x^2 - x + y^2 - y + x^2 y^2 + 1 > 0.$$

Weiter gilt $y - x > 0$.

Also ist

$$(y - x) \cdot (x^2 - x + y^2 - y + x^2 y^2 + 1) > 0$$

$$\Rightarrow y x^2 - x^3 - x y + x^2 + y^3 - x y^2 - y^2 + x y + x^2 y^3 - x^3 y^2 + y - x > 0$$

$$\Rightarrow y + y^3 + y x^2 + y^3 x^2 + 1 + x^2 - x - y^2 x - x^3 - x^3 y^2 - \left(1 + y^2\right) > 0$$

$$\Rightarrow y \cdot \left(1 + x^2\right) \cdot \left(1 + y^2\right) + 1 + x^2 - x \cdot \left(1 + x^2\right) \cdot \left(1 + y^2\right) - \left(1 + y^2\right) > 0$$

$$\Rightarrow y + \frac{1}{1 + y^2} - x - \frac{1}{1 + x^2} > 0$$

$$\Rightarrow f(y) - f(x) > 0.$$

Also ist f streng monoton steigend und somit injektiv.

© Der/die Autor(en), exklusiv lizenziert an
Springer-Verlag GmbH, DE, ein Teil von Springer Nature 2022
S. Rollnik, *Übungsbuch fürs erfolgreiche Staatsexamen in der Mathematik*, https://doi.org/10.1007/978-3-662-65507-8_20

Alternative:

Seien $x, y \in \mathbb{R}$ mit $f(x) = f(y)$.

Dann gilt $x + \dfrac{1}{1+x^2} = y + \dfrac{1}{1+y^2}$.

$x + \dfrac{1}{1+x^2} = y + \dfrac{1}{1+y^2}$

$\Rightarrow x(1+x^2)(1+y^2) + (1+y^2) = y(1+x^2)(1+y^2) + (1+x^2)$

$\Rightarrow x + xy^2 + x^3 + x^3y^2 + 1 + y^2 = y + y^3 + x^2y + x^2y^3 + 1 + x^2$

$\Rightarrow x^3 - x^2 + xy^2 + x^3y^2 + x = y^3 - y^2 + x^2y + x^2y^3 + y$

$\Rightarrow x\left(x^2 - x + \dfrac{1}{4} + y^2 - y + \dfrac{1}{4} + x^2y^2 + \dfrac{1}{2}\right) = y\left(x^2 - x + \dfrac{1}{4} + y^2 - y + \dfrac{1}{4} + x^2y^2 + \dfrac{1}{2}\right)$

$\overset{a)}{\Rightarrow} x = y$.

Lösung zu Aufgabe 202   zur Aufgabe   Seite 230

Sei $(x_0, y_0) \in \mathbb{N} \times \mathbb{N}$ eine Lösung der Gleichung $\dfrac{xy}{x+y} = a$.

Dann ist $(ax_0, ay_0) \in \mathbb{N} \times \mathbb{N}$ eine Lösung der Gleichung $\dfrac{xy}{x+y} = a^2$, denn

$$\frac{ax_0\, ay_0}{ax_0 + ay_0} = \frac{a^2 x_0 y_0}{a(x_0 + y_0)}$$
$$= a\,\frac{x_0 y_0}{x_0 + y_0}$$
$$= a \cdot a$$
$$= a^2.$$

Es ist leicht einzusehen, dass die Abbildung

$$f : \mathbb{N} \times \mathbb{N} \to \mathbb{N} \times \mathbb{N}$$
$$(x_0, y_0) \mapsto (ax_0, ay_0)$$

injektiv ist.

Sind also $(x_0, y_0), (x_1, y_1) \in \mathbb{N} \times \mathbb{N}$ verschiedene Lösungen der Gleichung $\dfrac{xy}{x+y} = a$, dann sind $(ax_0, ay_0), (ax_1, ay_1) \in \mathbb{N} \times \mathbb{N}$ auch verschiedene Lösungen der Gleichung $\dfrac{xy}{x+y} = a^2$.

Also hat die Gleichung $\dfrac{xy}{x+y} = a^2$ mindestens so viele Lösungen aus $\mathbb{N} \times \mathbb{N}$ wie die Gleichung $\dfrac{xy}{x+y} = a$.

Lösung zu Aufgabe 203   zur Aufgabe   Seite 230

Es ist $0 \leq (a-b)^2$, also $2ab \leq a^2 + b^2$.

$$2ab \leq a^2 + b^2 \Rightarrow 2a^2b^2 \leq a^3b + ab^3$$
$$\Rightarrow 4a^2b^2 \leq 2a^3b + 2ab^3. \qquad (*)$$

Weiter gilt $2a^2b^2 \leq a^4 + b^4$. $\quad (**)$

Mit (*) und (**) folgt $6a^2b^2 \leq a^4 + 2a^3b + 2ab^3 + b^4$.
Somit ist

$$9a^2b^2 \leq a^4 + 2a^3b + 2ab^3 + b^4 + 3a^2b^2$$
$$= \left(a^2 + ab + b^2\right)^2.$$
$$9a^2b^2 \leq \left(a^2 + ab + b^2\right)^2 \Rightarrow \frac{3}{a^2 + ab + b^2} \leq \frac{1}{3}\frac{a^2 + ab + b^2}{a^2b^2}$$
$$= \frac{1}{3}\left(\frac{1}{a^2} + \frac{1}{ab} + \frac{1}{b^2}\right).$$

Lösung zu Aufgabe 204   zur Aufgabe   Seite 230

Seien $(a, b) \in \mathbb{R}$.

Es gilt $(a-b)^2 \geq 0$ und $(ab-1)^2 \geq 0$.

Es folgt $a^2 - 2ab + b^2 + a^2b^2 - 2ab + 1 \geq 0$ und somit $a^2b^2 + a^2 + b^2 + 1 \geq 4ab$.

Lösung zu Aufgabe 205   zur Aufgabe   Seite 231

Seien $a, b, c \in \mathbb{R}_{\geq 0}$.

Es gilt $a^2 + b^2 \geq 2ab$, und $a^2 + c^2 \geq 2ac$, sowie $b^2 + c^2 \geq 2bc$.

Da jede der Zahlen a, b, c nichtnegativ ist, schließen wir

$$a^2 + b^2 \geq 2ab \Rightarrow a^2c + b^2c \geq 2abc,$$
$$a^2 + c^2 \geq 2ac \Rightarrow a^2b + bc^2 \geq 2abc, \quad a,b,c \geq 0 \text{ gilt:}$$
$$b^2 + c^2 \geq 2bc \Rightarrow ab^2 + ac^2 \geq 2abc.$$

Die Addition der Ungleichungen liefert
$$a^2(b+c) + b^2(a+c) + c^2(a+b) \geq 6abc.$$

Lösung zu Aufgabe 206 zur Aufgabe   Seite 231

Seien a, b zwei reelle Zahlen mit $a < b$.

Dann ist $b - a > 0$, und man findet ein $n \in \mathbb{N}$ mit $n(b-a) > 1$.

Mit $n(b-a) > 1$ folgt $na + 1 < nb$.

Ist na eine rationale Zahl, dann ist auch $na + 1$ rational und $na < na + 1 < nb$.

Hiermit folgt $a < \dfrac{na+1}{n} < b$, und $\dfrac{na+1}{n}$ ist rational.

Ist na irrational, dann liegt aber zwischen na und $na + 1$ eine natürliche Zahl, sie heiße m.

Nun gilt $na < m < na + 1 < nb$.

Hiermit folgt $a < \dfrac{m}{n} < b$, und $\dfrac{m}{n}$ ist rational.

Lösung zu Aufgabe 207 zur Aufgabe   Seite 231

Es ist $0,\overline{23} = \dfrac{23}{99}$.

Begründung: Es ist $100 \cdot 0,\overline{23} = 23,\overline{23}$, also $99 \cdot 0,\overline{23} = 23$.

Daraus ergibt sich $0,\overline{23} = \dfrac{23}{99}$.

Alternative:

$$0,\overline{23} = 23 \cdot \sum_{i=1}^{\infty} \left(\frac{1}{100}\right)^i$$

$$= 23 \cdot \left(\frac{1}{1 - \frac{1}{100}} - 1\right)$$

$$= \frac{23}{99}.$$

Lösung zu Aufgabe 208   zur Aufgabe   Seite 231

Seien $a, b, c, a', b', c' \in \mathbb{R}_{>0}$ mit $\dfrac{a}{a'} \leq \dfrac{b}{b'} \leq \dfrac{c}{c'}$ gegeben.

Dann gilt

    i) $ab' \leq a'b$,

    ii) $ac' \leq a'c$,

    iii) $bc' \leq b'c$.

Mit i) und ii) folgt $ab' + ac' \leq a'b + a'c$.

$$ab' + ac' \leq a'b + a'c \Rightarrow aa' + ab' + ac' \leq aa' + a'b + a'c$$
$$\Rightarrow a(a' + b' + c') \leq a'(a + b + c)$$
$$\Rightarrow \frac{a}{a'} \leq \frac{a + b + c}{a' + b' + c'}.$$

Mit ii) und iii) folgt $ac' + bc' \leq a'c + b'c$.

$$ac' + bc' \leq a'c + b'c \Rightarrow ac' + bc' + cc' \leq a'c + b'c + cc'$$
$$\Rightarrow c'(a + b + c) \leq c(a' + b' + c')$$
$$\Rightarrow \frac{a + b + c}{a' + b' + c'} \leq \frac{c}{c'}.$$

Lösung zu Aufgabe 209   zur Aufgabe   Seite 231

Wir zeigen beide Inklusionen.

„$\Rightarrow$" Sei $(a, b) \in \left\{ (a, b) \,\middle|\, a, b \in \mathbb{R}, a \neq 1, a^2 + b^2 = 1 \right\}$.

Dann gilt $-1 \leq a < 1$ und $-1 \leq b < 1$.

Es ist also $\dfrac{1 + a}{1 - a} \geq 0$.

Wähle $t = \sqrt{\dfrac{1 + a}{1 - a}}$, falls $b \geq 0$.

Anderenfalls wähle $t = -\sqrt{\dfrac{1 + a}{1 - a}}$.

Dann gilt

$$\frac{t^2 - 1}{t^2 + 1} = \frac{\dfrac{1 + a}{1 - a} - 1}{\dfrac{1 + a}{1 - a} + 1}$$

$$= \frac{\left(\dfrac{2a}{1-a}\right)}{\left(\dfrac{2}{1-a}\right)}$$

$$= a \,.$$

Weiter gilt, falls $b \geq 0$

$$\frac{2t}{t^2+1} = \frac{2\sqrt{\dfrac{1+a}{1-a}}}{\dfrac{1+a}{1-a}+1}$$

$$= \frac{2\sqrt{\dfrac{1+a}{1-a}}}{\dfrac{2}{1-a}}$$

$$= (1-a)\sqrt{\frac{1+a}{1-a}}$$

$$= \sqrt{1-a^2}$$

$$= \sqrt{b^2}$$

$$= b \,.$$

Falls $b < 0$, gilt

$$\frac{2t}{t^2+1} = -\sqrt{b^2}$$

$$= -|b|$$

$$= b \,.$$

Also ist $(a,b) \in \left\{\dfrac{t^2-1}{t^2+1}, \dfrac{2t}{t^2+1} \,\Big|\, \in \mathbb{R}\right\}.$

„⇐" Sei $(x,y) \in \left\{\dfrac{t^2-1}{t^2+1}, \dfrac{2t}{t^2+1} \,\Big|\, \in \mathbb{R}\right\}.$

Dann findet man $t \in \mathbb{R}$ mit $x = \dfrac{t^2-1}{t^2+1}, y = \dfrac{2t}{t^2+1}.$

Nun ist

$$x^2 + y^2 = \left(\frac{t^2-1}{t^2+1}\right)^2 + \left(\frac{2t}{t^2+1}\right)^2$$

$$= \frac{t^4 - 2t^2 + 1 + 4t^2}{t^4 + 2t^2 + 1}$$

$$= 1.$$

Weiter ist $x \neq 1$.

Also $(x,y) \in \left\{ (a,b) \,\middle|\, a,b \in \mathbb{R}, a \neq 1, a^2 + b^2 = 1 \right\}$.

<u>Lösung zu Aufgabe 210</u>   zur Aufgabe   Seite 231

Seien $a, b \in \mathbb{R}$.

„$\Rightarrow$" Es gelte $\left| a+b \right| = \left| a \right| + \left| b \right|$.

Dann sind beide Zahlen a, b positiv oder beide negativ.

Dann folgt aber auch $a \cdot b \geq 0$.

„$\Leftarrow$" Sei $a \cdot b \geq 0$.

Dann gilt $a \geq 0 \wedge b \geq 0$ oder $a \leq 0 \wedge b \leq 0$.

1. Fall: $a \geq 0 \wedge b \geq 0$.

Dann ist $\left| a+b \right| = a+b = \left| a \right| + \left| b \right|$.

2. Fall: $a \leq 0 \wedge b \leq 0$.

Dann ist $\left| a+b \right| = -(a+b) = (-a) + (-b) = \left| a \right| + \left| b \right|$.

<u>Lösung zu Aufgabe 211</u>   zur Aufgabe   Seite 231

Behauptung: $\sqrt{x-1} + \sqrt{x} = \sqrt{x+1} \Leftrightarrow x = \sqrt{\dfrac{4}{3}}$.

Beweis: Es ist $D = \mathbb{R}_{\geq 1} \cap \mathbb{R}_{\geq 0} \cap \mathbb{R}_{\geq -1} = \mathbb{R}_{\geq 1}$.

Sei $x \in D$. Dann gilt

$$\sqrt{x-1} + \sqrt{x} = \sqrt{x+1}$$
$$\Leftrightarrow x - 1 + 2\sqrt{x-1}\sqrt{x} + x = x + 1$$
$$\Leftrightarrow 2\sqrt{x-1}\sqrt{x} = 2 - x.$$

Wir machen an dieser Stelle eine Fallunterscheidung.

In der Ausgangsgleichung waren beide Seiten positiv. Dann ist das Quadrieren eine Äquivalenzumformung.In der letzten Gleichung ist das Quadrieren nicht unbedingt eine Äquivalenzumformung. Die linke Seite ist nämlich positiv. Ob die rechte Seite positiv ist, hängt von x ab.

1. Fall: $x \geq 2$.

Dann besitzt die Gleichung keine Lösung.

Also ist $L_1 = \emptyset$.

2. Fall: $1 \leq x < 2$.

Dann ist

$$
\begin{aligned}
2\sqrt{x-1}\sqrt{x} = 2 - x &\Leftrightarrow 4(x-1)x = 4 - 4x + x^2 \\
&\Leftrightarrow 4x^2 - 4x = 4 - 4x + x^2 \\
&\Leftrightarrow 3x^2 = 4 \\
&\Leftrightarrow x^2 = \frac{3}{4} \\
&\Leftrightarrow x = \sqrt{\frac{3}{4}}. \quad (*)
\end{aligned}
$$

(*) Die Gleichung $x^2 = \dfrac{3}{4}$ besitzt auch noch die Lösung

$x = -\sqrt{\dfrac{3}{4}}$.

Diese liegt aber nicht im betrachten Bereich $1 \leq x < 2$.

Es ist $L_2 = \left\{ \sqrt{\dfrac{3}{4}} \right\}$.

Insgesamt ist $L = L_1 \cup L_2 = \left\{ \sqrt{\dfrac{3}{4}} \right\}$.

Lösung zu Aufgabe 212 <u>   zur Aufgabe   Seite 232</u>

Behauptung: $\left| x - 3 \right|^2 + \left| x - 4 \right| = 1 \Leftrightarrow x = 3 \vee x = 4$.

Beweis: $\left|x-3\right|^2 + \left|x-4\right| = 1 \Leftrightarrow (x-3)^2 + \left|x-4\right| = 1.$

1. Fall: $x \geq 4.$

Dann gilt

$$\begin{aligned}\left|x-3\right|^2 + \left|x-4\right| = 1 &\Leftrightarrow (x-3)^2 + \left|x-4\right| = 1 \\ &\Leftrightarrow (x-3)^2 + x - 4 = 1 \\ &\Leftrightarrow x^2 - 5x + 4 = 0 \\ &\Leftrightarrow (x-4)(x-1) = 0 \\ &\Leftrightarrow x = 4 \vee x = 1.\end{aligned}$$

Da 1 außerhalb des betrachteten Bereichs liegt, ist $L_1 = \{4\}$.

2. Fall: $x < 4.$

Dann gilt

$$\begin{aligned}\left|x-3\right|^2 + \left|x-4\right| = 1 &\Leftrightarrow (x-3)^2 + \left|x-4\right| = 1 \\ &\Leftrightarrow (x-3)^2 + 4 - x = 1 \\ &\Leftrightarrow x^2 - 7x + 12 = 0 \\ &\Leftrightarrow (x-4)(x-3) = 0 \\ &\Leftrightarrow x = 3 \vee x = 4.\end{aligned}$$

Da 4 außerhalb des betrachteten Bereichs liegt, ist $L_2 = \{3\}$.

Insgesamt folgt $\left|x-3\right|^2 + \left|x-4\right| = 1 \Leftrightarrow x = 3 \vee x = 4.$

Lösung zu Aufgabe 213   zur Aufgabe   Seite 232

Behauptung: $\sqrt{x^2 + 1} \leq \sqrt{\left|x-1\right|} \Leftrightarrow -1 \leq x \leq 0.$

Beweis: Der Definitionsbereich ist hier nicht eingeschränkt.

1. Fall: $x \geq 1.$

Dann gilt

$$\sqrt{x^2 + 1} \le \sqrt{\left|x - 1\right|} \Leftrightarrow \sqrt{x^2 + 1} \le \sqrt{x - 1}$$

$$\Leftrightarrow x^2 + 1 \le x - 1$$

$$\Leftrightarrow x^2 - x + \frac{1}{4} \le -\frac{7}{4}$$

$$\Leftrightarrow \left(x - \frac{1}{2}\right)^2 \le -\frac{7}{4}.$$

Die letzte Ungleichung ist offensichtlich falsch.

Also ist $L_1 = \varnothing$.

2. Fall: $x < 1$.

Dann gilt

$$\sqrt{x^2 + 1} \le \sqrt{\left|x - 1\right|} \Leftrightarrow \sqrt{x^2 + 1} \le \sqrt{1 - x}$$

$$\Leftrightarrow x^2 + 1 \le 1 - x$$

$$\Leftrightarrow x^2 + x + \frac{1}{4} \le \frac{1}{4}$$

$$\Leftrightarrow \left(x + \frac{1}{2}\right)^2 \le \frac{1}{2}$$

$$\Leftrightarrow -1 \le x \le 0.$$

$$L_2 = \left\{x \in \mathbb{R} \mid -1 \le x \le 0\right\}.$$

Insgesamt ist $L = L_1 \cup L_2 = \left\{x \in \mathbb{R} \mid -1 \le x \le 0\right\}$.

Lösung zu Aufgabe 214   zur Aufgabe   Seite 232

Behauptung; $\left|4x^2 - 2x\right| \le 2x + 3 \Leftrightarrow -\frac{1}{2} \le x \le \frac{3}{2}$.

Beweis: Der Definitionsbereich ist die Menge der reellen Zahlen.

Vorüberlegung:

$$4x^2 - 2x \geq 0 \Leftrightarrow x\left(x - \frac{1}{2}\right) \geq 0$$

$$\Leftrightarrow x \leq 0 \vee x \geq \frac{1}{2}.$$

1. Fall: $x \leq 0$.

Dann gilt $4x^2 - 2x \geq 0$.

$$\left| 4x^2 - 2x \right| \leq 2x + 3 \Leftrightarrow 4x^2 - 2x \leq 2x + 3$$

$$\Leftrightarrow 4x^2 - 4x \leq 3$$

$$\Leftrightarrow x^2 - x + \frac{1}{4} \leq 1$$

$$\Leftrightarrow \left(x - \frac{1}{2}\right)^2 \leq 1$$

$$\Leftrightarrow -\frac{1}{2} \leq x \leq \frac{3}{2}.$$

$$L_1 = \left\{x \in \mathbb{R} \mid -\frac{1}{2} \leq x \leq \frac{3}{2}\right\} \cap \left\{x \in \mathbb{R} \mid x \leq 0\right\}$$

$$= \left\{x \in \mathbb{R} \mid -\frac{1}{2} \leq x \leq 0\right\}.$$

2. Fall: $x > 0$.

2.1. Fall: $0 < x < \frac{1}{2}$.

Dann ist $4x^2 - 2x < 0$.

$$\left| 4x^2 - 2x \right| \leq 2x + 3 \Leftrightarrow 2x - 4x^2 \leq 2x + 3$$

$$\Leftrightarrow 4x^2 \geq -3.$$

Diese Ungleichung ist offensichtlich wahr.

$$L_2 = \left\{x \in \mathbb{R} \mid 0 < x < \frac{1}{2}\right\}.$$

2.2. Fall: $x \geq \dfrac{1}{2}$.

Dann ist $4x^2 - 2x \geq 0$.

Wie im 1. Fall schließen wir

$$\left| 4x^2 - 2x \right| \leq 2x + 3 \Leftrightarrow -\frac{1}{2} \leq x \leq \frac{3}{2}.$$

$$L_3 = \left\{ x \in \mathbb{R} \,\Big|\, -\frac{1}{2} \leq x \leq \frac{3}{2} \right\} \cap \mathbb{R}_{\geq \frac{1}{2}}$$

$$= \left\{ x \in \mathbb{R} \,\Big|\, \frac{1}{2} \leq x \leq \frac{3}{2} \right\}.$$

Insgesamt folgt $L = L_1 \cup L_2 \cup L_3 = \left\{ x \in \mathbb{R} \,\Big|\, -\frac{1}{2} \leq x \leq \frac{3}{2} \right\}.$

Lösung zu Aufgabe 215   zur Aufgabe   Seite 232
Behauptung: $\left| x^2 + x \right| = \left| x^2 - x \right| \Leftrightarrow x = 0.$

Beweis:

Vorüberlegung: $x^2 + x = x(x+1)$, also

$x^2 + x \geq 0 \Leftrightarrow x \leq -1 \vee x \geq 0.$

$x^2 - x = x(x-1)$, also $x^2 - x \geq 0 \Leftrightarrow x \leq 0 \vee x \geq 1.$

1. Fall: $x \leq -1$.

Dann ist

$$\left| x^2 + x \right| = \left| x^2 - x \right| \Leftrightarrow x^2 + x = x^2 - x$$

$$\Leftrightarrow x = 0.$$

Da 0 nicht im betrachteten Bereich liegt, ist in diesem Fall die Lösungsmenge leer.

$L_1 = \varnothing$.

2. Fall: $x > -1$.

2.1. Fall: $-1 < x \leq 0$.

Dann ist

$$\left| x^2 + x \right| = \left| x^2 - x \right| \Leftrightarrow - \left(x^2 + x \right) = x^2 - x$$
$$\Leftrightarrow 2x^2 = 0$$
$$\Leftrightarrow x = 0.$$

$$L_2 = \left\{ 0 \right\}.$$

2.2. Fall: $x > 0$.

2.2.1. Fall: $0 < x \leq 1$.

Dann ist

$$\left| x^2 + x \right| = \left| x^2 - x \right| \Leftrightarrow x^2 + x = - \left(x^2 - x \right)$$
$$\Leftrightarrow 2x^2 + 2x = 0$$
$$\Leftrightarrow x = 0 \vee x = -1.$$

Da weder -1 noch 0 im betrachten Bereich liegen, ist in diesem Fall die Lösungsmenge leer.

$$L_3 = \varnothing.$$

2.2.2. Fall: $x > 1$.

Dann ist

$$\left| x^2 + x \right| = \left| x^2 - x \right| \Leftrightarrow x^2 + x = x^2 - x$$
$$\Leftrightarrow 2x = 0$$
$$\Leftrightarrow x = 0.$$

In diesem Fall ist die Lösungsmenge also auch leer.

$$L_4 = \varnothing.$$

Insgesamt ist $L = \bigcup_{i=1}^{4} L_i = \left\{ 0 \right\}.$

Lösung zu Aufgabe 216   zur Aufgabe   Seite 232

Behauptung: $\dfrac{1}{x+1} + \dfrac{2}{x+2} > 2 \Leftrightarrow -2 < x < -\dfrac{3}{2} \vee -1 < x < 0.$

Beweis: Sei $x \in \mathbb{R}\backslash\{-1, -2\}$.

1. Fall: $x < -2 \vee x > -1$.
Dann gilt

$$\frac{1}{x+1} + \frac{2}{x+2} > 2$$
$$\Leftrightarrow x + 2 + 2(x+1) > 2(x+1)(x+2)$$
$$\Leftrightarrow 3x + 4 > 2x^2 + 6x + 4$$
$$\Leftrightarrow x\left(x + \frac{3}{2}\right) < 0$$
$$\Leftrightarrow -\frac{3}{2} < x < 0.$$

$$L_1 =$$
$$\left\{x \in \mathbb{R} \;\middle|\; -\frac{3}{2} < x < 0\right\}$$
$$\cap\left(\left\{x \in \mathbb{R} \;\middle|\; x < -2\right\} \cup \left\{x \in \mathbb{R} \;\middle|\; x > -1\right\}\right)$$
$$= \varnothing.$$

2. Fall: $-2 < x < -1$.
Dann gilt

$$\frac{1}{x+1} + \frac{2}{x+2} > 2$$
$$\Leftrightarrow x + 2 + 2(x+1) < 2(x+1)(x+2)$$
$$\Leftrightarrow 3x + 4 < 2x^2 + 6x + 4$$
$$\Leftrightarrow x\left(x + \frac{3}{2}\right) > 0$$
$$\Leftrightarrow x < -\frac{3}{2} \vee x > 0.$$

$$L_2 = \left\{ x \in \mathbb{R} \,\middle|\, -2 << x < -1 \right\}$$

$$\cap \left(\left\{ x \in \mathbb{R} \,\middle|\, x < -\frac{3}{2} \right\} \cup \left\{ x \in \mathbb{R} \,\middle|\, x > 0 \right\} \right)$$

$$= \left\{ x \in \mathbb{R} \,\middle|\, -2 < x < -\frac{3}{2} \right\}.$$

Insgesamt ist

$$L = L_1 \cup L_2 = \left\{ x \in \mathbb{R} \,\middle|\, -2 < x < -\frac{3}{2} \vee -1 < x < 0 \right\}.$$

Lösung zu Aufgabe 217   zur Aufgabe   Seite 232
Behauptung:

$$\sqrt{1-x} - \sqrt{x^2 + 2x + 1} = 1 \Leftrightarrow x = \frac{-5 + \sqrt{13}}{2} \vee x = \frac{-1 - \sqrt{5}}{2}.$$

Beweis: Der Definitionsbereich ist $\mathbb{R}_{\leq 1}$.

Sei also $x \in \mathbb{R}_{\leq 1}$.

1. Fall: $x \geq -1$.

Dann gilt

$$\sqrt{1-x} - \sqrt{x^2 + 2x + 1} = 1$$

$$\Leftrightarrow \sqrt{1-x} - |x+1| = 1$$

$$\Leftrightarrow \sqrt{1-x} = 2 + x$$

$$\Leftrightarrow 1 - x = 4 + 4x + x^2$$

$$\Leftrightarrow x^2 + 5x + \left(\frac{5}{2}\right)^2 = \frac{13}{4}$$

$$\Leftrightarrow \left(x + \frac{5}{2}\right)^2 = \left(\frac{\sqrt{13}}{2}\right)^2$$

$$\Leftrightarrow x = \frac{-5 + \sqrt{13}}{2} \vee x = \frac{-5 - \sqrt{13}}{2}.$$

Es ist aber $\dfrac{-5 - \sqrt{13}}{2} < -1$.

Daher ist $L_1 = \left\{ \dfrac{-5 + \sqrt{13}}{2} \right\}$.

2. Fall: $x < -1$.

Dann gilt

$$\sqrt{1-x} - \sqrt{x^2 + 2x + 1} = 1$$

$$\Leftrightarrow \sqrt{1-x} - |x+1| = 1$$

$$\Leftrightarrow \sqrt{1-x} - \left(-(x+1)\right) = 1$$

$$\Leftrightarrow \sqrt{1-x} = -x$$

$$\Leftrightarrow 1 - x = x^2$$

$$\Leftrightarrow x = \dfrac{-1 - \sqrt{5}}{2} \vee x = \dfrac{-1 + \sqrt{5}}{2}.$$

Es ist aber $\dfrac{-1 + \sqrt{5}}{2} \geq -1$.

Daher ist $L_2 = \left\{ \dfrac{-1 - \sqrt{5}}{2} \right\}$.

Insgesamt ist $L = L_1 \cup L_2 = \left\{ \dfrac{-1 - \sqrt{5}}{2}, \dfrac{-5 + \sqrt{13}}{2} \right\}$.

<u>Lösung zu Aufgabe 218</u>   <u>zur Aufgabe   Seite 232</u>
Behauptung: Es gilt

$$\sqrt{x^2 + 2x} - \sqrt{x^2 + x - 1} \leq 1 \Leftrightarrow \left\{ x \in \mathbb{R} \,\middle|\, x \leq -2 \vee x \geq \dfrac{2}{3} \right\}.$$

Beweis: Es ist $x^2 + 2x \geq 0 \Leftrightarrow x \geq 0 \vee x \leq -2$.

Es ist $x^2 + x - 1 \geq 0 \Leftrightarrow x \geq \dfrac{-1 + \sqrt{5}}{2} \vee x \leq \dfrac{-1 - \sqrt{5}}{2}$.

Der Definitionsbereich ist also

$$\left\{ x \in \mathbb{R} \mid x \le -2 \right\} \cup \left\{ x \in \mathbb{R} \mid x \ge \frac{-1+\sqrt{5}}{2} \right\}.$$

1. Fall: $x \le -2.$

Dann gilt $\sqrt{x^2 + 2x} < \sqrt{x^2 + x - 1}$, also
$\sqrt{x^2 + 2x} - \sqrt{x^2 + x - 1} < 0 \le 1.$
$L_1 = \left\{ x \in \mathbb{R} \mid x \le -2 \right\}.$

2. Fall: $x \ge \dfrac{-1+\sqrt{5}}{2}.$

Dann gilt

$$\sqrt{x^2 + 2x} - \sqrt{x^2 + x - 1} \le 1$$
$$\Leftrightarrow \sqrt{x^2 + 2x} \le 1 + \sqrt{x^2 + x - 1}$$
$$\Leftrightarrow x^2 + 2x \le 1 + x^2 + x - 1 + 2\sqrt{x^2 + x - 1}$$
$$\Leftrightarrow x \le 2\sqrt{x^2 + x - 1}$$
$$\Leftrightarrow x^2 \le 4x^2 + 4x - 4$$
$$\Leftrightarrow 0 \le 3x^2 + 4x - 4$$
$$\Leftrightarrow 0 \le x^2 + \frac{4}{3}x - \frac{4}{3}$$
$$\Leftrightarrow \left(\frac{4}{3} \right)^2 \le \left(x + \frac{2}{3} \right)^2$$
$$\Leftrightarrow x \ge \frac{2}{3} \lor x \le -\frac{6}{3}.$$

$$L_2 = \left\{ x \in \mathbb{R} \mid x \ge \frac{-1+\sqrt{5}}{2} \right\}$$
$$\cap \left(\left\{ x \in \mathbb{R} \mid x \ge \frac{2}{3} \right\} \cup \left\{ x \in \mathbb{R} \mid x \le -\frac{6}{3} \right\} \right)$$
$$= \left\{ x \in \mathbb{R} \mid x \ge \frac{2}{3} \right\}.$$

$$\text{Es ist } L = L_1 \cup L_2 = \left\{ x \in \mathbb{R} \,\middle|\, x \leq -2 \vee x \geq \frac{2}{3} \right\}.$$

Lösung zu Aufgabe 219   zur Aufgabe   Seite 232

a) Behauptung: Die Aussage ist falsch, das heißt, es gibt nichtnegative reelle Zahlen a, b, c mit $a + b > c$ und $a^2 + b^2 \leq c^2$.

Beweis: Für $a = 5, b = 6, c = 10$ gilt dies.

b) Behauptung: Für alle nichtnegativen reellen Zahlen a, b, c gilt:
$$a + b > c \Rightarrow \sqrt{a} + \sqrt{b} > \sqrt{c}.$$

Beweis: Seien $a, b, c \in \mathbb{R}_{\geq 0}$.
          Es gelte $a + b > c$.

Annahme: $\sqrt{a} + \sqrt{b} \leq \sqrt{c}$.
          Dann gilt auch $\left(\sqrt{a} + \sqrt{b} \right)^2 \leq \left(\sqrt{c} \right)^2$.

$$\left(\sqrt{a} + \sqrt{b} \right)^2 \leq \left(\sqrt{c} \right)^2$$
$$\Leftrightarrow a + b + 2\sqrt{ab} \leq c,$$

im Widerspruch zur Voraussetzung.

Also ist die Annahme falsch, und somit gilt die Bahuptung.

Lösung zu Aufgabe 220   zur Aufgabe   Seite 232

Behauptung: Es gibt keine reelle Zahl x mit $\left| \left| \,|x| - x \right| - x \right| - x = -1$.

Beweis: Sei $x \in \mathbb{R}$.
          1. Fall: $x \geq 0$.
                   Dann ist

$$\left|\left|\left| |x| - x \right| - x \right| - x = \left|\left| x - x \right| - x \right| - x$$
$$= | - x | - x$$
$$= 0.$$

2. Fall: $x < 0$.

Dann ist

$$\left|\left|\left| |x| - x \right| - x \right| - x = \left|\left| -x - x \right| - x \right| - x$$
$$= | - 2x - x | - x$$
$$= | - 3x | - x$$
$$= - 4x,$$

und $-4x > 0$.

Also gilt für alle $x \in \mathbb{R} : \left|\left|\left| |x| - x \right| - x \right| - x \geq 0 > -1$.

<u>Lösung zu Aufgabe 221</u>   <u>zur Aufgabe   Seite 233</u>
Sei $n \in \mathbb{N}$.

Für $x = 0$ ist die Aussage offensichtlich wahr.

Sei $x \in \mathbb{R}_{>-1} \setminus \{0\}$.

Dann gilt $\left(\dfrac{1}{1+x} \right)^n = \left(1 + \dfrac{-x}{1+x} \right)^n$.

Es ist $x < 1 + x$ und wegen $x > -1$ ist $\dfrac{x}{1+x} < 1$ und folglich $\dfrac{-x}{1+x} > -1$.

Mit der Bernoulli-Ungleichung folgt nun $\left(1 + \dfrac{-x}{1+x} \right)^n > 1 + \dfrac{-nx}{1+x}$.

1. Fall: $x < 0$.

Dann gilt $1 > 1 + x$.

$$1 > 1 + x \Rightarrow \frac{1}{1+x} > 1$$
$$\Rightarrow \frac{-nx}{1+x} > -nx.$$

In diesem Fall gilt $\left(1 + \dfrac{-x}{1+x}\right)^n > 1 + \dfrac{-nx}{1+x} > 1 - nx$.

2. Fall: $x > 0$.

Dann gilt $1 < 1 + x$.

$$1 < 1 + x \Rightarrow \frac{1}{1+x} < 1$$
$$\Rightarrow \frac{-nx}{1+x} > -nx.$$

Auch in diesem Fall gilt $\left(1 + \dfrac{-x}{1+x}\right)^n > 1 + \dfrac{-nx}{1+x} > 1 - nx$.

Lösung zu Aufgabe 222   zur Aufgabe   Seite 233

Sei $n \geq 2$.

Dann gilt

$$\left(1 + \frac{1}{n}\right)^{n+1} < \left(1 + \frac{1}{n-1}\right)^n \Leftrightarrow \left(\frac{n+1}{n}\right)^{n+1} < \left(\frac{n}{n-1}\right)^n$$

$$\Leftrightarrow \frac{n+1}{n} < \left(\frac{\left(\frac{n}{n-1}\right)}{\left(\frac{n+1}{n}\right)}\right)^n$$

$$\Leftrightarrow \frac{n+1}{n} < \left(\frac{n^2}{n^2-1}\right)^n$$

$$\Leftrightarrow 1 + \frac{1}{n} < \left(1 + \frac{1}{n^2-1}\right)^n. \quad (*)$$

Es reicht also zu zeigen, dass die Ungleichung $(*)$ gilt.

Nach der Bernoulli-Ungleichung ist $\left(1 + \dfrac{1}{n^2-1}\right)^n > 1 + \dfrac{n}{n^2-1}$.

$$\left(1 + \frac{1}{n^2 - 1}\right)^n > 1 + \frac{n}{n^2 - 1}$$

$$> 1 + \frac{n}{n^2}$$

$$> 1 + \frac{1}{n}.$$

Also gilt (*).

<u>Lösung zu Aufgabe 223</u>   zur Aufgabe   Seite 233

Sei $a \geq 0$, sei $n \in \mathbb{N}$.

Dann gilt

$$a = \left(\sqrt[n]{a}\right)^n$$

$$= \left(1 + \sqrt[n]{a} - 1\right)^n$$

$$\geq 1 + n \cdot \left(\sqrt[n]{a} - 1\right). \qquad \text{(Bernoulli-Ungleichung)}$$

Mit $a \geq 1 + n \cdot \left(\sqrt[n]{a} - 1\right)$ folgt $n \cdot \left(\sqrt[n]{a} - 1\right) \leq a - 1$.

<u>Lösung zu Aufgabe 224</u>   zur Aufgabe   Seite 233

Sei $q \in \mathbb{Q}_{>0}$.

Dann gilt

$$q^q < (q + 1)^{q+1} \Leftrightarrow 1 < \left(\frac{q + 1}{q}\right)^q (q + 1).$$

Nun ist $q + 1 > 1$ und $\left(\frac{q + 1}{q}\right)^q > 1$, also auch $\left(\frac{q + 1}{q}\right)^q (q + 1) > 1$.

Also ist die Aussage wahr.

<u>Lösung zu Aufgabe 225</u>   zur Aufgabe   Seite 233

Sei $s := \sup \left(A \cup B\right)$.

O.B.d.A. sei $\sup A \geq \sup B$.

Dann ist s eine obere Schranke von $A \cup B$ und zu jedem $\varepsilon > 0$ findet man ein $m \in A \cup B$, so dass $s - \varepsilon < m$.

Ebenso ist $\sup A$ eine obere Schranke von $A \cup B$.

Annahme: $s \neq \sup A$.

   1. Fall: $s < \sup A$.

   Dann findet man $a \in A$ mit $s < a < \sup A$.

   Mit $a \in A \cup B$ ergibt sich ein Widerspruch zu $s = \sup (A \cup B)$.

   2. Fall: $s > \sup A$.

   Dann findet man ein $b \in A \cup B$ mit $s > b > \sup A$.

   In diesem Fall folgt $b \notin A$, also $b \in B$.

   Mit $b > \sup A$ folgt $\sup B > \sup A$.

   Also ergibt sich ein Widerspruch zu $\sup A \geq \sup B$.

Somit ist die Annahme falsch, und es gilt $s = \sup A = \max \{ \sup A, \sup B \}$.

Lösung zu Aufgabe 226   zur Aufgabe   Seite 233

Nein, das muss nicht gelten.

Für $A = \{1,3,5\}$ und $B = \{2,3,6\}$ sind A, B nichtleere, beschränkte Teilmengen von $\mathbb{R}$.

Es gilt $A \cap B = \{3\} \neq \emptyset$ und

$\sup (A \cap B) = 3 \neq 5 = \min \{5,6\} = \min \{ \sup A, \sup B \}$.

Lösung zu Aufgabe 227   zur Aufgabe   Seite 233

Es ist

$$M = \left\{ \frac{1}{m} \cdot \left(1 + \frac{1}{n} \right) + (-1)^m \,\middle|\, m, n \in \mathbb{N} \right\}$$

$$= \left\{ 1 + \frac{n+1}{mn} \,\middle|\, n \in \mathbb{N}, m \in 2\mathbb{N} \right\} \cup \left\{ -1 + \frac{n+1}{mn} \,\middle|\, n \in \mathbb{N}, m \in 2\mathbb{N} - 1 \right\}.$$

Die Menge $\left\{ 1 + \dfrac{n+1}{mn} \,\middle|\, n \in \mathbb{N}, m \in 2\mathbb{N} \right\}$ hat das Maximum 2, nämlich für

$m = 2, n = 1$.

Dass es kein größeres Element in dieser Menge gibt, ist leicht einzusehen, denn sei

$m \in 2\mathbb{N}$ und $n \in \mathbb{N}$.

Dann gilt $1 \leq n(m-1)$.

$$1 \leq n(m-1) \Rightarrow 1 \leq mn - n$$
$$\Rightarrow n + 1 \leq mn$$
$$\Rightarrow \frac{n+1}{mn} \leq 1$$
$$\Rightarrow 1 + \frac{n+1}{mn} \leq 2.$$

Weiter ist 1 das Infimum dieser Menge.

Offensichtlich ist 1 eine untere Schranke dieser Menge. Sei nun $\varepsilon > 0$.

Wähle $m \in 2\mathbb{N}$ mit $m > \dfrac{2}{\varepsilon}, n = 1$.

$$m > \frac{2}{\varepsilon} \Rightarrow \frac{m}{2} > \frac{1}{\varepsilon}$$
$$\Rightarrow \frac{mn}{2n} > \frac{1}{\varepsilon}$$
$$\Rightarrow \frac{mn}{n+1} > \frac{1}{\varepsilon}$$
$$\Rightarrow \frac{n+1}{mn} < \varepsilon$$
$$\Rightarrow 1 + \frac{n+1}{mn} < 1 + \varepsilon$$
$$\Rightarrow \frac{mn}{2n} > \frac{1}{\varepsilon}$$
$$\Rightarrow \frac{mn}{n+1} > \frac{1}{\varepsilon}$$
$$\Rightarrow \frac{n+1}{mn} < \varepsilon$$
$$\Rightarrow 1 + \frac{n+1}{mn} < 1 + \varepsilon$$

Da $1 \notin \left\{ 1 + \dfrac{n+1}{mn} \,\Big|\, n \in \mathbb{N}, m \in 2\mathbb{N} \right\}$, besitzt

$\left\{ 1 + \dfrac{n+1}{mn} \,\Big|\, n \in \mathbb{N}, m \in 2\mathbb{N} \right\}$ kein Minimum.

Die Menge $\left\{ -1 + \dfrac{n+1}{mn} \,\Big|\, n \in \mathbb{N}, m \in 2\mathbb{N} - 1 \right\}$ hat das Maximum 1.

Für $m = n = 1$ ist $-1 + \dfrac{n+1}{mn} = 1$.

Eine größere Zahl kann es in dieser Menge nicht geben, denn sei $m \in 2\mathbb{N} - 1, n \in \mathbb{N}$.
Dann gilt $1 \le n(2m - 1)$.

$$1 \le n(2m-1) \Rightarrow 1 \le 2mn - n$$
$$\Rightarrow n + 1 \le 2mn$$
$$\Rightarrow \frac{n+1}{mn} \le 2.$$

Die Menge $\left\{ -1 + \dfrac{n+1}{mn} \,\Big|\, n \in \mathbb{N}, m \in 2\mathbb{N} - 1 \right\}$ hat das Infimum -1.

Offensichtlich ist -1 eine untere Schranke von

$\left\{ -1 + \dfrac{n+1}{mn} \,\Big|\, n \in \mathbb{N}, m \in 2\mathbb{N} - 1 \right\}.$

Sei $\varepsilon > 0$.

Wähle $n = 1$ und $m \in 2\mathbb{N} - 1$ mit $m > \dfrac{2}{\varepsilon}$.

$$m > \frac{2}{\varepsilon} \Rightarrow \frac{m}{2} > \frac{1}{\varepsilon}$$
$$\Rightarrow \frac{mn}{2n} > \frac{1}{\varepsilon}$$
$$\Rightarrow \frac{mn}{n+1} > \frac{1}{\varepsilon}$$
$$\Rightarrow \frac{n+1}{mn} < \varepsilon$$

$$\Rightarrow -1 + \frac{n+1}{mn} < -1 + \varepsilon.$$

Da $-1 \notin \left\{ -1 + \frac{n+1}{mn} \,\middle|\, n \in \mathbb{N}, m \in 2\mathbb{N} - 1 \right\}$, besitzt

$\left\{ -1 + \frac{n+1}{mn} \,\middle|\, n \in \mathbb{N}, m \in 2\mathbb{N} - 1 \right\}$ kein Minimum.

Nach Aufgabe 225 ist das Supremum der Vereinigung zweier Mengen das Maximum der beiden Suprema. Also ist sup $M = 2$. Da $2 \in M$, ist zugleich max $M = 2$.

Analog dazu ist das Infimum der Vereinigung zweier Mengen das Minimum der beiden Infima.

Also ist inf $M = -1$. Da $-1 \notin M$, besitzt M kein Minimum.

<u>Lösung zu Aufgabe 228</u>   <u>zur Aufgabe</u>   Seite 234

Behauptung:

a)

$$\max \left\{ \frac{k+l+m}{kl+lm+mk} \,\middle|\, k,l,m \in \mathbb{N} \right\} = \sup \left\{ \frac{k+l+m}{kl+lm+mk} \,\middle|\, k,l,m \in \mathbb{N} \right\} = 1.$$

b) $\inf \left\{ \frac{k+l+m}{kl+lm+mk} \,\middle|\, k,l,m \in \mathbb{N} \right\} = 0.$

Die Menge $\left\{ \frac{k+l+m}{kl+lm+mk} \,\middle|\, k,l,m \in \mathbb{N} \right\}$ besitzt kein Minimum.

Beweis: a) Es ist $1 \in \left\{ \frac{k+l+m}{kl+lm+mk} \,\middle|\, k,l,m \in \mathbb{N} \right\}$.

Für alle $x \in \left\{ \frac{k+l+m}{kl+lm+mk} \,\middle|\, k,l,m \in \mathbb{N} \right\}$ gilt $x \leq 1$,

denn sei $x \in \left\{ \frac{k+l+m}{kl+lm+mk} \,\middle|\, k,l,m \in \mathbb{N} \right\}$.

Dann findet man $k,l,m \in \mathbb{N}$ mit $x = \frac{k+l+m}{kl+lm+mk}$.

Nun ist $k \leq kl, l \leq lm, m \leq mk$, also

$$k + l + m \leq kl + lm + mk \text{ und somit } \frac{k + l + m}{kl + lm + mk} \leq 1.$$

Also ist

$$\max \left\{ \frac{k + l + m}{kl + lm + mk} \middle| k, l, m \in \mathbb{N} \right\}$$

$$= \sup \left\{ \frac{k + l + m}{kl + lm + mk} \middle| k, l, m \in \mathbb{N} \right\}$$

$$= 1.$$

b) Für alle $x \in \left\{ \dfrac{k + l + m}{kl + lm + mk} \middle| k, l, m \in \mathbb{N} \right\}$ gilt $x > 0$, also

ist 0 eine untere Schranke von $\left\{ \dfrac{k + l + m}{kl + lm + mk} \middle| k, l, m \in \mathbb{N} \right\}$.

Sei nun $\varepsilon > 0$.

Wähle $k > \dfrac{1}{\varepsilon}$. Setze $l = m = k$.

Dann gilt

$$\frac{k + l + m}{kl + lm + mk} = \frac{3k}{3k^2}$$

$$= \frac{1}{k}$$

$$< \varepsilon.$$

Also ist $\inf \left\{ \dfrac{k + l + m}{kl + lm + mk} \middle| k, l, m \in \mathbb{N} \right\} = 0$, und ein

Minimum von $\left\{ \dfrac{k + l + m}{kl + lm + mk} \middle| k, l, m \in \mathbb{N} \right\}$ existiert nicht.

<u>Lösung zu Aufgabe 229</u>   <u>zur Aufgabe</u>   <u>Seite 234</u>

Behauptung: M besitzt kein Maximum.

$$\min M = -\frac{3}{4},$$

$$\sup M = 2.$$

Beweis: „min $M = -\dfrac{3}{4}$."

Für $n = 1$ ist $(-1)^n + \dfrac{n}{n+3} = -\dfrac{3}{4}$.

Sei nun $n \in \mathbb{N}$ gegeben.

Dann gilt $3n \geq 3$.

$$3n \geq 3 \Rightarrow 4n \geq n + 3$$
$$\Rightarrow \frac{n}{n+3} \geq \frac{1}{4}$$
$$\Rightarrow -1 + \frac{n}{n+3} \geq -\frac{3}{4}$$
$$\Rightarrow (-1)^n + \frac{n}{n+3} \geq -\frac{3}{4}.$$

Also ist min $M = -\dfrac{3}{4}$.

„sup $M = 2$."

Sei $\varepsilon > 0$.

Wähle $n \in 2\mathbb{N}$ mit $n > \dfrac{3}{\varepsilon}$.

$$n > \frac{3}{\varepsilon} \Rightarrow \varepsilon > \frac{3}{n}$$
$$\Rightarrow \varepsilon > \frac{3}{n+3}$$
$$\Rightarrow \varepsilon > 1 - \frac{n}{n+3}$$
$$\Rightarrow \frac{n}{n+3} > 1 - \varepsilon$$
$$\Rightarrow 1 + \frac{n}{n+3} > 2 - \varepsilon$$
$$\Rightarrow (-1)^n + \frac{n}{n+3} > 2 - \varepsilon.$$

Also ist sup $M = 2$.

Da aber für alle $n \in \mathbb{N}$ sowohl $(-1)^n \leq 1$, als auch $\dfrac{n}{n+3} < 1$, ist stets $\left(-1\right)^n + \dfrac{n}{n+3} < 2$.

Also ist $2 \notin M$.

M besitzt also kein Maximum.

Lösung zu Aufgabe 230   zur Aufgabe   Seite 234

a) Annahme: $\inf B < \sup A$.

Dann findet man $r \in \mathbb{R}$ mit $\inf B < r < \sup A$.

Nun findet man $a \in A$ mit $r < a < \sup A$ und man findet $b \in B$
mit $\inf B < b < r$.

Nun folgt aber $b < r < a$, im Widerspruch zur Voraussetzung.

Also ist die Annahme falsch, und es gilt $\sup A \leq \inf B$.

b) Für $A := \mathbb{R}_{<0}$, $B := \mathbb{R}_{>0}$ gilt $a < b$ für alle $a \in A$ und alle $b \in B$.
Es ist $\sup A = 0 = \inf B$.

Lösung zu Aufgabe 231   zur Aufgabe   Seite 234

Sei $n \in \mathbb{N}$.

$$n^{n+1} \leq \left(2n-1\right)^n \Leftrightarrow n \leq \left(\dfrac{2n-1}{n}\right)^n$$

$$\Leftrightarrow n \leq \left(1 + \left(1 - \dfrac{1}{n}\right)\right)^n.$$

Es reicht also zu zeigen, dass $n \leq \left(1 + \left(1 - \dfrac{1}{n}\right)\right)^n$.

Da $1 - \dfrac{1}{n} \geq -1$, gilt nach der Bernoulli-Ungleichung

$$\left(1 + \left(1 - \dfrac{1}{n}\right)\right)^n \geq 1 + n \cdot \left(1 - \dfrac{1}{n}\right) = n.$$

Lösung zu Aufgabe 232   zur Aufgabe   Seite 234

Wir betrachten die Folgen $\left(4 - \dfrac{3}{n}\right)_{n \in \mathbb{N}}$ und $\left(2 + \dfrac{3}{n}\right)_{n \in \mathbb{N}}$.

$$\left(4 - \frac{3}{n}\right)_{n \in \mathbb{N}}$$ ist streng monoton steigend mit Minimum 1 und Supremum 4.

$$\left(2 + \frac{3}{n}\right)_{n \in \mathbb{N}}$$ ist streng monoton fallend mit dem Maximum 5 und dem Infimum 2.

Dementsprechend ist $\min A = \inf A = 1$ und $\sup A = 4$.
Ein Maximum besitzt die Menge A nicht.

Weiter ist $\inf B = 2$ und $\max B = \sup B = 5$.
Ein Minimum besitzt die Menge B nicht.

Nun ist $\min (A \cup B) = \inf (A \cup B) = 1$ und $\max (A \cup B) = \sup (A \cup B) = 5$.

Da $A \cap B = \{3\}$, ist
$$\min (A \cap B) = \inf (A \cap B) = \max (A \cap B) = \sup (A \cap B) = 3.$$

Lösung zu Aufgabe 233   zur Aufgabe   Seite 234

$$\left\{ x + \frac{25}{x} \,\middle|\, x \in n\mathbb{R}_{>0} \right\}$$ besitzt kein Supremum und demzufolge auch kein

Maximum, denn $$\left\{ x + \frac{25}{x} \,\middle|\, x \in n\mathbb{R}_{>0} \right\}$$ ist offensichtlich nach oben

unbeschränkt.

Die Menge $$\left\{ x + \frac{25}{x} \,\middle|\, x \in n\mathbb{R}_{>0} \right\}$$ besitzt aber das Minimum 10.

Sei nämlich $x \in \mathbb{R}_{>0}$.
Dann gilt

$$x + \frac{25}{x} \geq 10 \Leftrightarrow x^2 - 10x + 25 \geq 0$$
$$\Leftrightarrow (x - 5)^2 \geq 0.$$

Also ist 10 eine untere Schranke von $\left\{ x + \dfrac{25}{x} \,\middle|\, x \in n\mathbb{R}_{>0} \right\}$.

Für $x = 5$ ist $x + \dfrac{25}{x} = 10$, also ist $10 \in M$.

Somit ist $\min \left\{ x + \dfrac{25}{x} \,\middle|\, x \in n\mathbb{R}_{>0} \right\} = \inf \left\{ x + \dfrac{25}{x} \,\middle|\, x \in n\mathbb{R}_{>0} \right\} = 10$.

Lösung zu Aufgabe 234   zur Aufgabe   Seite 235

Behauptung: $\sup \left\{ \left(-\dfrac{1}{3} \right)^{m} - \dfrac{2}{n} \,\middle|\, m, n \in \mathbb{N} \right\} = \dfrac{1}{9}$.

$$\left\{ \left(-\dfrac{1}{3} \right)^{m} - \dfrac{2}{n} \,\middle|\, m, n \in \mathbb{N} \right\} \text{ besitzt kein Maximum.}$$

$$\inf \left\{ \left(-\dfrac{1}{3} \right)^{m} - \dfrac{2}{n} \,\middle|\, m, n \in \mathbb{N} \right\}$$

$$= \min \left\{ \left(-\dfrac{1}{3} \right)^{m} - \dfrac{2}{n} \,\middle|\, m, n \in \mathbb{N} \right\}$$

$$= -\dfrac{7}{3}.$$

Beweis: Für alle $m, n \in \mathbb{N}$ ist

$$\left(-\dfrac{1}{3} \right)^{m} - \dfrac{2}{n} \leq \dfrac{1}{9} - \dfrac{2}{n}$$

$$< \dfrac{1}{9}.$$

Somit ist $\dfrac{1}{9}$ eine obere Schranke von $\left\{ \left(-\dfrac{1}{3} \right)^{m} - \dfrac{2}{n} \,\middle|\, m, n \in \mathbb{N} \right\}$.

Sei nun $\varepsilon > 0$.

Wähle $m = 2, n \geq \dfrac{2}{\varepsilon}$.

$$n \geq \frac{2}{\varepsilon} \Rightarrow \varepsilon \geq \frac{2}{n}$$

$$\Rightarrow -\frac{2}{n} \geq -\varepsilon$$

$$\Rightarrow \frac{1}{9} - \frac{2}{n} \geq \frac{1}{9} - \varepsilon$$

$$\Rightarrow \left(-\frac{1}{3}\right)^{m} - \frac{2}{n} \geq \frac{1}{9} - \varepsilon.$$

Also ist $\sup \left\{ \left(-\dfrac{1}{3}\right)^{m} - \dfrac{2}{n} \,\middle|\, m, n \in \mathbb{N} \right\} = \dfrac{1}{9}$.

Da aber stets $\left(-\dfrac{1}{3}\right)^{m} - \dfrac{2}{n} < \dfrac{1}{9}$, ist

$$\frac{1}{9} \notin \left\{ \left(-\frac{1}{3}\right)^{m} - \frac{2}{n} \,\middle|\, m, n \in \mathbb{N} \right\}.$$

Ein Maximum existiert also nicht.

Für alle $m, n \in \mathbb{N}$ ist $-\dfrac{1}{3} \leq \left(-\dfrac{1}{3}\right)^{m}$ und $\dfrac{2}{n} \leq 2$, also

$$-\frac{7}{3} = -\frac{1}{3} - 2 \leq \left(-\frac{1}{3}\right)^{m} - \frac{2}{n}.$$

Es ist also $-\dfrac{7}{3}$ eine untere Schranke von

$$\left\{ \left(-\frac{1}{3}\right)^{m} - \frac{2}{n} \,\middle|\, m, n \in \mathbb{N} \right\}.$$

Für $m = n = 1$ ist $\left(-\dfrac{1}{3}\right)^{m} - \dfrac{2}{n} = -\dfrac{1}{3} - 2 = -\dfrac{7}{3}$.

Also ist $-\dfrac{7}{3} \in \left\{ \left(-\dfrac{1}{3} \right)^{m} - \dfrac{2}{n} \,\middle|\, m,n \in \mathbb{N} \right\}$.

Somit ist

$$\inf \left\{ \left(-\dfrac{1}{3} \right)^{m} - \dfrac{2}{n} \,\middle|\, m,n \in \mathbb{N} \right\}$$

$$= \min \left\{ \left(-\dfrac{1}{3} \right)^{m} - \dfrac{2}{n} \,\middle|\, m,n \in \mathbb{N} \right\}$$

$$= -\dfrac{7}{3}\,.$$

Lösung zu Aufgabe 235   zur Aufgabe   Seite 235

Behauptung: $\inf \left\{ \left(\dfrac{1}{2} \right)^{n} \left(m \cdot n + (-1)^{n+1} \right) \,\middle|\, m,n \in \mathbb{N} \right\} = 0$.

Die Menge besitzt aber kein Minimum, kein Maximum und kein Supremum.

Beweis: Es ist leicht einzusehen, dass 0 eine untere Schranke von

$$\left\{ \left(\dfrac{1}{2} \right)^{n} \left(m \cdot n + (-1)^{n+1} \right) \,\middle|\, m,n \in \mathbb{N} \right\} \text{ ist.}$$

Denn seien $m,n \in \mathbb{N}$.

Dann ist $mn \geq 1$ und $(-1)^{n+1} \geq -1$ und $\left(\dfrac{1}{2} \right)^{n} \geq 0$, also

$$\left(\dfrac{1}{2} \right)^{n} \left(m \cdot n + (-1)^{n+1} \right) \geq 0.$$

Sei nun $\varepsilon > 0$ gegeben.

Wähle $m = 1$, $n \in 2\mathbb{N}$ mit $n > \max \left\{ \dfrac{1}{\varepsilon}, 4 \right\}$.

Dann gilt

$$\frac{1}{\varepsilon} < n \Rightarrow \frac{1}{\varepsilon} < \frac{n^2}{n}$$

$$\Rightarrow \frac{1}{\varepsilon} < \frac{n^2}{n-1}$$

$$\Rightarrow \frac{1}{\varepsilon} < \frac{2^n}{n-1} \qquad (\text{da } n > 4)$$

$$\Rightarrow \frac{n-1}{2^n} < \varepsilon$$

$$\Rightarrow \frac{mn-1}{2^n} < \varepsilon$$

$$\Rightarrow \left(\frac{1}{2}\right)^n \left(mn + (-1)^{n+1}\right) < \varepsilon.$$

Also ist $\inf \left\{ \left(\frac{1}{2}\right)^n \left(m \cdot n + (-1)^{n+1}\right) \,\middle|\, m, n \in \mathbb{N} \right\} = 0$.

Es ist aber $0 \notin \left\{ \left(\frac{1}{2}\right)^n \left(m \cdot n + (-1)^{n+1}\right) \,\middle|\, m, n \in \mathbb{N} \right\}$, denn

angenommen $0 \in \left\{ \left(\frac{1}{2}\right)^n \left(m \cdot n + (-1)^{n+1}\right) \,\middle|\, m, n \in \mathbb{N} \right\}$.

Dann findet man $m, n \in \mathbb{N}$ mit $\left(\frac{1}{2}\right)^n \left(m \cdot n + (-1)^{n+1}\right) = 0$.

$$\left(\frac{1}{2}\right)^n \left(m \cdot n + (-1)^{n+1}\right) = 0 \Rightarrow \left(m \cdot n + (-1)^{n+1}\right) = 0$$

$$\Rightarrow mn = 1 \wedge (-1)^{n+1} = -1$$

$$\Rightarrow n \in 2\mathbb{N}.$$

Mit $n \geq 2$ folgt nun, dass $m \leq \frac{1}{2}$.

Das ist ein Widerspruch zu $m \in \mathbb{N}$.

Die Menge besitzt also kein Minimum.

Um zu zeigen, dass die Menge weder Maximum noch Supremum besitzt, zeigen wir, dass sie nach oben unbeschränkt ist.

Sei ein $s \in \mathbb{R}$ gegeben.

Wähle $n = 1, m = 2s$.

Dann ist

$$\left(\frac{1}{2}\right)^n \left(m \cdot n + (-1)^{n+1}\right)$$

$$= \left(\frac{1}{2}\right)^1 \left(2s \cdot 1 + (-1)^{1+1}\right)$$

$$= \frac{2s + 1}{2}$$

$$> s.$$

21. Lösungen zu Folgen und Konvergenz

Lösung zu Aufgabe 236   zur Aufgabe   Seite 239

Behauptung: 1 und -1 sind die einzigen Häufungswerte der Folge

$$\left(\frac{n^2 + (-2)^n}{n^2 + 2^n} \right)_{n \in \mathbb{N}} .$$

Beweis: Für alle geraden $n \in \mathbb{N}$ ist $\dfrac{n^2 + (-2)^n}{n^2 + 2^n} = \dfrac{n^2 + 2^n}{n^2 + 2^n} = 1$.

Für alle ungeraden $n \in \mathbb{N}$ ist $\dfrac{n^2 + (-2)^n}{n^2 + 2^n} = \dfrac{n^2 - 2^n}{n^2 + 2^n}$.

Die Folge $\left(\dfrac{n^2 - 2^n}{n^2 + 2^n} \right)_{n \in \mathbb{N}}$ konvergiert gegen -1.

Denn sei $\varepsilon > 0$ gegeben.

Wähle $n_0 > \dfrac{2}{\varepsilon}$.

Sei $n \geq n_0$.

Dann gilt:

$$\left| \frac{n^2 - 2^n}{n^2 + 2^n} + 1 \right| = \left| \frac{n^2 - 2^n + n^2 + 2^n}{n^2 + 2^n} \right|$$

$$= \left| \frac{2n^2}{n^2 + 2^n} \right|$$

$$= \frac{2n^2}{2^n}$$

$$\leq \frac{2n^2}{n^3} \qquad \text{für } n \geq 10$$

$$= \frac{2}{n}$$

$$\leq \frac{2}{n_0}$$

$$\leq \varepsilon .$$

Wir haben die Folgen also in zwei Teilfolgen zerlegt, von denen eine gegen 1 und eine gegen -1 konvergiert. Somit besitzt die Folge genau diese beiden Häufungswerte.

Lösung zu Aufgabe 237   zur Aufgabe   Seite 239

Behauptung: a) Die Folge $\left(\dfrac{3 + (-1)^n}{5n} \right)_{n \in \mathbb{N}}$ konvergiert gegen 0.

b) $\left(\dfrac{2 + (-1)^{n^2}}{3 + \frac{2}{n}} \right)_{n \in \mathbb{N}}$ hat genau die beiden Häufungswerte $\dfrac{1}{3}$ und

1.

Beweis: a) Sei $\varepsilon > 0$ gegeben.

Wähle $n_0 > \dfrac{1}{\varepsilon}$.

Sei $n \geq n_0$.

Dann gilt

$$
\begin{aligned}
\left| \frac{3 + (-1)^n}{5n} \right| &= \frac{3 + (-1)^n}{5n} \\
&\leq \frac{5}{5n} \\
&= \frac{1}{n} \\
&\leq \frac{1}{n_0} \\
&< \varepsilon .
\end{aligned}
$$

b) Für alle geraden $n \in \mathbb{N}$ gilt $\dfrac{2 + (-1)^{n^2}}{3 + \frac{2}{n}} = \dfrac{3}{3 + \frac{2}{n}} = \dfrac{3n}{3n + 2}$.

Für alle ungeraden $n \in \mathbb{N}$ gilt

$$\frac{2 + (-1)^{n^2}}{3 + \frac{2}{n}} = \frac{1}{3 + \frac{2}{n}} = \frac{n}{3n + 2}.$$

Die beiden Teilfolgen konvergieren gegen 1, bzw. $\frac{1}{3}$.

Weitere Häufungswerte gibt es nicht.

<u>Lösung zu Aufgabe 238</u>   <u>zur Aufgabe   Seite 239</u>

Beweis: Zunächst zeigen wir mit vollständiger Induktion, dass für alle $n \in \mathbb{N}$ gilt:

$$(n!)^2 \geq n^n.$$

Für $n = 1$ ist diese Aussage wahr.

Sei nun ein $n \in \mathbb{N}$ gegeben, für das $(n!)^2 \geq n^n$.

Induktionsbehauptung: Dann gilt auch

$$\left((n+1)!\right)^2 \geq (n+1)^{n+1}.$$

Beweis dafür:

$$\left((n+1)!\right)^2 = (n+1)^2 (n!)^2$$
$$\geq (n+1)^2 n^n.$$

Es reicht also zu zeigen, dass $(n+1)^2 n^n \geq (n+1)^{n+1}$.

$$(n+1)^2 n^n \geq (n+1)^{n+1} \Leftrightarrow \frac{n^n}{(n+1)^n} \geq \frac{1}{n+1}$$

$$\Leftrightarrow \left(\frac{n}{n+1}\right)^n \geq \frac{1}{n+1}$$

$$\Leftrightarrow \left(1 + \frac{-1}{n+1}\right)^n \geq \frac{1}{n+1}.$$

Nach der Bernoulli-Ungleichung gilt

$$\left(1 + \frac{-1}{n+1}\right)^n \geq 1 + \frac{-n}{n+1}$$

$$\geq \frac{1}{n+1} \ .$$

Also gilt für alle $n \in \mathbb{N}$ die Ungleichung $\left(n!\right)^2 \geq n^n$.

Es ist aber $\left(n!\right)^2 \geq n^n \Leftrightarrow \sqrt[n]{n!} \geq \sqrt{n}$.

Da $\left(\sqrt{n}\right)_{n \in \mathbb{N}}$ unbeschränkt ist, ist auch $\left(\sqrt[n]{n!}\right)_{n \in \mathbb{N}}$ nach oben unbeschränkt und daher divergent.

Lösung zu Aufgabe 239   zur Aufgabe   Seite 239

Behauptung: Die Folge $\left(\dfrac{\left|n^3 - n - 5\right| - n^2 + 2}{5 + 2n - n^3}\right)_{n \in \mathbb{N}}$ konvergiert gegen -1 .

Beweis: Sei $\varepsilon > 0$ gegeben. Wähle $n_0 > \dfrac{2}{\varepsilon}$. Sei $n \geq n_0$.

Dann gilt

$$\left|\frac{\left|n^3 - n - 5\right| - n^2 + 2}{5 + 2n - n^3} + 1\right|$$

$$= \left|\frac{\left|n^3 - n - 5\right| - n^2 + 2 + 5 + 2n - n^3}{5 + 2n - n^3}\right|$$

$$= \frac{n^2 - n - 2}{n^3 - 2n - 5} \qquad \text{für } x \geq 3$$

$$\leq \frac{n^2}{\left(\dfrac{n^3}{2}\right)} \qquad \text{für } x \geq 3$$

$$= \frac{2}{n}$$

$$\leq \frac{2}{n_0}$$

$$< \varepsilon.$$

<u>Lösung zu Aufgabe 240</u>   <u>zur Aufgabe   Seite 239</u>

Behauptung: Die Folge $\left(\left(1 + \dfrac{1}{n^2} \right)^n \right)_{n \in \mathbb{N}}$ konvergiert gegen 1.

Beweis: Wir betrachten die Folge $\left(\alpha_n \right)_{n \in \mathbb{N}}$ mit $\alpha_n := \left(1 - \dfrac{1}{n^2 + 1} \right)^n$ für alle

$n \in \mathbb{N}$.

Weiter betrachten wir die Folgen $\left(\beta_n \right)_{n \in \mathbb{N}}$ mit $\beta_n := 1 - \dfrac{n}{n^2 + 1}$ für alle

$n \in \mathbb{N}$ und $\left(\gamma_n \right)_{n \in \mathbb{N}}$ mit $\gamma_n := 1$ für alle $n \in \mathbb{N}$.

Sei nun $n \in \mathbb{N}$ gegeben.

Dann gilt nach der Bernoulli-Ungleichung $\beta_n \leq \alpha_n$.

Außerdem gilt $\alpha_n \leq \gamma_n$.

Die Folge $\left(\beta_n \right)_{n \in \mathbb{N}}$ konvergiert gegen 1, denn sei $\varepsilon > 0$ gegeben.

Wähle $n_0 > \max \left\{ 2, \dfrac{2}{\varepsilon} \right\}$. Sei $n \geq n_0$. Dann gilt

$$\left| \beta_n - 1 \right| = \left| 1 - \frac{n}{n^2 + 1} - 1 \right|$$

$$= \frac{n}{n^2 + 1}$$

$$\leq \frac{2n}{n^2}$$

$$= \frac{2}{n}$$

$$\leq \frac{2}{n_0}$$

$$< \varepsilon.$$

Da $(\beta_n)_{n\in\mathbb{N}}$ und $(\gamma_n)_{n\in\mathbb{N}}$ gegen 1 konvergieren, konvergiert nach dem Einschnürungssatz auch $(\alpha_n)_{n\in\mathbb{N}}$ gegen 1.

Die Folge $\left(\dfrac{1}{\alpha_n}\right)_{n\in\mathbb{N}}$ konvergiert dann nach Grenzwertsatz ebenfalls gegen 1.

$$\left(\frac{1}{\alpha_n}\right)_{n\in\mathbb{N}} = \left(\frac{1}{\left(1 - \frac{1}{n^2+1}\right)^n}\right)_{n\in\mathbb{N}}$$

$$= \left(\frac{1}{\left(\frac{n^2}{n^2+1}\right)^n}\right)_{n\in\mathbb{N}}$$

$$= \left(\left(\frac{n^2+1}{n^2}\right)^n\right)_{n\in\mathbb{N}}$$

$$= \left(\left(1 + \frac{1}{n^2}\right)^n\right)_{n\in\mathbb{N}}.$$

Also konvergiert $\left(\left(1 + \dfrac{1}{n^2}\right)^n\right)_{n\in\mathbb{N}}$ gegen 1.

<u>Lösung zu Aufgabe 241</u>   <u>zur Aufgabe</u>   <u>Seite 240</u>

a) Wir benutzen einige der folgenden Sätze:

i)   Seien α, β konvergente Folgen mit den Grenzwerten a bzw. b.

Dann konvergiert die Summenfolge $\alpha + \beta$ mit
$(\alpha + \beta)_n := \alpha_n + \beta_n$ (für alle $n \in \mathbb{N}$) gegen $a + b$.

ii)   Seien α, β konvergente Folgen mit den Grenzwerten a bzw. b.

Dann konvergiert die Produktfolge $\alpha\beta$ mit $(\alpha\beta)_n := \alpha_n\beta_n$ (für alle

$n \in \mathbb{N}$) gegen ab.

iii) Sei α eine konvergente Folge mit Grenzwert $a \neq 0$ und für alle $n \in \mathbb{N}$ sei $\alpha_n \neq 0$.

Dann konvergiert $\dfrac{1}{\alpha}$ mit $\left(\dfrac{1}{\alpha}\right)_n = \dfrac{1}{\alpha_n}$ (für alle $n \in \mathbb{N}$) gegen $\dfrac{1}{a}$.

iv) Sei α eine Folge. Für alle $n \in \mathbb{N}$ sei $\alpha_n \geq 0$, und $\left(\alpha_n\right)_{n \in \mathbb{N}}$ konvergiere gegen a.

Dann ist $a \geq 0$. Sei $\left(\sqrt{\alpha}\right)_n := \sqrt{\alpha_n}$ für alle $n \in \mathbb{N}$.

Dann gilt $\sqrt{\alpha}$ konvergiert gegen $\sqrt{a}$.

v) Sei α eine konvergente Folge mit Grenzwert a.

Dann konvergiert die Folge $\left|\alpha\right|$ mit $\left|\alpha\right|_n := \left|\alpha_n\right|$ (für alle $n \in \mathbb{N}$) gegen $\left|a\right|$.

iv) und v) werden hier nicht benutzt, sind aber dennoch aufgelistet, weil sie für spätere Aufgaben nützlich sind.

Für alle $n \in \mathbb{N}$ gilt $\dfrac{3n}{5n + 7} = \dfrac{3}{5 + \frac{7}{n}}$, also ist

$$\left(\frac{3n}{5n + 7}\right)_{n \in \mathbb{N}} = \left(\frac{3}{5 + \frac{7}{n}}\right)_{n \in \mathbb{N}}.$$

Wir wissen, dass $\left(\dfrac{7}{n}\right)_{n \in \mathbb{N}}$ eine Nullfolge ist und dass $\left(5\right)_{n \in \mathbb{N}}$ gegen 5 konvergiert.

Nach dem Summengrenzwertsatz i) konvergiert $\left(5 + \dfrac{7}{n}\right)_{n \in \mathbb{N}}$ gegen 5.

Wir betrachten die Folge $(\alpha_n)_{n\in\mathbb{N}}$ mit $\alpha_n := 3$ für alle $n \in \mathbb{N}$ und die Folge $(\beta_n)_{n\in\mathbb{N}}$

mit $\beta_n := \dfrac{1}{5 + \frac{n}{7}}$ für alle $n \in \mathbb{N}$.

Dann ist $(\alpha\beta)_n := \left(\dfrac{3n}{5n+7} \right)_{n\in\mathbb{N}}$.

Die Folge $(\alpha_n)_{n\in\mathbb{N}}$ konvergiert gegen 3, die Folge $(\beta_n)_{n\in\mathbb{N}}$ konvergiert nach iii)

gegen $\dfrac{1}{5}$.

Nach dem Produktgrenzwertsatz ii) konvergiert $(\alpha\beta)_n$ gegen $\dfrac{3}{5}$.

b) Die Folge $\left(\dfrac{3n}{5n+7} \right)_{n\in\mathbb{N}}$ ist monoton wachsend, denn sei $n \in \mathbb{N}$ gegeben.

Dann gilt

$$\frac{3n}{5n+7} \leq \frac{3(n+1)}{5(n+1)+7}$$

$$\Leftrightarrow \frac{3n}{5n+7} \leq \frac{3n+3}{5n+12}$$

$$\Leftrightarrow 3n(5n+12) \leq (3n+3)(5n+7)$$

$$\Leftrightarrow 15n^2 + 36n \leq 15n^2 + 36n + 21$$

$$\Leftrightarrow 0 \leq 21.$$

Weiter ist $\left(\dfrac{3n}{5n+7} \right)_{n\in\mathbb{N}}$ nach oben beschränkt, denn für alle $n \in \mathbb{N}$ gilt:

$\dfrac{3n}{5n+7} < 1.$

Da jede nach oben beschränkte, monoton wachsende Folge konvergent ist, ist

$\left(\dfrac{3n}{5n+7} \right)_{n\in\mathbb{N}}$ konvergent.

c) Sei $\varepsilon > 0$ gegeben.

Vorbetrachtung: Für alle $n \in \mathbb{N}$ gilt:

$$\left| \frac{3n}{5n+7} - \frac{3}{5} \right| = \left| \frac{15n - 3(5n+7)}{5(5n+7)} \right|$$

$$= \left| \frac{-21}{25n+35} \right|$$

$$= \frac{21}{25n+35}$$

$$\leq \frac{25}{25n}$$

$$= \frac{1}{n}.$$

Wähle $n_0 > \dfrac{1}{\varepsilon}$.

Sei $n \geq n_0$.

Dann gilt

$$\left| \frac{3n}{5n+7} - \frac{3}{5} \right| \leq \frac{1}{n}$$

$$\leq \frac{1}{n_0}$$

$$< \varepsilon.$$

Lösung zu Aufgabe 242   zur Aufgabe   Seite 240

Wir zeigen, dass für alle $n \in \mathbb{N}$ gilt: $\sqrt[n]{n!} \geq \dfrac{n}{3}$.

Da die Folge $\left(\dfrac{n}{3} \right)_{n \in \mathbb{N}}$ nach oben unbeschränkt ist, ist die Folge $\left(\sqrt[n]{n!} \right)_{n \in \mathbb{N}}$ dann auch nach oben unbeschränkt.

Für $n = 1$ gilt

$$\sqrt[n]{n!} = 1$$
$$\geq \frac{1}{3}$$
$$\geq \frac{n}{3}.$$

Sei nun ein $n \in \mathbb{N}$ gegeben, für das $\sqrt[n]{n!} \geq \dfrac{n}{3}$.

Dann gilt $3^n \cdot n! \geq n^n$.

Behauptung: Dann gilt auch $\sqrt[n+1]{(n+1)!} \geq \dfrac{n+1}{3}$.

Beweis dafür: Es ist

$$\sqrt[n+1]{(n+1)!} \geq \frac{n+1}{3}$$

$$\Leftrightarrow (n+1)! \geq \left(\frac{n+1}{3}\right)^{n+1}$$

$$\Leftrightarrow 3^{n+1}(n+1)! \geq (n+1)^{n+1}.$$

Wir zeigen $3^{n+1}(n+1)! \geq (n+1)^{n+1}$.

$$3^{n+1}(n+1)! \geq (n+1)^{n+1}$$

$$\Leftrightarrow 3 \cdot 3^n \cdot n! \cdot (n+1) \geq (n+1)^n \cdot (n+1)$$

$$\Leftrightarrow 3 \cdot 3^n \cdot n! \geq (n+1)^n$$

Nach Induktionsvoraussetzung gilt $3^n \cdot n! \geq n^n$.

Wegen der Transitivität der $<$-Relation reicht es dann zu zeigen, dass $3 \cdot n^n \geq (n+1)^n$.

Bekanntlich ist $3 \geq \left(1 + \dfrac{1}{n}\right)^n$.

$$3 \geq \left(1 + \frac{1}{n}\right)^n \Rightarrow 3 \geq \left(\frac{n+1}{n}\right)^n$$

$$\Rightarrow 3 \geq \frac{(n+1)^n}{n^n}$$

$$\Rightarrow 3 \cdot n^n \geq (n+1)^n .$$

Lösung zu Aufgabe 243   zur Aufgabe   Seite 240

Wir definieren $(\alpha_n)_{n \in \mathbb{N}}$ durch $\alpha_n := \dfrac{n^2 + 2n\sqrt{n} + n - 3}{3n^2 - n\sqrt{n} + 15}$ für alle $n \in \mathbb{N}$.

Behauptung: Die Folge $(\alpha_n)_{n \in \mathbb{N}}$ konvergiert gegen $\dfrac{1}{3}$.

Beweis: Sei $\varepsilon > 0$ gegeben.

Vorbetrachtung: Für alle $n \in \mathbb{N}$ gilt:

$$\left| \frac{n^2 + 2n\sqrt{n} + n - 3}{3n^2 - n\sqrt{n} + 15} - \frac{1}{3} \right|$$

$$= \left| \frac{3(n^2 + 2n\sqrt{n} + n - 3)}{3(3n^2 - n\sqrt{n} + 15)} - \frac{3n^2 - n\sqrt{n} + 15}{3(3n^2 - n\sqrt{n} + 15)} \right|$$

$$= \left| \frac{7n\sqrt{n} - 24}{9n^2 - 3n\sqrt{n} + 45} \right|$$

$$\leq \left| \frac{7n\sqrt{n}}{9n^2 - 3n\sqrt{n}} \right|$$

$$= \frac{7}{9\sqrt{n} - 3} .$$

Wähle $n_0 > \left(\dfrac{1}{3} + \dfrac{7}{9\varepsilon}\right)^2$.

Sei $n \geq n_0$.

Dann gilt

$$\left| \frac{n^2 + 2n\sqrt{n} + n - 3}{3n^2 - n\sqrt{n} + 15} - \frac{1}{3} \right| = \frac{7}{9\sqrt{n} - 3}$$

$$\leq \frac{7}{9\sqrt{n_0} - 3}$$

$$\leq \varepsilon .$$

<u>Lösung zu Aufgabe 244</u>   <u>zur Aufgabe</u>   <u>Seite 240</u>

Wir definieren $\left(\alpha_n \right)_{n \in \mathbb{N}}$ durch $\alpha_n := \dfrac{n! \cdot 2 + n - 4}{n\left((n-1)! \cdot 3 - n + 1 \right)}$ für alle $n \in \mathbb{N}$.

Behauptung: Die Folge $\left(\alpha_n \right)_{n \in \mathbb{N}}$ konvergiert gegen $\dfrac{2}{3}$.

Beweis: Sei $\varepsilon > 0$ gegeben.

   Vorbetrachtung: Für alle $n \in \mathbb{N}$ gilt:

$$\left| \frac{n! \cdot 2 + n - 4}{n\left((n-1)! \cdot 3 - n + 1 \right)} - \frac{2}{3} \right|$$

$$= \left| \frac{2 \cdot n! + n - 4}{3 \cdot n! - n^2 + n} - \frac{2}{3} \right|$$

$$= \left| \frac{3\left(2 \cdot n! + n - 4 \right)}{3\left(3 \cdot n! - n^2 + n \right)} - \frac{2\left(3 \cdot n! - n^2 + n \right)}{3\left(3 \cdot n! - n^2 + n \right)} \right|$$

$$= \left| \frac{2n^2 + n - 12}{9 \cdot n! - 3n^2 + 3n} \right|$$

$$= \frac{2n^2 + n - 12}{9 \cdot n! - 3n^2 + 3n} \qquad\qquad \text{für } n \geq 3$$

$$\leq \frac{3n^2}{8n!} \qquad\qquad \text{für } n \geq 5$$

$$\leq \frac{8n(n-1)}{8n!} \qquad\qquad \text{für } n \geq 2$$

$$= \frac{1}{(n-2)!} .$$

Wähle $n_0 \in \max \left\{ 5, \dfrac{1}{\varepsilon} \right\}$.

Für alle $n \geq 5$ gilt $(n-2)! > n$.

Sei $n \geq n_0$ gegeben.

Dann gilt

$$\left| \frac{n! \cdot 2 + n - 4}{n\left((n-1)! \cdot 3 - n + 1\right)} - \frac{2}{3} \right| \leq \frac{1}{(n-2)!}$$

$$\leq \frac{1}{(n_0 - 2)!}$$

$$\leq \varepsilon.$$

Lösung zu Aufgabe 245   zur Aufgabe   Seite 240

Wir definieren $\left(\alpha_n\right)_{n\in\mathbb{N}}$ durch $\alpha_n := \dfrac{1! + 2! + \ldots + n!}{n!}$ für alle $n \in \mathbb{N}$.

Behauptung: Die Folge $\left(\alpha_n\right)_{n\in\mathbb{N}}$ konvergiert gegen 1.

Beweis: Zunächst ist leicht einzusehen, dass für alle $n \in \mathbb{N}$ gilt:

$$1 \leq \frac{1! + 2! + \ldots + n!}{n!}, \text{ denn sei } n \in \mathbb{N}, \text{ dann ist}$$

$$1 \leq \frac{1! + 2! + \ldots + (n-1)!}{n!} + 1 = \frac{1! + 2! + \ldots + n!}{n!}.$$

Sei nun $\left(\gamma_n\right)_{n\in\mathbb{N}}$ definiert durch $\gamma_n = 1 + \dfrac{2}{n}$ für alle $n \in \mathbb{N}$.

Behauptung: Dann gilt für alle $n \in \mathbb{N}_{\geq 2}$, dass $\alpha_n \leq \gamma_n$.

Beweis dafür: (durch vollständige Induktion)

Für $n = 2$ ist

$$\alpha_n = \frac{1! + 2!}{2!}$$

$$= \frac{3}{2}$$

$$\leq 1 + \frac{2}{2}$$

$$= \gamma_n.$$

Sei nun $n \in \mathbb{N}_{\geq 2}$ gegeben, für das $\alpha_n \leq \gamma_n$.

Dann gilt $\dfrac{1! + 2! + \ldots + n!}{n!} \leq 1 + \dfrac{2}{n}$.

Es ist

$$\alpha_{n+1} = \frac{1! + 2! + \ldots + n! + (n+1)!}{(n+1)!}$$

$$= \frac{1! + 2! + \ldots + n!}{(n+1)!} + \frac{(n+1)!}{(n+1)!}$$

$$= \frac{1}{n+1} \cdot \frac{1! + 2! + \ldots + n!}{n!} + \frac{(n+1)!}{(n+1)!}$$

$$\overset{I.V.}{\leq} \frac{1}{n+1}\left(1 + \frac{2}{n}\right) + 1$$

$$= \frac{1}{n+1} + \frac{2}{n(n+1)} + 1$$

$$\leq \frac{1}{n+1} + \frac{1}{n+1} + 1 \qquad \text{da } \frac{2}{n} \leq 1$$

$$= 1 + \frac{2}{n+1}$$

$$= \gamma_{n+1}.$$

Mit $\beta_n := 1$ für alle $n \in \mathbb{N}$ gilt für alle $n \geq 2$, dass $\beta_n \leq \alpha_n \leq \gamma_n$.

Da sowohl β als auch γ gegen 1 konvergieren, konvergiert nach dem Einschnürungssatz auch α gegen 1.

Lösung zu Aufgabe 246 zur Aufgabe Seite 241

Behauptung: $\left(\dfrac{1}{2n} \displaystyle\prod_{k=1}^{n}\left(1 + \dfrac{1}{k}\right)\right)_{n \in \mathbb{N}}$ konvergiert gegen $\dfrac{1}{2}$.

Beweis: Sei $\varepsilon > 0$ gegeben.

Vorbetrachtung: Für alle $n \in \mathbb{N}$ gilt:

$$\left| \frac{1}{2n} \prod_{k=1}^{n} \left(1 + \frac{1}{k} \right) - \frac{1}{2} \right| = \left| \frac{1}{2n} \cdot (n+1) - \frac{1}{2} \right|$$

$$= \left| \frac{n+1}{2n} - \frac{n}{2n} \right|$$

$$= \frac{1}{2n}.$$

Wähle $n_0 > \dfrac{1}{2\varepsilon}$.

Sei $n \geq n_0$ gegeben.

Dann gilt

$$\left| \frac{1}{2n} \prod_{k=1}^{n} \left(1 + \frac{1}{k} \right) - \frac{1}{2} \right| = \left| \frac{1}{2n} \cdot (n+1) - \frac{1}{2} \right|$$

$$= \frac{1}{2n}$$

$$\leq \frac{1}{2n_0}$$

$$< \varepsilon.$$

__Lösung zu Aufgabe 247__   zur Aufgabe   Seite 241

Wir definieren $\left(\alpha_n \right)_{n \in \mathbb{N}}$ durch $\alpha_n := \begin{pmatrix} 2n \\ n \end{pmatrix} \cdot \dfrac{1}{n!}$ für alle $n \in \mathbb{N}$.

Behauptung: Die Folge $\left(\alpha_n \right)_{n \in \mathbb{N}}$ konvergiert gegen 0.

Beweis: Wir definieren $\left(\beta_n \right)_{n \in \mathbb{N}}$ durch $\beta_n := 0$ für alle $n \in \mathbb{N}$ und $\left(\gamma_n \right)_{n \in \mathbb{N}}$ durch

$\gamma_n := \dfrac{1}{n}$ für   alle $n \in \mathbb{N}$.

Sei nun $n \in \mathbb{N}$.

Dann gilt

$$\beta_n = 0$$

$$\leq \left(\binom{2n}{n} \cdot \frac{1}{n!} \right)$$

$$= \alpha_n .$$

Weiter gilt $\binom{2n}{n} \cdot \frac{1}{n!} \leq \frac{2^n}{n!}$.

Für alle $n \geq 6$ ist $\frac{2^n}{n!} \leq \frac{1}{n}$, denn $\frac{2^n}{n!} \leq \frac{1}{n} \Leftrightarrow 2^n \leq (n-1)!$

Wir zeigen nun, dass für alle $n \in \mathbb{N}_{\geq 6}$ die Ungleichung $2^n \leq (n-1)!$

gilt.

Der Induktionsanfang ist klar, da $2^6 = 64$ und $(6-1)! = 120$ und

$64 < 120$.

Sei nun $n \in \mathbb{N}_{\geq 6}$ gegeben, für das $2^n \leq (n-1)!$

Dann ist

$$2^{n+1} = 2 \cdot 2^n$$
$$\overset{I.V.}{\leq} 2 \cdot (n-1)!$$
$$\leq n \cdot (n-1)!$$
$$= n!$$

Also gilt für alle $n \in \mathbb{N}_{\geq 6}$, dass $\binom{2n}{n} \cdot \frac{1}{n!} \leq \frac{1}{n} = \gamma_n .$

Insgesamt gilt für alle $n \in \mathbb{N}_{\geq 6}$, dass $\beta_n \leq \alpha_n \leq \gamma_n .$

Da $(\beta_n)_{n \in \mathbb{N}}$ und $(\gamma_n)_{n \in \mathbb{N}}$ Nullfolgen sind, ist auch $(\alpha_n)_{n \in \mathbb{N}}$ eine Nullfolge.

Lösung zu Aufgabe 248   zur Aufgabe   Seite 241

Wir definieren $(\alpha_n)_{n \in \mathbb{N}}$ durch $\alpha_n := n \cdot \left(\sqrt[n]{1 + \frac{1}{n^2}} - 1 \right)$ für alle $n \in \mathbb{N}$.

Behauptung: Die Folge $(\alpha_n)_{n \in \mathbb{N}}$ konvergiert gegen 0.

Beweis: Wir definieren $(\beta_n)_{n \in \mathbb{N}}$ durch $\beta_n := 0$ für alle $n \in \mathbb{N}$ und $(\gamma_n)_{n \in \mathbb{N}}$ durch

$$\gamma_n := \frac{1}{n} \text{ für alle } n \in \mathbb{N}.$$

Sei nun $n \in \mathbb{N}$ gegeben.

Dann gilt

$$\beta_n = 0$$

$$\leq n \cdot \left(\sqrt[n]{1 + \frac{1}{n^2}} - 1 \right) \quad \left(\text{da } \sqrt[n]{1 + \frac{1}{n^2}} \geq 1 \right)$$

$$= \alpha_n.$$

Weiter gilt nach der Bernoullischen Ungleichung $\left(1 + \frac{1}{n^2} \right)^n \geq 1 + \frac{1}{n}$.

$$\left(1 + \frac{1}{n^2} \right)^n \geq 1 + \frac{1}{n} \Rightarrow \left(1 + \frac{1}{n^2} \right)^n \geq 1 + \frac{1}{n^2}$$

$$\Rightarrow 1 + \frac{1}{n^2} \geq \sqrt[n]{1 + \frac{1}{n^2}}$$

$$\Rightarrow \frac{1}{n^2} \geq \sqrt[n]{1 + \frac{1}{n^2}} - 1$$

$$\Rightarrow n \cdot \left(\sqrt[n]{1 + \frac{1}{n^2}} - 1 \right) \leq \frac{1}{n}.$$

Also gilt auch $\alpha_n \leq \gamma_n$.

Da $\left(\beta_n \right)_{n \in \mathbb{N}}$ und $\left(\gamma_n \right)_{n \in \mathbb{N}}$ Nullfolgen sind, ist nach dem Einschnürungssatz auch $\left(\alpha_n \right)_{n \in \mathbb{N}}$ eine Nullfolge.

<u>Lösung zu Aufgabe 249</u> zur Aufgabe   Seite 241

Wir definieren $\left(\alpha_n \right)_{n \in \mathbb{N}}$ durch $\alpha_n := \dfrac{n^3 - 1}{n^2 - 2} - \dfrac{n^2 + n + 1}{n + 3}$ für alle $n \in \mathbb{N}$.

Behauptung: Die Folge $\left(\alpha_n \right)_{n \in \mathbb{N}}$ konvergiert gegen 2.

Beweis: Sei $\varepsilon > 0$ gegeben.

Vorbetrachtung: Für alle $n \in \mathbb{N}$ gilt:

$$\frac{n^3 - 1}{n^2 - 2} - \frac{n^2 + n + 1}{n + 3}$$

$$= \frac{(n^3 - 1)(n + 3) - (n^2 + n + 1)(n^2 - 2)}{(n^2 - 2)(n + 3)}$$

$$= \frac{2n^3 + n^2 + n - 1}{n^3 + 3n^2 - 2n - 6}.$$

$$\left| \frac{n^3 - 1}{n^2 - 2} - \frac{n^2 + n + 1}{n + 3} - 2 \right|$$

$$= \left| \frac{2n^3 + n^2 + n - 1}{n^3 + 3n^2 - 2n - 6} - 2 \right|$$

$$= \left| \frac{2n^3 + n^2 + n - 1 - 2(n^3 + 3n^2 - 2n - 6)}{n^3 + 3n^2 - 2n - 6} \right|$$

$$= \left| \frac{-5n^2 + 5n + 11}{n^3 + 3n^2 - 2n - 6} \right|$$

$$= \frac{5n^2 - 5n - 11}{n^3 + 3n^2 - 2n - 6} \quad \text{(für } n \geq 3)$$

$$\leq \frac{6n^2}{n^3} \quad\quad\quad \text{(für } n \leq 7)$$

$$= \frac{6}{n}.$$

Wähle $n_0 > \max \left\{ 7, \dfrac{6}{\varepsilon} \right\}$.

Sei $n \geq n_0$.

Dann gilt

$$\left| \frac{n^3 - 1}{n^2 - 2} - \frac{n^2 + n + 1}{n + 3} - 2 \right| \leq \frac{6}{n}$$

$$\leq \frac{6}{n_0}$$

$$< \varepsilon.$$

Lösung zu Aufgabe 250   zur Aufgabe   Seite 242

Wir definieren $\left(\alpha_n\right)_{n\in\mathbb{N}}$ durch $\alpha_n := \dfrac{\text{Die Summe der Teiler von } n}{n^3}$ für alle $n \in \mathbb{N}$.

Behauptung: Die Folge $\left(\alpha_n\right)_{n\in\mathbb{N}}$ konvergiert gegen 0.

Beweis: Sei $\varepsilon > 0$ gegeben.

Wähle $n_0 > \dfrac{1}{\varepsilon}$.

Sei $n \geq n_0$.

Dann gilt

$$\left|\frac{\text{Die Summe der Teiler von } n}{n^3}\right| \leq \left|\frac{\sum_{i=1}^{n} i}{n^3}\right|$$

$$= \frac{n(n+1)}{2n^3}$$

$$\leq \frac{2n^2}{2n^3}$$

$$= \frac{1}{n}$$

$$\leq \frac{1}{n_0}$$

$$< \varepsilon .$$

Lösung zu Aufgabe 251   zur Aufgabe   Seite 242

Behauptung: Die Folge $\left(\dfrac{\sum_{k=1}^{n}\left(1+\frac{1}{k}\right)}{\prod_{k=1}^{n}\left(1+\frac{1}{k}\right)}\right)_{n\in\mathbb{N}}$ ist konvergent.

Beweis: Wir zeigen, dass die Folge nach unten beschränkt und für alle $n \geq 4$ monoton fallend ist.

Zur Monotonie:

Sei $n \in \mathbb{N}_{\geq 4}$ gegeben.

Dann gilt

$$\frac{\sum_{k=1}^{n}\left(1+\frac{1}{k}\right)}{\prod_{k=1}^{n}\left(1+\frac{1}{k}\right)} \geq \frac{\sum_{k=1}^{n+1}\left(1+\frac{1}{k}\right)}{\prod_{k=1}^{n+1}\left(1+\frac{1}{k}\right)}$$

$$\Leftrightarrow \frac{\sum_{k=1}^{n}\left(1+\frac{1}{k}\right)}{\prod_{k=1}^{n}\left(1+\frac{1}{k}\right)} \geq \frac{1+\frac{1}{n+1}+\sum_{k=1}^{n}\left(1+\frac{1}{k}\right)}{\left(1+\frac{1}{n+1}\right)\cdot\prod_{k=1}^{n}\left(1+\frac{1}{k}\right)}$$

$$\Leftrightarrow \left(1+\frac{1}{n+1}\right)\cdot\sum_{k=1}^{n}\left(1+\frac{1}{k}\right) \geq 1+\frac{1}{n+1}+\sum_{k=1}^{n}\left(1+\frac{1}{k}\right)$$

$$\Leftrightarrow \frac{1}{n+1}\cdot\sum_{k=1}^{n}\left(1+\frac{1}{k}\right) \geq 1+\frac{1}{n+1}$$

$$\Leftrightarrow \sum_{k=1}^{n}\left(1+\frac{1}{k}\right) \geq n+2$$

$$\Leftrightarrow n+\sum_{k=1}^{n}\frac{1}{k} \geq n+2$$

$$\Leftrightarrow \sum_{k=1}^{n}\frac{1}{k} \geq 2.$$

Die letzte Ungleichung ist für alle $n \geq 4$ wahr.

Zur Beschränktheit:

Offensichtlich sind alle Folgenglieder positiv. Somit ist 0 eine untere Schranke.

<u>Lösung zu Aufgabe 252</u>   <u>zur Aufgabe   Seite 242</u>

a) (durch vollständige Induktion)

Für $n = 1$ ist $a_n = 1 \leq 1 + \sqrt{\dfrac{n}{n+1}}$.

Induktionsvoraussetzung:

Sei ein $n \in \mathbb{N}$ gegeben mit $a_n \leq 1 + \sqrt{\dfrac{n}{n+1}}$.

Induktionsbehauptung:

Dann gilt auch $a_{n+1} \leq 1 + \sqrt{\dfrac{n+1}{n+2}}$.

Beweis dafür:

Es ist

$$\alpha_{n+1} = \alpha_n \cdot \sqrt{\frac{n}{n+1}} + \frac{1}{n+1}$$

$$\overset{I.V.}{\leq} \left(1 + \sqrt{\frac{n}{n+1}}\right) \cdot \sqrt{\frac{n}{n+1}} + \frac{1}{n+1}.$$

Also reicht es zu zeigen, dass

$$\left(1 + \sqrt{\frac{n}{n+1}}\right) \cdot \sqrt{\frac{n}{n+1}} + \frac{1}{n+1} \leq 1 + \sqrt{\frac{n+1}{n+2}}.$$

$$\left(1 + \sqrt{\frac{n}{n+1}}\right) \cdot \sqrt{\frac{n}{n+1}} + \frac{1}{n+1} \leq 1 + \sqrt{\frac{n+1}{n+2}}$$

$$\Leftrightarrow 1 + \sqrt{\frac{n}{n+1}} \leq 1 + \sqrt{\frac{n+1}{n+2}}$$

$$\Leftrightarrow \sqrt{\frac{n}{n+1}} \leq \sqrt{\frac{n+1}{n+2}}$$

$$\Leftrightarrow \frac{n}{n+1} \leq \frac{n+1}{n+2}$$

$$\Leftrightarrow n^2 + 2n \leq n^2 + 2n + 1$$

$$\Leftrightarrow 0 \leq 1.$$

b) Die Folge ist durch 2 nach oben beschränkt.

Sei nämlich $n \in \mathbb{N}$ gegeben. Dann gilt $\alpha_n \leq 1 + \sqrt{\frac{n}{n+1}} \leq 2.$

Die Folge ist monoton wachsend. Denn sei $n \in \mathbb{N}$ gegeben. Dann gilt

$$\alpha_n \leq \alpha_{n+1} \Leftrightarrow \alpha_n \leq \alpha_n \cdot \sqrt{\frac{n}{n+1}} + \frac{1}{n+1}$$

$$\Leftrightarrow \alpha_n(n+1) \leq \alpha_n \sqrt{n(n+1)} + 1$$

$$\Leftrightarrow \alpha_n \left((n+1) - \sqrt{n(n+1)} \right) \le 1$$

$$\Leftrightarrow \alpha_n \left((n+1)^2 - n(n+1) \right) \le n+1 + \sqrt{n(n+1)}$$

$$\Leftrightarrow \left((\alpha_n - 1)(n+1) \right)^2 \le n(n+1)$$

$$\Leftrightarrow (\alpha_n - 1)^2 \le \frac{n}{n+1}$$

$$\Leftrightarrow \alpha_n - 1 \le \sqrt{\frac{n}{n+1}}$$

$$\Leftrightarrow \alpha_n \le 1 + \sqrt{\frac{n}{n+1}}.$$

(Da stets beide Seiten positiv sind, handelt es sich tatsächlich auch beim Quadrieren um Äquivalenzumformungen.) Die letzte Ungleichung ist nach Teil a) wahr.

Da die Folge monoton wachsend und nach oben beschränkt ist, ist sie konvergent.

<u>Lösung zu Aufgabe 253</u>   <u>zur Aufgabe   Seite 242</u>
Behauptung: Die Folge konvergiert gegen 2.

Beweis: i)   „2 ist eine obere Schranke.“
               Für $n = 1$ gilt $\alpha_n = \sqrt{2} < 2$.

               Sei ein $n \in \mathbb{N}$ gegeben, für das $\alpha_n < 2$.
               Dann ist

$$\begin{aligned} \alpha_{n+1} &= \sqrt{2\alpha_n} \\ &< \sqrt{2 \cdot 2} \\ &= 2. \end{aligned}$$

         ii) „Die Folge ist monoton steigend.“
               Sei $n \in \mathbb{N}$ gegeben.
               Dann gilt

$$\alpha_{n+1} \geq \alpha_n \Leftrightarrow \sqrt{2\alpha_n} \geq \alpha_n$$
$$\Leftrightarrow 2\alpha_n \geq \alpha_n^2$$
$$\Leftrightarrow 0 \geq \alpha_n(\alpha_n - 2)$$
$$\Leftrightarrow 0 < \alpha_n < 2.$$

Die letzte Ungleichung ist wahr.

iii) Die Folge ist also konvergent.

Sei a ihr Grenzwert.

Dann gilt $a = \sqrt{2a}$.

$$a = \sqrt{2a} \Rightarrow a^2 = 2a$$
$$\Rightarrow a = 0 \vee a = 2.$$

Da wegen i) und ii) alle Folgenglieder größer als $\sqrt{2}$ sind, ist $a = 2$.

<u>Lösung zu Aufgabe 254</u> <u>zur Aufgabe   Seite 243</u>

Behauptung: Die Folge konvergiert gegen $\sqrt{2}$.

Beweis: „Die Folge ist durch $\sqrt{2}$ nach oben beschränkt.“

Der Induktionsanfang ist offensichtlich.

Sei nun ein $n \in \mathbb{N}$ gegeben, für das $\alpha_n \leq \sqrt{2}$.

Dann gilt

$$\alpha_n \leq \sqrt{2} \Rightarrow \alpha_n^2 \leq 2$$
$$\Rightarrow 16 + 24\alpha_n + 9\alpha_n^2 \leq 18 + 24\alpha_n + 8\alpha_n^2$$
$$\Rightarrow (4 + 3\alpha_n)^2 \leq 2(3 + 2\alpha_n)^2$$
$$\Rightarrow \left(\frac{4 + 3\alpha_n}{3 + 2\alpha_n}\right)^2 \leq 2$$
$$\Rightarrow -\sqrt{2} \leq \frac{4 + 3\alpha_n}{3 + 2\alpha_n} \leq \sqrt{2}$$
$$\Rightarrow \alpha_{n+1} \leq \sqrt{2} .$$

„Die Folge ist monoton steigend.“

Sei $n \in \mathbb{N}$ gegeben.

Dann gilt

$$
\begin{aligned}
\alpha_n \leq \alpha_{n+1} &\Leftrightarrow \alpha_n \leq \frac{4 + 3\alpha_n}{3 + 2\alpha_n} \\
&\Leftrightarrow (3 + 2\alpha_n)\alpha_n \leq 4 + 3\alpha_n \\
&\Leftrightarrow 3\alpha_n + 2\alpha_n^2 \leq 4 + 3\alpha_n \\
&\Leftrightarrow \alpha_n^2 \leq 2 \\
&\Leftrightarrow -\sqrt{2} \leq \alpha_n \leq \sqrt{2} .
\end{aligned}
$$

Die letzte Ungleichung ist wahr, da alle Folgenglieder positiv sind und $\sqrt{2}$ eine obere Schranke der Folge ist.

Die Folge ist also konvergent, ihr Grenzwert heiße a .

Dann ist $\lim\limits_{n \to \infty} \alpha_n = \lim\limits_{n \to \infty} \alpha_{n+1}$.

Es gilt also $a = \dfrac{4 + 3a}{3 + 2a}$.

$$
\begin{aligned}
a = \frac{4 + 3a}{3 + 2a} &\Rightarrow 3a + 2a^2 = 4 + 3a \\
&\Rightarrow 2a^2 = 4 \\
&\Rightarrow a^2 = 2 \\
&\Rightarrow a = -\sqrt{2} \vee a = \sqrt{2} .
\end{aligned}
$$

Da alle Folgenglieder positiv sind, ist $a = \sqrt{2}$.

<u>Lösung zu Aufgabe 255</u>   <u>zur Aufgabe</u>   Seite 243

Behauptung: Die Folge konvergiert gegen 2.

Beweis: „2 ist eine obere Schranke der Folge.“

Der Induktionsanfang ist klar.

Sei $n \in \mathbb{N}$ gegeben mit $\alpha_n \leq 2$.

Dann gilt

$$a_n \leq 2 \Rightarrow 2a_n \leq 4$$
$$\Rightarrow \sqrt{2a_n} \leq 2$$
$$\Rightarrow \sqrt{a_n + \sqrt{2a_n}} \leq \sqrt{2 + 2}$$
$$\Rightarrow \sqrt{a_n + \sqrt{2a_n}} \leq 2$$
$$\Rightarrow a_{n+1} \leq 2.$$

„Die Folge ist monoton wachsend."

Sei $n \in \mathbb{N}$ gegeben.

Dann gilt

$$a_n \leq a_{n+1} \Rightarrow a_n \leq \sqrt{a_n + \sqrt{2a_n}}$$
$$\Rightarrow a_n^2 \leq a_n + \sqrt{2a_n}$$
$$\Rightarrow a_n^2 - a_n \leq \sqrt{2a_n}$$
$$\Rightarrow a_n^4 - 2a_n^3 + a_n^2 \leq 2a_n$$
$$\Rightarrow a_n(a_n - 2)(a_n^2 + 1) \leq 0$$
$$\Rightarrow 0 \leq a_n \leq 2.$$

Die letzte Ungleichung ist wahr, denn 2 ist eine obere Schranke und die Folgenglieder sind offensichtlich positiv.

Die Folge ist also konvergent. Ihr Grenzwert heiße a.

Nun gilt $a = \sqrt{a + \sqrt{2a}}$.

$$a = \sqrt{a + \sqrt{2a}} \Leftrightarrow a^2 = a + \sqrt{2a}$$
$$\Leftrightarrow a^2 - a = \sqrt{2a}$$
$$\Leftrightarrow a^4 - 2a^3 + a^2 = 2a$$
$$\Leftrightarrow a(a - 2)(a^2 + 1) = 0$$
$$\Leftrightarrow a = 0 \lor a = 2.$$

Da alle Folgenglieder positiv sind und die Folge monoton wächst, konvergiert sie. Ihr Grenzwert ist 2.

Lösung zu Aufgabe 256   zur Aufgabe   Seite 243
Es ist

$$\alpha_2 = 2 - \frac{4}{c} = \frac{2c - 4}{c},$$

$$\alpha_3 = 2 - \frac{4}{\left(\frac{2c-4}{c}\right)} = -\frac{8}{2c - 4}$$

$$\alpha_4 = 2 - \frac{4}{\left(-\frac{8}{2c-4}\right)} = c.$$

Das Gleichsetzen je zweier der Zahlen $c, \dfrac{-8}{2c-4}, \dfrac{2c-4}{c}$ führt zu der quadratischen Gleichung $(c - 1)^2 = -3$, deren Lösungsmenge leer ist.

Somit sind die drei Zahlen paarweise verschieden.

Nun gilt für alle $n \in \mathbb{N}$:

$$\alpha_n = \begin{cases} c, & \text{falls } n \equiv 1 \mod 3 \\ \frac{2c-4}{c}, & \text{falls } n \equiv 2 \mod 3 \\ \frac{-8}{2c-4}, & \text{falls } n \equiv 0 \mod 3 \end{cases}$$

Die Folge besitzt also genau 3 Häufungswerte und ist demzufolge nicht konvergent.

Lösung zu Aufgabe 257   zur Aufgabe   Seite 243
Für $k = 1$ ist $\alpha_{5k} = 5$.

Sei $k \in \mathbb{N}$ gegeben, für das $5 \mid \alpha_{5k}$.

Dann ist

$$\begin{aligned}
\alpha_{5k+1} &= \alpha_{5k} + \alpha_{5k-1}, \\
\alpha_{5k+2} &= 2\alpha_{5k} + \alpha_{5k-1}, \\
\alpha_{5k+3} &= 3\alpha_{5k} + 2\alpha_{5k-1}, \\
\alpha_{5k+4} &= 5\alpha_{5k} + 3\alpha_{5k-1}, \\
\alpha_{5(k+1)} &= \alpha_{5k+5} = 8\alpha_{5k} + 5\alpha_{5k-1}.
\end{aligned}$$

Nach Voraussetzung gilt $5 \mid \alpha_{5k}$ also auch $5 \mid 8\alpha_{5k}$ und $5 \mid 8\alpha_{5k} + 5\alpha_{k-1}$.

Es folgt $5 \mid \alpha_{5(k+1)}$.

Lösung zu Aufgabe 258   zur Aufgabe   Seite 244
Sei $\varepsilon > 0$ gegeben.

1. Fall: $a \geq 1$.

Wähle $n_0 > \dfrac{a - 1}{\varepsilon}$.

Sei $n \geq n_0$.

Dann gilt

$$n_0 > \frac{a - 1}{\varepsilon} \Rightarrow 1 + n_0\varepsilon > a$$

$$\Rightarrow (1 + \varepsilon)^{n_0} > a$$

$$\Rightarrow 1 + \varepsilon > \sqrt[n_0]{a}$$

$$\Rightarrow 1 + \varepsilon > \sqrt[n]{a}$$

$$\Rightarrow \sqrt[n]{a} - 1 < \varepsilon$$

$$\Rightarrow \left| \sqrt[n]{a} - 1 \right| < \varepsilon.$$

2. Fall: $a < 1$.

Sei $a' = \dfrac{1}{a}$.

Dann ist

$$\left| \sqrt[n]{a} - 1 \right| = \left| \sqrt[n]{\frac{1}{a'}} - 1 \right|$$

$$= \left| \frac{1}{\sqrt[n]{a'}} - 1 \right|$$

$$= \left| \frac{1 - \sqrt[n]{a'}}{\sqrt[n]{a'}} \right|$$

$$= \left| \frac{1}{\sqrt[n]{a'}} \right| \cdot \left| 1 - \sqrt[n]{a'} \right|$$

$$= \left| \frac{1}{\sqrt[n]{a'}} \right| \cdot \left| \sqrt[n]{a'} - 1 \right|.$$

Nach 1. Fall gilt für alle $n \geq n_0 > \dfrac{a' - 1}{\varepsilon}$ schon $\left| \sqrt[n]{a'} - 1 \right| < \varepsilon$.

Sei also $n \geq n_0$ gegeben.

Weiter gilt dann $a' > 1$.

$$a' > 1 \Rightarrow \frac{1}{a'} < 1$$

$$\Rightarrow \sqrt[n]{\frac{1}{a'}} < 1$$

$$\Rightarrow \frac{1}{\sqrt[n]{a'}} < 1$$

$$\Rightarrow \left| \frac{1}{\sqrt[n]{a'}} \right| < 1.$$

Insgesamt folgt $\left| \dfrac{1}{\sqrt[n]{a'}} \right| \cdot \left| \sqrt[n]{a'} - 1 \right| < \varepsilon$, und somit $\left| \sqrt[n]{a} - 1 \right| < \varepsilon$.

Lösung zu Aufgabe 259   zur Aufgabe   Seite 244

Wir definieren $\left(\alpha_n \right)_{n \in \mathbb{N}}$ durch $\alpha_n = \begin{cases} 2 & \text{falls } n \text{ ungerade} \\ \frac{1}{2} & \text{falls } n \text{ gerade} \end{cases}$.

Dann ist $\left(\alpha_n \right)_{n \in \mathbb{N}}$ offensichtlich divergent mit den Häufungswerten 2 und $\frac{1}{2}$.

Die Folge $\left(\sqrt[n]{\alpha_1 \ldots \alpha_n} \right)_{n \in \mathbb{N}}$ hat die Eigenschaft, dass

$$\sqrt[n]{\alpha_1 \ldots \alpha_n} = \begin{cases} 1, & \text{falls } n \text{ ungerade} \\ \sqrt[n]{2}, & \text{falls } n \text{ gerade} \end{cases}.$$

Die Teilfolge mit den ungeraden Indizes ist also konstant 1, die mit den geraden Indizes konvergiert nach Aufgabe 258 gegen 1.

Lösung zu Aufgabe 260   zur Aufgabe   Seite 244

Die Reihe divergiert, denn für alle $n \in \mathbb{N}$ gilt $\dfrac{1}{n-1} - \dfrac{1}{n} + \dfrac{1}{n+1} > \dfrac{1}{n}$.

Sei nämlich $n \in \mathbb{N}$ gegeben. Dann ist

$$\frac{1}{n-1} - \frac{1}{n} + \frac{1}{n+1} > \frac{1}{n}$$

$$\Leftrightarrow \frac{1}{n-1} + \frac{1}{n+1} > \frac{2}{n}$$
$$\Leftrightarrow n(n+1) + n(n-1) > 2(n-1)(n+1)$$
$$\Leftrightarrow 2n^2 > 2(n^2-1).$$

Die letzte Ungleichung ist offensichtlich wahr.

Also gilt

$$1 + \underbrace{\frac{1}{2} - \frac{1}{3} + \frac{1}{4}}_{> \frac{1}{3}} + \underbrace{\frac{1}{5} - \frac{1}{6} + \frac{1}{7}}_{> \frac{1}{6}} + \ldots > 1 + \frac{1}{3} + \frac{1}{6} + \ldots$$

$$= 1 + \frac{1}{3} \sum_{n=1}^{\infty} \frac{1}{n}.$$

Da $\displaystyle\sum_{n=1}^{\infty} \frac{1}{n}$ nach oben unbeschränkt ist, ist auch $\displaystyle\frac{1}{3} \sum_{n=1}^{\infty} \frac{1}{n}$ und somit $\displaystyle 1 + \frac{1}{3} \sum_{n=1}^{\infty} \frac{1}{n}$

nach oben unbeschränkt. Wir haben also eine divergente Minorante gefunden.

<u>Lösung zu Aufgabe 261</u> <u>zur Aufgabe Seite 244</u>

Die Reihe $\displaystyle\sum_{n=1}^{\infty} \frac{x^n}{n^2}$ ist genau dann konvergent, wenn $-1 \le x \le 1$.

Sei $x \in \mathbb{R}$ gegeben mit $-1 \le x \le 1$.

Dann gilt

$$\sum_{n=1}^{\infty} \frac{x^n}{n^2} \le \sum_{n=1}^{\infty} \left| \frac{x^n}{n^2} \right|$$
$$\le \sum_{n=1}^{\infty} \frac{1}{n^2}.$$

Die Reihe $\displaystyle\sum_{n=1}^{\infty} \frac{1}{n^2}$ ist eine konvergente Majorante.

Sei $x < -1$ oder $x > 1$.

Dann ist $\left(\dfrac{x^n}{n^2}\right)_{n\in\mathbb{N}}$ nicht einmal eine Nullfolge, also $\displaystyle\sum_{n=1}^{\infty}\dfrac{x^n}{n^2}$ auch nicht

konvergent.

<u>Lösung zu Aufgabe 262</u>   zur Aufgabe   Seite 244

a) Die Reihe $\displaystyle\sum_{n=1}^{\infty} 2^n \cdot n^2 \cdot x^n$ konvergiert genau dann, wenn $-\dfrac{1}{2} \leq x \leq \dfrac{1}{2}$.

Für $x \leq -\dfrac{1}{2}$ oder $x \geq \dfrac{1}{2}$ ist $\left(2^n \cdot n^2 \cdot x^n\right)_{n\in\mathbb{N}}$ keine Nullfolge, also die Reihe

$\displaystyle\sum_{n=1}^{\infty} 2^n \cdot n^2 \cdot x^n$ nicht konvergent.

Sei nun $-\dfrac{1}{2} \leq x \leq \dfrac{1}{2}$.

Dann ist $\displaystyle\sum_{n=1}^{\infty} \left|2^n \cdot n^2 \cdot x^n\right| \leq \sum_{n=1}^{\infty} \left|n^2 \cdot r^n\right|$ für eine reelle Zahl r mit $\left|r\right| < 1$.

Nun gilt für alle $n \in \mathbb{N}$: $\left|\dfrac{(n+1)^2 r^{n+1}}{n^2 r^n}\right| = \left|\left(1+\dfrac{1}{n}\right)^2 r\right|$.

Da $\left|r\right| < 1$, gilt für alle $n > \dfrac{1}{1-\sqrt{r}}$, dass $\left|\left(1+\dfrac{1}{n}\right)^2 r\right| < 1$.

Sei nun $n_0 > \dfrac{1}{1-\sqrt{r}}$.

Insbesondere findet man dann also ein positives $q \in \mathbb{R}_{<1}$, so dass für alle $n \geq n_0$ gilt:

$$\left|\left(1+\dfrac{1}{n}\right)^2 r\right| < q.$$

Somit gilt $\displaystyle\sum_{n=1}^{\infty} 2^n \cdot n^2 \cdot x^n < \sum_{k=n_0}^{\infty} \left|q^k\right| = \sum_{k=n_0}^{\infty} q^k$.

Da die geometrische Reihe $\displaystyle\sum_{k=1}^{\infty} q^k$ mit $0 < q < 1$ konvergiert, konvergiert auch

die Reihe

$\displaystyle\sum_{n=1}^{\infty} 2^n \cdot n^2 \cdot x^n$, denn $\displaystyle\sum_{k=1}^{\infty} q^k$ ist ab dem n_0-ten Summanden eine Majorante.

Die ersten $n_0 - 1$ Folgenglieder spielen für die Konvergenz keine Rolle.

b) Wir betrachten die Quotienten: Für alle $n \in \mathbb{N}$ gilt

$$\frac{\left(\dfrac{(n+1)! \cdot 2^{n+1}}{(n+1)^{n+1}} \right)}{\left(\dfrac{n! \cdot 2^n}{n^n} \right)} = 2 \left(1 - \frac{1}{n+1} \right)^n .$$

Für alle $n \geq 2$ gilt: $\left(1 + \dfrac{1}{n} \right)^n \geq 2 + \dfrac{n(n-1)}{2n^2} .$

(Zweite Bernoullische Ungleichung)

Somit gilt für alle $n \geq 2$ auch

$$2 \left(1 - \frac{1}{n+1} \right)^n = 2 \left(\frac{n}{n+1} \right)^n$$

$$\leq \frac{2}{2 + \dfrac{n(n-1)}{2n^2}}$$

$$= \frac{4n}{5n - 1}$$

$$\leq \frac{8}{9} .$$

Mit dem Quotientenkriterium folgt die Konvergenz.

Lösung zu Aufgabe 263   zur Aufgabe   Seite 244

Behauptung: Die Reihe $\displaystyle\sum_{n=1}^{\infty} \frac{n^3}{3^n} x^n$ konvergiert für alle $x \in \mathbb{R}$ mit $-3 < x < 3$.

Beweis: Ist $x \leq -3$ oder $x \geq 3$, dann ist $\left(\dfrac{n^3}{3^n} x^n \right)_{n \in \mathbb{N}}$ unbeschränkt und die dazu gehörige Reihe daher divergent.

Für $x = 0$ ist die Reihe offensichtlich konvergent.

Sei nun $-3 < x < 3$ und $x \neq 0$.

Dann findet man ein $r > 0$, so dass $\dfrac{3}{|x|} = 1 + r$.

Wir argumentieren nun mit dem Quotientenkriterium und betrachten

$$\left| \frac{\left(\dfrac{(n+1)^3}{3^{n+1}} x^{n+1} \right)}{\left(\dfrac{n^3}{3^n} x^n \right)} \right| = \left| \frac{x}{3} \left(\frac{n+1}{n} \right)^3 \right|$$

$$= \frac{|x|}{3} \left(1 + \frac{3}{n} + \frac{3}{n^2} + \frac{1}{n^3} \right)$$

$$\leq \frac{|x|}{3} \left(1 + \frac{7}{n} \right).$$

Wähle $n_0 > \dfrac{7}{r}$.

Dann gilt für alle $n \geq n_0$: $\dfrac{7}{r} < n$.

Sei nun $n \geq n_0$ gegeben.

$$\frac{7}{r} < n \Rightarrow \frac{7}{n} < r$$

$$\Rightarrow 1 + \frac{7}{n} < 1 + r$$

$$\Rightarrow 1 + \frac{7}{n} < \frac{3}{|x|}$$

$$\Rightarrow \frac{|x|}{3} \left(1 + \frac{7}{n} \right) < 1.$$

Wähle $q = \dfrac{|x|}{3} \left(1 + \dfrac{7}{n_0} \right)$.

Dann ist $q < 1$, und für alle $n \geq n_0$ gilt: $\dfrac{|x|}{3}\left(1 + \dfrac{7}{n}\right) < q$.

Somit ist die Reihe konvergent.

<u>Lösung zu Aufgabe 264</u> <u>zur Aufgabe</u> Seite 245

a) Behauptung: Die Reihe $\displaystyle\sum_{n=1}^{\infty} \dfrac{\sin\left(1 + n\pi\right)}{n}$ ist konvergent.

Beweis: Es ist

$$\sum_{n=1}^{\infty} \frac{\sin\left(1 + n\pi\right)}{n} = \sum_{n=1}^{\infty} \frac{\sin 1 \cos n\pi + \cos 1 \sin n\pi}{n}$$

$$= \sin 1 \cdot \sum_{n=1}^{\infty} \frac{\left(-1\right)^n}{n}.$$

Die alternierende harmonische Reihe $\displaystyle\sum_{n=1}^{\infty} \dfrac{\left(-1\right)^{n-1}}{n}$ konvergiert.

Somit konvergiert auch $\sin 1 \cdot \displaystyle\sum_{n=1}^{\infty} \dfrac{\left(-1\right)^{n-1}}{n}$.

b) Behauptung: Die Reihe $\displaystyle\sum_{n=1}^{\infty} \dfrac{1}{\left(2n + 1\right)^2}$ konvergiert.

Beweis: Die Reihe $\displaystyle\sum_{n=1}^{\infty} \dfrac{1}{n^2}$ ist eine konvergente Majorante.

<u>Lösung zu Aufgabe 265</u> <u>zur Aufgabe</u> Seite 245

Alle Glieder der Reihe sind positiv und $\displaystyle\sum_{n=1}^{\infty} \dfrac{1}{2^{n-1}}$ ist eine konvergente Majorante.

Es ist

$$1 + \frac{1}{2} - \frac{1}{4} + \frac{1}{8} + \frac{1}{16} - \frac{1}{32} + \ldots + \frac{1}{2^{3n}} + \frac{1}{2^{3n+1}} - \frac{1}{2^{3n+2}} + \ldots$$

$$= \left(1 + \frac{1}{2} - \frac{1}{4} \right) + \left(\frac{1}{8} + \frac{1}{16} - \frac{1}{32} \right) + \ldots + \left(\frac{1}{2^{3n}} + \frac{1}{2^{3n+1}} - \frac{1}{2^{3n+2}} \right) + \ldots$$

$$= \frac{5}{2^2} + \frac{5}{2^5} + \frac{5}{2^8} + \ldots + \frac{5}{2^{3n+2}} + \ldots$$

$$= \frac{5}{4} \sum_{n=1}^{\infty} \frac{1}{8^{n-1}}$$

$$= \frac{5}{4} \cdot \frac{1}{1 - \frac{1}{8}}$$

$$= \frac{10}{7} .$$

Lösung zu Aufgabe 266 zur Aufgabe   Seite 245

a)   Behauptung: Die Reihe $\displaystyle\sum_{n=1}^{\infty} \frac{1}{n}$ divergiert.

     Beweis: Es ist

$$\sum_{n=1}^{\infty} \frac{1}{n}$$

$$= \underbrace{1}_{> \frac{1}{2}} + \underbrace{\frac{1}{2}}_{\geq \frac{1}{2}} + \underbrace{\frac{1}{3} + \frac{1}{4}}_{\geq \frac{1}{2}} + \underbrace{\frac{1}{5} + \ldots + \frac{1}{8}}_{\geq \frac{1}{2}} + \underbrace{\frac{1}{9} + \ldots + \frac{1}{16}}_{\geq \frac{1}{2}} + \ldots$$

Für alle $k \in \mathbb{N}_0$ ist

$$\frac{1}{2^k + 1} + \ldots + \frac{1}{2^{k+1}} = \frac{1}{2^k + 1} + \ldots + \frac{1}{2^k + 2^k}$$

$$\geq \underbrace{\frac{1}{2^k + 2^k} + \ldots + \frac{1}{2^k + 2^k}}_{2^k \text{ Summanden}}$$

$$= 2^k \cdot \frac{1}{2^{k+1}}$$

$$= \frac{1}{2} .$$

(Ausführlich in Aufgabe 157)

Die Reihe ist also nach oben unbeschränkt und daher nicht konvergent.

b) Behauptung: Die Reihe $\displaystyle\sum_{n=1}^{\infty} \frac{1}{n^2}$ ist konvergent.

Beweis: Es ist

$$\sum_{n=1}^{\infty} \frac{1}{n^2}$$

$$= 1 + \frac{1}{2^2} + \frac{1}{3^2} \quad + \frac{1}{4^2} + \ldots + \frac{1}{7^2} + \frac{1}{8^2} + \ldots + \frac{1}{15^2} + \ldots$$

$$< 1 + \underbrace{\frac{1}{2^2} + \frac{1}{2^2}}_{2 \text{ Summanden}} + \underbrace{\frac{1}{4^2} + \ldots + \frac{1}{4^2}}_{4 \text{ Summanden}} + \underbrace{\frac{1}{8^2} + \ldots + \frac{1}{8^2}}_{8 \text{ Summanden}} + \ldots$$

$$= 1 + \frac{1}{2} + \frac{1}{4} + \frac{1}{8} + \ldots$$

$$= 2.$$

Die geometrische Reihe $\displaystyle\sum_{n=1}^{\infty} q^{n-1}$ mit $q = \dfrac{1}{2}$ ist eine konvergente Majorante.

<u>Lösung zu Aufgabe 267</u> zur Aufgabe Seite 245

Nach Aufgabe 162 konvergiert $\displaystyle\sum_{k=1}^{\infty} \frac{1}{n^2}$.

Die Reihe $\displaystyle\sum_{k=1}^{\infty} \frac{1}{n^2}$ ist also eine konvergente Majorante von $\displaystyle\sum_{k=1}^{\infty} \frac{1}{n(n+1)}$.

Somit konvergiert auch $\displaystyle\sum_{k=1}^{\infty} \frac{1}{n(n+1)}$.

<u>Lösung zu Aufgabe 268</u> zur Aufgabe Seite 245

Für alle $n \in \mathbb{N}$ gilt

$$\frac{1}{n^2 + 5n + 6} = \frac{1}{(n+2)(n+3)}$$

$$= \frac{(n+3) - (n+2)}{(n+2)(n+3)}$$

$$= \frac{n+3}{(n+2)(n+3)} - \frac{n+2}{(n+2)(n+3)}$$

$$= \frac{1}{n+2} - \frac{1}{n+3}.$$

Also ist für alle $k \in \mathbb{N}$

$$\sum_{n=0}^{k} \frac{1}{n^2 + 5n + 6} = \frac{1}{2} - \frac{1}{k+3} \text{ und somit } \sum_{n=0}^{\infty} \frac{1}{n^2 + 5n + 6} = \frac{1}{2}.$$

Lösung zu Aufgabe 269   zur Aufgabe   Seite 246

Wir zeigen, dass für alle $n \in \mathbb{N}$ gilt: $\dfrac{1}{n} < \sqrt[n]{3} - 1$.

Sei $n \in \mathbb{N}$ gegeben.

Dann gilt

$$\frac{1}{n} < \sqrt[n]{3} - 1 \Leftrightarrow 1 + \frac{1}{n} < \sqrt[n]{3}$$

$$\Leftrightarrow \left(1 + \frac{1}{n}\right)^n < 3.$$

Die letzte Ungleichung ist wahr, denn $\left(1 + \dfrac{1}{n}\right)^n_{n \in \mathbb{N}}$ ist streng monoton wachsend

und konvergiert gegen e.

Lösung zu Aufgabe 270   zur Aufgabe   Seite 246

Es ist

$$\left(\sum_{n \geq 1} \frac{1}{n^2 + (2b+1)n + b^2 + b}\right) = \left(\sum_{n \geq 1} \frac{1}{(b+n)(b+n+1)}\right)$$

$$= \left(\sum_{n \geq 1} \frac{1}{b+n} - \frac{1}{b+n+1}\right).$$

Der Grenzwert dieser Reihe ist $\dfrac{1}{b+1}$.

22. Lösungen zur Algebra

Lösung zu Aufgabe 271   zur Aufgabe   Seite 248

a) Offensichtlich ist ∘ eine innere Verknüpfung in $G \times \{1, -1\}$.

Die Verknüpfung ist assoziativ, denn seien $x, y, z \in G \times \{1, -1\}$.

Dann findet man $g, h, i \in G, a, b, c \in \{1, -1\}$

mit $x = (g, a), y = (h, b), z = (i, c)$.

Es ist

$$
\begin{aligned}
(x \circ y) \circ z &= \big((g, a) \circ (h, b)\big) \circ (i, c) \\
&= (g \cdot h^a, ab) \circ (i, c) \\
&= (g \cdot h^a \cdot i^{ab}, abc) \\
&= \big(g \cdot (h \cdot i^b)^a, abc\big) \\
&= (g, a) \circ (h \cdot i^b, bc) \\
&= (g, a) \circ \big((h, b) \circ (i, c)\big) \\
&= x \circ (y \circ z).
\end{aligned}
$$

Das neutrale Element bezüglich ∘ ist $(e, 1)$.

Es ist nämlich

$$
(g, a) \circ (e, 1) = (g \cdot e^a, a) \qquad (e, 1) \circ (g, a) = (e \cdot g^1, a)
$$
$$
= (g, a) \qquad\qquad\text{und}\qquad\qquad = (g, a).
$$

Das Element (g, a) ist selbstinvers, falls $a = -1$, sonst $(g^{-1}, 1)$ invers zu (g, a).

Für $a = -1$ ist nämlich

$$
\begin{aligned}
(g, a) \circ (g, a) &= \big(g \cdot g^a)^a, a^2\big) \\
&= (e, 1)
\end{aligned}
$$

Für $a = 1$ ist

$$(g, a) \circ (g^{-1}, a) = \left((g \cdot g^{-1})^a, a^2 \right)$$
$$\qquad\qquad = (e, 1)$$
und

$$(g^{-1}, a) \circ (g, a) = \left((g^{-1} \cdot g)^a, a^2 \right)$$
$$\qquad\qquad = (e, 1)$$

b) Sei g ein erzeugendes Element von G.

Dann sind $(g, -1), (e, -1)$ zwei involutorische Elemente mit

$$\langle (g, -1), (e, -1) \rangle = D.$$

Es ist nämlich für alle $h \in G$

$$(h, -1) \circ (h, -1) = \left(h \cdot h^{-1}, (-1)^2 \right)$$
$$\qquad\qquad = (e, 1).$$

Sei nun irgendein Element $a \in G \times \{1, -1\}$ gegeben.

Dann findet man $n \in \mathbb{N}_0$ mit $a = (g^n, 1)$ oder $a = (g^n, -1)$.

Beide Elemente lassen sich sukzessive erzeugen.

Lösung zu Aufgabe 272   zur Aufgabe   Seite 249

a) Es ist klar, dass $\star$ eine assoziative, kommutative und innere Verknüpfung in $\mathbb{N}_0$

ist. Das neutrale Element ist 0.

Sei $a \in \mathbb{N}_0$ mit der Ziffernfolge $a_n a_{n-1} \ldots a_1 a_0$, also $a = \sum_{i=0}^{n} a_i \cdot 10^i$ mit

$n \in \mathbb{N}$.

Setze $b = \sum_{i=0}^{n} b_i \cdot 10^i$ mit $n \in \mathbb{N}$ und $b_i = 10 - a_i$ für alle $i \in \{1, ..., n\}$.

Dann ist b das zu a inverse Element.

b) $0 \in H$.

Sei $h \in H$ gegeben.

Dann findet man $h_1, h_0 \in \{0, ..., 9\}$ mit $h = 10 \cdot h_1 + h_0$.

Nun ist $h^{-1} = 10 \cdot \left(10 - h_1\right) + \left(10 - h_0\right)$ das zu h inverse Element.

Es liegt ebenfalls in H.

Die Teiler von 100 sind $1, 2, 4, 5, 10, 20, 25, 50, 100$.

Für jeden Teiler t gibt es eine Untergruppe der Ordnung t.

Für $t = 1, t = 100$ sind es die beiden trivialen Untergruppen.

Für $t = 2$ ist $\left\{0, 5\right\}$ eine Untergruppe der Ordnung t.

Für $t = 4$ ist $\left\{0, 5, 50, 55\right\}$ eine Untergruppe der Ordnung t.

Für $t = 5$ ist $\left\{0, 2, 4, 6, 8\right\}$ eine Untergruppe der Ordnung t.

Für $t = 10$ ist $\left\{0, 1, 2, 3, 4, 5, 6, 7, 8, 9\right\}$ eine Untergruppe der Ordnung t.

Für $t = 20$ ist die Teilmenge der Vielfachen von 5 eine Untergruppe der Ordnung t.

Für $t = 25$ ist die Teilmenge aller Zahlen ohne ungerade Ziffern eine Untergruppe der Ordnung t.

Für $t = 50$ ist die Menge der geraden Zahlen eine Untergruppe der Ordnung t.

<u>Lösung zu Aufgabe 273</u>   <u>zur Aufgabe</u>   <u>Seite 249</u>

Es ist $P = \left\{\emptyset, \{a\}, \{b\}, M\right\}$.

$\circ$	$\emptyset$	$\{a\}$	$\{b\}$	M
$\emptyset$	$\emptyset$	$\{a\}$	$\{b\}$	M
$\{a\}$	$\{a\}$	$\emptyset$	M	$\{b\}$
$\{b\}$	$\{b\}$	M	$\emptyset$	$\{a\}$
M	M	$\{b\}$	$\{a\}$	$\emptyset$

An der Verknüpfungstafel erkennt man die Isomorphie zur Kleinschen Vierergruppe. Tatsächlich ist also $\left(P, \circ\right)$ eine Gruppe.

<u>Lösung zu Aufgabe 274</u>   <u>zur Aufgabe</u>   <u>Seite 249</u>

a) Offensichtlich ist $\bullet$ eine innere Verknüpfung.

Die Assoziativität der Verknüpfung lässt sich auf die Assoziativität von $\circ$ und $\odot$ zurückführen.

Ist e_G das neutrale Element bezüglich $\circ$ in G und e_H das neutrale Element bezüglich $\odot$ in H, dann ist (e_G, e_H) das neutrale Element bezüglich $\bullet$ in $G \times H$.

Sei $(g, h) \in G \times H$ und sei g^{-1} invers zu g bezüglich $\circ$ und h^{-1} invers zu h bezüglich $\odot$. Dann ist (g^{-1}, h^{-1}) invers zu (g, h) bezüglich $\bullet$.

Also ist $(G \times H, \bullet)$ tatsächlich eine Gruppe.

b) Die Gruppe $(\mathbb{Z}_2, +)$ ist offensichtlich eine zyklische Gruppe.
    Wir betrachten das Kreuzprodukt $(\mathbb{Z}_2, +) \times (\mathbb{Z}_2, +)$.
    Ihr Kreuzprodukt enthält die Elemente $\left\{ (0,0), (0,1), (1,0), (1,1) \right\}$.

    Das Kreuzprodukt ist also eine Gruppe, die nicht zyklisch ist, sondern eine Kleinsche Vierergruppe ist.

Lösung zu Aufgabe 275   zur Aufgabe   Seite 250
Die Verknüpfung ist assoziativ, denn seien $a, b, c \in \mathbb{Q}$ gegeben.
Dann gilt

$$
\begin{aligned}
a \circ (b \circ c) &= a \circ (b + c - 2bc) \\
&= a + b + c - 2bc - 2a(b + c - 2bc) \\
&= a + b + c - 2bc - 2ab - 2ac + 4abc \\
&= a + b - 2ab + c - 2(a + b - 2ab)c \\
&= (a + b - 2ab) \circ c \\
&= (a \circ b) \circ c.
\end{aligned}
$$

Das neutrale Element ist 0, denn sei $a \in \mathbb{Q}$ gegeben.
Dann ist

$$
\begin{aligned}
a \circ 0 &= a + 0 - 2a \cdot 0 \quad \text{und} \quad 0 \circ a = 0 + a - 2 \cdot 0 \cdot a \\
&= a \qquad\qquad\qquad\qquad\qquad\qquad\quad = a.
\end{aligned}
$$

Jedes Element außer $\dfrac{1}{2}$ ist invertierbar, denn seien $a, a' \in \mathbb{Q} \backslash \left\{ \dfrac{1}{2} \right\}$ gegeben.

Dann gilt

$$a \circ a' = 0 \Leftrightarrow a + a' - 2a a' = 0$$
$$\Leftrightarrow a'(1 - 2a) = -a$$
$$\Leftrightarrow a' = \frac{-a}{1 - 2a}.$$

Angenommen $\dfrac{-a}{1 - 2a} = \dfrac{1}{2}$.

Dann wäre $-2a = 1 - 2a$, was offensichtlich falsch ist.

Also ist die Annahme falsch und $\dfrac{-a}{1 - 2a} \neq \dfrac{1}{2}$.

Somit ist $\dfrac{-a}{1 - 2a}$ das zu a inverse Element.

Wir müssen noch zeigen, dass die Verknüpfung abgeschlossen ist, das heißt, dass für alle $a, b \in \mathbb{Q} \backslash \left\{ \dfrac{1}{2} \right\}$ auch $a \circ b \in \mathbb{Q} \backslash \left\{ \dfrac{1}{2} \right\}$.

Seien also $a, b \in \mathbb{Q} \backslash \left\{ \dfrac{1}{2} \right\}$ gegeben.

Dann gilt

$$a \circ b = \frac{1}{2} \Leftrightarrow a + b - 2ab = \frac{1}{2}$$
$$\Leftrightarrow a(1 - 2b) + b = \frac{1}{2}.$$

Für $b \neq \dfrac{1}{2}$ ist

$$a(1 - 2b) + b = \frac{1}{2} \Leftrightarrow a = \frac{\frac{1}{2} - b}{1 - 2b}$$

$$\Leftrightarrow a = \frac{\left(\frac{1-2b}{2}\right)}{1-2b}$$

$$\Leftrightarrow a = \frac{1}{2}.$$

Es gilt also $a \circ b = \dfrac{1}{2} \Leftrightarrow a = \dfrac{1}{2} \lor b = \dfrac{1}{2}$.

Für alle $a, b \in \mathbb{Q}\backslash\left\{\dfrac{1}{2}\right\}$ gilt also $a \circ b \in \mathbb{Q}\backslash\left\{\dfrac{1}{2}\right\}$.

Also ist $\mathbb{Q}\backslash\left\{\dfrac{1}{2}\right\}$ schon eine möglichst große Teilmenge von $\mathbb{Q}$, die mit der

Verknüpfung $\circ$ eine Gruppe bildet.

<u>Lösung zu Aufgabe 276</u>   <u>zur Aufgabe   Seite 250</u>

a) Seien $v, w \in \mathbb{Z}$ mit $\varphi(v) = \varphi(w)$.

Für $v < 0, w \geq 0$ kann nicht $\varphi(v) = \varphi(w)$ gelten, ebenso für $v \geq 0, w < 0$.

1. Fall: $v, w < 0$.

Dann gilt $\varphi(v) = \varphi(w) \Leftrightarrow -2v = -2w$.

Daraus folgt schon $v = w$.

2. Fall: $v, w \geq 0$.

Dann gilt $\varphi(v) = \varphi(w) \Leftrightarrow 2v + 1 = 2w + 1$.

Daraus folgt schon $v = w$.

Die Abbildung φ ist also injektiv.

Sei nun $n \in \mathbb{N}$ gegeben.

1. Fall: n ist gerade.

Wähle $z = -\dfrac{n}{2}$.

Dann ist

$$\varphi(z) = -2z$$

$$= -2 \cdot \left(-\frac{n}{2}\right)$$

$$= n\,.$$

2. Fall: n ist ungerade.

Wähle $z = \dfrac{n-1}{2}$.

Dann ist

$$\varphi(z) = 2z + 1$$

$$= -2 \cdot \left(\frac{n-1}{2}\right) + 1$$

$$= n\,.$$

Die Abbildung φ ist also auch surjektiv und damit bijektiv.

b) Offensichtlich ist $\circ$ eine innere Verknüpfung.

Seien $a, b, c \in \mathbb{N}$ gegeben.

Dann ist

$$(a \circ b) \circ c = \left(a\varphi^{-1} + b\varphi^{-1}\right)\varphi \circ c$$

$$= \left(\left(a\varphi^{-1} + b\varphi^{-1}\right)\varphi\varphi^{-1} + c\varphi^{-1}\right)\varphi$$

$$= \left(a\varphi^{-1} + b\varphi^{-1} + c\varphi^{-1}\right)\varphi$$

$$= \left(a\varphi^{-1} + \left(b\varphi^{-1} + c\varphi^{-1}\right)\varphi\varphi^{-1}\right)\varphi$$

$$= a \circ \left(\left(b\varphi^{-1} + c\varphi^{-1}\right)\varphi\right)$$

$$= a \circ (b \circ c)\,.$$

Also ist $\circ$ assoziativ.

Offensichtlich ist $\circ$ auch kommutativ.

1 ist das neutrale Element. Denn

$$a \circ 1 = \left(a\varphi^{-1} + 1\varphi^{-1}\right)\varphi$$
$$= \left(a\varphi^{-1} + 0\right)\varphi$$
$$= a\varphi^{-1}\varphi$$
$$= a \,.$$

Für gerade a ist $a + 1$ invers, denn

$$\left(a\varphi^{-1} + (a+1)\varphi^{-1}\right)\varphi = \left(-\frac{a}{2} + \frac{(a+1)-1}{2}\right)\varphi$$
$$= 0\varphi$$
$$= 1.$$

Für ungerade a ist dann $a - 1$ invers, denn

$$\left(a\varphi^{-1} + (a-1)\varphi^{-1}\right)\varphi = \left(\frac{a-1}{2} - \frac{a-1}{2}\right)\varphi$$
$$= 0\varphi$$
$$= 1.$$

Also ist $\left(\mathbb{N}, \circ\right)$ eine kommutative Gruppe.

c)

$$x \circ x \circ 11 = 23 \Leftrightarrow \left(\left(x\varphi^{-1} + x\varphi^{-1}\right)\varphi\varphi^{-1} + 11\varphi^{-1}\right)\varphi = 23$$
$$\Leftrightarrow x\varphi^{-1} + x\varphi^{-1} + 11\varphi^{-1} = 23\varphi^{-1}$$
$$\Leftrightarrow x\varphi^{-1} + x\varphi^{-1} + 11\varphi^{-1} = 11$$
$$\Leftrightarrow x\varphi^{-1} + x\varphi^{-1} + 5 = 11$$
$$\Leftrightarrow 2x\varphi^{-1} = 6$$
$$\Leftrightarrow x\varphi^{-1} = 3$$
$$\Leftrightarrow x = 7.$$

Lösung zu Aufgabe 277   zur Aufgabe   Seite 250

Durch Vertauschung der Reihenfolge der Elemente erhält man aus der linken Tafel die rechte, die dieselbe Struktur wie die Tafel der zyklischen Gruppe der Ordnung 5 besitzt:

*	3	4	2	1	5
3	3	4	2	1	5
4	4	2	1	5	3
2	2	1	5	3	4
1	1	5	3	4	2
5	5	3	4	2	1

*	1	2	3	4	5
1	4	3	1	5	2
2	3	5	2	1	4
3	1	2	3	4	5
4	5	1	4	2	3
5	2	4	5	3	1

Also ist $(M, *)$ eine Gruppe.

Nun kann $(M, \circ)$ keine Gruppe sein, denn wir wissen, dass zur Ordnung 5 nur die zyklische Gruppe existiert. Diese besitzt mit dem neutralen Element aber genau ein selbstinverses Element, während in $(M, \circ)$ mit 1 und 2 zwei selbstinverse Elemente gegeben sind.

Alternativ kann man auch argumentieren, dass $\circ$ nicht assoziativ ist, denn es ist

$$
\begin{aligned}
(2 \circ 3) \circ 4 &= 4 \circ 4 \\
&= 3 \\
&\neq 1 \\
&= 2 \circ 2 \\
&= 2 \circ (3 \circ 4).
\end{aligned}
$$

<u>Lösung zu Aufgabe 278</u>   <u>zur Aufgabe   Seite 251</u>
Sei G eine Gruppe mit zwei involutorischen Elementen a, b.

Ist $ab = ba$, dann ist $abab = abba = e$, also auch ab involutorisch.
Offensichtlich ist $ab \neq a$ und $ab \neq b$, denn anderenfalls wäre $a = e$ oder $b = e$.

Ist $ab \neq ba$, dann ist auch $aba \neq b$. Außerdem ist $aba \neq a$, da sonst $ab = e$ wäre, also $a^{-1} = b$ und damit $a = b$. Nun gilt $abaaba = e$.
In diesem Fall ist also aba ein weiteres involutorisches Element.

<u>Lösung zu Aufgabe 279</u>   <u>zur Aufgabe   Seite 251</u>
„$\Rightarrow$" Es sei $g \in G$ ein Element der Ordnung 2.

   Dann ist $\langle g \rangle$ eine Untergruppe von G der Ordnung 2.

Nach dem Satz von Lagrange gilt $\big|\langle g\rangle\big|\,\big|\,\big|G\big|$.

Also ist $\big|G\big|$ gerade und somit n gerade.

„$\Leftarrow$"   Es sei n gerade.

Wir betrachten die Abbildung

$$f : G \to G$$
$$g \mapsto g^{-1} .$$

Es ist $f(e) = e$. Außer e enthält die Gruppe $n - 1$ weitere Elemente.

Die Zahl $n - 1$ ist ungerade. Da für jedes $g \in G$ gilt:

$f(g) = g^{-1} \Leftrightarrow f(g^{-1}) = g$, können wir Paare von Elementen und ihren Inversen bilden. Dabei bleibt aber mindestens ein Element übrig, das dann zu sich selbst invers sein muss.

Lösung zu Aufgabe 280   zur Aufgabe   Seite 251

a) Sei $f \in L$.

Dann findet man $a, b \in \mathbb{R}$ mit $a \neq 0$ und $f = f_{a,b}$.

Seien nun $x_1, x_2 \in \mathbb{R}$ mit $f(x_1) = f(x_2)$.

Dann gilt $a x_1 + b = a x_2 + b$.

Daraus folgt schon $x_1 = x_2$.

Also ist f injektiv.

Sei nun $y \in \mathbb{R}$ gegeben.

Wähle $x = \dfrac{y - b}{a}$.

Dann gilt

$$f(x) = a x + b$$
$$= a \cdot \frac{y - b}{a} + b$$
$$= y - b + b$$
$$= y .$$

Also ist f auch surjektiv.

Insgesamt ist f also eine Permutation von $\mathbb{R}$.

Seien nun $f, g \in L$.

Dann findet man $a, b, c, d \in \mathbb{R}$ mit $a, c \neq 0$ und $f = f_{a,b}$ und $g = f_{c,d}$.

Nun ist

$$
\begin{aligned}
f \circ g(x) &= f\big(g(x)\big) \\
&= f(c \cdot x + d) \\
&= a \cdot (c \cdot x + d) + b \\
&= a \cdot c \cdot x + a \cdot d + b \\
&= f_{ac, ad+b}(x) \,.
\end{aligned}
$$

Also ist die Hintereinanderführung eine innere Verknüpfung von L.

Die Assoziativität ist bei der Hintereinanderausführung sowieso gegeben.

Es ist $f_{1,0}$ das neutrale Element.

Denn sei $f \in L$.

Dann findet man $a, b \in \mathbb{R}$ mit $a \neq 0$ und $f = f_{a,b}$.

Nun ist

$$
\begin{aligned}
f_{1,0}(x) &= f_{1,0}\big(f_{a,b}(x)\big) \\
&= f_{1,0}(a \cdot x + b) \\
&= 1 \cdot (a \cdot x + b) + 0 \\
&= a \cdot x + b \\
&= f_{a,b}(x) \,.
\end{aligned}
$$

Weiter ist

$$
\begin{aligned}
f \circ f_{1,0}(x) &= f_{a,b}\big(f_{1,0}(x)\big) \\
&= f_{a,b}(1 \cdot x + 0) \\
&= f(x) \,.
\end{aligned}
$$

Zu $f = f_{a,b} \in L$ ist $f_{\frac{1}{a},-\frac{b}{a}}$ invers, denn

$$
\begin{aligned}
f_{a,b} \circ f_{\frac{1}{a},-\frac{b}{a}}(x) &= f_{a,b}\Big(f_{\frac{1}{a},-\frac{b}{a}}(x)\Big) \\
&= f_{a,b}\left(\frac{1}{a} \cdot x - \frac{b}{a}\right) \\
&= a \cdot \left(\frac{1}{a} \cdot x - \frac{b}{a}\right) + b \\
&= x \\
&= f_{1,0}(x) \; .
\end{aligned}
$$

und

$$
\begin{aligned}
f_{\frac{1}{a},-\frac{b}{a}} \circ f_{a,b}(x) &= f_{\frac{1}{a},-\frac{b}{a}}\Big(f_{a,b}(x)\Big) \\
&= f_{\frac{1}{a},-\frac{b}{a}}\left(\frac{1}{a} \cdot x - \frac{b}{a}\right) \\
&= \frac{1}{a} \cdot (a \cdot x + b) - \frac{b}{a} \\
&= x \\
&= F_{1,0}(x) \; .
\end{aligned}
$$

Also ist L tatsächlich eine Untergruppe aller Permutationen von $\mathbb{R}$.

b) Jedes Element einer endlichen Untergruppe hat eine endliche Ordnung.
Wir untersuchen, welche Elemente von L eine endliche Ordnung besitzen.

Sei also $f \in L$ mit einer endlichen Ordnung.
Dann findet man $a, b \in \mathbb{R}$ mit $a \neq 0$ und $f = f_{a,b}$ und ein $n \in \mathbb{N}$ mit
$f^n(x) = x$ für　　alle $x \in \mathbb{R}$.

$$
f^n(x) = x \Leftrightarrow f_{a,b}^n(x) = a^n \cdot x + \left(1 + a + \ldots + a^{n-1}\right) \cdot b = x \; .
$$

Für $x = 0$ ergibt sich $\left(1 + a + \ldots + a^{n-1}\right) \cdot b = 0$.
Für $x = 1$ ergibt sich dann $a^n = 1$, also muss $a = 1$ oder $a = -1$ gelten.

Für $a = 1$ ist $1 + a + \ldots + a^{n-1} \neq 0$.

Mit $\left(1 + a + \ldots + a^{n-1}\right) \cdot b = 0$ folgt dann $b = 0$.

Für $a = -1$ und beliebiges $b \in \mathbb{R}$ ist schon $f_{a,b}^2(x) = x$, denn

$$
\begin{aligned}
f_{a,b}^2(x) &= f_{-1,b}^2(x) \\
&= f_{-1,b} \circ f_{-1,b}(x) \\
&= f_{-1,b}\left(f_{-1,b}(x)\right) \\
&= f_{-1,b}(-x + b) \\
&= -1 \cdot (-b + b) + b \\
&= x.
\end{aligned}
$$

Hat man nun zwei verschiedene Abbildungen $f_{-1,b}, f_{-1,c} \in L$ mit $b \neq c$. Dann ist

$$
\begin{aligned}
f_{-1,b} \circ f_{-1,c}(x) &= f_{-1,b}\left(f_{-1,c}(x)\right) \\
&= f_{-1,b}(-x + c) \\
&= -1 \cdot (-x + c) + b \\
&= x + b - c.
\end{aligned}
$$

Die Hintereinanderausführung ist also kein Element endlicher Ordnung, denn dafür müsste $b - c = 0$ sein, was nicht der Fall ist, da $b \neq c$.

Die endlichen Untergruppen von L sind $\left\{f_{1,0}\right\}$ und $\left\{f_{1,0}, f_{-1,b}\right\}$ für alle $b \in \mathbb{R}$.

<u>Lösung zu Aufgabe 281</u>   <u>zur Aufgabe   Seite 251</u>
Es sind genau die Gruppen von Primzahlordnung.

Sie haben die beiden trivialen Untergruppen.

Ist nämlich die Ordnung einer Gruppe G zusammengesetzt, dann findet man $m, n \in \mathbb{N}_{>1}$ und $|G| = m \cdot n$. Sei nun $g \in G$ mit $\langle g \rangle = G$.

Dann ist $\langle g^m \rangle$ eine Untergruppe der Ordnung n, also eine weitere Untergruppe neben den trivialen Untergruppen $\{e\}$ und G.

Somit muss G Primzahlordnung besitzen, wenn G genau zwei Untergruppen besitzt.

<u>Lösung zu Aufgabe 282</u>   <u>zur Aufgabe</u>   <u>Seite 251</u>

a) Wir ergänzen folgendermaßen:

∘	1	2	3	4	5
1	2	5	4	1	3
2	5	3	1	2	4
3	4	1	5	3	2
4	1	2	3	4	5
5	3	4	3	5	1

Dieses Verknüpfungsgebilde ist tatsächlich eine Gruppe, denn es ist isomorph zur zyklischen Gruppe der Ordnung 5.

b) Wir müssen folgendermaßen ergänzen, wenn • regulär sein soll:

•	*a*	*b*	*c*	*d*	*e*
a	b	a	e	c	d
b	a	b	c	d	e
c	d	c	b	e	a
d	e	d	a	b	c
e	c	e	d	a	b

$(B, \bullet)$ ist dann aber keine Gruppe, da $(B, \bullet)$ nicht kommutativ ist.

Es gilt beispielsweise $d \bullet c = a \neq e = c \bullet d$.

Die zyklische Gruppe der Ordnung 5 ist aber kommutativ und bis auf Isomorphie die einzige Gruppe der Ordnung 5.

Lösung zu Aufgabe 283   zur Aufgabe   Seite 252
Es sind die Mengen

$$\{\overline{0}\},\{\overline{1}\},\{\overline{5}\},\{\overline{6}\},\{\overline{4},\overline{6}\},\{\overline{1},\overline{9}\},\{\overline{2},\overline{4},\overline{6},\overline{8}\},\{\overline{1},\overline{3},\overline{7},\overline{9}\}\,.$$

Lösung zu Aufgabe 284   zur Aufgabe   Seite 252
a) Sei $(G,\circ)$ eine Gruppe.

    Annahme: Es gibt zwei echte Untergruppen U,V mit $U\cup V=G$.

    Dann findet man $u\in U\backslash V$ und $v\in V\backslash U$.

    Nun ist $u\circ v\in G$, also $u\circ v\in U$ oder $u\circ v\in V$.

    Mit $u\circ v\in U$ folgt $u^{-1}\circ u\circ v\in U$, also $v\in U$.

    Mit $u\circ v\in V$ folgt ebenso $u\circ v\circ v^{-1}\in V$, also $u\in V$.

    In beiden Fällen erhalten wir also einen Widerspruch zur Voraussetzung.

    Also ist die Annahme falsch.

    Solche Untergruppen gibt es also nicht.

b) Die Kleinsche Vierergruppe ist die Vereinigung ihrer drei echten Untergruppen.

    Die Gruppe $\mathbb{Z}_2\times\mathbb{Z}_2\times\mathbb{Z}_2$ ist die Vereinigung der drei echten Untergruppen

$$\left\{\left\langle(0,0,1),(0,1,0)\right\rangle\right\},\left\{\left\langle(1,0,1),(1,0,0)\right\rangle\right\},\left\{\left\langle(1,1,0),(1,1,1)\right\rangle\right\}\,.$$

Lösung zu Aufgabe 285   zur Aufgabe   Seite 252
Sei G eine kommutative Gruppe der Ordnung $2u$ mit u ungerade.

Annahme: Es gibt zwei Untergruppen der Ordnung 2.

    Dann gibt es in G zwei involutorische Elemente.

    Also findet man $a,b\in G\backslash\{e\}$ mit $a\neq b$ und $a=a^{-1}$ und $b=b^{-1}$.

    Nun ist $ab=ba$ und $\{e,a,b,ab\}$ ist eine Untergruppe von G der Ordnung 4.

    Es gilt also $4\,\big|\,|G|$, im Widerspruch zu $|G|=2u$.

Also ist die Annahme falsch und es gibt höchstens ein Element der Ordnung 2.

Ohne die Voraussetzung der Kommutativität gilt das nicht.

Ein Gegenbeispiel ist die Deckbewegungsgruppe des gleichseitigen Dreiecks.

Lösung zu Aufgabe 286   zur Aufgabe   Seite 253
Nein, ein Gegenbeispiel ist die Permutationsgruppe S_3.

Hier ist leicht einzusehen, dass für alle Elemente a, b dieser Gruppe $a^2 b^2 = b^2 a^2$ gilt.

Denn wenn a, b beide aus der Untergruppe der Ordnung 3 sind, dann sind sie vertauschbar.

Wenn eines der Elemente selbstinvers ist, dann gilt obige Gleichung auch.

Die Gruppe S_3 ist aber nicht kommutativ.

Lösung zu Aufgabe 287   zur Aufgabe   Seite 253
Sei $a \in G \times H$.

Dann findet man $g \in G, h \in H$ mit $a = (g, h)$. Nun ist

$$
\begin{aligned}
a^{105} &= \left(g^{105}, h^{105} \right) \\
&= (e_G, e_H).
\end{aligned}
$$

Es gibt also kein Element der Ordnung 315.

Somit kann die Gruppe nicht zyklisch sein.

Lösung zu Aufgabe 288   zur Aufgabe   Seite 253
Sei G eine Gruppe mit höchstens 4 Untergruppen.

Hat G genau eine Untergruppe, so ist G einelementig und damit zyklisch.

Hat G genau zwei Untergruppen, so sind diese $\{e\}$ und G. Jedes von e verschiedene Element erzeugt dann die ganze Gruppe. Also ist G auch in diesem Fall zyklisch.

Hat G genau drei Untergruppen, also neben $\{e\}$ und G noch eine von diesen verschiedene Untergruppe V. Dann erzeugt jedes Element außerhalb von V die ganze Gruppe. Sie ist also zyklisch.

Sei nun G eine Gruppe mit genau 4 Untergruppen. Seien also $\{e\}, G, U, V$ vier paarweise verschiedene Untergruppen.

Sei $u \in U \setminus V, v \in V \setminus U$. Dann ist $uv \in G$, aber $uv \neq U$ und $uv \neq V$.

Es ist also $uv \in G \backslash (U \cup V)$.

Da G genau 4 Untergruppen besitzt, muss schon $\langle uv \rangle = G$ sein.

Also ist G auch in diesem Fall zyklisch.

Lösung zu Aufgabe 289 zur Aufgabe Seite 253

Für

$$\alpha : \{1,2,3\} \rightarrow \{1,2,3\}$$

$$x \mapsto \begin{cases} 1 & \text{falls } x = 1 \\ 2 & \text{falls } x \neq 1 \end{cases} \quad \text{und}$$

$$\beta : \{1,2,3\} \rightarrow \{1,2,3\}$$

$$x \mapsto \begin{cases} 2 & \text{falls } x = 1 \\ 1 & \text{falls } x \neq 1 \end{cases}$$

gilt, dass α, β keine Permutationen sind.

Die Hintereinanderausführung ist immer assoziativ und in diesem Fall auch eine innere Verknüpfung.

Das neutrale Element ist α.

Jedes Element ist selbstinvers.

Also ist $\{\alpha, \beta\}$ mit der Hintereinanderausführung tatsächlich eine Gruppe.

Lösung zu Aufgabe 290 zur Aufgabe Seite 253

In $\mathbb{Z} \times \mathbb{Z}$ sind $\mathbb{Z} \times \{0\}$ und $\{0\} \times \mathbb{Z}$ zwei nichttriviale Untergruppen, deren Durchschnitt $\{(0,0)\}$ ist.

In $(\mathbb{Q}, +)$ gibt es aber keine zwei nichttrivialen Untergruppen, deren Durchschnitt $\{0\}$ ist.

Lösung zu Aufgabe 291 zur Aufgabe Seite 253

Es ist $G = \{\overline{1}, \overline{5}, \overline{7}, \overline{11}, \overline{13}, \overline{17}, \overline{19}, \overline{23}\}$.

Mit $T := \{\overline{5}, \overline{7}, \overline{11}\}$ ist $\langle T \rangle = G$, denn

$$\overline{5}^2 = \overline{1}, \quad \overline{5} \cdot \overline{7} = \overline{11}, \quad \overline{5} \cdot \overline{13} = \overline{17}, \quad \overline{7} \cdot \overline{13} = \overline{19}, \quad \overline{5} \cdot \overline{7} \cdot \overline{11} = \overline{23}.$$

Eine kleinere Teilmenge ist nicht geeignet, denn mit nur zwei Elementen aus G kann man höchstens 4 Produkte erzeugen, da die Gruppe kommutativ ist und nur selbstinverse Elemente enthält.

Lösung zu Aufgabe 292   zur Aufgabe   Seite 253

Sei $\sigma = \begin{pmatrix} 1 & 2 & 3 \\ 1 & 3 & 2 \end{pmatrix}$, $\delta = \begin{pmatrix} 1 & 2 & 3 \\ 2 & 3 & 1 \end{pmatrix}$.

Dann sind $U := \{\iota, \sigma\}$, $V := \{\iota, \delta\sigma\}$ Untergruppen von S_3.

Mit $a := \iota$, $b := \sigma\delta$ ist $Ua = U$ und $Vb = \{\sigma\delta, \delta^2\}$.

Es ist also $Ua \cap Ub = \emptyset$.

Lösung zu Aufgabe 293   zur Aufgabe   Seite 253

„$\Rightarrow$"   Sei G eine Gruppe mit genau drei Untergruppen.

Sei U eine nichttriviale Untergruppe von G.

Dann gilt $\left| U \right| \, \Big| \, \left| G \right|$.

Sei nun $g \in G \backslash U$.

Dann ist $\langle g \rangle$ eine Untergruppe von G, aber da es nur drei Untergruppen gibt und $\langle g \rangle \neq U$, muss schon $\langle g \rangle = G$ und damit G zyklisch sein.

Eine zyklische Gruppe besitzt zu jedem Teiler ihrer Gruppenordnung eine Untergruppe.

Da es hier nur einen echten Teiler der Gruppenordnung gibt, muss diese das Quadrat einer Primzahl sein.

„$\Leftarrow$"   Sei G eine zyklische Gruppe und ihre Ordnung das Quadrat einer Primzahl. Sei p diese Primzahl.

Wir wissen, dass eine zyklische Gruppe zu jedem Teiler t ihrer Ordnung genau eine Untergruppe der Ordnung t besitzt.

Wegen $|G| = p^2$, ist $t \in \{1, p, p^2\}$.

Lösung zu Aufgabe 294   zur Aufgabe   Seite 254

a) Es gibt einen solchen Homomorphismus, da $\mathbb{Z}_{12} \Big/ \{\overline{0}, \overline{4}, \overline{8}\}$ isomorph zu $\mathbb{Z}_4$.

Wir bilden also $\overline{0}, \overline{4}, \overline{8}$ ab auf $\overline{0}$,

$\overline{1}, \overline{5}, \overline{9}$ auf $\overline{1}$,

$\overline{2}, \overline{6}, \overline{10}$ auf $\overline{2}$,

$\overline{3}, \overline{7}, \overline{11}$ auf $\overline{3}$.

b) 13 ist kein Vielfaches von 5, daher gibt es keinen solchen Homomorphismus.

c) Man müsste S_3 zerlegen nach einem Normalteiler der Ordnung 2.

   Einen solchen gibt es aber in S_3 gar nicht.

d) Einen Normalteiler der Ordnung 3 gibt es in S_3. Es ist die Untergruppe aus dem neutralen Element und den beiden fixpunktfreien Permutationen. Zerlegt man S_3 nach diesem Normalteiler, so erhält man einerseits diesen selbst und andererseits die Menge der involutorischen Elemente aus S_3.

   Wir bilden nun die Elemente des Normalteilers auf $\overline{0}$ ab und die anderen auf $\overline{1}$ und erhalten so einen surjektiven Gruppenhomomorphismus.

<u>Lösung zu Aufgabe 295</u>   zur Aufgabe ____ Seite 254
a) Nur die Nullabbildung ist ein solcher Homomorphismus.

b) Hier gibt es zwei Homomorphismen, nämlich neben der Nullabbildung noch

   $\varphi : \mathbb{Z}_4 \to \mathbb{Z}_6$ mit $\varphi(\overline{0}) = \varphi(\overline{2}) = \overline{0}$ und $\varphi(\overline{1}) = \varphi(\overline{3}) = \overline{3}$.

c) Hier gibt es neben der Nullabbildung und der Identität noch zwei weitere Homomorphismen, nämlich

   $$\varphi : \mathbb{Z}_4 \to \mathbb{Z}_4 \text{ mit } \varphi(\overline{0}) = \overline{0}, \quad \varphi(\overline{1}) = \overline{3}, \quad \varphi(\overline{2}) = \overline{2}, \quad \varphi(\overline{3}) = \overline{2} \text{ und}$$
   $$\varphi' : \mathbb{Z}_4 \to \mathbb{Z}_4 \text{ mit } \varphi'(\overline{0}) = \overline{0}, \quad \varphi'(\overline{1}) = \overline{2}, \quad \varphi'(\overline{2}) = \overline{0}, \quad \varphi'(\overline{3}) = \overline{2}.$$

<u>Lösung zu Aufgabe 296</u>   zur Aufgabe ____ Seite 254
Nein, das gilt nicht.

In der Permutationsgruppe S_3 finden wir ein Gegenbeispiel.

Sei $\sigma = \begin{pmatrix} 1 & 2 & 3 \\ 1 & 3 & 2 \end{pmatrix}$, $\delta = \begin{pmatrix} 1 & 2 & 3 \\ 2 & 3 & 1 \end{pmatrix}$.

Dann ist $U := \{\iota, \sigma\}$ eine Untergruppe von S_3.

Mit $a := \delta, b := \delta\sigma$ ist $aU = \{\delta, \delta\sigma\} = bU$, aber

$Ua = \{\delta, \sigma\delta\} \neq \{\delta\sigma, \sigma\delta\sigma\} = Ub$.

<u>Lösung zu Aufgabe 297</u>   zur Aufgabe ____ Seite 254
Das ist nicht möglich.

Man kann sofort sehen, dass es kein neutrales Element geben kann.

Lösung zu Aufgabe 298   zur Aufgabe   Seite 254
Sei G eine Gruppe.

Seien U, V, W Untergruppen von G mit $U \subseteq V \cup W$.

Annahme: $U \nsubseteq V$ und $U \nsubseteq W$.

Dann findet man ein $v \in V \setminus W$ und ein $w \in W \setminus V$.

Nun ist einerseits $vw \in V \cup W$.

Andererseits ist $vw \notin V$, da sonst $w \in V$, und auch $vw \notin W$,

da sonst $v \in W$.

Das ist ein Widerspruch.

Also ist die Annahme falsch, und es gilt $U \subseteq V$ oder $U \subseteq W$.

Lösung zu Aufgabe 299   zur Aufgabe   Seite 255
Seien $a, b \in R$ gegeben.

Dann gilt mit dem Distributivgesetz

$$\left(ab + ba\right)^2 = abab + abba + baab + baba$$
$$= ab + aba + bab + ba.$$

Andererseits ist nach Voraussetzung

$$\left(ab + ba\right)^2 = ab + ba.$$

Nun folgt $-bab = aba$

und weiter

$$ab = abab$$
$$= -babb$$
$$= -bab$$
$$= -bbab$$
$$= baba$$
$$= ba.$$

Also ist der Ring kommutativ.

Lösung zu Aufgabe 300   zur Aufgabe   Seite 255
Sei G eine kommutative Gruppe, die nur endlich viele involutorische Elemente besitzt.

Sei I die Menge der involutorischen Elemente von G.

Dann ist $U = I \cup \{e\}$ eine Untergruppe von G.

Wir zeigen, dass $\left|U\right| = 1$ oder $\left|U\right|$ gerade.

Sei nun $\left|U\right| \neq 1$.

Weil $e \in U$, ist $\left|U\right| > 1$.

Annahme: $\left|U\right|$ ist ungerade.

Dann findet man ein $k \in \mathbb{N}$ mit $\left|U\right| = 2k + 1$.

Sei nun $u \in U \backslash \{e\}$.

Dann gilt nach dem Satz von Fermat $u^{2k+1} = e$.

Es ist also $u^{2k} u = e$.

Nun ist aber

$$u^{2k} = \left(u^2\right)^k$$
$$= e^k$$
$$= e.$$

Aus $u^{2k} u = e$ folgt also $u = e$.

Das ist ein Widerspruch zu $u \in U \backslash \{e\}$.

Also ist die Annahme falsch, und $\left|U\right|$ ist gerade.

Lösung zu Aufgabe 301   zur Aufgabe   Seite 255

Seien $p, q \in \mathbb{Q}$ mit $p \neq q$.

Dann ist zu zeigen, dass $\langle p, q \rangle$ zyklisch.

Man findet ganze Zahlen a, b, c, d mit $p = \dfrac{a}{b}, q = \dfrac{c}{d}$.

Sei nun ein beliebiges Element $u \in \langle p, q \rangle$ gegeben.

Dann findet man $m, n \in \mathbb{Z}$ mit $u = mp + nq$.

Die Zahlen p und q lassen sich als Vielfache von $\dfrac{ggT(ad, bc)}{bd}$ darstellen.

Man findet also $k, l \in \mathbb{Z}$ mit $p = k \cdot \dfrac{ggT(ad, bc)}{bd}$ und $q = l \cdot \dfrac{ggT(ad, bc)}{bd}$.

Nun ist

$$u = mp + nq$$

$$= mk \cdot \frac{ggT(ad,bc)}{bd} + nl \cdot \frac{ggT(ad,bc)}{bd}$$

$$= (mk + nl) \cdot \frac{ggT(ad,bc)}{bd} \, .$$

Also ist $\langle p,q \rangle = \left\langle \dfrac{ggT(ad,bc)}{bd} \right\rangle .$

Lösung zu Aufgabe 302 zur Aufgabe   Seite 255

Sei $n \in \mathbb{N}$.

Dann gilt

$$\left(a + b\sqrt{c}\right)^n + \left(a - b\sqrt{c}\right)$$

$$= \sum_{k=0}^{n} \binom{n}{k} a^{n-k}\left(b\sqrt{c}\right)^k + \sum_{k=0}^{n} \binom{n}{k} a^{n-k}\left(-b\sqrt{c}\right)^k$$

$$= \sum_{k=0}^{n} \binom{n}{k} a^{n-k}\left[\left(b\sqrt{c}\right)^k + \left(-b\sqrt{c}\right)^k\right] .$$

Für alle geraden k ist $\left(b\sqrt{c}\right)^k + \left(-b\sqrt{c}\right)^k$ rational und damit auch $\left(a + b\sqrt{c}\right)^n + \left(a - b\sqrt{c}\right)^n$ rational.

Für alle ungeraden k ist $\left(b\sqrt{c}\right)^k + \left(-b\sqrt{c}\right)^k = 0$.

Da 0 rational ist, ist auch in diesem Fall $\left(a + b\sqrt{c}\right)^n + \left(a - b\sqrt{c}\right)^n$ rational.

Lösung zu Aufgabe 303 zur Aufgabe   Seite 255

Wähle $c = 1\varphi$.

Wir betrachten zunächst die natürlichen Zahlen.

Sei also $x \in \mathbb{N}$.

Dann ist

$$x\varphi = \underbrace{(1 + \ldots + 1)}_{x \text{ Summanden}} \varphi$$

$$= 1\varphi + \ldots + 1\varphi$$
$$\underbrace{}_{x \text{ Summanden}}$$
$$= \underbrace{c + \ldots + c}_{x \text{ Summanden}}$$
$$= x \cdot c.$$

Es ist

$$(-1)\varphi = -(1\varphi)$$
$$= -c.$$

Damit lässt sich leicht einsehen, dass auch für alle ganzen Zahlen $x\varphi = x \cdot c$ gilt.

Sei nun $q \in \mathbb{Q}$ gegeben mit der Eigenschaft, dass ein $a \in \mathbb{N}$ existiert mit $q = \dfrac{1}{a}$.

Dann ist $q\varphi = \dfrac{1}{a}\varphi$.

Da

$$a(q\varphi) = (aq)\varphi$$
$$= 1\varphi$$
$$= c,$$

ist

$$q\varphi = \frac{1}{a}\varphi$$
$$= \frac{c}{a}.$$

Damit folgt nun, dass für alle $x \in \mathbb{Q}$ gilt $x\varphi = x \cdot c$.

Lösung zu Aufgabe 304 zur Aufgabe Seite 255

Sei $a \in \mathbb{Q}\backslash\{0\}$.

Dann gilt

$$a * 1 = a \cdot \left|1\right|$$
$$= a$$
$$= a \cdot \left|-1\right|$$
$$= a * (-1).$$

Es ist also $\left(\mathbb{Q}\backslash\{0\}, *\right)$ keine Gruppe, da es zwei rechtsneutrale Elemente gäbe.

<u>Lösung zu Aufgabe 305</u>   <u>zur Aufgabe   Seite 256</u>

a) wahr - Für den Beweis führen wir die Kommutativität der Faktorgruppe auf die Kommutativität der Gruppe zurück.

b) falsch - $\left(\mathbb{Z}/_{2\mathbb{Z}}, +\right)$ ist ein Gegenbeispiel

c) falsch - Die Deckbewegungsgruppe des gleichseitigen Dreiecks ist ein Gegenbeispiel

d) wahr - Sei G eine Gruppe, in der jedes Element selbstinvers ist und seien $a, b \in G$.

Dann gilt $ab = abab$.

$$aabb = abab \Leftrightarrow a^{-1}aabb = a^{-1}abab$$
$$\Leftrightarrow abb = bab$$
$$\Leftrightarrow abbb^{-1} = babb^{-1}$$
$$\Leftrightarrow ab = ba.$$

e) falsch - Die Kleinsche Vierergruppe ist kommutativ, aber nicht zyklisch.

f) falsch - Jede 4-elementige Faktorgruppe von $\left(\mathbb{Z}_8, +\right)$ ist zyklisch.

23. Lösungen zur Linearen Algebra

Lösung zu Aufgabe 306   zur Aufgabe   Seite 259

a) Gegeben ist das lineare Gleichungssystem

$$
\begin{array}{rcrcrcr}
-3x_1 & + & 4x_2 & & & = & 6 \\
2x_1 & - & 3x_2 & + & x_3 & = & 1 \\
& & x_2 & - & 3x_3 & = & -15
\end{array}
$$

Wir formen es nun folgendermaßen um:

Die erste Gleichung und die dritte Gleichung bleiben unverändert.

Die zweite Gleichung wird ersetzt durch die Summe aus dem zweifachen der ersten Gleichung und dem dreifachen der zweiten Gleichung.

$$
\begin{array}{rcrcrcr}
-3x_1 & + & 4x_2 & & & = & 6 \\
& - & x_2 & + & 3x_3 & = & 15 \\
& & x_2 & - & 3x_3 & = & -15
\end{array}
$$

Wir erkennen, dass die dritte Gleichung das -1-fache der zweiten Gleichung ist. Daher können wir sie weglassen, beziehungsweise die zweite Gleichung durch sie ersetzen und erhalten das lineare Gleichungssystem

$$
\begin{array}{rcrcrcr}
-3x_1 & + & 4x_2 & & & = & 6 \\
& & x_2 & - & 3x_3 & = & -15
\end{array}
$$

Hier können wir $x_3 \in \mathbb{R}$ beliebig wählen.

Dann ist $x_2 = 3x_3 - 15$ und die erste Gleichung liefert uns

$$
-3x_1 + 4(3x_3 - 15) = 6 \Leftrightarrow 3x_1 = 12x_3 - 66
$$
$$
\Leftrightarrow x_1 = 4x_3 - 22
$$

Die Lösungsmenge ist also $\left\{ (4k - 22,\ 3k - 15,\ k) \,\middle|\, k \in \mathbb{R} \right\}$.

© Der/die Autor(en), exklusiv lizenziert an
Springer-Verlag GmbH, DE, ein Teil von Springer Nature 2022
S. Rollnik, *Übungsbuch fürs erfolgreiche Staatsexamen in der Mathematik*, https://doi.org/10.1007/978-3-662-65507-8_23

b) Folgende Operationen sind Äquivalenzumformungen, die also die Lösungsmenge des linearen Gleichungssystems erhalten:

i)   die Addition des c-fachen ($c \in \mathbb{R}$) einer Gleichung zu einer anderen Gleichung.

ii)   die Multiplikation einer Gleichung mit einem Faktor c ($c \in \mathbb{R}\backslash\{0\}$).

iii) die Veränderung der Reihenfolge der Gleichungen.

iv)   das Weglassen von Gleichungen aus dem System, die das c-fache ($c \in \mathbb{R}$) einer anderen Gleichung des Systems sind.

In Teil a) haben wir von i), iii) und iv) Gebrauch gemacht.

Lösung zu Aufgabe 307   zur Aufgabe   Seite 259

Wir formen mit dem Gaußschen Eliminierungsverfahren um und erhalten

$$
\begin{array}{rcrcrcrcr}
x_1 & - & 3x_2 & + & 2x_3 & & & = & 0 \\
2x_1 & + & 3x_2 & - & 41x_3 & + & 27x_4 & = & 3 \\
& & 3x_2 & - & 15x_3 & + & 9x_4 & = & 1 \\
x_1 & & & - & 13x_3 & + & 9x_4 & = & 1
\end{array}
$$

$$
\Leftrightarrow
\begin{array}{rcrcrcrcr}
x_1 & - & 3x_2 & + & 2x_3 & & & = & 0 \\
& - & 9x_2 & + & 45x_3 & - & 27x_4 & = & -3 \\
& & 3x_2 & - & 15x_3 & + & 9x_4 & = & 1 \\
& - & 3x_2 & + & 15x_3 & - & 9x_4 & = & -1
\end{array}
$$

$$
\Leftrightarrow
\begin{array}{rcrcrcrcr}
x_1 & - & 3x_2 & + & 2x_3 & & & = & 0 \\
& - & 3x_2 & + & 15x_3 & - & 9x_4 & = & -1
\end{array}
$$

Die Lösungsmenge ist also

$$
L = \left\{ \left(13k - 9l + 1,\ 5k - 3l + \frac{1}{3},\ k,\ l \right) \middle| k, l \in \mathbb{R} \right\}.
$$

Die Lösungsmenge enthält genau ein Tupel mit lauter gleichen Komponenten.

Sei nämlich $\left(13k - 9l + 1,\ 5k - 3l + \frac{1}{3},\ k,\ l \right) \in L$ mit

$$13k - 9l + 1 = 5k - 3l + \frac{1}{3} = k = l.$$

Dann folgt $4k + 1 = 2k + \frac{1}{3} = k$ und somit $k = -\frac{1}{3}$.

Lösung zu Aufgabe 308   zur Aufgabe   Seite 260

Zunächst bestimmen wir mit dem Gaußschen Eliminationsverfahren die Lösungsmenge dieses LGS:

$$\begin{array}{rcrcrcrcl}
2x_1 & - & x_2 & + & 3x_3 & & & = & 1 \\
6x_1 & - & 2x_2 & + & 5x_3 & - & 2x_4 & = & 2 \\
x_1 & & & - & \frac{1}{2}x_3 & - & x_4 & = & 0 \\
& & -x_2 & + & 4x_3 & + & 2x_4 & = & 1
\end{array}$$

$$\Leftrightarrow \quad \begin{array}{rcrcrcrcl}
2x_1 & - & x_2 & + & 3x_3 & & & = & 1 \\
& & -x_2 & + & 4x_3 & + & 2x_4 & = & 1 \\
& & -x_2 & + & 4x_3 & + & 2x_4 & = & 1 \\
& & -x_2 & + & 4x_3 & + & 2x_4 & = & 1
\end{array}$$

Die Lösungsmenge ist $L = \left\{ \left(\dfrac{k + 2l}{2},\ 4k + 2l - 1,\ k,\ l \right) \middle| k, l \in \mathbb{R} \right\}$.

Nun suchen wir spezielle Lösungen mit der Eigenschaft, dass mindestens zwei ihrer Komponenten 0 sind.

Sei nun ein $\left(x_1, x_2, x_3, x_4 \right) \in L$ gegeben mit der Eigenschaft, dass mindestens zwei Komponenten 0 sind.

Es ist $\left(x_1, x_2, x_3, x_4 \right) = \left(\dfrac{x_3 + 2x_4}{2},\ 4x_3 + 2x_4 - 1,\ x_3,\ x_4 \right)$.

Wir unterscheiden 4 Fälle:

1. Fall: $x_3 = x_4 = 0$.

Dann ist auch $\dfrac{x_3 + 2x_4}{2} = 0$.

In diesem Fall ist $\left(x_1, x_2, x_3, x_4 \right) = \left(0, -1, 0, 0 \right)$.

2. Fall: $x_3 \neq 0,\ x_4 = 0$.

Dann ist $\dfrac{x_3 + 2x_4}{2} \neq 0$.

Also muss $4x_3 + 2x_4 - 1 = 0$ sein.

Da $x_4 = 0$ ist, folgt $4x_3 - 1 = 0$ und somit $x_3 = \dfrac{1}{4}$.

In diesem Fall ist $\dfrac{x_3 + 2x_4}{2} = \dfrac{\frac{1}{4} + 2 \cdot 0}{2} = \dfrac{1}{8}$ und

$$\left(x_1, x_2, x_3, x_4\right) = \left(\dfrac{1}{8}, 0, \dfrac{1}{4}, 0\right).$$

3. Fall: $x_3 = 0,\ x_4 \neq 0.$

Dann ist $\dfrac{x_3 + 2x_4}{2} \neq 0.$

Also muss $4x_3 + 2x_4 - 1 = 0$ sein.

Da $x_3 = 0$ ist, folgt $2x_4 - 1 = 0$ und somit $x_4 = \dfrac{1}{2}$.

In diesem Fall ist $\dfrac{x_3 + 2x_4}{2} = \dfrac{2 + 2 \cdot \frac{1}{2}}{2} = \dfrac{1}{2}$ und

$$\left(x_1, x_2, x_3, x_4\right) = \left(\dfrac{1}{2}, 0, 0, \dfrac{1}{2}\right).$$

4. Fall: $x_3 \neq 0,\ x_4 \neq 0.$

Dann muss $x_1 = x_2 = 0$ sein.

In diesem Fall gilt also $x_3 + 2x_4 = 0$ und $4x_3 + 2x_4 - 1 = 0$.

Das LGS

$$\begin{array}{rcrcl} x_3 & + & 2x_4 & = & 0 \\ 4x_3 & + & 2x_4 & = & 1 \end{array} \quad \text{ist äquivalent zu} \quad \begin{array}{rcrcl} x_3 & + & 2x_4 & = & 0 \\ 3x_3 & & & = & 1 \end{array}.$$

Es ist äquivalent zu $x_3 = \dfrac{1}{3} \wedge x_4 = -\dfrac{1}{6}$.

In diesem Fall ist $\left(x_1, x_2, x_3, x_4\right) = \left(0, 0, \dfrac{1}{3}, -\dfrac{1}{6}\right)$.

Es gibt also genau 4 Lösungen, bei denen genau zwei Komponenten 0 sind, nämlich $\left(0, -1, 0, 0\right),\quad \left(\dfrac{1}{8}, 0, \dfrac{1}{4}, 0\right),\quad \left(\dfrac{1}{2}, 0, 0, \dfrac{1}{2}\right)$ und

$$\left(0, 0, \dfrac{1}{3}, -\dfrac{1}{6}\right).$$

Lösung zu Aufgabe 309 zur Aufgabe Seite 260

Mit dem Gaußverfahren erhalten wir das folgende zum gegebenen LGS äquivalente LGS

$$
\begin{aligned}
x_1 + x_2 + x_3 - x_4 &= 2 \\
x_2 &= 2 \\
3x_3 &= 3
\end{aligned}
$$

mit der Lösungsmenge $L = \left\{ (-3+k, 2, 3, k) \,\middle|\, k \in \mathbb{R} \right\}$.

Für die Suche nach einer speziellen Lösung sei nun $(x_1, x_2, x_3, x_4) \in L$ gegeben mit $x_1^2 + x_2^2 + x_3^2 + x_4^2 = 30$.

Dann gilt $\left(-3 + x_4 \right)^2 + 2^2 + 3^2 + x_4^2 = 30$.

$$
\begin{aligned}
\left(-3 + x_4 \right)^2 + 2^2 + 3^2 + x_4^2 = 30 &\Leftrightarrow \left(-3 + x_4 \right)^2 + x_4^2 = 17 \\
&\Leftrightarrow 2x_4^2 - 6x_4 + 9 = 17 \\
&\Leftrightarrow x_4 = 4 \vee x_4 = -1.
\end{aligned}
$$

Das LGS besitzt zwei Lösungen mit der Eigenschaft, dass die Summe der Quadrate der Komponenten 30 ist, nämlich $(1,2,3,4)$ und $(-4,2,3,-1)$.

Lösung zu Aufgabe 310 zur Aufgabe Seite 260

Aus der Bedingung, dass alle Komponenten rational sein sollen, folgt sofort $x_2 = 0$. Wir können also anstelle des gegebenen LGS das folgende betrachten:

$$
\begin{aligned}
x_1 - x_3 &= 1 \\
x_1 + 3x_3 + 3x_4 &= -4 \\
2x_1 + 3x_3 + x_4 &= -1 \\
-3x_1 - 3x_3 + x_4 &= -2
\end{aligned}
$$

Es hat die Lösungsmenge $\left\{ \left(\dfrac{7}{11}, -\dfrac{4}{11}, -\dfrac{13}{11} \right) \right\}$.

Das ursprünglich gegebene LGS hat mit der Einschränkung, dass alle Komponenten rational sein sollen, also die Lösungsmenge $\left\{ \left(\dfrac{7}{11}, 0, -\dfrac{4}{11}, -\dfrac{13}{11} \right) \right\}$.

Lösung zu Aufgabe 311   zur Aufgabe   Seite 261
Das lineare Gleichungssystem

$$
\begin{array}{rcrcrcl}
x_1 &+& a\,x_2 &+& x_3 &=& 0 \\
&& 2x_2 &+& a\,x_3 &=& b \\
-x_1 &&&+& x_3 &=& 1
\end{array}
$$

ist äquivalent zu

$$
\begin{array}{rcrcrcl}
x_1 &+& a\,x_2 &+& x_3 &=& 0 \\
&& 2x_2 &+& a\,x_3 &=& b \\
&&&& (a^2-4)x_3 &=& ab-2
\end{array}
$$

1. Fall: $\left| a \right| = 2$.

   1.1. Fall: $a = 2$.

      1.1.1. Fall: $b \neq 1$.

         Dann ist $(a^2-4)x_3 = 0$, aber $ab-2 \neq 0$.

         In diesem Fall ist die Lösungsmenge leer.

      1.1.2. Fall: $b = 1$.

         In diesem Fall geht die dritte Gleichung des LGS in $0 = 0$ über

         und wir erhalten die Lösungsmenge

$$
L = \left\{ \left(k-1, \frac{1-2k}{2}, k \right) \middle| k \in \mathbb{R} \right\}.
$$

   1.2. Fall: $a = -2$.

      1.2.1. Fall: $b \neq -1$.

         Dann ist $(a^2-4)x_3 = 0$, aber $ab-2 \neq 0$.

         In diesem Fall ist die Lösungsmenge leer.

      1.2.2. Fall: $b = 1$.

         In diesem Fall geht die dritte Gleichung des LGS in

         $0 = 0$ über und wir erhalten die Lösungsmenge

$$
L = \left\{ \left(k-1, \frac{2k-1}{2}, k \right) \middle| k \in \mathbb{R} \right\}.
$$

2. Fall: $\left|a\right| \neq 2$.

$$\text{Dann ist } L = \left\{ \left(\frac{2 + ab - a^2}{a^2 - 4}, \frac{a - 2b}{a^2 - 4}, \frac{ab - 2}{a^2 - 4} \right) \right\}.$$

Es gibt also

a)   genau eine Lösung, wenn $\left|a\right| \neq 2$.

b)   keine Lösung, wenn i) $a = 2$ und $b \neq 1$ oder ii) $a = -2$ und $b \neq -1$.

c)   unendlich viele Lösungen, wenn i) $a = 2$ und $b = 1$ oder ii) $a = -2$ und $b = -1$.

<u>Lösung zu Aufgabe 312</u>   <u>zur Aufgabe</u>   <u>Seite 261</u>

Ist $a = 0$, dann ist das LGS äquivalent zu

$$
\begin{array}{rcrcrcl}
x & + & y & + & 3z & = & 0 \\
  &   & y & + & 5z & = & 4 \\
  &   &   &   & 6z & = & 4
\end{array}
$$

und hat die Lösungsmenge $L = \left\{ \left(-\frac{8}{3}, \frac{2}{3}, \frac{2}{3} \right) \right\}$.

Sei nun $a \neq 0$.

Dann ist das LGS äquivalent zu

$$
\begin{array}{rcrcrcl}
x & + & y & + & 3 \, z & = & a \\
  & (a-1) \, y & + & (3a-5) \, z & = & (a+2)(a-2). \\
  &   &   & 3(a-2) \, z & = & (a+2)(a-2)
\end{array}
$$

1. Fall: $a = 2$.

Dann ist das LGS äquivalent zu

$$
\begin{array}{rcrcrcl}
x & + & y & + & 3z & = & 2 \\
  &   & y & + & z & = & 0
\end{array}.
$$

Es hat die Lösungsmenge $L = \left\{ (2 - 2k, -k, k) \, \middle| \, k \in \mathbb{R} \right\}$.

2. Fall: $a \neq 2$.

Dann folgt $z = \dfrac{a+2}{3}$.

Mit der zweiten Gleichung folgt

$$(a-1)y = \dfrac{-a-2}{3} .$$

2.1. Fall: $a = 1$.

Dann ist $(a-1)y = \dfrac{-a-2}{3} \Leftrightarrow 0 = -1$.

In diesem Fall ist also $L = \varnothing$.

2.2. Fall: $a \neq 1$.

Dann hat das LGS die Lösungsmenge

$$L = \left\{ \left(\frac{5a-8}{3-3a}, \frac{a+2}{3-3a}, \frac{a+2}{3} \right) \right\} .$$

Zusammengefasst hat das LGS

a) keine Lösung genau dann, wenn $a = 1$.

b) genau eine Lösung genau dann, wenn $a \notin \{1,2\}$.

c) unendlich viele Lösungen, genau dann wen $a = 2$.

Lösung zu Aufgabe 313   zur Aufgabe   Seite 261
a) Wir setzen $u := x^2$, $v := xy$, $w := y^2$ und erhalten das LGS

$$\begin{array}{rcrcrcr}
u & + & v & - & w & = & 1 \\
2u & - & v & + & 3w & = & 13 \\
u & + & 3v & + & 2w & = & 0
\end{array}$$

Es hat die Lösungsmenge $\left\{ (4, -2, 1) \right\}$.

b) (*) hat die Lösungsmenge $\left\{ (2, -1), (-2, 1) \right\}$.

Lösung zu Aufgabe 314   zur Aufgabe   Seite 262
a) Das LGS ist äquivalent zu

$$\begin{array}{rcrcrcl}
(a+1)x_1 & + & (6-3a)x_2 & + & (1-a)x_3 & = & 8-3a \\
 & & (6-3a)x_2 & - & 3(1-a)x_3 & = & 3-3a \\
 & & (16-8a)x_2 & & & = & 16-8a
\end{array}$$

1. Fall: $a = 2$.

Dann geht das LGS über in

$$\begin{array}{rcrcl}
3x_1 & - & x_3 & = & 2 \\
 & & 3x_3 & = & -3
\end{array}.$$

In diesem Fall ist $L = \left\{ \left(\dfrac{1}{3}, k, -1 \right) \middle| k \in \mathbb{R} \right\}$.

2. Fall: $a \neq 2$.

Dann folgt $x_2 = 1$ und $6 - 3a - (3 - 3a) = 3(1-a)x_3$.

2.1. Fall: $a = 1$.

Dann geht die zweite Gleichung über in $0 = 3$.
Also ist in diesem Fall $L = \varnothing$.

2.2. Fall: $a \neq 1$.

Dann folgt $x_3 = \dfrac{1}{1-a}$.

Nun folgt

$$(a+1)x_1 = 8 - 3a - (1-a)x_3 - (6-a)x_2$$
$$= 1.$$

2.2.1. Fall: $a = -1$.

Dann ergibt sich der Widerspruch $0 = 1$.
In dem Fall ist also $L = \varnothing$.

2.2.2. Fall: $a \neq -1$.

Dann folgt $x_1 = \dfrac{1}{a+1}$.

Das LGS ist also lösbar, wenn $a \notin \{-1, 1\}$.

Im Fall $a = 2$ gibt es unendlich viele Lösungen, im Fall $a \notin \{-1,1,2\}$ genau eine.

b) Im Fall $a = 2$ ist die Lösungsmenge $L = \left(\dfrac{1}{3}, 0, -1 \right) + k(0, 1, 0)$.

Im Fall $a \notin \{-1,1,2\}$ ist die Lösungsmenge $L = \left\{ \left(\dfrac{1}{a+1}, 1, \dfrac{1}{1-a} \right) \right\}$.

Lösung zu Aufgabe 315   zur Aufgabe   Seite 262

Wir mathematisieren zunächst die 5 Aussagen.

Die Variablen a, b, c, d, e stehen jeweils für das Gewicht der Dame, deren Name mit diesem Buchstaben beginnt.

Wir erhalten die folgenden Gleichungen:

$$a + b + c + d + e = 255,$$
$$b = \frac{a + c}{2},$$
$$b - d = c - e,$$
$$a + b = c + d + 3,$$
$$a = \frac{a + b + c + d + e}{5}.$$

Daraus erhalten wir das LGS

$$
\begin{array}{rrrrrrr}
a & + \; b & + \; c & + \; d & + \; e & = & 255 \\
a & - \; 2b & + \; c & & & = & 0 \\
 & b & - \; c & - \; d & + \; e & = & 0 \\
a & + \; b & - \; c & - \; d & & = & 3 \\
4a & - \; b & - \; c & - \; d & - \; e & = & 0
\end{array}
$$

Es ist äquivalent zu

$$
\begin{array}{rrrrrrr}
a & + \; b & + \; c & + \; d & + \; e & = & 255 \\
 & 3b & & + \; d & + \; e & = & 255 \\
 & & 3c & + \; 4d & - \; 2e & = & 255 \\
 & & & 2d & - \; 7e & = & -246 \\
 & & & & 3e & = & 144
\end{array}
$$

Es hat die Lösungsmenge $L = \left\{ (51, 54, 57, 45, 48) \right\}$, also wiegt Anne 51 kg, Birgit 54 kg, Christa 57 kg, Dörte 45 kg und Erika 48 kg.

<u>Lösung zu Aufgabe 316</u>   zur Aufgabe   Seite 262

Sei p der Wert eines Pferdes, k der Wert einer Kuh, s der Wert eines Schafes und z der Wert einer Ziege. Dann liefern uns die Aussagen folgende Gleichungen:

$$
\begin{aligned}
2p + 3k &= 13s + z \\
3p + 4s &= 4k + 7z. \\
2p + 9z &= 2k + 8s
\end{aligned}
$$

Dieses LGS formen wir äquivalent um zu

$$
\begin{aligned}
2p + 3k - 13s &= z \\
3p - 4k + 4s &= 7z \\
2p - 2k - 8s &= -9z
\end{aligned}
$$

und weiter zu

$$
\begin{aligned}
2p + 3k - 13s &= z \\
17k - 47s &= -11z. \\
150s &= 225z
\end{aligned}
$$

Man erhält nun die Lösung $(p, k, s) = \left(5z, \dfrac{7z}{2}, \dfrac{3z}{2} \right)$.

Es ist also $p + k + s = 5z + \dfrac{7z}{2} + \dfrac{3z}{2} = 10z$.

1 Pferd, 1 Kuh und 1 Schaf sind also zusammen so viel wert wie 10 Ziegen.

<u>Lösung zu Aufgabe 317</u>   zur Aufgabe   Seite 263

Die erste Aussage ist falsch.

Ein LGS mit weniger Gleichungen als Unbekannten hat nicht immer unendlich viele Lösungen.

Beispielsweise hat das LGS

$$
\begin{aligned}
x_1 + x_2 + x_3 &= 0 \\
x_1 + x_2 + x_3 &= 1
\end{aligned}
$$

weniger Gleichungen als Unbekannte. Seine Lösungsmenge ist aber leer.

Die zweite Aussage ist wahr.

Ein inhomogenes LGS hat höchstens so viele Lösungen wie das zugehörige homogene LGS.

Sei nämlich ein inhomogenes LGS gegeben. Das dazu gehörige homogene LGS habe den Lösungsraum U.

Nun können zwei Fälle eintreten.

1. Fall: Das inhomogene LGS ist nicht lösbar.

             Dann besitzt es weniger Lösungen als das homogene.

2. Fall: Das inhomogene LGS ist lösbar.

             Sei v eine spezielle Lösung des inhomogenenen LGS.

             Dann ist $v + U$ die Lösungsmenge des inhomogenen LGS.

             In dem Fall hat das inhomogene LGS genau so viele Lösungen wie

             das homogene.

Die dritte Aussage ist falsch.

Ein LGS mit ebenso viel Gleichungen wie Unbekannten hat nicht immer genau eine Lösung.

Wir wählen das Beispiel zur ersten Aussage und fügen noch eine Zeile hinzu.

$$\begin{array}{ccccccc}
x_1 & + & x_2 & + & x_3 & = & 0 \\
x_1 & + & x_2 & + & x_3 & = & 1 \\
x_1 & + & x_2 & + & x_3 & = & 2
\end{array}.$$

Das LGS hat drei Gleichungen und drei Unbekannte, ist aber offensichtlich nicht lösbar.

Die vierte Aussage ist falsch.

Denn ein homogenes LGS mit mehr Unbekannten als Gleichungen hat nicht immer genau eine Lösung.

Beispielsweise hat das LGS

$$\begin{aligned} x_1 + x_2 + x_3 &= 0 \\ x_2 + x_3 &= 0 \end{aligned}$$

drei Unbekannte und zwei Gleichungen, aber es hat mehr als eine Lösung.
Zum Beispiel sind $(1,0,-1)$, $(0,0,0)$, $(0,1,-1)$ Lösungen.
Es hat also auch nicht genau eine nichttriviale Lösung.

Die fünfte Aussage ist falsch.
Ein LGS mit mehr Gleichungen als Unbekannten kann sehr wohl eine Lösung haben.

Zum Beispiel hat das LGS

$$\begin{aligned} x_1 + x_2 + x_3 &= 3 \\ x_1 + x_2 + 2x_3 &= 4 \\ x_1 - x_2 + 3x_3 &= 3 \\ x_1 - x_2 + 4x_3 &= 4 \end{aligned}$$

vier Gleichungen und drei Unbekannte, und $(1,1,1)$ ist offensichtlich eine Lösung.

Lösung zu Aufgabe 318   zur Aufgabe   Seite 263
Sei ein inhomogenes lineares Gleichungssystem

$$\begin{aligned} a_{11}x_1 + a_{12}x_2 + \ldots + a_{1n}x_n &= b_1 \\ a_{21}x_1 + a_{22}x_2 + \ldots + a_{2n}x_n &= b_2 \\ \vdots \quad + \quad \vdots \quad + \ldots + \quad \vdots \ &= \ \vdots \\ a_{m1}x_1 + a_{m2}x_2 + \ldots + a_{mn}x_n &= b_m \end{aligned}$$

gegeben mit $m, n \in \mathbb{N}, a_{ij} \in \mathbb{R}$ für $i \in \{1,...,m\}, j \in \{1,...,n\}$.
Dann findet man ein $k \in \{1,...,m\}$ mit $b_k \neq 0$.

Annahme: Das LGS hat zwei Lösungen, bei denen alle Komponenten gleich sind.
          Dann findet man $x, y \in \mathbb{R}$ mit $x \neq y$ und
          $$(a_{k1} + a_{k2} + \ldots + a_{kn})x = b_k \text{ und } (a_{k1} + a_{k2} + \ldots + a_{kn})y = b_k.$$
          Wegen $b_k \neq 0$ folgt $a_{k1} + a_{k2} + \ldots + a_{kn} \neq 0$ und weiter

$$\frac{b_k}{a_{k1} + a_{k2} + \ldots + a_{kn}} = x \text{ und } \frac{b_k}{a_{k1} + a_{k2} + \ldots + a_{kn}} = y, \text{ also}$$

insbesondere $x = y$, im Widerspruch zur Annahme.

Also ist die Annahme falsch, und es gilt die Behauptung.

Lösung zu Aufgabe 319   zur Aufgabe   Seite 263

a) Wir setzen

$$
\begin{aligned}
v_1 &= e_1 + e_2 + e_3 \\
v_2 &= e_1 + e_2 \qquad\quad + e_4 \\
v_3 &= e_1 \\
v_4 &= \qquad e_2
\end{aligned}
$$

Dann ist

$$
\begin{aligned}
e_1 &= v_3 \\
e_2 &= v_4 \\
e_3 &= v_1 \quad - v_3 - v_4 \\
e_4 &= v_2 - v_3 - v_4
\end{aligned}
$$

Das LGS

$$
\begin{aligned}
x_1 \quad - x_3 - x_4 &= 1 \\
x_2 - x_3 - x_4 &= 1
\end{aligned}
$$

hat die Lösungsmenge $L = (1,1,0,0) + \left\langle (1,1,1,0), (1,1,0,1) \right\rangle$.

b) Die Lösungsmenge ist nun

$$L = (1,1,0,0,0) + \left\langle (1,1,1,0,0), (1,1,0,1,0), (0,0,0,0,1) \right\rangle.$$

Lösung zu Aufgabe 320   zur Aufgabe   Seite 264

Wir setzen

$$
\begin{aligned}
x_1 &= r + s + t \\
x_2 &= -2r - s \\
x_3 &= \qquad - s - 2t \\
x_4 &= 3r + 4s + 5t
\end{aligned}
$$

Wir erhalten

$$\begin{array}{rcrcrcrcl} 2x_1 & + & x_2 & + & x_3 & & & = & 0 \\ & & 3x_2 & + & 5x_3 & + & 2x_4 & = & 0 \end{array}.$$

Dieses LGS hat die Lösungsmenge $\Big\langle (1, -2, 0, 3), (1, -1, -1, 4), (1, 0, -2, 5) \Big\rangle$.

Es ist $\dim\Big\langle (1, -2, 0, 3), (1, -1, -1, 4), (1, 0, -2, 5) \Big\rangle = 2$, da offensichtlich $(1, -2, 0, 3)$ und $(1, 0, -2, 5)$ linear unabhängig sind, aber

$(1, -1, -1, 4) \in \Big\langle (1, -2, 0, 3), (1, 0, -2, 5) \Big\rangle$,

denn $\frac{1}{2}(1, -2, 0, 3) + \frac{1}{2}(1, 0, -2, 5) = (1, -1, -1, 4)$.

Lösung zu Aufgabe 321 zur Aufgabe Seite 264

Die Gleichung $y = ax^2 + bx + c$ führt nach dem Einsetzen der gegebenen Werte auf das folgende lineare Gleichungssystem:

$$\begin{array}{rcrcrcl} a & + & b & + & c & = & 3 \\ a & - & b & + & c & = & 1 \\ 4a & - & 2b & + & c & = & 3. \end{array}$$

Es ist $L = \Big\{ (1, 1, 1) \Big\}$, also ist $f(x) = x^2 + x + 1$ das einzige Polynom zweiten Grades, das diese drei Punkte enthält.

Lösung zu Aufgabe 322 zur Aufgabe Seite 264

a) $\sim$ ist reflexiv, da $0 \in V$.

$\sim$ ist symmetrisch, denn wenn für $u, v \in V$ gilt $u \sim v$, dann ist $u - v \in U$.

$$\begin{aligned} u - v \in U &\Rightarrow -(u - v) \in U \\ &\Rightarrow v - u \in U \\ &\Rightarrow v \sim u. \end{aligned}$$

$\sim$ ist transitiv, denn seien $u, v, w \in U$ mit $u \sim v$ und $v \sim w$.

Dann gilt $u - v \in U$ und $v - w \in U$.

$$u - v \in U \wedge v - w \in U \Rightarrow u - v + v - w \in U$$
$$\Rightarrow u - w \in U$$
$$\Rightarrow u \sim w \, .$$

Also ist $\sim$ eine Äquivalenzrelation.

b) Seien $u, u'v, v' \in V$ und sei $\lambda \in \mathbb{R}$.

(i)
$$u \sim v \Rightarrow u - v \in U$$
$$\Rightarrow \lambda (u - v) \in U$$
$$\Rightarrow \lambda u - \lambda v \in U$$
$$\Rightarrow \lambda u \sim \lambda v \, .$$

(ii)
$$u \sim v \wedge u' \sim v' \Rightarrow u - v \in U \wedge u' - v' \in U$$
$$\Rightarrow u - v + u' - v' \in U$$
$$\Rightarrow u + u' - (v + v') \in U$$
$$\Rightarrow u + u' \sim v + v' \, .$$

Lösung zu Aufgabe 323   zur Aufgabe   Seite 264

Seien $(x_1, x_2, \dots), (y_1, y_2, \dots) \in A$.

Dann ist

$$f\big((x_1, x_2, \dots)\big) + f\big((y_1, y_2, \dots)\big) = (x_1, x_2 - x_1) + (y_1, y_2 - y_1)$$
$$= \big(x_1 + y_1, x_2 + y_2 - (x_1 + y_1)\big)$$
$$= f(x_1 + y_1, x_2 + y_2, \dots) \, .$$

Sei $k \in \mathbb{R}$ gegeben.

Dann ist

$$k f\big((x_1, x_2, \dots)\big) = k(x_1, x_2 - x_1)$$
$$= \big(k x_1, k(x_2 - x_1)\big)$$
$$= f(k x_1, k x_2, \dots) \, .$$

Also ist f ein Homomorphismus.

Sei nun $(a, b) \in \mathbb{R}^2$.

Wähle $(x_1, x_2, \dots) \in A$ mit $x_1 = a$, $x_2 = b + a$.

Dann ist

$$f\big((x_1, x_2, \dots)\big) = f\big((a, b + a, \dots)\big)$$
$$= (a, b + a - a, \dots)$$
$$= (a, b).$$

Also ist f surjektiv.

Seien $(x_1, x_2, \dots), (y_1, y_2, \dots) \in A$ mit $f\big((x_1, x_2, \dots)\big) = f\big((y_1, y_2, \dots)\big)$.

Dann gilt

$$f\big((x_1, x_2, \dots)\big) = f\big((y_1, y_2, \dots)\big) \Rightarrow (x_1, x_2 - x_1) = (y_1, y_2 - y_1)$$
$$\Rightarrow x_1 = y_1 \wedge x_2 = y_2$$
$$\Rightarrow (x_1, x_2, \dots) = (y_1, y_2, \dots).$$

Also ist f injektiv.

Somit ist f ein Isomorphismus.

___

Lösung zu Aufgabe 324 zur Aufgabe Seite 265

„⇒" Sei $A_1, \dots, A_k, A$ linear unabhängig.

Annahme: $A \in U$.

Dann ist $A \neq 0$, da sonst $A_1, \dots, A_k, A$ linear abhängig wäre.

Nun findet man $a_1, \dots, a_k \in \mathbb{R}$ mit $a_1 A_1 + \dots + a_k A_k = A$.

Weiter ist $a_1 A_1 + \dots + a_k A_k + (-1)A = 0$.

Das steht im Widerspruch zur linearen Unabhängigkeit von $A_1, \dots, A_k, A$.

Also ist die Annahme falsch, und es gilt $A \notin U$.

„⇐" Es gelte $A \notin U$.

Annahme: $A_1, \dots, A_k, A$ ist linear abhängig.

Dann findet man $a_1, \ldots, a_k, a_{k+1} \in \mathbb{R}$ mit

$a_1 A_1 + \ldots + a_k A_k + a_{k+1} A = 0$, wobei ein

$i \in \{1, \ldots, k, k+1\}$ existiert mit $a_i \neq 0$.

Insbesondere ist $a_{k+1} \neq 0$, da sonst $j \in \{1, \ldots, k\}$ mit

$a_j \neq 0$ und $a_1 A_1 + \ldots + a_k A_k = 0$, was ein Widerspruch

zur linearen Unabhängigkeit von $A_1, \ldots, A_k$ wäre.

Aus $a_1 A_1 + \ldots + a_k A_k + a_{k+1} A = 0$ folgt

$a_1 A_1 + \ldots + a_k A_k = -a_{k+1} A$.

Mit $a_{k+1} \neq 0$ folgt $\dfrac{-a_1}{a_{k+1}} A_1 + \ldots + \dfrac{-a_k}{a_{k+1}} A_k = A$.

Also liegt A im Erzeugnis von $A_1, \ldots, A_k$ im Widerspruch zu

$A \notin U$.

Also ist die Annahme falsch, und $A_1, \ldots, A_k, A$ sind linear unabhängig.

Lösung zu Aufgabe 325   zur Aufgabe   Seite 265

a) Das System $A = \begin{pmatrix} a \\ d \\ g \end{pmatrix}, B = \begin{pmatrix} b \\ e \\ h \end{pmatrix}, C = \begin{pmatrix} c \\ f \\ i \end{pmatrix}$ sei linear unabhängig.

Dann ist $\det \begin{pmatrix} a & b & c \\ d & e & f \\ g & h & i \end{pmatrix} \neq 0$.

Das heißt, $aei + bfg + cdh - ceg - afh - bdi \neq 0$.

Es gilt $\det \begin{pmatrix} e & f \\ h & i \end{pmatrix} \neq 0$.

Also ist $ei - fh \neq 0$.

Es geht nun darum, eine der Komponenten so zu verändern, dass die Determinante 0 wird.

Setze nun $a := \dfrac{ceg + bdi - bfg - cdh}{ei - hf}$.

Dann ist $aei - ahf = ceg + bdi - bfg - cdh$.

Daraus ergibt sich $aei + bfg + cdh - ahf - bdi - ceg = 0$, also

$\det \begin{pmatrix} a & b & c \\ d & e & f \\ g & h & i \end{pmatrix} = 0$.

b) Man kann nicht aus jedem linear abhängigen Vektorsystem A, B, C durch Änderung einer Komponente ein linear unabhängiges machen.

Ist nämlich $A = B = C$, so bleibt das System auch bei Änderung einer Komponente linear abhängig.

Lösung zu Aufgabe 326   zur Aufgabe   Seite 265

a) Die Vektoren sind linear abhängig, denn

$$-2 \begin{pmatrix} 1 \\ 2 \\ 3 \\ 4 \end{pmatrix} + (-3) \begin{pmatrix} 4 \\ 3 \\ 2 \\ 1 \end{pmatrix} + \begin{pmatrix} 14 \\ 13 \\ 12 \\ 11 \end{pmatrix} = \begin{pmatrix} 0 \\ 0 \\ 0 \\ 0 \end{pmatrix}.$$

b) Die Vektoren sind linear unabhängig, denn aus

$$x_1 \begin{pmatrix} 1 \\ 2 \\ 3 \\ 4 \end{pmatrix} + x_2 \begin{pmatrix} 4 \\ 3 \\ 2 \\ 1 \end{pmatrix} + x_3 \begin{pmatrix} 1 \\ 3 \\ 2 \\ 4 \end{pmatrix} = \begin{pmatrix} 0 \\ 0 \\ 0 \\ 0 \end{pmatrix} \quad \text{folgt } x_1 = x_2 = x_3 = 0.$$

Es ist nämlich $\left(\begin{array}{ccc|c} 1 & 4 & 1 & 0 \\ 2 & 3 & 3 & 0 \\ 3 & 2 & 2 & 0 \\ 4 & 1 & 4 & 0 \end{array} \right) \sim \left(\begin{array}{ccc|c} 1 & 4 & 1 & 0 \\ 0 & 5 & -1 & 0 \\ 0 & 10 & 1 & 0 \\ 0 & 15 & 0 & 0 \end{array} \right).$

Lösung zu Aufgabe 327   zur Aufgabe   Seite 265

Es ist

$$\begin{pmatrix} 1 & 0 & 0 & 1 \\ -1 & 2 & 0 & 0 \\ 0 & 3 & 1 & 0 \\ 0 & 0 & 1 & x \end{pmatrix} \sim \begin{pmatrix} 1 & 0 & 0 & 1 \\ 0 & 2 & 0 & 1 \\ 0 & 0 & -2 & 3 \\ 0 & 0 & 0 & 3 + 2x \end{pmatrix}.$$

Die Vektoren sind also genau dann linear abhängig, wenn $x = -\dfrac{2}{3}$.

Lösung zu Aufgabe 328   zur Aufgabe   Seite 265

Annahme: A, B, D ist linear abhängig, A, C, D ist linear abhängig und B, C, D ist linear abhängig.

Dann findet man $k_1, k_2, l_1, l_2, m_1, m_2 \in \mathbb{R}$ mit

$$k_1 A \;+\; k_2 B \;=\; D$$
$$l_1 A \;+\; l_s C \;=\; D.$$
$$m_1 B \;+\; m_2 C \;=\; D$$

Nun folgt

$$\left(k_1 - l_1\right)A \;+\; k_2 C \;=\; l_2 C$$
$$k_1 A \;+\; \left(k_2 - m_1\right)B \;=\; m_2 C \quad .$$
$$l_1 A \;-\; m_1 B \;=\; \left(l_2 - m_2\right)C$$

Ist nun $l_2 = m_2 = 0$ dann folgt wegen der linearen Unabhängigkeit von A, B schon $k_1 = k_2 = l_1 = l_2 = m_1 = m_2 = 0$ und somit $D = \overrightarrow{0}$, imcWiderspruch zur Voraussetzung.

Ist $l_2 \neq 0$ oder $m_2 \neq 0$, dann ist $C \in \langle A, B \rangle$, ebenfalls im Widerspruch zur Voraussetzung.

Also ist die Annahme falsch, und es muss ein linear unabhängiges System aus drei der Vektoren geben, das D enthält.

Lösung zu Aufgabe 329   zur Aufgabe   Seite 266

Seien $(x_1, x_2, x_3, x_4), (y_1, y_2, y_3, y_4) \in \mathbb{R}^4$.

Dann gilt

$$f\left(\left(x_1, x_2, x_3, x_4\right)\right) + f\left(\left(y_1, y_2, y_3, y_4\right)\right)$$
$$= \left(a x_1, b x_2, c x_3, d x_4\right) + \left(a y_1, b y_2, c y_3, d y_4\right)$$
$$= \left(a x_1 + a y_1, b x_2 + b y_2, c x_3 + c y_3, d x_4 + d y_4\right)$$
$$= \left(a(x_1 + y_1), b(x_2 + y_2), c(x_3 + y_3), d(x_4 + y_4)\right)$$
$$= f\left(\left((x_1 + y_1), (x_2 + y_2), (x_3 + y_3), (x_4 + y_4)\right)\right)$$
$$= f\left(\left(x_1, x_2, x_3, x_4\right) + \left(y_1, y_2, y_3, y_4\right)\right).$$

Sei $k \in \mathbb{R}$.

Dann gilt

$$kf\Big((x_1, x_2, x_3, x_4)\Big) = k(a x_1, b x_2, c x_3, d x_4)$$
$$= (k a x_1, k b x_2, k c x_3, k d x_4)$$
$$= (a k x_1, b k x_2, c k x_3, d k x_4)$$
$$= f\Big((k x_1, k x_2, k x_3, k x_4)\Big).$$

Also ist f linear.

Wir unterscheiden nun 2 Fälle:

1. Fall: $(a, b, c, d) = (0,0,0,0)$.

Dann gilt für alle $v \in \mathbb{R}^4 : f(v) = (0,0,0,0)$.

In diesem Fall ist dim Bild $f = 0$.

2. Fall: $(a, b, c, d) \neq (0,0,0,0)$.

O. B. d. A. sei $a \neq 0$.

Dann folgt wegen $a + b + c + d = 0$ auch $b \neq 0 \vee c \neq 0 \vee d \neq 0$.

O. B. d. A. sei $b \neq 0$.

Dann ist

$$f\Big((1,0,0,0)\Big) = (a,0,0,0) \text{ und } f\Big((0,1,0,0)\Big) = (0,b,0,0).$$

In diesem Fall ist dim Bild $f \geq 2$.

Lösung zu Aufgabe 330   zur Aufgabe   Seite 266

Zu zeigen ist noch $\forall v, w \in V : \varphi(v + w) = \varphi(v) + \varphi(w)$.

Seien $v, w \in V$.

Es gilt

$$\varphi(v) = \varphi(v \cdot 1)$$
$$\overset{n.V.}{=} v \cdot \varphi(1)$$

und

$$\varphi(v + w) = \varphi\big((v + w) \cdot 1\big)$$
$$= (v + w) \cdot \varphi(1)$$
$$= v \cdot \varphi(1) + w \cdot \varphi(1)$$
$$= \varphi(v \cdot 1) + \varphi(w \cdot 1)$$
$$= \varphi(v) + \varphi(w).$$

<u>Lösung zu Aufgabe 331</u>   <u>zur Aufgabe</u>   <u>Seite 266</u>

a) Es ist $B = (1,1,1,-3)$ und $C = (10,10,10,10)$ und

$$-\frac{1}{40}\big(10B - C\big) = E_4.$$

b) Es ist

$$\begin{pmatrix} 1 & 2 & 3 & 4 \\ 2 & 3 & 4 & 1 \\ 3 & 4 & 1 & 2 \\ 4 & 1 & 2 & 3 \end{pmatrix} \sim \begin{pmatrix} 1 & 2 & 3 & 4 \\ 0 & 1 & 2 & 7 \\ 0 & 0 & 1 & -1 \\ 0 & 0 & 0 & 1 \end{pmatrix}.$$

Die Matrix hat den vollen Rang, also bilden die 4 Vektoren eine Basis.

<u>Lösung zu Aufgabe 332</u>   <u>zur Aufgabe</u>   <u>Seite 267</u>

Kein Teilsystem dieses Vektorsystems ist eine Basis.

Zunächst stellen wir fest, dass es reicht, sich auf die Vektoren $(1,0,1), (2,2,4)$ $(1,2,3), (0,1,1)$ zu beschränken, da $(0,4,4), (0,1,1)$ offensichtlich linear abhängig sind.

Wir zeigen nun, dass jedes Teilsystem aus 3 dieser Vektoren linear abhängig ist:

$$\begin{pmatrix} 1 \\ 0 \\ 1 \end{pmatrix} - \begin{pmatrix} 2 \\ 2 \\ 4 \end{pmatrix} + \begin{pmatrix} 1 \\ 2 \\ 3 \end{pmatrix} = \begin{pmatrix} 0 \\ 0 \\ 0 \end{pmatrix}.$$

$$2 \cdot \begin{pmatrix} 1 \\ 0 \\ 1 \end{pmatrix} - \begin{pmatrix} 2 \\ 2 \\ 4 \end{pmatrix} + 2 \cdot \begin{pmatrix} 0 \\ 1 \\ 1 \end{pmatrix} = \begin{pmatrix} 0 \\ 0 \\ 0 \end{pmatrix}.$$

$$\begin{pmatrix} 1 \\ 0 \\ 1 \end{pmatrix} - \begin{pmatrix} 1 \\ 2 \\ 3 \end{pmatrix} + 2 \cdot \begin{pmatrix} 0 \\ 1 \\ 1 \end{pmatrix} = \begin{pmatrix} 0 \\ 0 \\ 0 \end{pmatrix}.$$

$$-1 \cdot \begin{pmatrix} 2 \\ 2 \\ 4 \end{pmatrix} + 2 \cdot \begin{pmatrix} 1 \\ 2 \\ 3 \end{pmatrix} - 2 \cdot \begin{pmatrix} 0 \\ 1 \\ 1 \end{pmatrix} = \begin{pmatrix} 0 \\ 0 \\ 0 \end{pmatrix}.$$

Da also je 3 Vektoren des gegebenen Systems linear abhängig sind, enthält das System keine Basis.

Lösung zu Aufgabe 333 zur Aufgabe Seite 267

Fügt man noch den Vektor $(1,0,0,0)$ hinzu, so erhält man eine Basis, denn die

Matrix $\begin{pmatrix} 1 & 1 & 1 & 1 \\ 0 & 1 & 0 & 0 \\ 0 & 0 & 1 & 0 \\ 0 & 0 & 0 & 1 \end{pmatrix}$ hat den vollen Rang.

Es ist dann

$$\begin{pmatrix} 2 \\ 1 \\ 2 \\ -1 \end{pmatrix} = 0 \cdot \begin{pmatrix} 1 \\ 0 \\ 0 \\ 0 \end{pmatrix} + \begin{pmatrix} 1 \\ 1 \\ 0 \\ 0 \end{pmatrix} + 2 \cdot \begin{pmatrix} 1 \\ 0 \\ 1 \\ 0 \end{pmatrix} - 1 \cdot \begin{pmatrix} 1 \\ 0 \\ 0 \\ 1 \end{pmatrix}.$$

Lösung zu Aufgabe 334 zur Aufgabe Seite 267

Da $A_1, A_2, B_1, B_2, B_3, C, D$ linear unabhängig sind, sind auch

$A_1, A_2, B_1 + D - C$ linear unabhängig und $B_1, B_2, B_3, A_1 + C - D$ linear unabhängig.

Somit ist dim $S = 3$ und dim $T = 4$.

Nun ist $A_1, A_2, B_1, B_2, B_3, B_1 + D - C$ eine Basis von $S + T$.

$A_1 + C - D \in \langle A_1, A_2, B_1, B_2, B_3, B_1 + D - C \rangle$, da

$A_1 + B_1 + \left(-(B_1 + D - C) \right) = A_1 + C - D$.

Es ist also dim$(S + T) = 6$.

Nach dim$(S \cap T) = $ dim $S +$ dim $T - $ dim$(S + T)$ folgt dim $S \cap T = 1$.

$A_1 - B_1 + C - D$ ist ein Basisvektor von $S \cap T$.

Lösung zu Aufgabe 335 zur Aufgabe Seite 267

1. Fall: $a \in \{-1, 0, 1\}$.

    1.1. Fall: $a = 0$.

Dann ist

$$\begin{pmatrix} 1 & a & -1 & -b \\ 0 & a & -2 & -b \\ 1 & 1 & -3 & 0 \\ a & 1 & -4 & 0 \end{pmatrix} \sim \begin{pmatrix} 1 & 0 & -1 & -b \\ 0 & 0 & -2 & -b \\ 0 & -1 & 2 & -b \\ 0 & 0 & -2 & -b \end{pmatrix}.$$

1.1.1. Fall: $b = 0$.

Dann ist $L = \left\{ (0,0,0,k) \,\middle|\, k \in \mathbb{R} \right\}$.

In diesem Fall ist

$$\dim\left(\left\langle (1,0,1,a), (a,a,1,1) \right\rangle \cap \left\langle (1,2,3,4), (b,b,0,0) \right\rangle \right) = 1.$$

1.1.2. Fall: $b \neq 0$.

Dann ist $L = \left\{ \left(\dfrac{bk}{2}, -2bk, -\dfrac{bk}{2}, k \right) \,\middle|\, k \in \mathbb{R} \right\}$.

Auch in diesem Fall ist

$$\dim\left(\left\langle (1,0,1,a), (a,a,1,1) \right\rangle \cap \left\langle (1,2,3,4), (b,b,0,0) \right\rangle \right) = 1.$$

1.2. Fall: $a = 1$. Dann ist

$$\begin{pmatrix} 1 & a & -1 & -b \\ 0 & a & -2 & -b \\ 1 & 1 & -3 & 0 \\ a & 1 & -4 & 0 \end{pmatrix} \sim \begin{pmatrix} 1 & 0 & -1 & -b \\ 0 & 1 & -2 & -b \\ 0 & 0 & 2 & -b \\ 0 & 0 & 3 & -b \end{pmatrix}.$$

1.2.1. Fall: $b = 0$. Dann ist

$$\begin{pmatrix} 1 & a & -1 & -b \\ 0 & a & -2 & -b \\ 1 & 1 & -3 & 0 \\ a & 1 & -4 & 0 \end{pmatrix} \sim \begin{pmatrix} 1 & 0 & -1 & 0 \\ 0 & 1 & -2 & 0 \\ 0 & 0 & 2 & 0 \\ 0 & 0 & 3 & 0 \end{pmatrix}.$$

und $L = \left\{ (0,0,0,k) \,\middle|\, k \in \mathbb{R} \right\}$.

In diesem Fall ist

$$\dim\left(\Big\langle (1,0,1,a),(a,a,1,1)\Big\rangle \cap \Big\langle (1,2,3,4),(b,b,0,0)\Big\rangle\right)=1.$$

1.2.2. Fall: $b \neq 0$.

Dann ist $L = \Big\{(0,0,0,0)\Big\}$.

In diesem Fall ist

$$\dim\left(\Big\langle (1,0,1,a),(a,a,1,1)\Big\rangle \cap \Big\langle (1,2,3,4),(b,b,0,0)\Big\rangle\right)=0.$$

1.3. Fall: $a = -1$. Dann ist

$$\begin{pmatrix} 1 & a & -1 & -b \\ 0 & a & -2 & -b \\ 1 & 1 & -3 & 0 \\ a & 1 & -4 & 0 \end{pmatrix} \sim \begin{pmatrix} 1 & 0 & -1 & -b \\ 0 & 1 & -2 & -b \\ 0 & 0 & -2 & -3b \\ 0 & 0 & 0 & -13b \end{pmatrix}.$$

1.3.1. Fall: $b = 0$. Dann ist

$$\begin{pmatrix} 1 & a & -1 & -b \\ 0 & a & -2 & -b \\ 1 & 1 & -3 & 0 \\ a & 1 & -4 & 0 \end{pmatrix} \sim \begin{pmatrix} 1 & 0 & -1 & 0 \\ 0 & 1 & -2 & 0 \\ 0 & 0 & -2 & 0 \\ 0 & 0 & 0 & 0 \end{pmatrix}.$$

und $L = \Big\{(0,0,0,k)\,\Big|\,k \in \mathbb{R}\Big\}$.

In diesem Fall ist

$$\dim\left(\Big\langle (1,0,1,a),(a,a,1,1)\Big\rangle \cap \Big\langle (1,2,3,4),(b,b,0,0)\Big\rangle\right)=1.$$

1.3.2. Fall: $b \neq 0$.

Dann ist $L = \Big\{(0,0,0,0)\Big\}$.

In diesem Fall ist

$$\dim\left(\Big\langle (1,0,1,a),(a,a,1,1)\Big\rangle \cap \Big\langle (1,2,3,4),(b,b,0,0)\Big\rangle\right)=0.$$

2. Fall: $a \notin \{-1,0,1\}$. Dann ist

$$\begin{pmatrix} 1 & a & -1 & -b \\ 0 & a & -2 & -b \\ 1 & 1 & -3 & 0 \\ a & 1 & -4 & 0 \end{pmatrix} \sim \begin{pmatrix} 1 & a & -1 & -b \\ 0 & a & -2 & -b \\ 0 & 0 & 2-4a & b \\ 0 & 0 & a^2 & 0 \end{pmatrix}.$$

2.1. Fall: $b = 0$.

Dann ist $L = \left\{ (0,0,0,k) \,\middle|\, k \in \mathbb{R} \right\}$.

In diesem Fall ist

$$\dim\left(\left\langle (1,0,1,a), (a,a,1,1) \right\rangle \cap \left\langle (1,2,3,4), (b,b,0,0) \right\rangle \right) = 1.$$

2.2. Fall: $b \neq 0$.

Dann ist $L = \left\{ (0,0,0,0) \right\}$.

In diesem Fall ist

$$\dim\left(\left\langle (1,0,1,a), (a,a,1,1) \right\rangle \cap \left\langle (1,2,3,4), (b,b,0,0) \right\rangle \right) = 0.$$

Zusammengefasst ist

$$\dim\left(\left\langle (1,0,1,a), (a,a,1,1) \right\rangle \cap \left\langle (1,2,3,4), (b,b,0,0) \right\rangle \right) = 1$$

$\Leftrightarrow a = 0 \vee b = 0.$

<u>Lösung zu Aufgabe 336</u>   zur Aufgabe   Seite 267

Wir betrachten die Matrix $\begin{pmatrix} 1 & -1 & 0 \\ 2 & a+1 & a \\ a+2 & a & 1 \end{pmatrix}$.

1. Fall: $a = -2$.

Dann ist $\begin{pmatrix} 1 & -1 & 0 \\ 2 & a+1 & a \\ a+2 & a & 1 \end{pmatrix} \sim \begin{pmatrix} 1 & -1 & 0 \\ 0 & 1 & -2 \\ 0 & 0 & 3 \end{pmatrix}.$

In diesem Fall ist also dim $U(a) = 3$.

2. Fall: $a \neq -2$.

Dann ist $\begin{pmatrix} 1 & -1 & 0 \\ 2 & a+1 & a \\ a+2 & a & 1 \end{pmatrix} \sim \begin{pmatrix} 1 & -1 & 0 \\ 0 & a+3 & a \\ 0 & 2a+2 & 1 \end{pmatrix}$.

2.1. Fall: $a = -1$.

Dann ist $\begin{pmatrix} 1 & -1 & 0 \\ 2 & a+1 & a \\ a+2 & a & 1 \end{pmatrix} \sim \begin{pmatrix} 1 & -1 & 0 \\ 0 & 2 & -1 \\ 0 & 0 & 1 \end{pmatrix}$.

In dem Fall ist $\dim U(a) = 3$.

2.2. Fall: $a \neq -1$.

2.2.1. Fall: $a = -3$.

Dann ist $\begin{pmatrix} 1 & -1 & 0 \\ 2 & a+1 & a \\ a+2 & a & 1 \end{pmatrix} \sim \begin{pmatrix} 1 & -1 & 0 \\ 0 & 0 & -3 \\ 0 & -4 & 1 \end{pmatrix}$.

Auch in diesem Fall ist $\dim U(a) = 3$.

2.2.2. Fall: $a \neq -3$.

Dann ist

$\begin{pmatrix} 1 & -1 & 0 \\ 2 & a+1 & a \\ a+2 & a & 1 \end{pmatrix} \sim \begin{pmatrix} 1 & -1 & 0 \\ 0 & a+3 & a \\ 0 & 0 & 2a^2+a-3 \end{pmatrix}$.

Es ist $2a^2 + a - 3 = 0 \Leftrightarrow a = 1 \vee a = -\dfrac{3}{2}$.

In den Fällen $a = 1$ und $a = -\dfrac{3}{2}$ ist also $\dim U(a) = 2$.

Für alle anderen $a \in \mathbb{R}$ ist $\dim U(a) = 3$.

Zusammengefasst ist also $\dim U(a) = 2 \Leftrightarrow a = 1 \vee a = -\dfrac{3}{2}$ und sonst $\dim U(a) = 3$.

<u>Lösung zu Aufgabe 337</u>   zur Aufgabe   Seite 268

Sei $(x_1, x_2, x_3) \in \mathbb{R}^3$.

Dann ist

$$\begin{pmatrix} x_1 \\ x_2 \\ x_3 \end{pmatrix} \begin{pmatrix} 1 & 0 & -\frac{1}{2} \\ 0 & 1 & 0 \\ 0 & 0 & 0 \end{pmatrix} = \begin{pmatrix} x_1 \\ x_2 \\ -\frac{x_1}{2} \end{pmatrix}.$$

Es ist Fix $\alpha = \left\{ (x_1, x_2, x_3) \in \mathbb{R}^3 \,\middle|\, x_3 = -\frac{x_1}{2} \right\}$.

Also ist dim Fix $\alpha = 2$.

Weiter ist

Kern $\alpha = \left\{ (x_1, x_2, x_3) \in \mathbb{R}^3 \,\middle|\, x_1 = x_2 = 0 \right\}$.

Also ist dim Kern $\alpha = 1$.

Lösung zu Aufgabe 338   zur Aufgabe   Seite 268

Seien $f, g \in V$ gegeben mit $f(x) = a_0 + a_1 x + a_2 x^2 + a_3 x^3$ mit
$a_0, a_1, a_2, a_3 \in \mathbb{R}$ und $g(x) = b_0 + b_1 x + b_2 x^2 + b_3 x^3$ mit $b_0, b_1, b_2, b_3 \in \mathbb{R}$.

Dann ist

$$\varphi(f + g) = \Big((f+g)(0), (f+g)(1), (f+g)(0) + (f+g)(1) \Big)$$
$$= \Big(f(0) + g(0), f(1) + g(1), f(0) + g(0) + f(1) + g(1) \Big)$$
$$= \Big(f(0), f(1), f(0) + f(1) \Big) + \Big(g(0), g(1), g(0) + g(1) \Big)$$
$$= \varphi(f) + \varphi(g).$$

Also ist φ linear.

Kern $\varphi = \Big\{ f \in V \,\Big|\, \varphi(V) = (0,0,0) \Big\}$
$$= \Big\{ f \in V \,\Big|\, f(x) = a_1 x + a_2 x^2 - (a_1 + a_2) x^3 \Big\}.$$

Bild $\varphi = \Big\{ (a_0, a_0 + a_1 + a_2 + a_3, 2a_0 + a_1 + a_2 + a_3) \,\Big|\, a_0, a_1, a_2, a_3 \in \mathbb{R} \Big\}$
$$= \Big\langle (1,1,2), (0,1,1) \Big\rangle.$$

Es ist also $\dim\big(\text{Bild } \varphi\big) = 2$.

Lösung zu Aufgabe 339   zur Aufgabe   Seite 268
Sei $r \in \mathbb{R}$ gegeben.

Dann ist

$$
\begin{aligned}
(1,r)\alpha &= \Big(\big(3-r\big)\cdot\big(1,2\big) + \big(r-2\big)\cdot\big(1,3\big)\Big)\alpha \\
&= \Big(\big(3-r\big)\cdot\big(1,2\big)\Big)\alpha + \Big(\big(r-2\big)\cdot\big(1,3\big)\Big)\alpha \\
&= \big(3-r\big)\cdot\Big(\big(1,2\big)\alpha\Big) + \big(r-2\big)\cdot\Big(\big(1,3\big)\alpha\Big) \\
&= \big(3-r\big)\cdot\big(1,2,1\big) + \big(r-2\big)\cdot\big(1,3,1\big) \\
&= \big(3-r, 6-2r, 3-r\big) + \big(r-2, 3r-6, r-2\big) \\
&= \big(3-r+r-2, 6-2r+3r-6, 3-r+r-2\big) \\
&= \big(1, r, 1\big)\,.
\end{aligned}
$$

Lösung zu Aufgabe 340   zur Aufgabe   Seite 269
a) φ_a ist genau dann linear, wenn $a = 0$.

Seien $X, Y \in \mathbb{R}^3, k \in \mathbb{R}$ gegeben.

Dann findet man $x_1, x_2, x_3, y_1, y_2, y_3 \in \mathbb{R}$ mit
$X = \big(x_1, x_2, x_3\big), Y = \big(y_1, y_2, y_3\big)\,.$
Nun ist

$$
\begin{aligned}
k \cdot \varphi_0\big(X\big) &= k \cdot \varphi_0\Big(\big(x_1, x_2, x_3\big)\Big) \\
&= k \cdot \big(x_1 + x_2 + x_3, 0\big) \\
&= \big(k \cdot x_1 + k \cdot x_2 + k \cdot x_3, 0\big) \\
&= \varphi_0\Big(\big(k \cdot x_1, k \cdot x_2, k \cdot x_3\big)\Big) \\
&= \varphi_0\Big(k \cdot \big(x_1, x_2, x_3\big)\Big) \\
&= \varphi_0\big(k \cdot X\big)\,.
\end{aligned}
$$

und

$$
\begin{aligned}
\varphi_0\big(X\big) + \varphi_0\big(Y\big) &= \varphi_0\Big(\big(x_1, x_2, x_3\big)\Big) + \varphi_0\Big(\big(y_1, y_2, y_3\big)\Big) \\
&= \big(x_1 + x_2 + x_3, 0\big) + \big(y_1 + y_2 + y_3, 0\big)
\end{aligned}
$$

$$= (x_1 + y_1 + x_2 + y_2 + x_3 + y_3, 0)$$
$$= \varphi_0\Big((x_1 + y_1, x_2 + y_2, x_3 + y_3) \Big)$$
$$= \varphi_0 (X + Y).$$

Also ist φ_a für $a = 0$ linear.

Sei nun $a \neq 0$.

Dann gilt

$$\varphi_a\Big((1,0,0) \Big) + \varphi_a\Big((0,1,0) \Big) = (1,0) + (1,0)$$
$$= (2,0)$$
$$\neq (1,0)$$
$$= \varphi_a\Big((1,1,0) \Big)$$
$$= \varphi_a\Big((1,0,0) + (0,1,0) \Big).$$

Also ist φ_a in diesem Fall nicht linear.

b) Es ist Kern $\varphi_0 = \Big\{ (x_1, x_2, x_3) \,\big|\, x_3 = -x_1 - x_2 \Big\}$, also dim Kern $\varphi = 2$.

Es ist Bild $\varphi_0 = \left\langle \begin{pmatrix} 1 \\ 0 \end{pmatrix} \right\rangle$, also dim Bild $\varphi_0 = 1$.

24. Lösungen zur Zahlentheorie

Lösung zu Aufgabe 341   zur Aufgabe   Seite 274
Es ist $37026 = 2 \cdot 3^2 \cdot 11^2 \cdot 17$.

Aus der Primfaktorzerlegung lesen wir ab, dass 37026 genau

$(1 + 1) \cdot (2 + 1) \cdot (2 + 1) \cdot (1 + 1)$ Teiler, also 36 Teiler besitzt.

Lösung zu Aufgabe 342   zur Aufgabe   Seite 274
Behauptung: Es gibt eine natürliche Zahl t, so dass für alle natürlichen Zahlen n

gilt: $t \nmid n^2 + 1$.

Beweis: Wähle $t = 3$. Sei $n \in \mathbb{N}$.

1. Fall: $n \equiv 0 \mod 3$.

Dann ist $n^2 \equiv 0 \mod 3$ und $n^2 + 1 \equiv 1 \mod 3$, also $3 \nmid n^2 + 1$.

2. Fall: $n \not\equiv 0 \mod 3$.

Dann gilt $n \equiv 1 \mod 3$ oder $n \equiv 2 \mod 3$.
In beiden Fällen folgt $n^2 \equiv 1 \mod 3$ und somit $n^2 + 1 \equiv 2 \mod 3$.
Also gilt auch hier $3 \nmid n^2 + 1$.

Lösung zu Aufgabe 343   zur Aufgabe   Seite 274
Seien $m, n \in \mathbb{N}$.

1. Fall: $m \equiv 0 \mod 3 \lor n \equiv 0 \mod 3$.

Dann gilt $3 \mid m \cdot n$.

2. Fall: $m \not\equiv 0 \mod 3 \land n \not\equiv 0 \mod 3$.

2.1. Fall: $m \equiv n \mod 3$.

Dann gilt $3 \mid m - n$.

2.2. Fall: $m \not\equiv n \mod 3$.

Dann gilt $m \equiv 1 \mod 3 \wedge n \equiv 2 \mod 3$ oder

$m \equiv 2 \mod 3 \wedge n \equiv 1 \mod 3$.

In beiden Fällen gilt $3 \mid m + n$.

Lösung zu Aufgabe 344   zur Aufgabe   Seite 274

a) Sei $n \in \mathbb{N}$.

Es ist $n^3 + 14n = n \cdot \left(n^2 + 14\right)$.

1. Fall: $n \equiv 0 \mod 3$.

   Dann ist auch $n \cdot \left(n^2 + 14\right) \equiv 0 \mod 3$.

2. Fall: $n \not\equiv 0 \mod 3$.

   Dann ist $n^2 \equiv 1 \mod 3$, also $n^2 + 14 \equiv 0 \mod 3$ und somit
   auch $n \cdot \left(n^2 + 14\right) \equiv 0 \mod 3$.

b) Sei $n \in \mathbb{N}$ die mittlere der drei Zahlen, deren dritte Potenzen wir addieren.

Dann gilt $\left(n-1\right)^3 + n^3 + \left(n+1\right)^3 = 3n \cdot \left(n^2 + 2\right)$.

Es reicht zu zeigen: $3 \mid n \cdot \left(n^2 + 2\right)$.

1. Fall: $n \equiv 0 \mod 3$.

   Dann ist auch $n \cdot \left(n^2 + 2\right) \equiv 0 \mod 3$.

2. Fall: $n \not\equiv 0 \mod 3$.

   Dann ist $n^2 \equiv 1 \mod 3$, also $n^2 + 2 \equiv 0 \mod 3$, und somit auch
   $n \cdot \left(n^2 + 2\right) \equiv 0 \mod 3$.

Lösung zu Aufgabe 345   zur Aufgabe   Seite 274

Wir betrachten die natürlichen Zahlen und ihre Quadrate modulo 7.

$n \mod 7$	$n^2 \mod 7$
0	0
1	1
2	4
3	2
4	2
5	4
6	1

Die Summe zweier Zahlen aus $\{1,2,4\}$ ist niemals durch 7 teilbar.

Die Summe zweier Quadratzahlen ist also genau dann durch 7 teilbar, wenn jede dieser Quadratzahlen durch 7 teilbar ist.

Seien also nun $a, b \in \mathbb{N}$ mit $7 \mid a^2 + b^2$.

Dann folgt schon $7 \mid a^2$ und $7 \mid b^2$.

Da $7 \in \mathbb{P}$, folgt $7 \mid a$ und $7 \mid b$.

<u>Lösung zu Aufgabe 346</u>   zur Aufgabe   Seite 274

Jede natürliche Zahl n, die genau 14 Teiler hat, hat eine der Primfaktorzerlegungen $n = p_1 \cdot p_2^6$ oder $n = p_1^{13}$ mit $p_1, p_2 \in \mathbb{P}, p_1 \neq p_2$.

Da $12 \mid n$ gelten soll, muss n mindestens die beiden Primteiler 2 und 3 besitzen, davon die 2 in mindestens zweiter Potenz.

Die einzige Zahl n mit der Eigenschaft, dass n genau 14 Teiler hat und durch 12 teilbar ist, ist also $n = 3 \cdot 2^6 = 192$.

<u>Lösung zu Aufgabe 347</u>   zur Aufgabe   Seite 274

Seien m, n natürliche Zahlen mit $n + 1 = m^3$.

Wir betrachten $\left(m^3 - 1\right) \cdot m^3 \cdot \left(m^3 + 1\right)$.

$m \equiv 0 \mod 7 \Rightarrow m^3 \equiv 0 \mod 7,$

$m \equiv 1 \mod 7 \Rightarrow m^3 - 1 \equiv 0 \mod 7,$

$m \equiv 2 \mod 7 \Rightarrow m^3 - 1 \equiv 0 \mod 7,$

$m \equiv 3 \mod 7 \Rightarrow m^3 + 1 \equiv 0 \mod 7,$

$m \equiv 4 \mod 7 \Rightarrow m^3 - 1 \equiv 0 \mod 7,$

$m \equiv 5 \mod 7 \Rightarrow m^3 + 1 \equiv 0 \mod 7,$

$m \equiv 6 \mod 7 \Rightarrow m^3 + 1 \equiv 0 \mod 7.$

In jedem Fall gilt also $7 \mid \left(m^3 - 1\right) \cdot m^3 \cdot \left(m^3 + 1\right)$.

$m \equiv 0 \mod 8 \Rightarrow m^3 \equiv 0 \mod 8,$

$m \equiv 1 \mod 8 \Rightarrow m^3 - 1 \equiv 0 \mod 8,$

$m \equiv 2 \mod 8 \Rightarrow m^3 \equiv 0 \mod 8,$

$m \equiv 3 \mod 8 \Rightarrow \left(m^3 - 1\right)\left(m^3 + 1\right) \equiv 0 \mod 8,$

$m \equiv 4 \mod 8 \Rightarrow m^3 \equiv 0 \mod 8,$

$m \equiv 5 \mod 8 \Rightarrow (m^3 - 1)(m^3 + 1) \equiv 0 \mod 8,$

$m \equiv 6 \mod 8 \Rightarrow m^3 \equiv 0 \mod 8,$

$m \equiv 7 \mod 8 \Rightarrow m^3 + 1 \equiv 0 \mod 8.$

In jedem Fall gilt also $8 \mid (m^3 - 1) \cdot m^3 \cdot (m^3 + 1)$.

$m \equiv 0 \mod 9 \Rightarrow m^3 \equiv 0 \mod 9,$

$m \equiv 1 \mod 9 \Rightarrow m^3 - 1 \equiv 0 \mod 9,$

$m \equiv 2 \mod 9 \Rightarrow m^3 + 1 \equiv 0 \mod 9,$

$m \equiv 3 \mod 9 \Rightarrow m^3 \equiv 0 \mod 9,$

$m \equiv 4 \mod 9 \Rightarrow m^3 - 1 \equiv 0 \mod 9,$

$m \equiv 5 \mod 9 \Rightarrow m^3 + 1 \equiv 0 \mod 9,$

$m \equiv 6 \mod 9 \Rightarrow m^3 \equiv 0 \mod 9,$

$m \equiv 7 \mod 9 \Rightarrow m^3 - 1 \equiv 0 \mod 9,$

$m \equiv 8 \mod 9 \Rightarrow m^3 + 1 \equiv 0 \mod 9.$

In jedem Fall gilt also $9 \mid (m^3 - 1) \cdot m^3 \cdot (m^3 + 1)$.

Es ist also stets $(m^3 - 1) \cdot m^3 \cdot (m^3 + 1)$ durch jede der Zahlen $7, 8, 9$ teilbar.
Da $7, 8, 9$ paarweise teilerfremd sind, gilt auch

$7 \cdot 8 \cdot 9 \mid (m^3 - 1) \cdot m^3 \cdot (m^3 + 1)$, also $504 \mid (m^3 - 1) \cdot m^3 \cdot (m^3 + 1)$.

Mit $n + 1 = m^3$ folgt $504 \mid n^3 \cdot (n^3 + 1) \cdot (n^3 + 2)$.

<u>Lösung zu Aufgabe 348</u>   <u>zur Aufgabe   Seite 274</u>

Es gilt $ggT(a, b) = 10$ und $kgV(a, b) = 240$ genau dann,

wenn $(a, b) \in \left\{ (10, 240), (30, 80), (80, 30), (240, 10) \right\}$.

<u>Lösung zu Aufgabe 349</u>   <u>zur Aufgabe   Seite 274</u>

1. Methode:

Hat man die Teilermenge von 37026 und 5016 vorliegen, so suche man das größte
Element in der Schnittmenge der Teilermengen.

2. Methode:

Wir zerlegen beide Zahlen in Primfaktoren:

$37026 = 2 \cdot 3^2 \cdot 11^2 \cdot 17$ und $5016 = 2^3 \cdot 3 \cdot 11 \cdot 19$.

Es ist also $ggT(37026, 5016) = 2 \cdot 3 \cdot 11 = 66$.

3. Methode:

Euklidischer Algorithmus

37026	=	7	·	5016	+	1914
5016	=	2	·	1914	+	1188
1914	=	1	·	1188	+	726
1188	=	1	·	726	+	462
726	=	1	·	462	+	264
462	=	1	·	264	+	198
264	=	1	·	198	+	66
198	=	3	·	66	+	0.

Der letzte von 0 verschiedene Rest, also 66, ist der ggT von 37026 und 5016.

Lösung zu Aufgabe 350   zur Aufgabe   Seite 275

Seien $(a,b) \in \mathbb{N} \times \mathbb{N}$ mit $a \leq b$ und $kgV(a,b) = ggT(a,b) + 10$.

Wegen $ggT(a,b) \big| kgV(a,b)$, gilt

$$\left(ggT(a,b), kgV(a,b)\right) \in \left\{ (1,11), (2,12), (5,15), (10,20) \right\}.$$

Es ist $kgV(a,b) = ggT(a,b) + 10$ genau dann, wenn

$$(a,b) \in \left\{ (1,11), (2,12), (4,6), (5,15), (10,20) \right\}.$$

Lösung zu Aufgabe 351   zur Aufgabe   Seite 275

Seien $a, b \in \mathbb{N}$ mit $ggT(a,b) = 1$.

Sei nun $t \in \mathbb{N}$ ein gemeinsamer Teiler von $a \cdot b$ und $a + b$.

Da $t \,|\, ab$, findet man $u, v \in \mathbb{N}$ mit $u \,|\, a, v \,|\, b$ und $t = uv$.

Mit $u \,|\, a, v \,|\, b$ folgt schon $u \,|\, ab, v \,|\, ab$.

Mit $u \,|\, t$ und $t \,|\, a + b$ folgt $u \,|\, a + b$.

Da $u \,|\, a$, folgt $u \,|\, b$. Also ist u gemeinsamer Teiler von a, b.

Mit $v \,|\, t$ und $t \,|\, a + b$ folgt $v \,|\, a + b$.

Da $v \,|\, b$, folgt $v \,|\, a$. Also ist v gemeinsamer Teiler von a, b.

Wegen $ggT(a,b) = 1$ gilt $u = v = 1$, also auch $t = 1$.

Somit ist $ggT(ab, a + b) = 1$.

Lösung zu Aufgabe 352   zur Aufgabe   Seite 275

Seien $m, n \in \mathbb{N}$.

Sei $d := ggT(m,n)$.

Nach Aufgabe 351 gilt: $ggT\left(\dfrac{m}{d},\dfrac{n}{d}\right) = 1 = ggT\left(\dfrac{m}{d}\cdot\dfrac{n}{d},\dfrac{m}{d}+\dfrac{n}{d}\right)$.

Hieraus folgt

$$ggT(m,n) = d$$

$$= ggT\left(\frac{m\cdot n}{d},m+n\right)$$

$$= ggT\big(kgV(m,n),m+n\big).$$

Lösung zu Aufgabe 353   zur Aufgabe   Seite 275

a) Seien $(m,n) \in \mathbb{N}\times\mathbb{N}$. Dann gilt:

$$m+n = 300 \wedge kgV(m,n) = 360$$

$$\Leftrightarrow (m,n) \in \Big\{(120,180),(180,120)\Big\}.$$

b) Seien $s,k \in \mathbb{N}$, für die $m,n \in \mathbb{N}$ und $x \in \mathbb{Z}$ mit $m \le n$ und $m + x \le n - x$ existieren, so dass und $kgV(m,n) = kgV(m+x,n-x) = k$. Dann ist

$$ggT(m,n) = ggT\big(m+n,kgV(m,n)\big)$$

$$= ggT(s,k)$$

$$= ggT\big((m+x)+(n-x),kgV(m+x,n-x)\big)$$

$$= ggT(m+x,n-x).$$

Also ist auch

$$ggT(m,n)\cdot kgV(m,n) = ggT(m+x,n-x)\cdot kgV(m+x,n-x)$$

und somit $m\cdot n = (m+x)\cdot(n-x)$.

$m\cdot n = (m+x)\cdot(n-x) \Rightarrow x = 0 \vee x = n - m$.

Im Falle $x = 0$ ist $(m+x)\cdot(n-x) = (m,n)$.

Im Falle $x = n - m$ ist $(m+x)\cdot(n-x) = (n,m)$.

Wegen der Voraussetzung $m \le n$ gibt es höchstens ein Paar natürlicher Zahlen, das die Bedingungen erfüllt.

Lösung zu Aufgabe 354   zur Aufgabe   Seite 275
Sei p ein gemeinsamer Primteiler von $n^3 - n^2 + 1$ und $2n^2 + 2n - 1$.

$$p \mid n^3 - n^2 + 1 \Rightarrow p \mid 2n^3 - 2n^2 + 2.$$

$$p \mid 2n^2 + 2n - 1 \Rightarrow p \mid 2n^3 + 2n^2 - n.$$

$$p \mid 2n^3 - 2n^2 + 2 \wedge p \mid 2n^3 + 2n^2 - n \Rightarrow p \mid 4n^2 - n - 2.$$

$$p \mid 2n^2 + 2n - 1 \Rightarrow p \mid 4n^2 + 4n - 2.$$

$$p \mid 4n^2 - n - 2 \wedge p \mid 4n^2 + 4n - 2 \Rightarrow p \mid 5n.$$

$$p \mid 5n \Rightarrow p \mid 10n^2 + 10n.$$

$$p \mid 2n^2 + 2n - 1 \Rightarrow p \mid 10n^2 + 10n^2 - 5.$$

Hieraus ergibt sich nun $p \mid 5$ und folglich $p = 5$.

Wir zeigen nun, dass keine natürliche Zahl n existiert mit der Eigenschaft, dass $2n^2 + 2n - 1$ durch 5 teilbar ist.

$n \mod 5$	$2n^2 + 2n - 1 \mod 5$
0	4
1	3
2	1
3	3
4	4

Lösung zu Aufgabe 355   zur Aufgabe   Seite 275
Seien $a, b \in \mathbb{N}$.

Es ist

$$\left(kgV(a,b) \right)^2 - \left(ggT(a,b) \right)^2 = 875$$

$$\Leftrightarrow \left(kgV(a,b) + ggT(a,b) \right) \cdot \left(kgV(a,b) - ggT(a,b) \right) = 875.$$

Die Zahl 875 lässt sich auf folgende Weise als Produkt darstellen:

$875 \cdot 1, \quad 175 \cdot 5, \quad 125 \cdot 7, \quad 35 \cdot 25.$

Die Gleichungen

$$kgV(a,b) + ggT(a,b) = 875$$
$$kgV(a,b) - ggT(a,b) = 1$$

führen zu $kgV(a,b) = 438$ und $ggT(a,b) = 437$.
Wegen $ggT(a,b) \big| kgV(a,b)$ gibt es in diesem Fall keine Lösung.

Die Gleichungen

$$kgV(a,b) + ggT(a,b) = 175$$
$$kgV(a,b) - ggT(a,b) = 5$$

führen zu $kgV(a,b) = 90$ und $ggT(a,b) = 85$.
Wegen $ggT(a,b) \big| kgV(a,b)$ gibt es auch in diesem Fall keine Lösung.

Die Gleichungen

$$kgV(a,b) + ggT(a,b) = 125$$
$$kgV(a,b) - ggT(a,b) = 7$$

führen zu $kgV(a,b) = 66$ und $ggT(a,b) = 59$.
Wegen $ggT(a,b) \big| kgV(a,b)$ gibt es auch in diesem Fall keine Lösung.
Die Gleichungen

$$kgV(a,b) + ggT(a,b) = 35$$
$$kgV(a,b) - ggT(a,b) = 25$$

führen zu $kgV(a,b) = 30$ und $ggT(a,b) = 5$.
In diesem Fall findet man die Lösungen $(5,30)$, $(10,15)$, $(15,10)$, $(30,5)$.

Lösung zu Aufgabe 356   zur Aufgabe   Seite 276
Sei $n \in \mathbb{N}$.
Sei t ein beliebiger gemeinsamer Teiler von $6n + 4$ und $8n + 6$.

Dann gilt auch $t \mid 24n + 16$ und $t \mid 24n + 18$, also $t \mid 2$.

Da $6n + 4$ und $8n + 6$ gerade sind ist $ggT(6n + 4, 8n + 6) = 2$.

Es folgt $\quad kgV(6n + 4, 8n + 6) = \dfrac{(6n + 4) \cdot (8n + 6)}{2}$.

<u>Lösung zu Aufgabe 357</u> <u>zur Aufgabe</u> <u>Seite 276</u>

Es ist

$$13^{16} - 2^{54} \cdot 5^{15} \equiv 1 - 1 \cdot 2$$
$$\equiv 2 \mod 3$$

und

$$13^{16} - 2^{54} \cdot 5^{15} \equiv 1 - 1 \cdot 6$$
$$\equiv 2 \mod 7.$$

Also ist $13^{16} - 2^{54} \cdot 5^{15} \equiv 2 \mod 21$.

<u>Lösung zu Aufgabe 358</u> <u>zur Aufgabe</u> <u>Seite 276</u>

Sei $a \in \mathbb{Z}$.

Wir betrachten zunächst modulo 4.

1. Fall: a ist gerade.

Dann gilt $a^2 \equiv 0 \mod 4$ und $a^{22} \equiv 0 \mod 4$, also $a^{22} \equiv a^2 \mod 4$.

2. Fall: a ist ungerade.

Dann gilt $a^2 \equiv 1 \mod 4$ und $a^{22} \equiv 1 \mod 4$, also $a^{22} \equiv a^2 \mod 4$.

Wir betrachten nun modulo 25.

1. Fall: $ggT(a, 25) = 1$.

Dann gilt $a^{20} \equiv 1 \mod 25$, da $\varphi(25) = 20$.

$$a^{20} \equiv 1 \mod 25 \Rightarrow a^{20} - 1 \equiv 0 \mod 25$$
$$\Rightarrow a^2(a^{20} - 1) \equiv 0 \mod 25$$
$$\Rightarrow a^{22} - a^2 \equiv 0 \mod 25$$
$$\Rightarrow a^{22} \equiv a^2 \mod 25.$$

2. Fall: $ggT(a, 25) \neq 1$.

Dann gilt $5 \mid a$ und somit $25 \mid a^2$.

Also gilt auch hier $a^{22} \equiv a^2 \mod 25$.

Insgesamt folgt $a^{22} \equiv a^2 \mod 4$ und $a^{22} \equiv a^2 \mod 25$, also auch $a^{22} \equiv a^2 \mod 100$.

Lösung zu Aufgabe 359   zur Aufgabe   Seite 276

Wir betrachten zunächst modulo 7:

$n \mod 7$	$n^2 \mod 7$
0	0
1	1
2	4
3	2
4	2
5	4
6	1

Da a, b, c drei aufeinanderfolgende natürliche Zahlen sind, können wir o.B.d.A. annehmen, dass $a < b < c$ ist.

Aus $a^2 + b^2 + c^2 \equiv 0 \mod 7$ folgt $a \equiv 1 \mod 7$ oder $a \equiv 4 \mod 7$.

$a \equiv 1 \mod 7 \Rightarrow (a + b + c)^2 \equiv (1 + 2 + 3)^2 \equiv 1 \mod 7$.

$a \equiv 4 \mod 7 \Rightarrow (a + b + c)^2 \equiv (4 + 5 + 6)^2 \equiv 1 \mod 7$.

Auch die Umkehrung gilt, denn

$a \equiv 0 \mod 7 \Rightarrow (a + b + c)^2 \equiv (0 + 1 + 2)^2 \equiv 2 \mod 7$.

$a \equiv 2 \mod 7 \Rightarrow (a + b + c)^2 \equiv (2 + 3 + 4)^2 \equiv 4 \mod 7$.

$a \equiv 3 \mod 7 \Rightarrow (a + b + c)^2 \equiv (3 + 4 + 5)^2 \equiv 4 \mod 7$.

$a \equiv 5 \mod 7 \Rightarrow (a + b + c)^2 \equiv (5 + 6 + 0)^2 \equiv 2 \mod 7$.

$a \equiv 6 \mod 7 \Rightarrow (a + b + c)^2 \equiv (6 + 0 + 1)^2 \equiv 0 \mod 7$.

Lösung zu Aufgabe 360   zur Aufgabe   Seite 276

Das System ist äquivalent zu folgendem System

$$x \equiv -2 \mod 4,$$
$$x \equiv -2 \mod 6$$
und $\quad x \equiv -2 \mod 8.$

Da $kgV(4,6,8) = 24$, ist die Lösungsmenge $-2 + 24\mathbb{Z} = 22 + 24\mathbb{Z}$.

<u>Lösung zu Aufgabe 361</u>   <u>zur Aufgabe</u>   Seite 276
Wir betrachten zunächst modulo 5 und modulo 7:

$x \mod 5$	$x^2 + 15x + 29 \mod 5$	$x \mod 7$	$x^2 + 15x + 29 \mod 7$
0	4	0	1
1	0	1	3
2	3	2	0
3	3	3	6
4	0	4	0
		5	3
		6	1

Es ist also $x^2 + 15x + 29 \equiv 0 \mod 35$ genau dann, wenn einer der folgenden vier Fälle eintritt:

i) $x \equiv 1 \mod 5$ und $x \equiv 2 \mod 7$,

ii) $x \equiv 1 \mod 5$ und $x \equiv 4 \mod 7$,

iii) $x \equiv 4 \mod 5$ und $x \equiv 2 \mod 7$,

iv) $x \equiv 4 \mod 5$ und $x \equiv 4 \mod 7$.

Es gilt

$$x \equiv 1 \mod 5 \wedge x \equiv 2 \mod 7 \Leftrightarrow x \equiv 16 \mod 35,$$
$$x \equiv 1 \mod 5 \wedge x \equiv 4 \mod 7 \Leftrightarrow x \equiv 11 \mod 35,$$
$$x \equiv 4 \mod 5 \wedge x \equiv 2 \mod 7 \Leftrightarrow x \equiv 9 \mod 35,$$
$$x \equiv 4 \mod 5 \wedge x \equiv 4 \mod 7 \Leftrightarrow x \equiv 4 \mod 35.$$

Somit folgt
$$x^2 + 15x + 29 \equiv 0 \mod 35 \Leftrightarrow x \in \overline{4}_{35} \cup \overline{9}_{35} \cup \overline{11}_{35} \cup \overline{16}_{35}.$$

Lösung zu Aufgabe 362   zur Aufgabe   Seite 276

a) Seien $a, b, c \in \mathbb{N}$. Es ist $ggT(a, b, c) = ggT\Big(ggT(a,b), c\Big)$.

Wir wissen, dass $x_0, y_0 \in \mathbb{Z}$ existieren mit $ggT(a, b) = x_0 a + y_0 b$.

Sei nun $d := ggT(a, b)$. Dann ist $ggT(a, b, c) = ggT(d, c)$.

Wieder existieren $x_1, y_1 \in \mathbb{Z}$ mit $ggT(d, c) = x_1 d + y_1 c$.

Wähle nun $x = x_0 x_1, \; y = y_0 y_1, \; z = y_1$.

Dann ist

$$
\begin{aligned}
x a + y b + z c &= x_0 x_1 a + y_0 x_1 b + y_1 c \\
&= x_1 \big(x_0 a + y_0 b\big) + y_1 c \\
&= x_1 d + y_1 c \\
&= ggT(d, c) \\
&= ggT\Big(ggT(a, b), c\Big) \\
&= ggT(a, b, c) .
\end{aligned}
$$

b) Seien nun $a = 35, \quad b = 77, \quad c = 55$.

Dann ist $ggT(a, b) = ggT(35, 77) = 7$.

Wir bestimmen zunächst $x_0, y_0 \in \mathbb{Z}$ mit $35 x_0 + 77 y_0 = 7$.

Betrachten wir die Gleichung modulo 35, so erhalten wir $7 y_0 \equiv 7 \mod 35$.

Somit ist $(x_0, y_0) = (-2, 1)$ eine Lösung der Gleichung.

Es ist

$$
\begin{aligned}
ggT(a, b, c) &= ggT(35, 77, 55) \\
&= 1 \\
&= ggT\Big(ggT(35, 77), 55\Big) \\
&= ggT(7, 55) .
\end{aligned}
$$

Nun suchen wir $x_1, y_1 \in \mathbb{Z}$ mit $7 x_1 + 55 y_1 = 1$.

Betrachten wir die Gleichung modulo 7, so erhalten wir $-y_1 \equiv 1 \mod 7$.

Somit ist $(x_1, y_1) = (8, -1)$ eine Lösung dieser Gleichung.

Wir wählen nun $x = x_0 x_1 = -16, \quad y = y_0 y_1 = 8, \quad z = y_1 = -1$.

Dann ist

$$35x + 77y + 55z = 35 \cdot (-16) + 77 \cdot 8 + 55 \cdot (-1)$$
$$= 1$$
$$= ggT(35, 77, 55).$$

Lösung zu Aufgabe 363 zur Aufgabe Seite 276

$$231 = 2 \cdot 90 + 51$$
$$90 = 1 \cdot 51 + 39$$
$$51 = 2 \cdot 39 + 12$$
$$39 = 3 \cdot 12 + 3$$
$$12 = 4 \cdot 3 + 0$$

$$3 = 39 - 3 \cdot 12$$
$$= 4 \cdot 39 - 3 \cdot 51$$
$$= 4 \cdot 90 - 7 \cdot 51$$
$$= 18 \cdot 90 - 7 \cdot 231$$

Lösung zu Aufgabe 364 zur Aufgabe Seite 277

Seien $a, b \in \mathbb{N}$.

Dann findet man $k \in \mathbb{N}$ sowie paarweise verschiedene Primzahlen $p_1, \ldots, p_k$ und $\alpha_1, \ldots, \alpha_k, \beta_1, \ldots, \beta_k \in \mathbb{N}_0$ mit $a = p_1^{\alpha_1} \cdot \ldots \cdot p_k^{\alpha_k}$, $b = p_1^{\beta_1} \cdot \ldots \cdot p_k^{\beta_k}$.

Es ist $ab = p_1^{\alpha_1 + \beta_1} \cdot \ldots \cdot p_k^{\alpha_k + \beta_k}$ und

$$\tau(ab) = (\alpha_1 + \beta_1 + 1) \cdot \ldots \cdot (\alpha_k + \beta_k + 1).$$

Weiter ist $\tau(a) = (\alpha_1 + 1) \cdot \ldots \cdot (\alpha_k + 1)$, $\tau(b) \cdot (\beta_1 + 1) \cdot \ldots \cdot (\beta_k + 1)$.

Also ist $\tau(a) \cdot \tau(b) = (\alpha_1 + 1) \cdot \ldots \cdot (\alpha_k + 1) \cdot (\beta_1 + 1) \cdot \ldots \cdot (\beta_k + 1)$.

Multipliziert man $(\alpha_1 + \beta_1 + 1) \cdot \ldots \cdot (\alpha_k + \beta_k + 1)$ aus, so erhält man 3^k Summanden. Jeder dieser Summanden ist ein Produkt aus k Faktoren. Jedes dieser Produkte kommt aber auch unter den 2^{2k} Summanden vor, die man beim Ausmultiplizieren von $(\alpha_1 + 1) \cdot \ldots \cdot (\alpha_k + 1) \cdot (\beta_1 + 1) \cdot \ldots \cdot (\beta_k + 1)$ erhält.

Also gilt $\tau(ab) \leq \tau(a) \cdot \tau(b)$.

Lösung zu Aufgabe 365 zur Aufgabe Seite 277

Die zu n teilerfremden Zahlen lassen sich paarweise zusammenfassen.

Denn sei $a \in \{1, \ldots, n\}$ mit $ggT(a, n) = 1$.

Dann gilt auch $ggT(n - a, n) = 1$.

Das arithmetische Mittel jedes dieser Paare ist $\dfrac{a + n - a}{2} = \dfrac{n}{2}$.

Also ist das arithmetische Mittel aller zu n teilerfremden Zahlen ebenfalls $\dfrac{n}{2}$.

<u>Lösung zu Aufgabe 366</u>   <u>zur Aufgabe   Seite 277</u>

Sei n teilerfremd zu 10.

Annahme: n teilt keine der Zahlen 4, 44, 444,..., 444...4 (wobei die letzte Zahl n -stellig sei).

Dann findet man zwei Zahlen in $\{4, 44, 444,..., 444...4\}$, die bei Division durch n denselben Rest lassen. Sie mögen a, b (mit $a < b$) heißen. Nun gilt aber $n \mid b - a$. Die Zahl $b - a$ lässt sich zerlegen in $c \cdot 10^k$ mit $k \in \mathbb{N}$ und $c \in \{4, 44, 444,..., 444...4\}$.

Wegen der Voraussetzung folgt $ggT(n, 10^k) = 1$.

Somit gilt $n \mid c$, im Widerspruch zur Annahme.

Also ist die Annahme falsch, und es gilt:

n teilt eine der Zahlen 4, 44, 444,..., 444...4.

<u>Lösung zu Aufgabe 367</u>   <u>zur Aufgabe   Seite 277</u>

a) Es ist $119 \equiv 3 \mod 4$.

Also ist $3^{119} \equiv \left(3^4\right)^{29} \cdot 3^3 \equiv 1 \cdot 7 \equiv 7 \mod 10$.

Somit hat 3^{119} die Endziffer 7.

b) Es ist $3^6 \equiv 1 \mod 7$, und $3^{119} \equiv \left(3^6\right)^{19} \cdot 3^5 \equiv 5 \mod 7$.

3^{119} lässt also bei Division durch 7 den Rest 5.

<u>Lösung zu Aufgabe 368</u>   <u>zur Aufgabe   Seite 277</u>

Sei (a, b, c) ein pythagoräisches Tripel.

Dann findet man $u, v \in \mathbb{N}$ mit $a = u^2 - v^2$, $b = 2uv$, $c = u^2 + v^2$.

Nun ist $a + b + c = 2u^2 + 2uv = 2u(u + v)$ und

$ab = \left(u^2 - v^2\right) \cdot 2uv = 2u(u + v)(u - v)v$.

Es gilt $2u(u + v) \mid 2u(u + v)(u - v)v$.

Also gilt auch $(a + b + c) \mid a \cdot b$.

<u>Lösung zu Aufgabe 369</u>   zur Aufgabe   Seite 277

Wir erhalten die Gleichung $100x + y = \dfrac{100y + x - 3}{4}$, wobei x der Euro-Betrag

und y der Cent-Betrag ist, auf die der Scheck ausgestellt ist.

Diese Gleichung führt zu $133x - 32y = 1$.

Die Lösungsmenge dieser Gleichung ist

$$\left\{ \left(19 + 32k,\, 79 + 133k\right) \,\middle|\, k \in \mathbb{Z} \right\}.$$

Mit der Nebenbedingung $0 < x, y < 100$ folgt $\left(19, 79\right)$.

Der Scheck war also auf 19,79 € ausgestellt.

<u>Lösung zu Aufgabe 370</u>   zur Aufgabe   Seite 277

Die Lösungsmenge der der Gleichung $14x + 17y = 1000$ ist

$$\left\{ \left(69 - 17k,\, 2 + 14k\right) \,\middle|\, k \in \mathbb{Z} \right\}.$$

Unter den natürlichzahligen Lösungen

$\left(69,2\right), \left(52,16\right), \left(35,30\right), \left(18,44\right), \left(1,58\right)$ ist die mit der kleinsten

Komponentensumme gesucht.

Man nehme also einen Stein von 70 cm Länge und 58 Steine von 85 cm Länge.

<u>Lösung zu Aufgabe 371</u>   zur Aufgabe   Seite 278

Die Anzahl der Kugeln in der ersten Urne ist Vielfaches von 19, die Anzahl der

Kugeln in der zweiten Urne Vielfaches von 33.

Die Gleichung $19x + 33y = 1000$ besitzt die Lösungsmenge

$$\left\{ \left(37 + 33k,\, 9 - 19k\right) \,\middle|\, k \in \mathbb{Z} \right\}.$$

Die einzigen Lösungen über $\mathbb{N}$ mit dieser Eigenschaft sind $\left(4,28\right)$ und $\left(37,9\right)$.

Es gibt also folgende Möglichkeiten der Verteilung:

1.) 1. Urne: 36 weiße Kugeln, 40 schwarze Kugeln

    2. Urne: 224 weiße Kugeln, 700 schwarze Kugeln

2.) 1. Urne: 333 weiße Kugeln, 370 schwarze Kugeln

    2. Urne: 72 weiße Kugeln, 225 schwarze Kugeln

<u>Lösung zu Aufgabe 372</u>   zur Aufgabe   Seite 278

Es gibt drei Möglichkeiten:

i) Er könnte 4 Frikadellen verkauft haben. Dann hat er beim Verkauf von 12 Bieren

   und 28 Apfelsäften einen Gewinn von 10 € gemacht.

ii) Er könnte 25 Frikadellen verkauft haben. Dann hat er beim Verkauf von
25 Bieren und 15 Apfelsäften einen Gewinn von 10 € gemacht.

iii) Er könnte 46 Frikadellen verkauft haben. Dann hat er beim Verkauf von
38 Bieren und 2 Apfelsäften einen Gewinn von 10 € gemacht.

Lösung zu Aufgabe 373   zur Aufgabe   Seite 278
Eine Melone ist so viel wert wie 170 Erdnüsse.
Eine Banane hat den Wert von 18 Erdnüssen, eine Apfelsine den Wert von 14
Erdnüssen.

Lösung zu Aufgabe 374   zur Aufgabe   Seite 278
a) Da 12 Hunde so viel wert sind wie 19 Robbenfelle, ist der Besitz von 21 Hunden
und 76 Robbenfellen gleichwertig zum Besitz von 33 Hunden und
57 Robbenfellen.
Man kann ihm also ein Drittel des Besitzes übergeben, indem man ihm 11 Hunde
und 19 Robbenfelle gibt.

b) Den beiden anderen bleiben 10 Hunde und 57 Robbenfelle übrig.
Eine gleichwertige Teilung ist nicht mehr möglich.

Lösung zu Aufgabe 375   zur Aufgabe   Seite 279
Er hat 24 Dosen zu 1,80 €, 17 Dosen zu 1,50 € und 20 Dosen zu 1,10 € gekauft.

Lösung zu Aufgabe 376   zur Aufgabe   Seite 279
Wir erhalten die Gleichungen $9s + 7a + 5e = 500$ und $s + e = 9$, wobei s die
Anzahl der Spinnen, a die Anzahl der Ameisen und e die Anzahl der Eidechsen
ist.
Die Gleichung $9s + 7a + 5(9 - s) = 500$ hat die Lösungsmenge
$$\left\{ (105 - 7k, 5 + 4k) \,\middle|\, k \in \mathbb{Z} \right\}.$$
Da $s, a, e \in \mathbb{N}$, folgt $k = 14$ und $(s, a, e) = (7, 61, 2)$.
Es sind also 7 Spinnen, 61 Ameisen und 2 Eidechsen im Terrarium.

Lösung zu Aufgabe 377   zur Aufgabe   Seite 279
Sei p eine Primzahl und n eine natürliche Zahl. Es ist $p^{n-1} \geq 1$.

$$p^{n-1} \geq 1 \Leftrightarrow p^{n+1} - 1 \geq p^{n+1} - p^{n-1}$$

$$\Leftrightarrow p^{n+1} - 1 \geq p^{n+1} + p^n - p^n - p^{n-1}$$

$$\Leftrightarrow p^{n+1} - 1 \geq \left(p^n + p^{n-1}\right)(p - 1)$$

$$\Leftrightarrow \frac{p^{n+1} - 1}{p - 1} \geq p^n + p^{n-1}$$

$$\Leftrightarrow p^n - p^{n-1} + \frac{p^{n+1} - 1}{p - 1} \geq 2p^n$$

$$\Leftrightarrow \varphi\left(p^n\right) + \sigma\left(p^n\right) \geq 2p^n.$$

Lösung zu Aufgabe 378 zur Aufgabe Seite 279

a) Seien $m, n \in \mathbb{N}$ mit $ggT(m, n) = 1$.

Dann ist $\dfrac{1}{m} + \dfrac{1}{n} = \dfrac{m + n}{mn}$.

Annahme: $\dfrac{m + n}{mn}$ ist ein Stammbruch.

Dann folgt $m + n \mid mn$.

Da aber $ggT(m, n) = 1$, folgt auch

$ggT(m + n, mn) = 1$.

Also ist die Annahme falsch, und $\dfrac{m + n}{mn}$ ist kein Stammbruch.

b) Sei $m \in \mathbb{N}_{>2}$ gegeben.

Setze $n := m(m - 1)$.

Dann ist

$$\frac{1}{m} + \frac{1}{m(m - 1)} = \frac{m - 1}{m(m - 1)} + \frac{1}{m(m - 1)}$$

$$= \frac{m}{m(m - 1)}$$

$$= \frac{1}{m - 1}.$$

Lösung zu Aufgabe 379 zur Aufgabe Seite 280

$$\frac{1}{k} - \frac{1}{l} = \frac{1}{15} \Leftrightarrow \frac{l - k}{kl} = \frac{1}{15}$$

$$\Leftrightarrow 15(l - k) = kl$$

$$\Leftrightarrow k(l + 15) = 15l.$$

Da man weiß, dass $k \leq 14$ gelten muss erhält man folgende Lösungspaare:

$$\frac{1}{k} - \frac{1}{l} = \frac{1}{15} \Leftrightarrow (k,l) \in \left\{ (6,10), (10,30), (12,60), (14,210) \right\}.$$

Lösung zu Aufgabe 380   zur Aufgabe   Seite 280

Seien $k, n \in \mathbb{N}$.

Dann gilt $\dfrac{1}{n} + \dfrac{1}{7} = \dfrac{1}{k} \Leftrightarrow n = \dfrac{7k}{7 - k}$.

Die einzige Lösung ist offensichtlich $n = 42$.

25. Lösungen zur Wahrscheinlichkeitsrechnung

<u>Lösung zu Aufgabe 381</u>   <u>zur Aufgabe   Seite 283</u>

Wir definieren für dieses Zufallsexperiment den Wahrscheinlichkeitsraum

$$\Omega := \left\{ (x,y) \,\middle|\, x,y \in \{1,2,3,4,5,6\} \right\}, W \text{ konstant.}$$

Das zu betrachtende Ereignis (Augensumme ≤ 8) wird dann beschrieben durch

$$E = \left\{ (x,y) \in \Omega \,\middle|\, x+y \leq 8 \right\}.$$

Da $\left(\Omega, W \right)$ ein Laplace-Raum ist, ist $W(E) = 1 - \dfrac{\left| \overline{E} \right|}{\left| \Omega \right|}$.

Zur Bestimmung von $\left| \overline{E} \right|$ betrachten wir für $k \in \mathbb{N}$ die Mengen

$$E_k = \left\{ (x,y) \in \Omega \,\middle|\, x+y = k \right\}.$$

Wegen $\overline{E} = \left\{ (x,y) \in \Omega \,\middle|\, x+y > 8 \right\}$ ist $\overline{E}$ offensichtlich

die disjunkte Vereinigung von $E_9, E_{10}, E_{11}, E_{12}$.

Damit ist $\left| \overline{E} \right| = \left| E_9 \right| + \left| E_{10} \right| + \left| E_{11} \right| + \left| E_{12} \right|$.

Es ist $\left| E_9 \right| = 4$, $\left| E_{10} \right| = 3$, $\left| E_{11} \right| =$, $\left| E_{12} \right| = 1$.

Die Anzahl der Paare einer 6-elementigen Menge ist 6^2.

Also ist $\left| \Omega \right| = 6^2$.

Damit ist $W(E) = 1 - \dfrac{\left| \overline{E} \right|}{\left| \Omega \right|} = 1 - \dfrac{10}{6^2} = \dfrac{26}{36}$.

<u>Lösung zu Aufgabe 382</u>   <u>zur Aufgabe   Seite 283</u>

a) Die Augenzahl nach dem ersten Wurf sei a, $a \in \{1,2,3,4,5,6\}$ ..

Wir betrachten zunächst den Fall, dass der Spieler kein weiteres Mal

würfelt. Als Wahrscheinlichkeitsraum für dieses Experiment definieren

wir $\left(\Omega_1, W_1 \right)$ mit $\Omega_1 := \{0,1\}$ und $W_1(0) = \dfrac{1}{2} = W_1(1)$.

Dabei bedeutet

1: es wurde eine rote Kugel gezogen,

0: es wurde eine schwarze Kugel gezogen).

© Der/die Autor(en), exklusiv lizenziert an
Springer-Verlag GmbH, DE, ein Teil von Springer Nature 2022
S. Rollnik, *Übungsbuch fürs erfolgreiche Staatsexamen in der Mathematik*, https://doi.org/10.1007/978-3-662-65507-8_25

F_a wird definiert durch: $F_a(0) = 0$, $F_a(1) = a$.

Für den Erwartungswert E_{F_a} gilt dann $E_{F_a} = \dfrac{1}{2}a$.

Entscheidet sich der Spieler dafür, ein zweites Mal zu würfeln, so zieht er anschließend zwei Kugeln aus der Urne. Als Wahrscheinlichkeitsraum ür dieses Experiment definieren wir (Ω_2, W_2) mit $\Omega_2 = \{1, 2, 3, 4, 5, 6\} \times \{0, 1\}$. (Dabei bedeutet $(i,1)$: es wurde im zweiten Wurf die Augenzahl i geworfen und zwei rote Kugeln wurden gezogen, entsprechend $(i,0)$: Augenzahl i und mindestens eine Kugel war schwarz.)

$$W_2\big((i,1)\big) = \frac{1}{6} \cdot \frac{1}{5}; \quad W_2\big((i,0)\big) = \frac{1}{6} \cdot \frac{4}{5} \text{ für alle } i \in \{1,2,...,6\} \, .$$

G_a wird definiert durch:

$$G_a\big((i,1)\big) = a + i; \quad G_a\big((i,0)\big) = 0 \text{ für alle } i \in \{1,2,...,6\} \, .$$

Für den Erwartungswert E_{G_a} gilt dann

$$E_{G_a} = \sum_{i=1}^{6} G_a\big((i,1)\big) \cdot W_2\big((i,1)\big) = \frac{1}{30} \sum_{i=1}^{6} (a + i) = \frac{1}{5}a + \frac{7}{10} \, .$$

Es zeigt sich, dass $E_{F_a} > E_{G_a}$ genau dann, wenn $a < 3$. Das heißt, der Spieler sollte ein zweites Mal würfeln, wenn der erste Wurf eine 1 oder eine 2 war und in allen anderen Fällen nach dem ersten Wurf aufhören.

b) Die optimale Spielstrategie wurde in a) ermittelt. Um den Erwartungswert für das Spiel nach dieser Strategie zu bestimmen, definieren wir den Wahrscheinlichkeitsraum (Ω, W) für das Gesamtexperiment:

$$\Omega = \{3, 4, 5, 6\} \times \Omega_1 \cup \{1, 2\} \times \Omega_2 \, .$$

$$W\big((i,x)\big) = \begin{cases} \dfrac{1}{6} \cdot W_1(x) & \text{für } x \in \Omega_1 \\[2mm] \dfrac{1}{6} \cdot W_2(x) & \text{für } x \in \Omega_2 \end{cases} \quad \text{für alle } i \in \{1,2,...,6\} \, .$$

Die Auszahlungsfunktion A wird definiert durch:

$$A\big((i,x)\big) = \begin{cases} F_i(x) & \text{für } x \in S_1 \\[2mm] G_i(x) & \text{für } x \in S_2 \end{cases} \quad \text{für alle } i \in \{1,2,...,6\} \text{ mit}$$

F_i, G_i wie in a).

Für den Erwartungswert E_A gilt:

$$
\begin{aligned}
E_A &= \sum_{(i,x)\in\Omega} A\big((i,x)\big)\cdot W\big((i,x)\big) \\
&= \sum_{(i,x)\in\{3,4,5,6\}\times\Omega_1} A\big((i,x)\big)\cdot W\big((i,x)\big) + \sum_{(i,x)\in\{1,2\}\times\Omega_2} A\big((i,x)\big)\cdot W\big((i,x)\big) \\
&= \sum_{i=3}^{6}\sum_{x\in\Omega_1} F_i(x)\cdot\frac{1}{6}W_1(x) + \sum_{i=1}^{2}\sum_{x\in\Omega_2} G_i(x)\cdot\frac{1}{6}W_2(x) \\
&= \frac{1}{6}\cdot\sum_{i=3}^{6} E_{F_i} + \frac{1}{6}\cdot\sum_{i=1}^{2} E_{G_i} \\
&= \frac{1}{6}\left(\left(\sum_{i=3}^{6} E_{F_i}\right) + E_{G_1} + E_{G_2}\right) \\
&= \frac{1}{6}\cdot\left(\left(\sum_{i=3}^{6}\frac{i}{2}\right) + \frac{1}{5} + \frac{7}{10} + \frac{2}{5} + \frac{7}{10}\right) \\
&= \frac{11}{6}.
\end{aligned}
$$

<u>Lösung zu Aufgabe 383</u>   <u>zur Aufgabe</u>   <u>Seite 283</u>

Die Wahrscheinlichkeit dafür, dass sich unter den 3 Karten, die aus den restlichen 30 Karten gezogen werden, genau 2 Asse und eine weitere Karte befinden, ist

$$\frac{\binom{2}{2}\cdot\binom{28}{1}}{\binom{30}{3}}.$$

Es ist $\dfrac{\binom{2}{2}\cdot\binom{28}{1}}{\binom{30}{3}} = \dfrac{28}{\binom{30}{3}}$.

Ein „Full House" erhält man genau dann, wenn man 1 weiteres Ass und zwei gleichwertige andere Karten zieht oder wenn man kein weiteres Ass und drei gleichwertige Asse zieht. Die Wahrscheinlichkeit dafür, dass man ein „Full House" erhält, ist also

$$\frac{\binom{2}{1} \cdot \binom{4}{3} \cdot 7}{\binom{30}{3}} + \frac{\binom{2}{0} \cdot \binom{4}{3} \cdot 7}{\binom{30}{3}} \,.$$

Es ist $\dfrac{\binom{2}{1} \cdot \binom{4}{3} \cdot 7}{\binom{30}{3}} + \dfrac{\binom{2}{0} \cdot \binom{4}{3} \cdot 7}{\binom{30}{3}} = \dfrac{112}{\binom{30}{3}} \,.$

Die Wahrscheinlichkeit dafür, nach dem Ziehen dreier weiterer Karten ein „Full House" zu haben, ist also 4 Mal so hoch wie die Wahrscheinlichkeit dafür, nach dem Ziehen dreier weiterer Karten alle 4 Asse zu haben.

Lösung zu Aufgabe 384   zur Aufgabe   Seite 283

Wir bezeichnen die Ecke, an der er startet, mit S und die Zielecke mit Z. Die Ecken, die der Startecke benachbart sind, bezeichnen wir mit SN und die Ecken, die der Zielecke benachbart sind mit ZN.

Es gibt nun folgende Übergangswahrscheinlichkeiten:

$$S \to SN : 1 \qquad\qquad Z \to ZN : 1$$
$$SN \to ZN : \frac{2}{3} \qquad\qquad ZN \to SN : \frac{2}{3}$$
$$SN \to S : \frac{1}{3} \qquad\qquad ZN \to Z : \frac{1}{3}$$

Wir betrachten nun die Wege, die über genau 5 Kanten von S nach Z führen:

$$S \to SN \to S \to SN \to ZN \to Z : 1 \cdot \frac{1}{3} \cdot 1 \cdot \frac{2}{3} \cdot \frac{1}{3} = \frac{2}{27}$$

$$S \to SN \to ZN \to SN \to ZN \to Z : 1 \cdot \frac{2}{3} \cdot \frac{2}{3} \cdot \frac{2}{3} \cdot \frac{1}{3} = \frac{8}{27}$$

$$S \rightarrow SN \rightarrow ZN \rightarrow Z \rightarrow ZN \rightarrow Z : 1 \cdot \frac{2}{3} \cdot \frac{1}{3} \cdot 1 \cdot \frac{1}{3} = \frac{2}{27}$$

Insgesamt ist die Wahrscheinlichkeit dafür, dass der Käfer nach Durchlaufen von 5 Kanten im Ziel landet, genau $\frac{20}{81}$.

Lösung zu Aufgabe 385 zur Aufgabe Seite 284

Sei B die Menge der 6 brauchbaren Glühbirnen, U die Menge der 4 unbrauchbaren Glühbirnen, $\Omega = \left\{ A \,\middle|\, A \subseteq B \cup U, |A| = 4 \right\}$ laplacesch.

a) E_a bezeichne das Ereignis, dass alle 4 geprüften Glühbirnen brauchbar sind.

Es ist $E_a = \left\{ A \in \Omega \,\middle|\, |A \cap B| = 4 \right\}$ und $\left| E_a \right| = \binom{6}{4}$ und

$$W(E_a) = \frac{\binom{6}{4}}{\binom{10}{4}} = \frac{1}{14}.$$

b) E_b bezeichne das Ereignis, dass mindestens eine der 4 geprüften Glühbirnen brauchbar ist. Wir betrachten das Gegenereignis $\overline{E_b}$: Keine er 4 geprüften Glühbirnen ist brauchbar, das heißt, alle 4 geprüften Glühbirnen sind unbrauchbar.

Es ist $E_b = \left\{ A \in \Omega \,\middle|\, |A \cap U| = 4 \right\}$ und $\left| \overline{E_b} \right| = \binom{4}{4}$ und

$$W(\overline{E_b}) = \frac{\binom{4}{4}}{\binom{10}{4}} = \frac{1}{210}.$$

Somit ist $W(E_b) = 1 - W(\overline{E_b}) = 1 - \frac{1}{210} = \frac{209}{210}.$

c) E_c bezeichne das Ereignis, dass 2 der geprüften Glühbirnen brauchbar und 2 unbrauchbar sind.

Es ist $E_c = \left\{ A \in \Omega \,\middle|\, |A \cap U| = 2 \wedge |A \cap U| = 2 \right\}.$

Nun ist $\left|E_c\right| = \binom{6}{2} \cdot \binom{4}{2}$ und $W(E_c) = \dfrac{\binom{6}{2} \cdot \binom{4}{2}}{\binom{10}{4}} = \dfrac{3}{7}$.

Lösung zu Aufgabe 386   zur Aufgabe   Seite 284

Sei R die Menge der 20 Restkarten und H die Menge der 4 darin verbliebenen Herz-Karten. Es ist $\Omega = \left\{A \,\middle|\, A \subseteq K, |A| = 10 \right\}$ laplacesch.

Sei F die Menge der beiden Herz-Figuren {Herz-König, Herz-Dame}

a) Spieler B erhält genau dann 2 der verbliebenen Herz-Karten, wenn Spieler C zwei der verbliebenen Herz-Karten erhält.

   E_a bezeichne das Ereignis, dass Spieler B unter seinen 10 Karten genau 2 Herz-Karten hat. Dann ist $E_a = \left\{A \in \Omega \,\middle|\, |A \cap H| = 2\right\}$.

   Weiter ist $\left|E_a\right| = \binom{4}{2} \cdot \binom{16}{8}$ und $W(E_a) = \dfrac{\binom{4}{2} \cdot \binom{16}{8}}{\binom{20}{10}} = \dfrac{135}{323}$.

b) E_b bezeichne das Ereignis, dass Spieler B unter seinen 10 Karten genau 3 Herz-Karten und darunter König und Dame hat oder genau eine Herz-Karte und dabei weder König noch Dame hat. Es ist

$$E_b = \left\{A \in \Omega \,\middle|\, |A \cap H| = 3 \wedge |A \cap F| = 2\right\}$$
$$\cup \left\{A \in \Omega \,\middle|\, |A \cap H| = 1 \wedge A \cap F = \varnothing\right\}.$$

Diese Vereinigung ist offensichtlich disjunkt.

Es ist $\left|E_b\right| = \binom{2}{2} \cdot \binom{2}{1} \cdot \binom{16}{7} + \binom{2}{0} \cdot \binom{2}{1} \cdot \binom{16}{9}$.

Hier sind beide Summanden gleich.

Also ist $W(E_b) = \dfrac{2 \cdot \binom{2}{2} \cdot \binom{2}{1} \cdot \binom{16}{7}}{\binom{20}{10}} = \dfrac{80}{323}$.

Lösung zu Aufgabe 387   zur Aufgabe   Seite 284

Es ist $\Omega := \{0,1,2\} \times \{h, d\}$.

$$W\big((0,d)\big) = \frac{1}{6}, \quad W\big((0,h)\big) = \frac{1}{6},$$

$$W\big((1,d)\big) = \frac{1}{3n+3}, \quad W\big((1,h)\big) = \frac{n}{3n+3},$$

$$W\big((2,d)\big) = \frac{1}{3n+12}, \quad W\big((2,h)\big) = \frac{n+3}{3n+12}.$$

$$W\big((0,d)\big) + W\big((1,d)\big) + W\big((2,d)\big) = \frac{1}{3}$$

$$\Leftrightarrow \frac{1}{6} + \frac{1}{3n+3} + \frac{1}{3n+12} = \frac{1}{3}$$

$$\Leftrightarrow \frac{1}{n+1} + \frac{1}{n+4} = \frac{1}{2}$$

$$\Leftrightarrow n = 2.$$

Lösung zu Aufgabe 388 zur Aufgabe Seite 285

Sei w die Anzahl der weißen Kugeln in der Urne. Dann muss gelten: $\dfrac{\binom{\omega}{2}}{\binom{50}{2}} \geq \dfrac{1}{2}$.

$$\frac{\binom{\omega}{2}}{\binom{50}{2}} \geq \frac{1}{2} \Leftrightarrow \omega \cdot (\omega - 1) > 25 \cdot 49.$$

Es müssen mindestens 36 weiße Kugeln in der Urne sein.

Lösung zu Aufgabe 389 zur Aufgabe Seite 285

Es bleiben 46 Zahlen, von denen noch 3 gezogen werden. Herr Schulz hat noch 3 freie Zahlen auf seinem Lottoschein. Zu bestimmen ist die Wahrscheinlichkeit dafür, dass er mindestens 2 von diesen 3 Zahlen auf seinem Schein hat.

Die Wahrscheinlichkeit ist $\dfrac{\binom{3}{2} \cdot \binom{43}{1} + 1}{\binom{46}{3}}$.

Lösung zu Aufgabe 390 zur Aufgabe Seite 285

a) In der 1. Urne ist die Wahrscheinlichkeit für das Ziehen einer weißen Kugel $\dfrac{1}{2}$.

Die Wahrscheinlichkeit dafür, eine schwarze Kugel zu ziehen, ist genau so groß. Sei nun p die Wahrscheinlichkeit dafür, aus der 2. Urne eine weiße Kugel zu ziehen, mit $0 \leq p \leq 1$. Dann ist die Wahrscheinlichkeit dafür, aus dieser Urne eine schwarze Kugel zu ziehen, $1 - p$.

Die Wahrscheinlichkeit dafür, zwei verschiedenfarbige Kugeln zu ziehen, ist also

$$\frac{1}{2} \cdot p + \frac{1}{2} \cdot (1 - p) = \frac{1}{2}.$$

b) Es gibt $\binom{6}{2}$ Möglichkeiten, die beiden Urnen auszuwählen. Für jede Auswahl zweier Urnen ist zu unterscheiden, ob die Kugel aus der ersten Urne weiß und die aus der zweiten Urne schwarz ist, oder umgekehrt.

Urne A enthalte 3 weiße und 3 schwarze Kugeln.

Urne B enthalte 4 weiße und 4 schwarze Kugeln.

Urne C enthalte 8 weiße und 2 schwarze Kugeln.

Urne D enthalte 7 weiße und 5 schwarze Kugeln.

Urne E enthalte 5 weiße und 5 schwarze Kugeln.

Urne F enthalte 6 weiße und 6 schwarze Kugeln.

Wenn eine der Urnen A, B, E, F in der Auswahl ist, erhält man nach a) mit der Wahrscheinlichkeit $\frac{1}{2}$ zwei verschiedenfarbige Kugeln.

Es gibt nur eine Möglichkeit zwei Urnen auszuwählen, so dass keine der Urnen A, B, E, F beteiligt ist, nämlich wenn die Urnen C, D ausgewählt werden.

In dem Fall ist die Wahrscheinlichkeit dafür, dass zwei verschiedenfarbige Kugeln gezogen werden, $\frac{8}{10} \cdot \frac{5}{12} + \frac{2}{10} \cdot \frac{7}{12} = \frac{9}{20}$.

Insgesamt beträgt die Wahrscheinlichkeit dafür, dass zwei verschiedenfarbige Kugeln gezogen werden, also $14 \cdot \frac{1}{15} \cdot \frac{1}{2} + \frac{1}{15} \cdot \frac{9}{20} = \frac{149}{300}$.

Lösung zu Aufgabe 391   zur Aufgabe   Seite 286

a) Man überlege sich, wie viele Möglichkeiten es gibt, in der Zahlenfolge

$1, 2, 3, 4, 5, 6$ genau 3 Ziffern zu streichen, um die Anzahl der günstigen

Ausgänge dieses Experiments zu zählen. Es sind $\binom{6}{3}$ Möglichkeiten.

Insgesamt gibt es 6^3 Möglichkeiten, die Kärtchen aus den Urnen zu ziehen. Die Wahrscheinlichkeit für eine streng monoton wachsende Folge der Zahlen ist also

$$\frac{\binom{6}{3}}{6^3} = \frac{5}{54}.$$

b) Es kann völlig analog gezählt werden. Man erhält die Wahrscheinlichkeit

$$\frac{\binom{n}{3}}{n^3} = \frac{(n-1)\cdot(n-2)}{6n^2}.$$

Lösung zu Aufgabe 392   zur Aufgabe   Seite 286

Es ist $\Omega = \{1,2\}^5$, laplacesch, $|\Omega| = 2^5$.

a) $E_a = \left\{(x_1,\dots,x_5) \in \Omega \,\middle|\, x_5 = 2\right\}$, $|E_a| = 2^4$, $W(E_a) = \dfrac{1}{2}$.

b)

$$E_b = \left\{(x_1,\dots,x_5) \in \Omega \,\middle|\, 3\mid \sum_{i=1}^{5} x_i\right\}$$

$$= \left\{\underbrace{(1,1,1,1,2),\dots,(2,1,1,1,1)}_{\text{5 Tupel}}, \underbrace{(1,2,2,2,2),\dots,(2,2,2,2,1)}_{\text{5 Tupel}}\right\}$$

$$|E_b| = 10, \quad W(E_b) = \frac{10}{32}.$$

c) $E_c = \left\{(x_1,\dots,x_5) \in \Omega \,\middle|\, x_4 = 1 \wedge x_5 = 2\right\}$, $|E_c| = 2^3$, $W(E_c) = \dfrac{1}{4}$.

d)

$$E_d = E_a \cap E_b$$

$$= \left\{(1,1,1,1,2), (1,2,2,2,2), (2,1,2,2,2), (2,2,1,2,2), (2,2,2,1,2)\right\},$$

$$|E_d| = 5, \quad W(E_d) = \frac{5}{32}.$$

Lösung zu Aufgabe 393   zur Aufgabe   Seite 286

$\Omega_K :=$ Menge aller injektiven Tripel der Menge $\{1,\dots,10\}$ (laplacesch)

$$= \left\{(x_1, x_2, x_3) \in \{1,\dots,10\}^3 \,\middle|\, |\{x_1, x_2, x_3\}| = 3\right\}.$$

$$E_K = \left\{(x_1, x_2, x_3) \in \Omega_K \,\middle|\, \exists i \in \{1,2,3\} : x_i \in \{9,10\}\right\}.$$

$$\overline{E_K} = \left\{(x_1, x_2, x_3) \in \Omega_K \,\middle|\, \forall i \in \{1,2,3\} : x_i \in \{1,\dots,8\}\right\}.$$

$$W(E_K) = 1 - W(\overline{E_K}) = 1 - \frac{\dfrac{8!}{(8-3)!}}{\dfrac{10!}{(10-3)!}} = \frac{8}{15}.$$

Die Wahrscheinlichkeit, dass Herr Klardreyer seine Tür öffnet, ist $\dfrac{8}{15}$.

$\Omega_B := \left\{1,2,...,10\right\}^4$, laplacesch.

$E_B = \left\{ (x_1, x_2, x_3, x_4) \in \Omega_B \,\middle|\, \exists i \in \{1,2,3,4\} : x_i \in \{9,10\} \right\}$.

$\overline{E_B} = \left\{ (x_1, x_2, x_3, x_4) \in \Omega_B \,\middle|\, \forall i \in \{1,2,3,4\} : x_i \in \{1,2,...,8\} \right\}$.

$W(E_B) = 1 - W(\overline{E_B}) = 1 - \dfrac{8^4}{10^4} = \dfrac{369}{625}$.

Die Wahrscheinlichkeit, dass Herr Blindfierer seine Tür öffnet, ist $\dfrac{369}{625}$.

Da $\dfrac{369}{625} > \dfrac{8}{15}$, hat Herr Blindfierer die größere Chance, seine Tür zu öffnen.

Lösung zu Aufgabe 394   zur Aufgabe   Seite 287

$R := \{r_1, r_2\}, S := \{s_1, s_2\}, A := \{a_1, ..., a_{16}\}, M := A \cup B \cup R$

$\Omega := \left\{ X \subseteq M \,\middle|\, |X| = 10 \right\}$.

$E_r = \left\{ X \in \Omega \,\middle|\, |X \cap R| = 1 \right\}, E_s = \left\{ X \in \Omega \,\middle|\, |X \cap S| = 1 \right\}$.

$E = \left\{ X \in \Omega \,\middle|\, |X \cap R| = 1 \lor |X \cap S| = 1 \right\}$.

Es ist $W(E) = W(E_r) + W(E_s) - W(E_r \cap E_s)$.

Also ist $W(E) = \dfrac{2 \cdot \binom{2}{1} \cdot \binom{18}{9} - \binom{2}{1} \cdot \binom{2}{1} \cdot \binom{16}{8}}{\binom{20}{10}} = \dfrac{250}{323}$.

Lösung zu Aufgabe 395   zur Aufgabe   Seite 287

Man beschrifte einen Würfel mit zwei Einsen, zwei Zweien und zwei Dreien und den anderen mit einer Eins, vier Zweien und einer Drei.

Lösung zu Aufgabe 396   zur Aufgabe   Seite 287

Die Wahrscheinlichkeit dafür, nur schwarze Kugeln zu ziehen, ist

$$\frac{1}{9} \cdot \left(\frac{\binom{6}{1}}{\binom{9}{1}} + \frac{\binom{6}{2}}{\binom{9}{2}} + \frac{\binom{6}{3}}{\binom{9}{3}} + \frac{\binom{6}{4}}{\binom{9}{4}} + \frac{\binom{6}{5}}{\binom{9}{5}} + \frac{\binom{6}{6}}{\binom{9}{6}} \right)$$

$$= \frac{1}{9} \cdot \left(\frac{6}{9} + \frac{15}{36} + \frac{20}{84} + \frac{15}{126} + \frac{6}{126} + \frac{1}{84} \right)$$

$$= \frac{1}{6}.$$

<u>Lösung zu Aufgabe 397</u>   <u>zur Aufgabe   Seite 287</u>

Die Wahrscheinlichkeit dafür, dass alle Personen an paarweise verschiedenen Tagen Geburtstag haben ist $\dfrac{30 \cdot 29 \cdot 28 \cdot 27 \cdot 26 \cdot 25}{30^6}$.

Die Wahrscheinlichkeit dafür, dass mindestens zwei von ihnen am selben Tag Geburtstag haben, ist $1 - \dfrac{30 \cdot 29 \cdot 28 \cdot 27 \cdot 26 \cdot 25}{30^6} = \dfrac{1861}{4500} > \dfrac{1}{3}$.

<u>Lösung zu Aufgabe 398</u>   <u>zur Aufgabe   Seite 288</u>

Sei w die Anzahl der weißen Kugeln und s die der schwarzen.

Dann gilt: $\dfrac{\binom{s}{1} \cdot \binom{w}{1}}{\binom{s+w}{2}} = \dfrac{1}{2}$.

$$\frac{\binom{s}{1} \cdot \binom{w}{1}}{\binom{s+w}{2}} = \frac{1}{2} \Rightarrow 4ws = (w+s)(w+s-1)$$

$$\Rightarrow w+s = (w-s)^2.$$

$w + s$ ist also eine Quadratzahl und da nach Voraussetzung $50 < w + s < 80$ ist, gilt $w + s = 64$ und $w - s = 8$. Somit ist $w = 38$ und $s = 28$.

<u>Lösung zu Aufgabe 399</u>   <u>zur Aufgabe   Seite 288</u>

$$\frac{\frac{3a}{100}}{\frac{3a}{100} + \frac{8 \cdot (1-a)}{100}} = \frac{60}{100} \Rightarrow a = \frac{8}{10}.$$

80 % der Tagesproduktion stammt von der ersten Maschine.

$$\frac{8}{10} \cdot \frac{3}{100} + \frac{2}{10} \cdot \frac{8}{100} = \frac{4}{100}.$$

4 % der Tagesproduktion sind Ausschuss.

Lösung zu Aufgabe 400   zur Aufgabe   Seite 288

a) Die Wahrscheinlichkeit ist $\dfrac{\binom{n}{k} \cdot (n-k)!}{n!}$.

Es gibt $\binom{n}{k}$ Möglichkeiten, die ersten k Nummern auszuwählen und

$(n-k)!$ Möglichkeiten, die restlichen Nummern anzuordnen.

b) Die Wahrscheinlichkeit ist $\dfrac{\binom{n}{k} \cdot (n-k)! - \binom{n}{k+1} \cdot \left(n-(k+1)\right)!}{n!}$.

Von den $\binom{n}{k} \cdot (n-k)!$ möglichen Sequenzen, bei denen die ersten k

Nummern monoton wachsen, ziehe man die Anzahl derjenigen ab, bei denen die

ersten $k+1$ Nummern monoton wachsen.

Lösung zu Aufgabe 401   zur Aufgabe   Seite 289
Sei A das Ereignis „Frau Viel hat die Seite geschrieben", B das Ereignis „Die Seite

ist fehlerfrei".

$$\text{Es ist } W(A\,|\,B) = \frac{W(A \cap B)}{W(B)} = \frac{\frac{1}{2} \cdot \frac{4}{5}}{\frac{1}{2} \cdot \frac{4}{5} + \frac{3}{10} \cdot \frac{1}{2} + \frac{2}{10} \cdot \frac{2}{3}} = \frac{24}{41}.$$

Lösung zu Aufgabe 402   zur Aufgabe   Seite 289
Sei n die Anzahl der schwarzen Kugeln, dann ist n auch die Anzahl der weißen
Kugeln und die Wahrscheinlichkeit dafür, bei gleichzeitigem Herausgreifen von

zwei Kugeln verschiedenfarbige Kugeln zu ziehen, ist $\dfrac{\binom{n}{1} \cdot \binom{n}{1}}{\binom{2n}{2}}$.

$$\text{Es ist } \frac{\binom{n}{1} \cdot \binom{n}{1}}{\binom{2n}{2}} = \frac{2n^2}{2n(2n-1)} = \frac{n}{2n-1}.$$

Es gilt

$$0{,}52 < n < 0{,}523 \Leftrightarrow 0{,}52(2n-1) < n < 0{,}523(2n-1)$$

$\Leftrightarrow 0{,}04n < 0{,}52 \wedge 0{,}523 < 0{,}046n$

$\Leftrightarrow n < 13 \wedge \dfrac{523}{46} < n$.

Es ist also $n = 12$ und es befinden sich 24 Kugeln in der Urne.

Lösung zu Aufgabe 403   zur Aufgabe   Seite 289

J bezeichne das Ereignis, dass die Person Jungwähler ist und A bezeichne das Ereignis, dass die Person Wähler der Aktionsliste ist.

Es ist $W(A \mid J) = \dfrac{W(A \cap J)}{W(J)} = \dfrac{\frac{15}{100} \cdot \frac{1}{10}}{\frac{2}{100} \cdot \frac{3}{10} + \frac{1}{100} \cdot \frac{6}{10} + \frac{15}{100} \cdot \frac{1}{10}} = \dfrac{5}{9}$.

Lösung zu Aufgabe 404   zur Aufgabe   Seite 289

Um die Anzahl der Permutationen mit der geforderten Eigenschaft zu zählen, ist die Strategie des Rückwärtsarbeitens hilfreich. Man stelle sich die Bücher in der ursprünglichen Reihenfolge platziert vor und mache sich klar, dass man immer dann eine Permutation mit der geforderten Eigenschaft erhält, wenn man ein Buch herausnimmt und an einer anderen Stelle wieder hineinstellt. Für jedes Buch gibt es vier geeignete Plätze, allerdings ist zu beachten, dass die Vertauschung der Reihenfolge zweier benachbarter Bücher nicht doppelt gezählt werden darf. Somit gibt es $5 \cdot 4 - 4$ Permutationen mit der geforderten Eigenschaft.

Die Wahrscheinlichkeit, eine solche zu erhalten, ist also $\dfrac{2}{15}$.

Lösung zu Aufgabe 405   zur Aufgabe   Seite 290

Sind die Karten mit den Nummern $1, 2$ oder $n - 1, n$ in der Auswahl, so gibt es jeweils $n - 3$ Möglichkeiten, die dritte Karte auszuwählen, so dass genau zwei Karten mit benachbarten Zahlen in der Auswahl sind. Für alle $n - 3$ anderen Nachbarpaare gibt es jeweils $n - 4$ Möglichkeiten, die dritte Karte auszuwählen. Die Wahrscheinlichkeit dafür, bei aus n Karten 3 so zu ziehen, dass sich genau 2 benachbarte Zahlen auf den Karten finden, ist also $\dfrac{2(n-3) + (n-3)(n-4)}{\binom{n}{3}}$.

Es ist $\dfrac{2(n-3) + (n-3)(n-4)}{\binom{n}{3}} = \dfrac{3}{5}$ genau dann, wenn $n = 5$ oder $n = 6$.

Lösung zu Aufgabe 406   zur Aufgabe   Seite 290

Die folgende Tabelle zeigt für jeden möglichen ersten Wurf den Erwartungswert für beide Fälle:

Augenzahl 1. Wurf	Erwartungswert bei Platzierung als Einer	Erwartungswert bei Platzierung als Zehner
1	36	13,5
2	37	23,5
3	38	33,5
4	39	43,5
5	40	53,5
6	41	63,5

Er sollte sich also die Augenzahl des ersten Wurfes an die Einerstelle setzen, wenn er eine 1, 2 oder 3 gewürfelt hat. In den anderen Fällen sollte er sie an die Zehnerstelle setzen. Sein Erwartungswert ist dann:

$$\frac{1}{6} \cdot \left(36 + 37 + 38 + 43,5 + 53,5 + 63,5 \right) = 45,25.$$

Lösung zu Aufgabe 407   zur Aufgabe   Seite 290

a) Der Bus muss anhalten, wenn ein Fahrgast einsteigen oder ein Fahrgast aussteigen will.

Die Wahrscheinlichkeit dafür ist 0,88, da $0,8 + 0,4 - 0,8 \cdot 0,4 = 0,88$.

b) $\binom{12}{10} \cdot 0,88^{10} \cdot 0,12^2$.

Lösung zu Aufgabe 408   zur Aufgabe   Seite 291

Es ist $W\left(E_1 \cap E_2\right) = \dfrac{\binom{5}{2}^2 \cdot \binom{3}{2}^2}{\binom{10}{4} \cdot \binom{6}{4}} \neq \dfrac{\binom{5}{2}^2}{\binom{10}{4}} = W\left(E_1\right) \cdot W\left(E_2\right).$

Lösung zu Aufgabe 409   zur Aufgabe   Seite 291

Die Wahrscheinlichkeit ist

$$\frac{1}{6} \cdot \left(1 + 1 + \frac{4}{5 \cdot 4} + \frac{1}{5 \cdot 4 \cdot 3} + \frac{1}{5 \cdot 4 \cdot 3 \cdot 2} + \frac{1}{5!} \right).$$

Lösung zu Aufgabe 410   zur Aufgabe   Seite 291

a) $\dfrac{2(k!)^2}{(2k)!}$ b) $\dfrac{k! \cdot 2^{k+1}}{(2k)!}$ c) $\dfrac{2^2 \cdot k!}{(2k)!}$ d) $\dfrac{2k \cdot (k!)^2}{(2k)!}$ e) $\dfrac{2^k \cdot k!}{(2k)!}$

Kurze Bemerkung zur Zählweise:

Wir stellen uns die Plätze von 1 bis $2n$ im Uhrzeigersinn durchnummeriert vor. Es gibt $(2k)!$ Möglichkeiten, die $2k$ Personen auf die Plätze zu verteilen.

a) Männer und Frauen sitzen abwechselnd. Es gibt sowohl für die Männer als auch für die Frauen jeweils $k!$ mögliche Anordnungen. Es gibt 2 Möglichkeiten, ein Geschlecht für Platz 1 zu wählen.

b) Es gibt $k!$ Möglichkeiten, die Reihenfolge für die Ehepaare festzulegen und für jedes Ehepaar 2 Möglichkeiten der Sitzordnung. Außerdem sind 2 Möglichkeiten der Sitzplatzpaarungen $\big((1,2),(3,4),\dots,(2n-1,2n)\big)$ oder $\big((2,3),(4,5),\dots,(2n,1)\big)$ zu berücksichtigen.

c) Wie eben gibt es $k!$ Möglichkeiten, die Reihenfolge für die Ehepaare festzulegen. Es sind wieder 2 Möglichkeiten der Sitzplatzpaarungen zu berücksichtigen und es gibt 2 Möglichkeiten, das Geschlecht für den ersten Platz zu wählen.

d) Es gibt sowohl für die Männer als auch für die Frauen jeweils $k!$ mögliche Anordnungen. Es gibt $2k$ mögliche Plätze, an denen der erste Mann sitzen kann.

e) Wie eben gibt es $k!$ Möglichkeiten, die Reihenfolge für die Ehepaare auf den Plätzen 1 bis k festzulegen. Für jeden dieser Plätze hat man 2 Möglichkeiten einen Vertreter des Ehepaares auszuwählen. Der Rest ist dann festgelegt.

Lösung zu Aufgabe 411   zur Aufgabe   Seite 291

Alle Spieler haben bei diesem Verfahren die gleiche Chance. Die Wahrscheinlichkeit dafür, dass B ausscheidet, unter der Bedingung, dass A nicht ausscheidet, ist $\dfrac{1}{2}$.

Das Verfahren, das B vorschlägt, ist nicht fair.

A scheidet mit der Wahrscheinlichkeit $\dfrac{1}{3} \cdot \displaystyle\sum_{i=0}^{\infty} \left(\left(\dfrac{2}{3} \right)^3 \right)^i = \dfrac{1}{3} \cdot \dfrac{1}{1 - \left(\dfrac{2}{3} \right)^3} = \dfrac{9}{19}$

aus, B mit $\dfrac{2}{3} \cdot \dfrac{1}{3} \cdot \displaystyle\sum_{i=0}^{\infty} \left(\left(\dfrac{2}{3} \right)^3 \right)^i = \dfrac{6}{19}$, C mit $\dfrac{4}{19}$, wenn vorausgesetzt wird, dass

das Verfahren solange fortgeführt wird, bis einer der Spieler den schwarzen Bauern zieht.

Lösung zu Aufgabe 412   zur Aufgabe   Seite 292

a) Das Männchen befindet sich genau dann nach $2n$ Sekunden wieder auf der 0, wenn es n Mal nach links und n Mal nach rechts gesprungen ist.

Die Wahrscheinlichkeit dafür ist $\dfrac{\binom{2n}{n}}{2^{2n}}$.

b) Es reicht zu zeigen, dass $\dfrac{\binom{2n}{n}}{2^{2n}} > \dfrac{\binom{2n+2}{n+1}}{2^{2n+2}}$.

Es ist

$$\frac{\binom{2n}{n}}{2^{2n}} > \frac{\binom{2n+2}{n+1}}{2^{2n+2}} \Leftrightarrow \frac{(2n)!}{(n!)^2 \cdot 2^{2n}} > \frac{(2n+2)!}{((n+1)!)^2 \cdot 2^{2n+2}}$$

$$\Leftrightarrow \frac{((n+1)!)^2 \cdot 2^{2n+2}}{(n!)^2 \cdot 2^{2n}} > \frac{(2n+2)!}{(2n)!}$$

$$\Leftrightarrow (2n+2)^2 > (2n+2)(2n+1).$$

Die letzte Ungleichung ist offensichtlich wahr. Also folgt die Behauptung.

Lösung zu Aufgabe 413   zur Aufgabe   Seite 292

Die Anzahl der 11-Tupel aus 7 Nullen, 3 Einsen und einer Zwei ist $\dbinom{11}{7} \cdot \dbinom{4}{3}$

Zwei Tupel stimmen genau dann in mindestens 9 Stellen überein, wenn sie in genau 9 Stellen oder in allen 11 Stellen übereinstimmen.

Wenn sie in genau 9 Stellen übereinstimmen, liegt einer der drei folgenden Fälle vor:

Eine Null wurde mit einer Eins vertauscht: 21 Möglichkeiten.

Eine Null wurde mit der Zwei vertauscht: 7 Möglichkeiten.

Eine Eins wurde mit der Zwei vertauscht: 3 Möglichkeiten.

Es gibt genau 1 Möglichkeit dafür, dass die 11-Tupel in allen 11 Komponenten übereinstimmen.

Die Wahrscheinlichkeit für mindestens 9 Übereinstimmungen ist also $\dfrac{32}{1320}$.

Lösung zu Aufgabe 414   zur Aufgabe   Seite 292

a) Es ist $E(X) = \displaystyle\sum_{i=1}^{n} W(x_i)x_i$ und $V(X) = E\left(\left(X - E(X)\right)^2\right)$.

$$V(X) = E\left(\left(X - E(X)\right)^2\right)$$
$$= E\left(X^2 - 2XE(X) + \left(E(X)\right)^2\right)$$
$$= E(X^2) - 2E(X)E(X) + \left(E(X)\right)^2$$
$$= E(X^2) - \left(E(X)\right)^2.$$

b) Es ist

$$E(X)$$
$$= 0{,}05 \cdot 1 + 0{,}1 \cdot 2 + 0{,}15 \cdot 3 + 0{,}4 \cdot 4 + 0{,}25 \cdot 5 + 0{,}04 \cdot 6 + 0{,}01 \cdot 7$$
$$= 3{,}86$$

und

$$V(X)$$
$$= 0{,}05 \cdot 1^2 + 0{,}1 \cdot 2^2 + 0{,}15 \cdot 3^2 + 0{,}4 \cdot 4^2 + 0{,}25 \cdot 5^2 + 0{,}04 \cdot 6^2 + 0{,}01 \cdot 7^2 - 3{,}86^2$$
$$= 1{,}4808.$$

Lösung zu Aufgabe 415   zur Aufgabe   Seite 293
Die Wahrscheinlichkeitsverteilung ist

x_i	0	1	2	3
$W(X = x_i)$	$\dfrac{\binom{6}{3}}{\binom{10}{3}} = \dfrac{1}{6}$	$\dfrac{\binom{4}{1}\binom{6}{2}}{\binom{10}{3}} = \dfrac{1}{2}$	$\dfrac{\binom{4}{2}\binom{6}{1}}{\binom{10}{3}} = \dfrac{3}{10}$	$\dfrac{\binom{4}{3}\binom{6}{0}}{\binom{10}{3}} = \dfrac{1}{30}$

Der Erwartungswert ist $\dfrac{1}{6} \cdot 0 + \dfrac{1}{2} \cdot 1 + \dfrac{3}{10} \cdot 2 + \dfrac{1}{30} \cdot 3 = \dfrac{12}{10}$.

Die Varianz ist $\dfrac{1}{6} \cdot 0^2 + \dfrac{1}{2} \cdot 1^2 + \dfrac{3}{10} \cdot 2^2 + \dfrac{1}{30} \cdot 3^2 - \left(\dfrac{12}{10}\right)^2 = \dfrac{56}{100}$.

Die Standardabweichung ist $\sqrt{\dfrac{56}{100}}$.

26. Lösungen zur Geometrie

Lösung zu Aufgabe 416   zur Aufgabe   Seite 297

a) Ja, da die Summe der beiden kürzeren Seitenlängen größer ist als die Länge der längsten Seite.

b) Nein, denn sei $a = 3$ cm, $b = 10$ cm, $c = 12$ cm.

Dann ist für $s = \dfrac{a+b+c}{2} = \dfrac{25}{2}$.

$$h_a = \frac{2\sqrt{s(s-a)(s-b)(s-c)}}{a}$$

$$= \frac{2\sqrt{\dfrac{25}{2} \cdot \dfrac{19}{2} \cdot \dfrac{5}{2} \cdot \dfrac{1}{2}}}{3}$$

$$= \frac{\sqrt{25 \cdot 19 \cdot 5}}{6},$$

$$h_b = \frac{2\sqrt{s(s-a)(s-b)(s-c)}}{b}$$

$$= \frac{\sqrt{25 \cdot 19 \cdot 5}}{20},$$

$$h_c = \frac{2\sqrt{s(s-a)(s-b)(s-c)}}{c}$$

$$= \frac{\sqrt{25 \cdot 19 \cdot 5}}{24}.$$

Wir können nun auch ohne Taschenrechner einsehen, dass $h_a > h_b + h_c$, denn für alle positiven $x \in \mathbb{R}$ gilt $\dfrac{x}{6} > \dfrac{x}{20} + \dfrac{x}{24}$. In diesem Fall ist also die Summe der beiden kürzeren Seitenlängennicht größer als die Länge der längsten Seite. Daher existiert ein solches Dreieck nicht.

© Der/die Autor(en), exklusiv lizenziert an
Springer-Verlag GmbH, DE, ein Teil von Springer Nature 2022
S. Rollnik, *Übungsbuch fürs erfolgreiche Staatsexamen in der Mathematik*, https://doi.org/10.1007/978-3-662-65507-8_26

Lösung zu Aufgabe 417   zur Aufgabe   Seite 297
Sei also ABC rechtwinklig.

Dann ist $ABC \sim CBH_C$.

$$ABC \sim CBH_c \Rightarrow \frac{\left|BC\right|}{\left|AB\right|} = \frac{\left|BH_c\right|}{\left|BC\right|}$$

$$\Rightarrow \frac{a}{c} = \frac{p}{a}$$

$$\Rightarrow a^2 = cp.$$

Analog gilt wegen $ACH_c \sim ABC$ auch $b^2 = cq$.

Zusammengefasst ist

$$a^2 + b^2 = cp + cq$$
$$= a(p+q)$$
$$= c^2.$$

Nach Pythagoras gilt

$a^2 = h^2 + p^2$ und $b^2 = h^2 + q^2$.

Also ist $a^2 + b^2 = 2h^2 + p^2 + q^2$.

Andererseits ist $a^2 + b^2 = c^2$.

Wegen $c = p + q$ ist also $a^2 + b^2 = (p+q)^2$.

Wir erhalten nun $2h^2 + p^2 + q^2 = (p+q)^2$.

Daraus folgt nun $h^2 = pq$.

Lösung zu Aufgabe 418   zur Aufgabe   Seite 298
Sei eine euklidische Ebene $\left(\mathfrak{P}, \mathfrak{G}, I, \perp, \mathfrak{B}\right)$ gegeben.

Sei ABC ein echtes Dreieck.

Sei m das Mittellot von AB und l das Mittellot von BC.

Dann ist $m \cap l \neq \emptyset$, da sonst $\overline{AB} \parallel \overline{BC}$.

Sei $M \in m \cap l$.

Dann gilt $\left|MA\right| = \left|MB\right|$, da $M \in m$.

Weiter gilt $\left|MB\right| = \left|MC\right|$, da $M \in l$.

Also gilt auch $\left|MA\right| = \left|MC\right|$.

Das heißt, M liegt auch auf dem Mittellot von AC.

Lösung zu Aufgabe 419   zur Aufgabe   Seite 298
Man zeichne die Strecke AB mit der Länge c und trage in A den Winkel α ab. Der Kreis um A mit dem Radius $a + b$ schneidet den freien Schenkel von α in einem Punkt. Er heiße D. Das Mittellot von BD schneidet AD in C.

Lösung zu Aufgabe 420   zur Aufgabe   Seite 298
(Abbildung erstellt mit GeoGebra)

Wir benutzen die Bezeichnungen wie in der Abbildung.

M sei also der Mittelpunkt der Kreise.

A, B seien die Schnittpunkte der Senkrechten zur Tangenten durch M.

T sei der Berührpunkt der Tangente am inneren Kreis und C ein Schnittpunkt der Tangente mit dem äußeren Kreis.

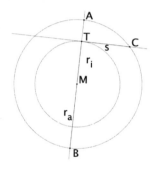

Der Radius des inneren Kreises werde mit r_i bezeichnet, der des äußeren mit r_a.

Der Flächeninhalt des Ringes zwischen den Kreisen ist die Differenz der Flächeninhalte der beiden Kreise also $\left(r_a^2 - r_i^2\right) \cdot \pi$.

Das Dreieck ABC ist rechtwinklig, da C auf dem Thaleskreis über AB liegt.

Nach dem Höhensatz gilt $\left|TA\right| \cdot \left|TB\right| = \left|TC\right|^2$.

Es ist

$$|TA| \cdot |TB| = (r_a - r_i) \cdot (r_a + r_i)$$
$$= r_a^2 - r_i^2.$$

Weiter ist $\left|TC\right|^2 = s^2$.

Der Flächeninhalt des Ringes ist also $s^2 \cdot \pi$.

Lösung zu Aufgabe 421   zur Aufgabe   Seite 298
Man betrachte den Zylindermantel, der die Form eines Rechtecks hat.

Die Girlande überwindet mit jeder Umdrehung $\dfrac{5}{6}$ m Höhe und 2 m Umfang.

Die tatsächliche Länge der Girlande bei einer Umdrehung ist die Länge der Hypotenuse im rechtwinkligen Dreieck mit den Kathetenlängen $\dfrac{5}{6}$ m und 2 m.

Sie ist also $\dfrac{13}{6}$ m lang.

Die gesamte Girlande ist damit 13 m lang.

Lösung zu Aufgabe 422   zur Aufgabe   Seite 298

Sei K der Mittelpunkt von AB, L der Mittelpunkt von BC, M der von AC.

Sei S der Schnittpunkt von AL und BM.

Sei nun X der Mittelpunkt von AS und Y der Mittelpunkt von BS.

Dann mache man sich zunächst klar, dass $X \neq L$ und $Y \neq M$.

Nach dem Satz über Mittelparallelen im Dreieck ist $\overline{XY} \parallel \overline{AB} \parallel \overline{ML}$ und $\overline{LY} \parallel \overline{CS} \parallel \overline{XM}$. Es ist also $XYLM$ ein Parallelogramm.

Also ist X der Verdopplungspunkt von LS, das heißt, S ist 2:1-Teilungspunkt von AL und ebenso auch von BM.

Noch zu zeigen: $K \in \overline{CS}$.

Wir betrachten das Dreieck XLM.

Es ist $\overline{XM} \parallel \overline{CS}$ und S der Mittelpunkt von XL.

Das heißt, $\overline{CS}$ schneidet $\overline{ML}$ im Mittelpunkt von ML.

Also ist $\overline{CS}$ Seitenhalbierende in MLC durch C und somit nach Hilfssatz aus dem Hinweis auch Seitenhalbierende von ABC durch C.

Lösung zu Aufgabe 423   zur Aufgabe   Seite 299

Wir verwenden die Bezeichnungen

wie in der Skizze.

Die Seite a wird also durch ihren

Mittelpunkt in zwei Abschnitte

a_1, a_2 zerlegt,

analog die Seiten b und c.

Die Seitenhalbierende s_a wird durch d

zerlegt, wobei $\dfrac{t_a}{r_a} = 2$ gilt, analog für

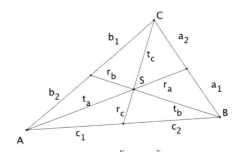

Nun gilt nach der Dreiecksungleichung

$$t_a + t_b > c, \quad t_b + t_c > a, \quad t_c + t_a > b.$$

Da $r_a = \dfrac{1}{2}t_a$, $r_b = \dfrac{1}{2}t_b$, $r_c = \dfrac{1}{2}t_c$ gilt, ist auch

$$r_a + t_r > \frac{c}{2}, \quad r_b + r_c > \frac{a}{2}, \quad r_c + r_a > \frac{b}{2}.$$

Addiert man nun diese sechs Ungleichungen seitenweise, erhält man

$$2s > \frac{3}{2}u, \text{ also } \frac{3}{4}u < s.$$

Weiter gilt ebenfalls nach der Dreiecksungleichung

$$b + c_1 > s_c, \quad c + a_1 > s_a, \quad a + b_1 > s_b,$$
$$b + a_2 > s_a, \quad c + b_2 > s_b, \quad a + c_2 > s_c.$$

Addiert man nun seitenweise diese sechs Ungleichungen, so erhält man

$$3u > 2s, \text{ also } s < \frac{3}{2}u.$$

Insgesamt folgt $\dfrac{3}{4}u < s < \dfrac{3}{2}u$.

<u>Lösung zu Aufgabe 424</u>   <u>zur Aufgabe</u>   Seite 299

Hier bezeichnen T den Berührpunkt der Tangente und A, B die beiden Schnittpunkte der Sekante am Kreis.

Nach dem Sehnen-Tangentenwinkelsatz gilt $\left| \angle TAP \right| = \left| \angle PTB \right|$.

Die beiden Dreiecke TAP und BTP sind also ähnlich.

Es gilt also $\dfrac{\left| PA \right|}{\left| PT \right|} = \dfrac{\left| PT \right|}{\left| PB \right|}$ und demzufolge auch $\left| PA \right| \cdot \left| PB \right| = \left| PT \right|^2$.

<u>Lösung zu Aufgabe 425</u>   <u>zur Aufgabe</u>   <u>Seite 299</u>

Sei γ eine beliebige Bewegung.

Für jede Gerade g bezeichne σ_g die Spiegelung an g.

Seien A, B verschiedene Punkte mit Verbindungsgerade c.

Sei m das Mittellot von $A\,A\gamma$.

Dann ist $A\gamma\sigma_m = A$.

Also ist wegen der Längentreue der Bewegungen

$$\begin{aligned}
|AB| &= |A\gamma\sigma_m B\gamma\sigma_m| \\
&= |AB\gamma\sigma_m|.
\end{aligned}$$

Das Dreieck $BB\gamma\sigma_m A$ ist also gleichschenklig mit Spitze A.

Nach dem Bewegungsaxiom findet man eine Gerade l durch A mit $BB\gamma\sigma_m\sigma_l = B$.

Außerdem gilt $A\gamma\sigma_m\sigma_l = A$.

Also ist $\gamma\sigma_m\sigma_l$ aus der Standuntergruppe von $\{A, B\}$.

Somit ist $\gamma\sigma_m\sigma_l = \iota$ oder $\gamma\sigma_m\sigma_l = \sigma_{\overline{AB}}$.

Im Fall $\gamma\sigma_m\sigma_l = \iota$ ist $\gamma = \sigma_l\sigma_m$, im anderen Fall ist $\gamma = \sigma_{\overline{AB}}\sigma_l\sigma_m$.

Also ist γ Produkt von 2 Geradenspiegelungen oder Produkt von 3 Geradenspiegelungen.

<u>Lösung zu Aufgabe 426</u>   <u>zur Aufgabe</u>   <u>Seite 300</u>

Sei γ eine Gleitspiegelung.

Dann findet man eine Gerade g und eine Translation τ mit $\gamma = \sigma_g\tau$.

Sei nun ein Punkt A gegeben.

Liegt A auf g, so auch $A\gamma$.

Sei also nun $A \notin g$.

Dann ist $A\gamma A\sigma_g A$ ein echtes Dreieck, und g die Mittelparallele zu $\overline{A\gamma A\sigma_g}$.

Also liegt der Mittelpunkt von $A\,A\gamma$ auf g.

<u>Lösung zu Aufgabe 427</u>   <u>zur Aufgabe</u>   <u>Seite 300</u>

Da A_1B_1BA Sehnenviereck ist, ist $\left|\angle ABB_1\right| = 180° - \left|\angle B_1A_1A\right|$.

$\left|\angle ABB_1\right|$ und $\left|\angle B_2BA\right|$ ergänzen sich zu $180°$.

Also ist $\left|\angle B_2BA\right| = \left|\angle B_1A_1A\right|$.

Da auch ABB_2A_2 ein Sehnenviereck ist, ist

$$\left|\angle B_2 A_2 A\right| = 180° - \left|\angle B_2 B A\right|$$

$$= 180° - \left|\angle B_1 A_1 A\right|.$$

Es ist also $\overline{A_1 B_1} \parallel \overline{A_2 B_2}$.

Lösung zu Aufgabe 428   zur Aufgabe   Seite 300

Man zeichne die Parallele zu $\overline{CS}$ durch B.

Sie schneidet $\overline{AC}$ in einem Punkt, den wir mit D bezeichnen.

Da $\overline{CS}$ Winkelhalbierende bei C ist, ist auch ihr Lot l in C eine Winkelhalbierende.

Nun ist $l \perp \overline{BD}$ und, da BDC gleichschenklig, ist l sogar Mittellot von BD. Also liegt C auf dem Mittellot von BD.

Das heißt, $\left|CB\right| = \left|CD\right|$.

Nach dem Strahlensatz folgt nun $\dfrac{\left|AS\right|}{\left|SB\right|} = \dfrac{\left|AC\right|}{\left|CD\right|}$, also auch $\dfrac{\left|AS\right|}{\left|SB\right|} = \dfrac{\left|AC\right|}{\left|CB\right|}$.

Lösung zu Aufgabe 429   zur Aufgabe   Seite 301

E, bzw. F seien die Schnittpunkte der Lote von D, bzw. C auf $\overline{AB}$.

(Abbildung erstellt mit GeoGebra)

Wir setzen $h := \left|ED\right|$.

Dann ist auch $\left|CF\right| = h$.

Es ist $\left|AE\right| = \dfrac{a-b}{2}$.

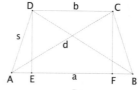

Im Dreieck DAE ist nun nach Pythagoras $s^2 = h^2 + \left(\dfrac{a-b}{2}\right)^2$.

Weiter ist $|AF| = a - \left(\dfrac{a-b}{2}\right) = \dfrac{a+b}{2}$.

Im Dreieck CAF ist nach Pythagoras $d^2 = h^2 + \left(\dfrac{a+b}{2}\right)^2$.

Es ergibt sich

$$d^2 = s^2 + \left(\frac{a+b}{2}\right)^2 - \left(\frac{a-b}{2}\right)^2$$

$$= s^2 \left(\frac{a+b}{2} + \frac{a-b}{2}\right)\left(\frac{a+b}{2} - \frac{a-b}{2}\right)$$

$$= s^2 + ab.$$

Nebenbemerkung:

Diese Aussage ist ein Spezialfall des Satzes des Ptolemäus.

<u>Lösung zu Aufgabe 430</u>   <u>zur Aufgabe   Seite 301</u>

Sei E der Schnittpunkt der Parallelen zu $\overline{AD}$ durch P mit $\overline{AB}$ und G ihr Schnittpunkt mit $\overline{CD}$.

Sei F der Schnittpunkt der Parallelen zu $\overline{AB}$ durch P mit $\overline{BC}$ und H ihr Schnittpunkt mit $\overline{AD}$.

Dann sind die Dreiecke PDH und DPG kongruent, ebenso PAE und APH, auch BPE und PBF und schließlich CPF und PCG.

Die Summe der Flächeninhalte der Dreiecke ABP und CDP ist die Summe der Flächeninhalte der Dreiecke PAE, BPE, PCG und DPG.

Die Summe der Flächeninhalte der Dreiecke BCP und DAP ist die Summe der Flächeninhalte der Dreiecke PBF, CPF, PDH und APH.

Die Summen sind also gleich.

<u>Lösung zu Aufgabe 431</u>   <u>zur Aufgabe   Seite 301</u>

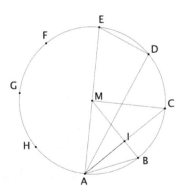

(Zeichnung erstellt mit Geogebra.)

Es sei M der Mittelpunkt des Kreises und I der Mittelpunkt von AC.

Sofort klar ist, dass die Diagonale AE die Länge 2 hat.

Die Länge der Diagonalen AC bestimmen wir mit Pythagoras im Dreieck ACM.

Es ist $\left|AC\right| = \sqrt{2}$.

Es ist $\left|AI\right| = \dfrac{\sqrt{2}}{2}$ und nach Höhensatz in ACM

$$\left|MI\right|^2 = \left|AI\right| \cdot \left|IC\right| = \left(\frac{\sqrt{2}}{2}\right)^2 \text{, also } \left|MI\right| = \frac{\sqrt{2}}{2} .$$

Damit ist $\left|IB\right| = \left|MB\right| - \left|MI\right| = 1 - \dfrac{\sqrt{2}}{2}$.

In IAB ist nach Pythagoras

$$\begin{aligned} \left|AB\right|^2 &= \left|IA\right|^2 + \left|IB\right|^2 \\ &= \left(\frac{\sqrt{2}}{2}\right)^2 + \left(1 - \frac{\sqrt{2}}{2}\right)^2 \\ &= 2 - \sqrt{2} . \end{aligned}$$

Also ist $\left|AB\right| = \sqrt{2 - \sqrt{2}}$.

Da D auf dem Thaleskreis über AE liegt, ist EAD rechtwinklig.
Somit gilt nach Pythagoras

$$\begin{aligned} \left|AD\right|^2 &= \left|AE\right|^2 - \left|ED\right|^2 \\ &= 2^2 - \left(\sqrt{2 - \sqrt{2}}\right)^2 \\ &= 2 + \sqrt{2} . \end{aligned}$$

Also ist $\left|AD\right| = \sqrt{2 + \sqrt{2}}$.

Das Achteck hat 8 Seiten, und jeweils 8 Diagonalen der Längen $\left|AC\right|$ und $\left|AD\right|$.
Diagonalen der Länge $\left|AE\right|$ kommen 4 mal vor.

Die Summe der quadrierten Längen aller Seiten und Diagonalen ist also

$$8 \cdot \left(\left| A B \right|^2 + \left| A C \right|^2 + \left| A D \right|^2 \right) + 4 \cdot \left| A E \right|^2$$

$$= 8 \cdot \left(\left(\sqrt{2 - \sqrt{2}} \right)^2 + \sqrt{2}^2 + \left(\sqrt{2 + \sqrt{2}} \right)^2 \right) + 4 \cdot 2^2$$

$$= 64.$$

Lösung zu Aufgabe 432   zur Aufgabe   Seite 301

a) Ein Parallelogramm hat genau dann einen Umkreis, wenn es ein Rechteck ist.

Sei nämlich $ABCD$ ein Parallelogramm. Dann liegen B und D genau dann auf dem Thaleskreis über AC, wenn $\overline{AB} \parallel \overline{BC}$ und $\overline{CD} \parallel \overline{AD}$. Weiter liegen A und C genau dann auf dem Thaleskreis über BD, wenn $\overline{AB} \parallel \overline{AD}$ und $\overline{CD} \parallel \overline{BC}$.

b) Ein Parallelogramm hat genau dann einen Inkreis, wenn es eine Raute ist.

Sei nämlich $ABCD$ ein Parallelogramm.

Der Diagonalenschnittpunkt ist zugleich der Schnittpunkt der Winkelhalbierenden und damit der Mittelpunkt des Inkreises.

c) Die Parallelogramme mit Umkreis und Inkreis sind genau die Rechtecke, die gleichzeitig Raute sind, also die Quadrate.

Lösung zu Aufgabe 433   zur Aufgabe   Seite 302

(Zeichnung erstellt mit GeoGebra.)

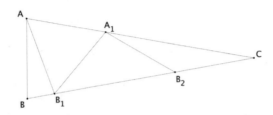

Der Winkel bei B heiße β, der bei C heiße γ.

Wir argumentieren im Folgenden mit der Gleichschenkligkeit der Dreiecke und Winkelsumme sowie mit der Ergänzung zum gestreckten Winkel.

Es ist $|\angle AB_1B| = \beta$ und $|\angle BAB_1| = 180° - 2\beta$.

Da ABC gleichschenklig ist, ist $|\angle BAC| = \beta$.

Also ist $|\angle B_1AA_1| = 3\beta - 180° = |\angle AA_1B_1|$.

Weiter ist $|\angle A_1B_1A| = 180° - 2(3\beta - 180°) = 540° - 6\beta$.

Damit ist

$$|\angle B_2B_1A| = 180° - (540° - 6\beta + \beta) = 5\beta - 360° = |\angle A_1B_2B_1|.$$

Also ist $|\angle B_1A_1B_2| = 180° - 2(5\beta - 360°) = 900° - 10\beta$.

Es ist $\gamma = |B_2A_1C| = 180° - (540° - 6\beta + 900° - 10\beta) = 16\beta - 1260°$.

Nun ist $18\beta - 1260° = 180°$, also $\beta = 80°$.

Es ist also $\gamma = 20°$.

Lösung zu Aufgabe 434 zur Aufgabe   Seite 302

Es gilt $\dfrac{p+q}{q} = \dfrac{q}{p}$.

In unserem Fall ist $p = 3$.

$$\frac{3+q}{q} = \frac{q}{3} \Leftrightarrow 9 + 3q = q^2$$

$$\Leftrightarrow q = \frac{3 + 3\sqrt{5}}{2} \vee q = \frac{3 - 3\sqrt{5}}{2}.$$

Da $q > p$, ist $q = 3 \cdot \dfrac{1 + \sqrt{5}}{2}$.

Konstruktiv könnte man einfach mit einem Goldenen Schnitt einer beliebigen Strecke beginnen.

Wir beginnen mit einer Strecke AB und zeichnen das Lot auf AB in B.

Das Lot schneidet den Kreis um B mit dem Radius $\dfrac{|AB|}{2}$ in einem Punkt, den wir C nennen.

Der Kreis um C mit dem Radius $\dfrac{|AB|}{2}$ schneidet die Gerade $\overline{AC}$ in einem Punkt, den wir D nennen.

Der Kreis um A durch E schneidet $\overline{AB}$ in einem Punkt, den wir F nennen.

Der Punkt F teilt die Strecke AB im Goldenen Schnitt, das heißt

$$\frac{\left|AB\right|}{\left|AF\right|} = \frac{\left|AF\right|}{\left|FB\right|}.$$

Wir zeichnen nun eine Gerade g durch F, die von $\overline{AB}$ verschieden ist und zeichnen den Kreis um F durch A. Er schneidet g in einem Punkt, den wir H nennen. Nun zeichnen wir einen Kreis um F mit Radius 3 cm, der die Gerade $\overline{AB}$ in einem Punkt schneidet, den wir I nennen. Die Parallele zu $\overline{BH}$ durch I schneidet g in einem Punkt, den wir J nennen.

Nach Strahlensatz ist $q = \left|FJ\right|$.

Lösung zu Aufgabe 435   zur Aufgabe   Seite 302

Man zeichne die Strecke AB mit der Länge 7 cm und trage in B den Winkel β ab. Der Kreis um B mit dem Radius 3 cm schneidet den freien Schenkel von β in einem Punkt D. Das Mittellot von AD schneidet $\overline{BD}$ in einem Punkt C. Das Dreieck ABC hat die Eigenschaften $c = 7$ cm und $\beta = 35°$.

Die Seite a hat die Länge $\left|BD\right| + \left|DC\right|$.

Die Seite b hat die Länge $\left|AC\right|$.

Da C auf dem Mittellot von AD liegt, ist $\left|AC\right| = \left|DC\right|$.

Also ist $b - a = \left|BD\right|$, und nach unserer Konstruktion ist $\left|BD\right| = 3$ cm.

Lösung zu Aufgabe 436   zur Aufgabe   Seite 302

Mit H_A, H_B, H_C bezeichnen wir die Höhenfußpunkte, mit H den Höhenschnittpunkt. Die Dreiecke H_BAH und H_ABH sind ähnlich, da sie in ihren Winkeln übereinstimmen.

Dasselbe gilt für die Dreiecke HAH_C und HCH_A und ebenso für HCH_B und HBH_C.

Es gilt also $\dfrac{\left|HH_B\right|}{\left|HH_A\right|} = \dfrac{\left|AH\right|}{\left|BH\right|}$ und $\dfrac{\left|HH_B\right|}{\left|HH_C\right|} = \dfrac{\left|CH\right|}{\left|BH\right|}$.

Somit folgt $\left|HH_A\right| \cdot \left|AH\right| = \left|HH_B\right| \cdot \left|BH\right| = \left|HH_C\right| \cdot \left|CH\right|$.

Lösung zu Aufgabe 437   zur Aufgabe   Seite 303

Der große Kreis hat den Radius $r + s$.

Sein Flächeninhalt ist also $\pi\left(r + s\right)^2$.

Subtrahiert man davon die Summe der Flächeninhalte der drei Halbkreise mit den Radien $r + s$, r und s, so erhäalt man den Flächeninhalt des Schustermessers.

Er ist $\pi \dfrac{(r + s)^2 - r^2 - s^2}{2} = \pi r s$.

Für den Durchmesser d des schwarzen Kreises gilt nach Höhensatz $d^2 = 4rs$. Der Flächeninhalt dieses Kreises ist also auch $\pi r s$.

Lösung zu Aufgabe 438   zur Aufgabe   Seite 303

a) Sei X der Mittelpunkt von AC.

Da $\overline{BD} \perp \overline{AB}$, ist das Mittellot von BD die Mittelparallele von $\overline{AB}$ und $\overline{CD}$.

Da X auf dem Mittellot von BD liegt, ist $\left|XB\right| = \left|XD\right|$.

b) Da jeder Punkt P mit der Eigenschaft $\left|PB\right| = \left|PD\right|$ auf dem Mittellot von BD liegt und es nur einen Schnittpunkt von $\overline{BD}$ und $\overline{AC}$ gibt, nämlich den Mittelpunkt von AC, gilt auch die Umkehrung.

Lösung zu Aufgabe 439   zur Aufgabe   Seite 303

Sei P der Mittelpunkt von BC und Q der von AD.

Dann ist $MPNQ$ das Seitenmittenviereck von $ABCD$.

Es ist also $MPNQ$ ein Parallelogramm.

Die Gerade $\overline{AC}$ ist eine Mittelparallele im Parallelogramm.

Der Mittelpunkt von NM liegt also auf $\overline{AC}$.

Also ist $AMCN$ ein Drachen.

Lösung zu Aufgabe 440   zur Aufgabe   Seite 304

Sei h_c die Länge der Höhe von C aus.

Dann schneidet der Kreis um C mit dem Radius h_c den Thaleskreis über CA in H_C, dem Höhenfußpunkt von C.

Die Gerade $\overline{A H_C}$ ist die Gerade $\overline{AB}$.

Sei s_a die Länge der Seitenhalbierenden von A.

Dann schneidet der Kreis um A mit Radius s_a die Parallele zu $\overline{A H_C}$ durch den Mittelpunkt von AC im Mittelpunkt von BC.

Die Gerade durch C und den Mittelpunkt von BC schneidet $\overline{A H_C}$ im Punkt B.

Printed in the United States
by Baker & Taylor Publisher Services